战略性新兴领域“十四五”高等教育系列教材

机器人环境感知

主　编　梁桥康　王耀南

副主编　曾　凯　钟　杭　彭伟星

参　编　肖文星　陈昕昊　袁晓宇　周湛荟

　　　　赵佳文　肖丁寅　周熙栋　罗鑫泳

机械工业出版社

本书旨在深入介绍机器人环境感知技术，为广大工程技术人员学习机器人感知方面的应用和最新理论方法奠定基础，同时也可作为高年级本科生、硕士研究生或博士研究生的学习参考书。本书主要内容包括机器人环境感知绪论、基于视觉的机器人环境感知技术、基于激光雷达的机器人环境感知技术、机器人力触觉环境感知技术、主动视觉感知与点云配准、基于多传感器融合的机器人环境感知技术、基于视觉的机器人三维场景重建技术等。全书从方法到实际应用、从算法分析到模型搭建、从理论模型到编程实现等多角度介绍机器人环境感知方面的研究，并深度结合当前国内外最新研究热点，为业内人士从事相关研究与应用工作提供重要参考。

本书适合机器人感知技术的初学者、爱好者以及普通高校自动化、机器人、人工智能等相关专业的学生作为工具书、教材或参考书，也可以作为机器人感知、人形机器人、具身智能等从业者的参考书。希望读者在阅读完本书后能根据实际的应用场景需求搭建对应的智能机器人环境感知系统，为提升我国机器人核心感知技术创新水平贡献自己的力量。

本书配有以下教学资源：PPT 课件、教学大纲、习题答案、实验项目和源代码等，欢迎选用本书作教材的教师登录 www. cmpedu. com 注册后下载，或发邮件至 jinacmp@ 163. com 索取。

图书在版编目（CIP）数据

机器人环境感知 / 梁桥康，王耀南主编．-- 北京：机械工业出版社，2024. 12. --（战略性新兴领域“十四五”高等教育系列教材）. -- ISBN 978 - 7 - 111 - 77646 - 8

Ⅰ. TP24

中国国家版本馆 CIP 数据核字第 2024XX5895 号

机械工业出版社（北京市百万庄大街 22 号　邮政编码 100037）

策划编辑：吉　玲　　　　责任编辑：吉　玲　王　荣

责任校对：龚思文　张昕妍　　封面设计：张　静

责任印制：邓　博

北京盛通数码印刷有限公司印刷

2024 年 12 月第 1 版第 1 次印刷

184mm×260mm · 14 印张 · 345 千字

标准书号：ISBN 978 - 7 - 111 - 77646 - 8

定价：55. 00 元

电话服务　　　　网络服务

客服电话：010-88361066　　机　工　官　网：www. cmpbook. com

010-88379833　　机　工　官　博：weibo. com/cmp1952

010-68326294　　金　书　网：www. golden-book. com

封底无防伪标均为盗版　　机工教育服务网：www. cmpedu. com

前　言

PREFACE

随着人形机器人、具身智能、强化学习和大模型等前沿技术的不断发展和应用，机器人的智能化水平得到了显著的提升。这种智能化的提升离不开机器人对周围复杂作业环境的感知和理解，如果没有对环境的充分和可靠的感知，机器人将难以完成设定的工作任务，其智能化更是无从谈起。

智能机器人具备强大的自适应能力，能够灵活应对复杂多变的动态环境。如协作机器人通过实现与作业环境、人类以及其他机器人的自然交互，在共享的工作空间内，通过近距离的紧密合作高效完成一系列复杂精细的作业任务，这一特性正日益受到产业界广泛关注和重视。英国巴克莱银行的预测显示，至 2025 年，全球协作工业机器人的市场销售额将迎来显著增长，其年复合增长率预计将达到 50.31%，推动市场总销售额飙升至 123.03 亿美元。人形机器人和协作机器人等的发展水平很大程度上代表了国家科技发展水平和实力。国家《“十四五”机器人产业发展规划》强调了机器人的智能化演进和感知能力的提升，特别强调了三维视觉传感器、六维力传感器等先进传感器的研制和应用。环境感知、强化学习、脑机接口、人机交互等技术的引入，使得智能机器人能够适应更复杂的工作环境，准确理解、感知外部环境，并实时做出应变决策。这种认知智能的提升，让机器人在复杂多变的环境中表现出更高的灵活性和适应性。

机器人在非结构化环境中的智能操作与自主作业很大程度上依靠对环境的认识程度。因此，高效可靠地获取和理解机器人与作业环境信息并有效交互，是智能机器人实现合理的人机交互和智能操控的迫切需求。美国工程院院士、iRobot 公司创始人 Brooks 教授曾指出，机器人的感知学习能力目前远未达到人类的基本水平。我国研究人员不断研发和创新，致力于提升机器人环境感知的性能和效率，这有助于我国机器人技术水平在国际科技竞争中占据领先地位。

本书基于团队多项机器人感知与控制技术相关的国家级项目（国家重点研发计划 2022YFB4703103、NSFC. 62073129、NSFC. U21A20490、NSFC. 62303171、NSFC. 61673163、湖南省自然科学基金 2022JJ10020）的研究成果，聚焦机器人视觉感知前沿和国家战略需求，从应用背景、需求分析、原理方法、算法开发、模型搭建、实验验证、对比分析等方面展开论述。全书共 7 章，从视觉环境感知、激光雷达环境感知、力触觉环境感知、主动视觉感知和多传感器融合环境感知等方面展开阐述。

由于编者水平有限，书中难免存在错误和疏漏之处，恳请广大读者批评指正！

编者

于湖南大学

目录

CONTENTS

第 1 章　机器人环境感知绪论

导读

机器人是集传感技术、控制技术、信息技术、机械电子、人工智能、材料和仿生学等多学科于一体的高新技术产品，是先进制造业中不可替代的高新技术装备，是国际先进制造业的发展趋势。机器人的发展水平，已经成为衡量一个国家和地区制造业水平和科技水平的重要标志之一。智能机器人要实现在未知环境中的自主作业，必须实时、有效、可靠地获取外界环境信息。因此，机器人的智能化操控和作业是建立在对环境充分的认识和理解基础之上的。

本章知识点

- 智能机器人概述
- 机器人环境感知定义
- 机器人环境感知研究现状
- 机器人环境感知传感器

1.1　智能机器人概述

机器人是“制造业皇冠顶端的明珠”，是高效率、高可靠性智能制造装备和高端装备的典型代表。智能机器人将传感技术、控制技术、信息技术、机械电子、人工智能（AI）、材料和仿生学等多学科交叉融合于一体，通过智能化感知、人机交互与协作、决策和执行技术，替代人类完成更高精度、更灵活的定制化或小批量作业任务，成为高端制造技术发展的重要方向，是先进制造业集群中不可替代的高新技术装备，是国际先进制造业的发展趋势，已经成为衡量一个国家和地区制造业水平和科技水平的重要标志之一。

现阶段的工业机器人大都以示教在线等方式通过重复式劳动模式完成作业任务，在提升产品稳定性与质量可控性的同时，有效降低了人为因素对产品质量的干扰，产品制造过程的自动化程度得到显著提升。波士顿咨询公司的一份研究报告揭示，预计到 2030 年，全球机器人市场的规模将激增至 1600 亿～2600 亿美元。在我国“十三五”规划期间，受益于相关的国家政策支持，我国在机器人运动控制、数控系统与高性能伺服驱动以及高精密减速器等核心技术和关键零部件方面取得了显著突破，使得整机的功能和性能得到了大幅提升。

随着新一代信息技术、人工智能、新材料、新能源、生物技术等技术领域的新突破和商业模式的兴起，我国机器人产业正面临前所未见的发展机遇。新一代信息技术与先进制造技术的深度融合，例如机器人柔性制造、5G + 机器人网络制造、工业互联网 + 智能制造等，已经成为全球制造业发展的重要趋势。《中国制造 2025》等国家规划将新一代信息技术与制造业深度融合作为发展主线，着重推进机器人与智能制造产业。党的二十大报告指出，“实施产业基础再造工程和重大技术装备攻关工程，支持专精特新企业发展，推动制造业高端化、智能化、绿色化发展。巩固优势产业领先地位，在关系安全发展的领域加快补齐短板，提升战略性资源供应保障能力。推动战略性新兴产业融合集群发展，构建新一代信息技术、人工智能、生物技术、新能源、新材料、高端装备、绿色环保等一批新的增长引擎。”智能机器人作为典型的高端装备代表，通过强化战略规划、统筹协调，推动促进智能机器人与人工智能、5G 与工业互联网、大数据与云计算等新技术与制造业的深度融合，将在推动国家经济转型升级、实现高质量发展中发挥更加显著的作用。

智能机器人的定义非常多，但是绝大多数都将其定义为一种具有一定智能的机器，可以根据编程、示教或结合指定的任务以自主规划的方式做出决策并采取自动化的行动。智能机器人的显著特征包括智能多传感融合感知、自然人机交互、灵巧作业执行、人工智能的决策和推理等，如图 1-1 所示。

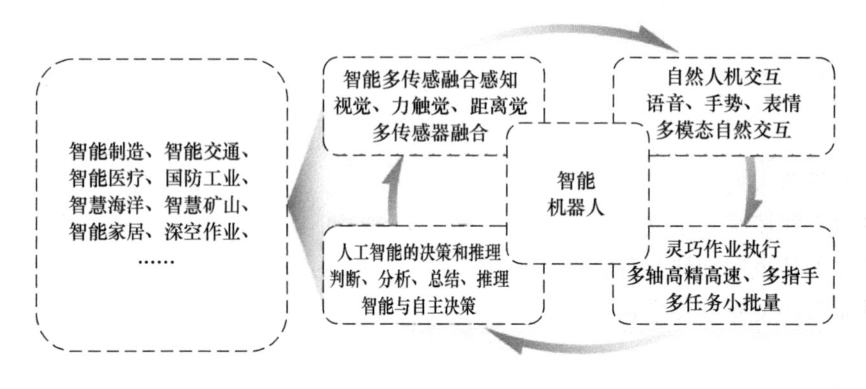

图 1-1 智能机器人

智能机器人相关技术发展迅速，如核心的自动规划控制技术、智能多模态信息感知、集群协同作业等正对智能机器人的发展起着关键的作用。机器人对环境的感知和适应性是机器人最重要的技术领域之一，对其展开研究具有重要的实际应用价值。传统机器人存在作业效率不高、自动化程度低、智能化不完备、对操作人员依赖程度高等问题，高端装备和智能制造对机器人的环境感知、操作智能、互联互通、驱动协调、自主规划、云边结合和可靠性等提出了更高要求。而智能机器人的智能属性在很大程度上都依靠其信息获取源头——环境感知的“智能化”，智能环境感知将使得机器人作业时与操作对象和作业环境之间的交互和控制更加顺畅和拟人。

2022 年，中国电器工业协会标准化工作委员会、中国机器人产业联盟、国家机器人检测与评定中心（总部）等八家行业组织在世界人工智能大会机器人技术应用创新论坛上联合发布了机器人智能等级。见表 1-1，机器人的智能化程度可以分为 L1 ~ L5 五个等级。

表 1-1　机器人智能等级

智能等级	智能程度	智能化功能	典型代表
L1	基础型	依赖人为操纵或执行人为编制的指令完成任务，无环境感知功能，依靠人类在系统或机器人行为定义中的核心作用	遥控机械手、主从机械手
L2	半交互型	通过示教再现或远程操控等手段接收控制指令，具备基本的环境识别功能，一定程度上与人类进行交互。缺乏自主决策能力，需要依赖外部指令来进行操作	融合感知的工业机器人、移动机器人
L3	交互型	拥有丰富的环境感知与自身状态监测能力，能够结合内部状态和外部环境的感知数据，自然地与人类进行交互，理解并回应人类的指令和需求，依照预设程序自主运行。然而，在关键时刻或特殊情况下，仍需人工进行必要的干预以确保系统的稳定性和安全性	移动协作机器人、移动型复合机器人、智能手术机器人
L4	自主型	拥有丰富的感知能力和出色的决策机制，使其能够在复杂多变的环境中独立完成任务。无法进行持续自我学习，在某些特殊情况下，仍然需要人工的辅助以确保任务的可靠完成	波士顿动力的 Altas 和特斯拉的 Optimus为代表的人形机器人
L5	自学习型	具备多模态信息融合的智能感知技术，同时拥有根据环境和任务的变化进行自主学习与优化决策的能力。能够在极端复杂的环境中独立完成高度复杂的任务，全程不需要任何人工干预	自适应型技能学习机器人，具身智能机器人

近年来，人形机器人已成为智能机器人领域最新的研究焦点，备受各界瞩目。人形机器人现正处于迅速发展的阶段，甚至有媒体将 2024 年誉为“人形机器人元年”。在特斯拉等领军企业的推动下，全球投资基金纷纷涌入人形机器人领域。同时，国内多个地区也发布了专项规划，旨在加快人形机器人的发展步伐，适用于不同场景的人形机器人也陆续问世。

在 2022 年 10 月的“AI 日”活动上，特斯拉惊艳地展示了其 Optimus 人形机器人。这款 Optimus 原型机身高达 172cm，体重 73kg，静坐时能耗为 100W，而慢走时能耗为 500W。更令人印象深刻的是，它全身拥有 200 多个自由度，仅手部就配备了 27 个自由度，展现了极高的灵活性和多功能性。其主要的功能和特点如下：

1）Optimus 人形机器人被定位为一种通用型人形机器人，它能够胜任多种任务，包括但不限于家务、清洁、取物以及其他各种体力劳动，展现出极高的实用性和灵活性。

2）将搭载特斯拉先进的自动驾驶 AI 技术，确保其智能化执行任务的能力，拥有约 5mile/h（约 8km/h）的最高移动速度，同时具备举起 45lb（约 20. 4kg）物体的力量，展现了其出色的性能与实用性。

3）配备了一套含摄像头的感知系统，这些设备不仅用于精准导航，还助力机器人与环境进行智能互动。由先进的 AI 系统驱动，这使得 Optimus 人形机器人能够深刻理解并响应自然语言命令，轻松导航复杂多变的环境，并能灵活适应并完成各种任务。

2023 年 5 月，特斯拉的 Optimus 人形机器人已成功实现流畅行走与精准抓取物体的功能。2023 年 9 月，特斯拉的 Optimus 人形机器人再次迎来技术突破，基于神经网络完全端到端的训练方式实现了自主对物体分类。通过直接输入视频，即可输出相应的控制指令。此外，Optimus 人形机器人还通过练习瑜伽来展现了其高度的灵活性和多功能性。

2023 年 12 月，特斯拉的第二代人形机器人 Optimus-Gen 2 发布，其配置了特斯拉专门设计的执行器与传感器、2 自由度驱动颈部、响应更为迅速的 11 自由度灵巧手、覆盖 10 指的触觉传感器、执行器集成电子和线束、足部力/扭矩传感器、铰接式脚趾等，使其步行速度提升 30%，平衡能力和身体控制能力均有所改善，体重也从 73kg 减少到了 63kg，进一步提升了机器人的移动性和灵活性。

2024 年 5 月，特斯拉公布了 Optimus 人形机器人的最新研发成果。该机器人现在能够通过神经网络实现完全端到端的运行，它利用机器人本体上的二维（2D）摄像头以及触觉和压力传感器的数据，直接生成关节控制序列，这一技术突破显著提升了 Optimus 人形机器人的自主运动能力和环境适应性。据报道，Optimus 人形机器人已在工厂中部署，并开始执行 4680 电池的分拣工作。值得一提的是，Optimus 人形机器人还具备在任务执行过程中自主纠正错误的能力。

我国的人形机器人研究也日新月异，宇树科技、优必选、小米科技、智元机器人等公司先后推出了全尺寸人形机器人。2024 年，北京人形机器人创新中心发布通用人形机器人母平台——天工，其采用开源开放的构型设计，集成灵活的感知与执行部件，确保机器人能够迅速适应不同的任务需求。由于本体搭载了高算力硬件支持，为复杂的任务处理提供了强大的计算能力。天工人形机器人主要特点和功能如下：

1）全尺寸结构，身高 163cm，体重 43kg，并且还可拓展 7 个自由度灵巧双臂和五指灵巧手，能以 6km/h 的速度在平地或缓坡稳定奔跑。

2）配备丰富的感知和强大的计算手段，如多个视觉感知传感器和三维（3D）视觉传感器、高精度的惯性测量单元（IMU）、高精度的六维力传感器等，能适应各种应用场景下的交互和操作，在盲视下平稳通过楼梯，对磕绊和踏空情况可以敏捷调整步态。

3）灵活扩展软、硬件等功能模块，开源开放性和兼容扩展性。可以实现开放调用通信接口，充分满足不同应用场景的需求。

4）引入了人工智能大模型技术，具备理解和认知的能力，能够进行智能决策和控制。采用独特的训练方式，其训练、测试和矫正主要在虚拟场景完成，训练效率高，使其具有较好的平衡和柔顺感，并且其奔跑步态更加拟人化。

智能机器人感知与控制技术水平已成为评估一个国家科技实力的重要标尺。我国的《中国制造 2025》《机器人产业发展规划》以及《新一代人工智能发展规划》等国家重大发展战略和湖南省“三高四新”战略，均聚焦于机器人技术与人工智能技术的深度融合与发展。这些战略强调推动机器人与智能系统的创新，以期实现机器人产业广泛推广与持续进步，进而为国家科技进步与经济发展注入强大动力。

1.2 机器人环境感知定义和研究现状

机器人环境感知技术作为机器人自动控制系统和信息系统的关键技术基础，其技术水平直接影响系统的整体性能。德国机器人学与系统动力学研究所的 G. Hirzinger 曾在 IARP（国际先进机器人技术计划）会议上指出：大家希望人工智能技术促进智能机器人更快发展，变得更加智能和自主，但是都忽略了一个重要的前提——感知系统的感知与反馈是更智能化行为的基础。因此智能机器人的发展离不开机器人感知技术的不断进步。

除固定编程式机器人按照编制或示教的动作序列循环执行动作之外，自主性更高的智能机器人都必须依靠不断从感知手段中获得环境信息和自身状态信息。由于越来越多的智能机器人工作在非结构化的复杂环境，且机器人本身存在自身状态动态不确定性和配置的传感器性能的局限性等问题，如果系统仅仅依靠单一的传感器或感知手段，很难实现对外部环境的可靠感知。常见的智能机器人感知手段包括视觉、力觉、位置和方位觉、距离觉、听觉、热觉等，而且通常的智能机器人系统同时配备多种感知手段。机器人感知是智能机器人学科的重要分支，旨在为智能机器人系统提供可靠和丰富感知能力。

智能机器人环境感知技术涉及的传感器种类繁多。目前比较成熟和典型的机器人环境感知与检测手段主要包括基于视觉的机器人环境感知、基于激光雷达的机器人环境感知、机器人力触觉环境感知和基于多传感器融合的环境感知等。

1.2.1　机器人环境感知定义

通过配备丰富的专用传感器，结合特殊的信号获取和处理方法，机器人的感知为智能机器人系统提供感知环境的能力，使得机器人能根据感知环境的结果适当调整自身行为，保证作业任务的顺利完成。如果缺乏机器人的环境感知能力，智能机器人系统的智能化和自主化将无从谈起。

目前，相对成熟的机器人感知与检测手段涵盖了多种传感器，包括机器人视觉、力触觉、滑觉、距离觉、平衡觉等，如图 1-2 所示。此外，还涉及图形/图像分析、图像重构、立体视觉等处理方法，以及传感器动态分析与补偿、多传感器信息融合、人机交互和虚拟现实临场感技术等。这些技术手段共同构成了机器人感知与检测的完整体系。

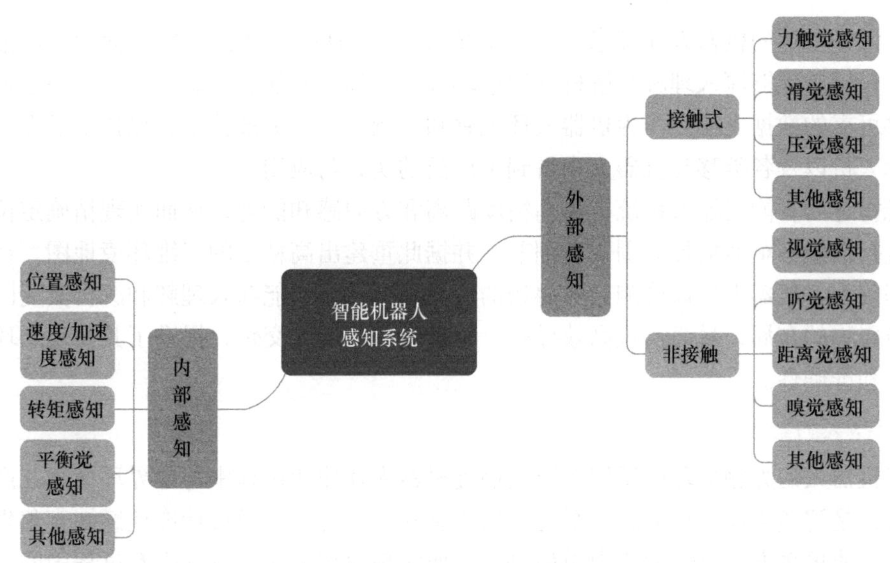

图 1-2　智能机器人感知手段

1. 机器人视觉环境感知技术

在众多感知方式中，人类视觉系统占据着核心地位，捕获了高达 83% 的信息。而机器人的视觉感知系统，作为对人类视觉的扩展，是至关重要的感知手段。机器人的视觉感知系统，作为其不可或缺的“眼睛”，能够自主捕捉丰富的视觉信息。基于这些精准捕获的数据，智能机器人系统能够执行一系列高级功能，包括自动测量、精确检测、实时跟踪、深入的分析判断以及决策控制等，从而赋予机器人强大的感知与行动能力。

机器人视觉环境感知系统赋予了机器人人类般的视觉能力，使其能够执行各种复杂的检测、定位、跟踪、判断、识别、分割、测量等任务，系统在此基础上对作业环境实现场景三维重建、场景深度估计、障碍物检测识别与跟踪等。通常而言，典型的机器人视觉环境感知系统由硬件系统和软件系统组成，包括采集控制装置、图像采集系统、视频信号数字化设备、视觉信息处理器、机器人控制软件、视觉处理软件、计算机系统软件等，如图 1-3 所示。这些单元协同工作，确保机器人能够高效、准确地完成环境感知任务。

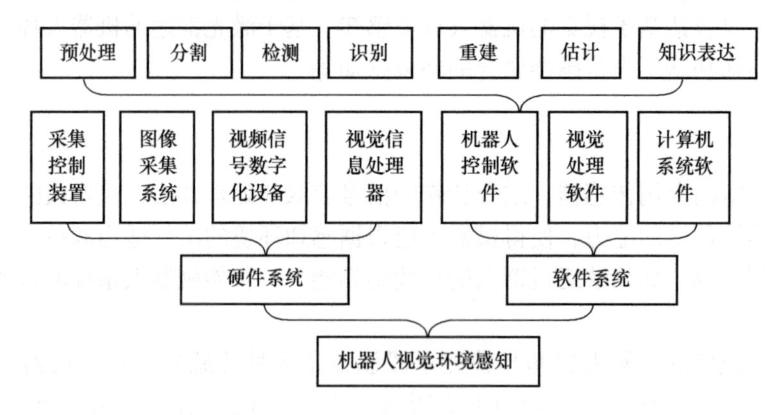

图 1-3　机器人视觉环境感知系统

2. 基于激光雷达的机器人环境感知技术

基于激光雷达的机器人环境感知依赖激光雷达（LiDAR）传感器精准捕捉环境数据，经过处理和分析后能够深入理解并解析其周边环境，为高效导航、精确定位和动态避障等多项任务提供可靠的数据支撑。作为机器人环境感知领域的一项关键技术，该技术已在自动驾驶汽车、无人机以及各类移动机器人中得到了广泛的实践与应用。

激光雷达为智能机器人系统提供高精度距离和方向感知能力，从而实现精确定位。激光雷达通过扫描能够全面捕捉周围环境细节，并据此重建出高精度的三维环境地图。在定位和建图的基础上，机器人可以检测到障碍物的位置和形状，并能深入理解和解析其周围环境的结构与障碍物的布局，最终实现高效导航、精确抓取、定点交付，提升了其在复杂环境中的工作效率和准确性。

3. 机器人力触觉环境感知技术

智能机器人的力触觉环境感知系统能捕捉机器人在作业过程中与外界环境交互产生的各种作用力，是智能机器人环境感知系统中核心感知手段之一。通过精准地感知直角坐标三维空间中两个或更多方向上的力或力矩信息，从而实现对环境作业目标交互过程中的力觉、触觉以及滑觉等复杂感知，为智能机器人高效理解环境、精确完成操作提供有力保障。

力觉感知技术最初被应用在力觉临场感遥操作系统。通过实时且真实地反馈所感知到的力学交互信息以及环境细节给操作者，使得智能机器人能够在深海、宇宙空间、毒害区域、战场、辐射区域、高温环境等极端和复杂环境中工作。力触觉感知使得操作者仿佛身临其境，从而能够更加带有真实感知地远程控制执行机构，确保作业任务得以精准、高效地完成。目前，机器人力触觉环境感知技术已广泛应用于多个领域，为智能机器人的应用提供了关键的力/力矩感知功能，如柔性抓取、零力示教、轮廓跟踪、自动柔性装配、机器人多手协作、遥操作、安全控制、外科手术辅助以及康复训练等，提升了机器人在各种非结构化场景下的作业效率和安全性。

4. 基于多传感器融合的机器人环境感知技术

基于多传感器融合的机器人环境感知技术是指利用多种感知手段，如视觉感知、激光雷达、距离感知、惯性测量单元等，通过多源信息融合算法，将多传感器信息进行联合（Association）、组合（Combination）和相关（Correlation），获取更加全面、准确的环境信息，以便智能机器人系统更加深入理解其周围环境，并据此做出更加准确的决策。如将激光雷达与高清摄像头、惯性测量单元等其他感知手段的数据相融合后，构建一个更为详尽且多维度的环境感知模型，全面地理解其周围环境的更多细节，可以显著提升环境感知的鲁棒性、准确性和全面性，帮助机器人更好地应对各种复杂多变的场景和情况，使智能机器人在定位、建图、导航、避障和任务执行等方面展现出更高的效率和准确性。

基于多传感器融合的机器人环境感知技术是当前的研究热点和趋势，其关键优势如下：

（1）环境感知能力更强

不同类型的感知手段有不同的环境适应能力和特性，如超声波传感器虽然精度不如激光雷达，但可以在复杂场景下探测障碍物；激光雷达可以提供精确的距离感知和障碍物的形状感知；红外传感器不受可见光影响，白天黑夜均可测距；摄像机可以获得丰富的纹理和颜色等视觉细节。通过融合不同类型的感知数据，智能机器人能克服单一感知的局限，实现更强和更全面的环境感知。

（2）环境感知能力更加可靠

当机器人工作在恶劣环境中时，基于多传感器融合的环境感知系统能够在某一个传感器失效或因受到干扰产生误差时，通过其他有效传感器提供信息，原本冗余的信息变成关键信息支撑，保证智能机器人仍然能可靠运行，确保机器人仍然能够准确感知环境并完成任务，显著增强系统的鲁棒性。

（3）环境感知能力更加高效精准

基于多传感器融合的环境感知系统利用不同传感器提供的信息可以更高效地提高信息的精确程度和可信度，扩展机器人在空间和时间维度上的观测范围和分辨力，通过数据层融合、特征层融合或决策层融合等策略，反映环境的局部动态特性和真实物理属性，构建出更加精确的环境模型，同时提高对环境中感兴趣目标物体的检测、识别和跟踪能力。

1.2.2　机器人环境感知研究现状

机器人及其环境感知技术已受到全球各国的广泛关注，这一领域的重要性在《“十四五”机器人产业发展规划》（以下简称《规划》）中得到了充分体现。在《规划》专栏 1“机器人核心技术攻关行动”中，特别强调了共性技术和前沿技术的重要性，其中信息感知与导航技术、机器人仿生感知与认知技术，以及人机自然交互技术等均与环境感知息息相关。这些技术不仅推动了机器人产业的快速发展，也为机器人更好地适应和融入各种环境提供了有力支持。在《规划》专栏 2“机器人关键基础提升行动”中突出强调三维视觉传感器、大视场单线和多线激光雷达等关键设备与技术。这些技术都是机器人实现高精度环境感知的基石，这些技术手段的突破和应用，不仅将提升机器人的自主导航和避障能力，还将使得智能机器人在复杂非结构化环境中能够更加准确地识别和判断目标，进而提高机器人的整体环境适应性能。

目前传统的基于二维视觉的环境感知技术正向基于三维视觉的环境感知技术发展。三维视觉环境感知模拟人类视觉系统以捕捉三维信息，通过两个不同视点观察同一目标，形成立体像对，再通过匹配这些像对中的对应点计算视差，从而精确获取丰富的三维环境信息。三维视觉环境感知系统不仅能捕捉二维视觉的 RGB 信息，还能捕捉目标在环境中的深度信息 D，形成融合 RGB-D 的三维视觉环境感知系统，能精确地检测环境中目标物的三维位置信息，为机器人、自动驾驶车辆或其他智能设备提供详尽的空间环境感知能力。智能机器人系统获取三维环境信息后，系统便能够对环境和场景进行结构化建模，构建出完整的几何模型描述。这种模型不仅准确地反映了场景的几何特征，还能为后续的导航、避障、目标识别等任务提供有力支持。

三维视觉环境感知技术通过对场景中的物体、形状、纹理等特征进行深度分析和理解，能进一步实现三维环境理解，为智能决策和自主行为提供更为丰富的信息基础。这种三维视觉环境感知在移动机器人导航、无人系统自动驾驶、增强现实等领域展现出重要的应用前景。

移动机器人是一种典型的智能机器人系统，在物流、工业、军事侦察、危险探测、航空航天、智能家居等场景获得了广泛的应用。为实现在未知环境中的自主导航，移动机器人通常配备声呐传感器、红外传感器、激光测距仪和视觉传感器等感知手段以有效和可靠地感知环境信息。简单的移动机器人如扫地机器人等通常获取一维距离信息或二维图像信息。更复杂的移动机器人采用基于双目立体视觉、TOF（Time-of-Flight，飞行时间）摄像机、激光扫描仪和毫米波雷达等实现三维信息获取，更加完备地描述环境，面对更加复杂的场景。常见的三维环境感知方案的特点见表 1-2。

表 1-2　三维环境感知方案的特点

环境感知手段	优点	缺点	典型应用
双目立体视觉	探测范围大、分辨率高、成本低、技术方案成熟、精度高（可达 mm 级）	易受环境影响；在图像特征少的环境中难以实现匹配；三维恢复误差大且复杂耗时，可靠性和实时性欠佳	分辨物体的远近形态，包括距离、前后、高低等相对位置
激光雷达	抗环境干扰能力强、性能更加稳定、准确性高、精度高（可达 mm 级）	设备和维护成本高，受环境因素影响衰减大，通过精密机构实现扫描，需要特定算法实现信息匹配；缺乏纹理特征等；体积大	获得极高的角度、距离和速度分辨率，能够分辨相距较近的目标
3D 摄像机	环境三维信息获取效率高、集成度高	像素分辨率不高，可成像距离不远，需要复杂的后期处理，精度一般	感知目标尺寸、位置和形状，获取几何形状和体积等细节
毫米波雷达	全天候感知、位移探测范围大、分辨率高、探测位移能力强、抗环境干扰能力更强	能耗大，角分辨率不高，物体分类能力较弱，设备和维护成本较高	确定目标的位置和速度，实现精准细致人体感知

在众多的机器人应用场景中，视觉感知面临着诸多复杂的挑战，如目标检测和识别任务的复杂性、精准视觉模板创建困难以及特征难以通过人工手段准确选择等，导致传统的机器视觉方法难以适应这种需求。近年来，深度学习的不断发展，使得基于深度学习的机器人感知技术在环境感知，尤其是视觉环境感知中获得了广泛的应用。通过基于深度学习的环境感知模型，机器人能够自动学习和提取图像中的关键特征，从而提高了视觉环境感知的准确性和效率。

Fruh 等人通过配备在机器人两侧的二维激光扫描仪，实现了对三维地貌的精准重构。具体来说，左侧的扫描仪负责水平方向的扫描，旨在计算和确定机器人当前的姿态；而右侧的扫描仪则专注于垂直方向的扫描，以精确测量环境的深度信息。随后，这两组扫描数据被精细地匹配和融合，从而构建出详细且准确的三维地图。这种方法不仅提升了地形重构的精度，也大大增强了机器人在复杂环境中的导航和定位能力。Ren 等人提出了一种主动神经环境感知方法，能自动为机器人的手眼系统生成系列的视点序列，提出的视觉感知框架能主动收集 RGB-D 信息，并聚合成场景表示，随后执行物体形状推断，保证系统能有效感知所处环境，使机器人避免与所处环境不必要的碰撞。

基于 TOF 原理的摄像机是一种主动式视觉捕捉设备，其工作原理涉及使用发光二极管（LED）阵列或激光二极管发出经过调幅的近红外光作为光源。这些发射出的光线在场景中的物体表面发生反射后，再次被摄像机捕捉。通过摄像机内部精密的光学传感器，系统能够精准检测反射光的亮度，并测量出发射光与反射光之间的时间相位差。这一过程不仅为摄像机提供了场景中各空间点的灰度信息，还能精确计算出这些点的深度信息，从而实现了对三维空间环境的全面感知。典型的基于 TOF 原理的 3D 摄像机有微软 Kinect 摄像机、Swiss-Ranger、Canesta、PMD 等。由于 TOF 摄像机能够实时捕捉空间的图像灰度信息，并精确测量每个像素点对应的深度信息，它被誉为 3D 摄像机。凭借其卓越的实时性、适中的测量精度、紧凑的体积和轻巧的重量，TOF 摄像机受到了前所未有的关注，并迅速在多个领域得到广泛应用，包括机器人的导航与地图构建、工业高精度加工制造、目标识别与跟踪等研究领域，展现出其强大的潜力和价值。谷歌（Google）、微软等科技巨头在三维视觉传感器领域的积极投入，预示着三维视觉环境感知技术将迎来飞速发展的新时代。这些公司的努力不仅将极大推动该领域的创新，更有望将机器人感知、地图创建等研究带入一个模拟人类视觉感知的全方位三维空间，开启全新的智能视觉环境感知新时代。

传统视觉方法难以解决的动态目标识别跟踪等问题，在基于深度学习的感知方法中变得简单和准确。如通过端到端的训练方式，即标注感兴趣的目标结合模型的数据训练，便可得到较好的目标检测性能。在数据样本足够、网络模型够强的情况下，基于深度学习的视觉感知比传统视觉检测性能更加优越。

Redmon Joseph 等人于 2015 年提出了著名的 YOLO 检测器，基于单阶段检测方式，使用一个单独的卷积神经网络来预测多个边界框及其类别概率，将目标检测转化为回归实现，并于 2017 年和 2018 年分别提出了 YOLO V2 和 YOLO V3 版本，提高了检测精度、速度和鲁棒性，开启了基于深度学习的目标检测模型的飞速发展阶段。2023 年，Ultralytics 通过改进网络结构中的模块，公开了 YOLO V8 版本，适用于各种实时目标检测任务，进一步优化和提升目标检测的性能。

基于力触觉的环境感知技术作为机器人与外界交互的第二大类感知手段受到研究者们空

前重视。与非接触式的环境感知不同，力触觉环境感知技术能让智能机器人系统获取交互时的外部环境的接触力、接触物形状、接触面大小、接触压力、接触物纹理等物理信息，使得智能机器人对所处环境有更进一步的理解。

人机协作机器人是智能机器人的一个典型代表，其能够与操作人员在生产线上协同工作，充分发挥机器人精准高效及人类的灵巧和智能。协作机器人有以下主要特点：

（1）操控灵活性

协作机器人充分利用机器人和人类在精准性和灵活性方面的优势，能在更加复杂的环境中完成更加灵巧的作业任务。

（2）友好性和安全性

协作机器人在本体设计时充分考虑到硬件的环境友好性，外形平整无锐角，同时具有敏感的力触觉反馈特性，保证接触力达到阈值时马上停止运动，防止碰撞和伤人事故发生，在开放的环境中与人协同作业。

（3）丰富的感知功能

协作机器人为在人机交互的环境中顺利完成任务，通常配备有多种不同类型的环境感知手段，获取多模态信号并进行信息融合。机器人系统基于信息融合的结果做出相应的决策，最后规划最优路径并完成作业任务。人机协作机器人通常配备视觉、力触觉、距离觉、听觉等感知手段。

（4）自然人机交互和自主认知

协作机器人通过语音识别、手势识别、力触觉交互等实现更加自然的人机交互，结合自身的环境感知和理解，根据特殊的人机协作控制方法和异常事件处理能力，实现复杂环境的自主认知。

在人机协作机器人系统众多的感知手段中，实时高精度的力触觉感知是实现人机交互的重要前提。在人机协同作业环境中，常见的力触觉感知手段包括底座的多维力/力矩传感器、关节间连接处扭矩传感器、协作机器人末端腕部力传感器和指尖力触觉传感器等。协作机器人可以根据底座的力觉传感器实现安全无碰撞的工作，通过腕部力反馈进行柔顺性作业，通过指尖或末端执行器上的触觉传感器实现目标的物理属性感知。

通常，人机协作机器人配备的力触觉环境感知手段多以电阻应变片式力触觉感知为主，常见的感知方式见表1-3。

表1-3　人机协作机器人多维力/力矩传感器的各种类型及其优缺点比较

检测方法	总体描述	优点	缺点
电容式	载荷作用下电容值大小改变	• 灵敏度高、稳定性高 • 漂移误差小 • 环境适应性强	• 有寄生电容 • 输出阻抗高 • 负载能力差
压阻式	电阻应变效应，载荷作用下应力和应变的变化	• 结构简单 • 分辨率可调 • 测量范围大	• 功率大 • 易损 • 环境影响大
电磁式	载荷作用下产生感生电动势	• 高灵敏度和分辨率 • 线性输出 • 高功率输出	• 频率响应特性不高 • 可靠性差

（续）

检测方法	总体描述	优点	缺点
光电式	载荷作用下发光强度、折射率等光学量改变	• 可靠性高 • 测量范围大 • 非接触式测量	• 体积大 • 集成度不高
压电式	压电效应，载荷作用下产生电荷	• 动态性好 • 精度和分辨率高 • 尺寸小、刚度大	• 存在电荷泄漏 • 需要采用高输入阻抗电路
光纤光栅式（FBG）	载荷作用下光纤光栅耦合波长移动	• 适应核磁共振环境 • 灵敏度高 • 体积小，可阵列化	• 成本高 • 系统复杂 • 温漂大

德国 KUKA（库卡）公司于2013 年发布的第一款协作机器人 LBR iiwa 可以感知三维空间中的力和力矩信息，并通过其配备的关节力/力矩传感器的信息反馈，及时识别碰撞接触、降低工作速度，保证人机协作的安全性。日本 Fanuc（发那科）公司的协作机器人 CR-35iA 通过力触觉环境感知手段实现机器人底座六维力/力矩的信息获取，实现了大型零部件的搬运和装配作业等人机协同作业。德国博世集团的 APAS 协作机器人配备有丰富的环境感知手段，如采用触觉传感器实现安全皮肤测量，获取与环境交互的接近觉信息，实现了非接触式的安全防护。2015 年，瑞士 ABB 公司发布双机械手臂的协作机器人 YUMI，其力触觉感知采用驱动电机的电流环视线，可在生产线中实现安全有效接触，实现人机协作。日本安川电机公司的 HC10 协作机器人在关节之间采用双扭矩传感器实现环境交互力实时测量，被广泛应用于人机协同装配等场景。新松协作机器人 SCR5 配备腕部关节的六维力/力矩传感器、激光和视觉传感器，能有效完成人机协同作业任务，如生产线上的精准装配，精细化工件磨抛和产品高速包装等。常见的协作机器人配备多维力传感器性能参数见表 1-4。

表 1-4　常见的协作机器人配备多维力传感器性能参数

名称	尺寸 $\left(\frac{直径}{mm}\times\frac{测面高度}{mm}\right)$	F_{xy}/N	F_z/N	$M_x(M_y)$/N·m	M_z/N·m	精度	典型应用
K6D40（德国 ME）	ϕ60×40	200	500	5	10	0.5%FS	碰撞检测、力控、负荷测量
Omega85（美国 ATI）	ϕ85.1×33.4	475	950	20	20	1/14N，7/2992N·m	力控、负荷测量、协作意图
HPS-FT025［中国海伯森（Hypersen）］	ϕ26.2×23	150	250	4	4	0.05N，0.001N·m	精密装配、力控、风洞测试
KWR75B［中国坤维（KUNWEI）］	ϕ75×31.5	200	200	8	8	0.2%FS	拖动示教、自动化测试、医学检测、安全防护
FT300-S（加拿大 Robotiq）	<ϕ100×<80	300	300	30	30	1N，0.01N·m	装配及部件插入、部件打磨、机床管理及产品测试
FS-15iAe（日本 FANUC）	ϕ90×36	147	147	11.8	11.8	3%FS	精确配合、齿轮对准、工件安装

（续）

名称	尺寸 $\left(\frac{直径}{mm}\times\frac{测面高度}{mm}\right)$	F_{xy}/N	F_z/N	$M_x(M_y)$/N·m	M_z/N·m	精度	典型应用
HEX-E/H［中国力驰（LIREACH）］	$\phi71\times50$	200	200	6.5	6.5	<2%	材料去除、分拣与取放、组装、质量检测
XJC-6F-D65-H24［中国鑫精诚传感器（XJCSENSOR）］	$\phi92\times33$	500	500	50	50	5%FS	力控、负荷测量

触觉传感器在智能机器人系统获得了广泛的应用，如通过触觉传感器感知机器人与外界接触状态、接触目标的物理属性等。为使得机器人末端具有机械纹理粗糙度和温度感知能力，唐超权等人于2024年研制了一种基于液体压强传导原理的机器人仿生学手指，实现了机器人基于力触觉感知的织物表面纹理分类识别。张宪民等人通过对力触觉传感器获得的压力序列信号进行预处理，并利用Adaboost算法对获得的特种序列进行进一步处理，实现了基于力触觉传感器的机器人操控对象硬度分类和感知系统。为使得机器人具有丰富的外部环境触觉感知功能，Yang等人于2023年研制了一种使用多模态触觉传感模块的机器人皮肤，多模块触觉传感模块通过机器人皮肤电导率和微振动的检测和分析获得机器人接触状态的环境感知。

多传感器融合环境感知是当前的研究热点，通过配置不同类型的环境感知手段，如毫米波雷达与视觉摄像机融合、激光雷达与视觉摄像机融合等视觉环境感知方案取得了很好的结果。Nobis等人于2019年将雷达点云投影到二维图像，并与视觉摄像机获取的视觉图像组合，提出了一种融合视觉摄像机和毫米波雷达的多传感器融合环境感知方法CRF-Net，获得了更高的目标检测精度。Nabati等人利用CenterNet图像检测模型预测目标的中心点位置，并由此确定雷达ROI（Region of Interest，感兴趣区域），在此基础上完成点云数据关联匹配和点云特征与图像特征拼接，实现毫米波雷达与视觉多模态融合模型CenterFusion，获得了高精度目标定位和检测。

1.3 机器人环境感知传感器

在非结构化环境中作业的智能机器人依靠众多的传感器实现环境感知，在此基础上顺利可靠地执行复杂任务。如室内外场景作业的无人系统依靠日趋成熟的激光雷达、惯性测量单元、3D摄像机、结构光摄像机等传感器，环境感知能力和智能化水平获得了大幅提升。如图1-4所示，智能机器人系统配备激光雷达、视觉摄像机、3D摄像机、力触觉传感器、红外摄像机、毫米波雷达等传感器，通过多传感器信息融合方法，实现环境的感知和理解，在此基础上机器人通过人机交互、路径规划、碰撞检测、伺服驱动等实现复杂任务的执行。

1.3.1 视觉传感器

机器人视觉传感器能获取机器人工作环境中的视觉信息，以提供给系统完成目标检测、目标跟踪等一系列的环境感知任务。视觉传感器的类型很多，按照感光器件的数量，可将视

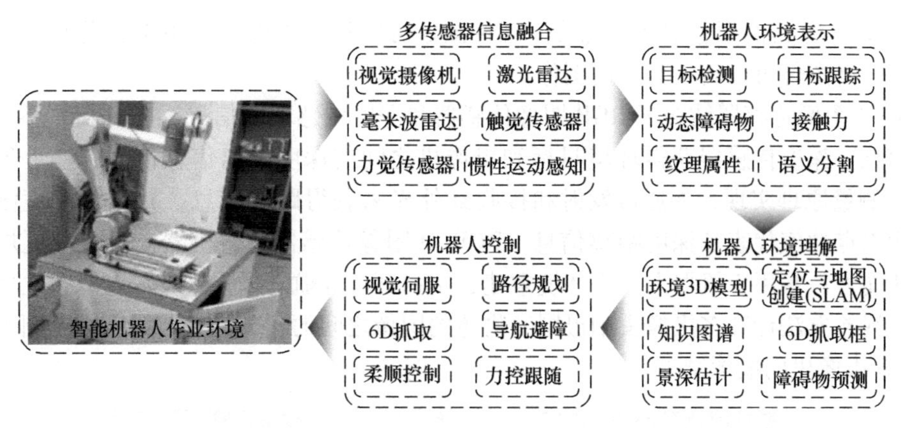

图 1-4　智能机器人感知与控制系统

觉传感器分为单目和多目视觉传感器；按照获取视觉信息的维度，可将视觉传感器分为 2D 视觉传感器和 3D 视觉传感器；按照布局方式，可将视觉传感器分为线阵式视觉传感器和面阵式视觉传感器。智能机器人系统常用的视觉传感器包括二维图像传感器、RGB-D 深度图像传感器、红外传感器、超声成像传感器等。

二维图像传感器是通过感光器件以图像形式获取外界视觉信息的设备，常见的感光器件有 CCD（Charge Coupled Device，电荷耦合器件）和 CMOS（Complementary Metal Oxide Semiconductor，互补金属氧化物半导体）两种。CCD 和 CMOS 通过光电转换效应实现光照到电荷的转换，电荷量随着光照的变化而变化。CCD 采用电荷耦合的方式，使得电荷在像素间顺序转移，直至边缘电路后再转换为电信号并进行读取。而 CMOS 在每个像素点内完成光电转换后，直接将电荷转为电信号进行并行读取。相比于 CCD，CMOS 图像传感器具有成本更低、功耗更小、集成性更好等优点，因此，CMOS 图像传感器更加受到市场欢迎。图 1-5 展示了 CMOS 图像传感器的基本结构。

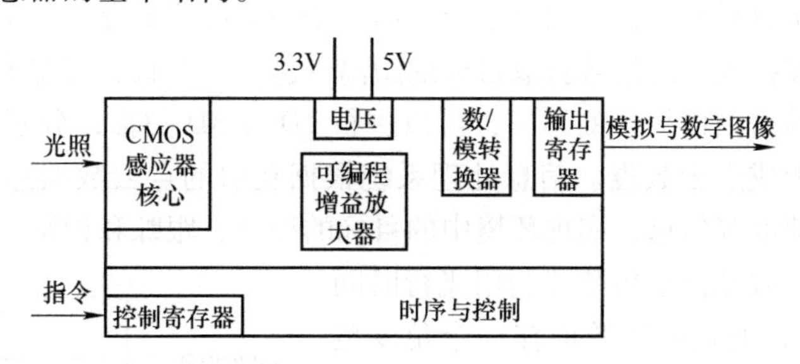

图 1-5　CMOS 图像传感器的基本结构

视觉传感器采集的图像有二值图像、灰度图像和 RGB 图像三种。二值图像中，像素点只有黑、白两种类型，没有中间值，即每个像素点非黑即白，黑色像素点和白色像素点的数值分别为 0 和 255。二值图像常用于文本识别、二值化图像处理等。灰度图像不包含颜色，每个像素都有一个亮度值，范围为 0 ~ 255，0 代表黑色，255 代表白色，中间值代表不同的灰色阴影程度。灰度图像因为简单但有效，常用于图像处理和分析。RGB 图像是三通道的彩色图像，用红色、绿色和蓝色三种颜色的组合来表示每个像素的颜色，每个通道的像素取值也为 0 ~ 255。RGB 图像常用于环境感知、机器人视觉等领域。RGB 图像还可以转化为

HSV 和 CMYK 等其他颜色空间的图像。三种图像可以相互转化，如 RGB 图像可以转化为灰度图像、灰度图像可以转换为二值图像。

RGB-D 图像传感器结合了 RGB 图像传感器和深度传感器的信息，同时获取环境的颜色和深度信息。深度传感器获得环境目标和摄像机之间的深度距离信息，通常基于 TOF（飞行时间）测量原理实现，如通过发射和接收红外光来获得距离信息，并生成深度图像。深度图像像素点的值代表了深度距离信息。RGB-D 图像传感器使得机器人具有了更加丰富的环境感知能力，常用于机器人三维环境重建、室内环境导航、增强现实等。双目立体视觉摄像机通过视差方法计算多摄像头拍摄同一物体的图像之间的相关性获取深度图。图 1-6 展示了 RGB-D 摄像机的成像结果。

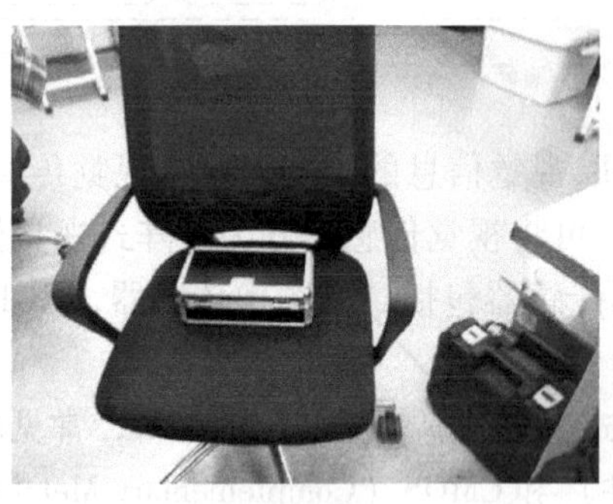

a) RGB图像

b) 深度图像

图 1-6 RGB-D 摄像机的成像结果

1.3.2 激光雷达传感器

智能机器人系统通过配置激光雷达传感器获得环境的三维位置信息。激光雷达传感器通常包括激光发射和接收系统、精密扫描平台、信息处理系统等部分，基于激光测距原理，通过测量发射激光束和接收回波信号获取目标的距离、速度、形状、姿态等参数。

激光雷达根据精密扫描平台的不同，可以进行 2D 或 3D 扫描，分别获取目标和环境的二维或三维信息，形成点云数据。信息处理系统根据获取的点云数据感知环境和目标的距离、形状、位置、速度等信息，实现环境中的目标的探测、跟踪和识别。

如图 1-7 所示，激光雷达传感器利用飞行时间（TOF）法进行测距，通过旋转镜面在一个角度范围内获得线扫描的测距数据。

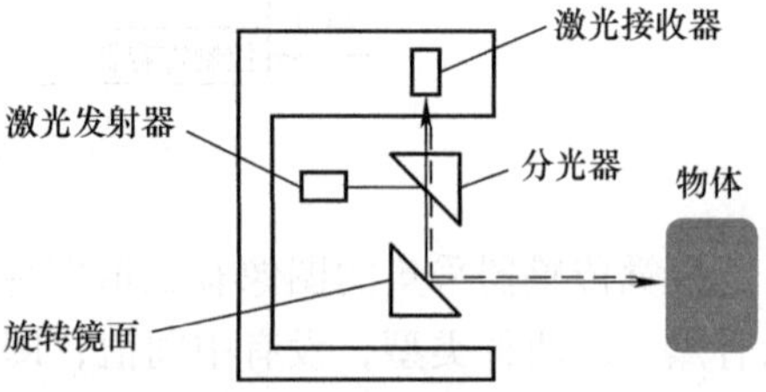

激光雷达传感器的主要参数包括探测距离、激光波长（通常使用 905nm 和 1550nm 两种波长）、测量精度、线束、功率、角分辨率（垂直和水平分辨率）、水平视场角和垂直视场角等。

激光接收器

激光发射器

分光器

物体

旋转镜面

图 1-7 激光雷达传感器原理示意图

激光雷达传感器具有分辨率高、精度高、隐蔽性好、可快速完成三维环境的数据采集等优点，然而其性能受到浓雾、浓烟等恶劣工作环境影响。

1.3.3 力触觉传感器

智能机器人系统配备力触觉传感器获取与环境交互过程的交互力信息，如根据力触觉感知系统的反馈实现机器人与环境和目标之间的按压、抓握、推动和轻触等动作，为机器人系统在视觉受限或缺失时提供丰富的感知能力。协作机器人对力触觉感知功能的要求更高，通过丰富的力触觉信息使得协作机器人能和人类在共同的作业环境中自然交互。目前，机器人配备的多维力传感器常以电阻应变片式为主，如美国 ATI 等公司的系列化多维力传感器等。当前，阻碍机器人多维力传感器性能提升和广泛应用的主要是维间耦合和动态性能欠佳。

目前，基于光纤光栅式的多维力传感器因为精度高、体积小、抗电磁干扰等特性被广泛应用。图 1-8 所示为光纤光栅式六维力传感器示意图，六维力传感器配置在机器人腕部，实时检测机器人与环境交互时的三维力和三维力矩信息。光纤光栅应变计收到载荷时，光栅的轴向应变引起的反射光波长变化，波长的变化经解调仪处理后获得波长漂移的大小，通过建模和标定可以获得波长漂移与应变变化的关系，以此获得环境作用力的大小和方向。

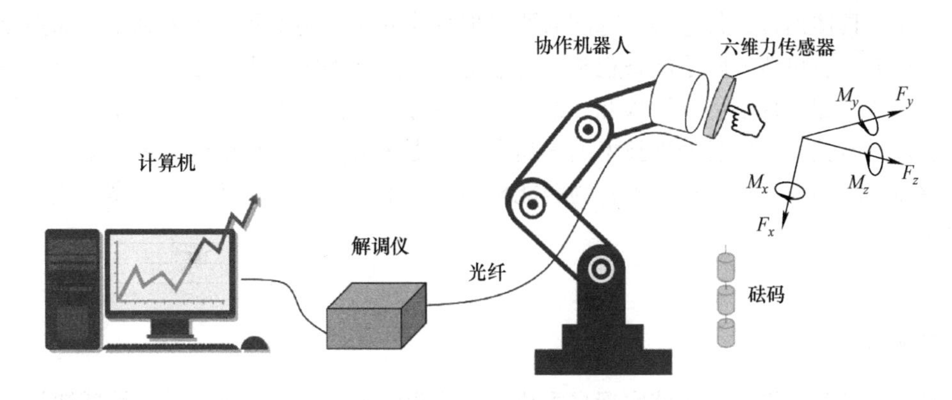

图 1-8 光纤光栅式六维力传感器示意图

1.3.4 运动传感器

机器人系统配置运动传感器实现机器人在环境中的姿态、位置、速度、加速度等信息的获取，在机器人运动控制、导航、避障等方面发挥重要作用。常见的运动传感器包括位置（位移）传感器、速度和加速度传感器、距离传感器、惯性测量单元等。

机器人位置（位移）传感器通常通过多次测量目标距离来实现目标位移的检测。常见的位置（位移）传感器包括直线位移传感器和角位移传感器，按检测原理可以分为电位器式传感器、电阻应变式传感器、电容式传感器、差动变压器、光电编码器等。

机器人速度传感器将运动部件的角速度或线速度转换成电信号，使得机器人控制系统了解自身的运动状态，并实现在复杂环境中的运动规划、运动控制、安全防护等，常见的速度（加速度）传感器有光电编码器、测速发电机、加速度传感器、姿态传感器（陀螺仪、电子罗盘）等。

机器人距离传感器用来测量机器人与环境目标或障碍物之间的距离。主要的机器人距离传感器性能指标包括测量精度和量程、分辨率、动态响应时间等。距离传感器的种类非常多，常见的包括激光测距传感器、超声波传感器、电磁波测距和红外测距传感器等。

机器人系统配置惯性测量单元实现机器人运动状态的测量和纪录。惯性测量单元通常由三轴加速度计（获取三轴加速度信号）、陀螺仪（获取角速度信号）和磁力计（提供方向信息，选配）等构成，其利用加速度计和陀螺仪实现机器人运动姿态的测量。惯性测量单元被广泛应用于机器人系统，实现精确的定位和姿态获取、检测机器人姿态变化避免碰撞、与激光雷达或视觉摄像机融合等。

1.3.5 其他类型传感器

智能机器人系统除了配备上述的主要感知手段之外，还有很多种其他环境感知传感器，比如温湿度传感器、声音传感器、气体传感器、光敏传感器、辐射传感器等。

温湿度传感器是机器人测量所处环境温度和湿度的常用感知手段。常见的温湿度传感器可以分为数字式温湿度传感器、模拟式温湿度传感器和基于微机电系统（MEMS）的温湿度传感器。机器人气体传感器主要用于检测其所处环境中某些气体（如有毒有害或可燃等）成分和浓度。具体而言，传感器的选配需要根据具体的应用场景和领域来确定。如强核辐射环境下的核电应急机器人除了配备视觉、力触觉、距离觉等感知手段之外，还需要配备高辐射专用辐射传感器实现辐射水平检测和监控，配备温湿度传感器检测环境的温湿度等信息。

随着传感器技术和信息处理技术的不断发展，更多类型、更高精度、更加集成、更加智能的传感器不断涌现。这些传感器将为智能机器人在未知非结构化环境中可靠高效工作起到关键作用。

本章小结

环境感知是智能机器人系统实现自主化和智能化的关键技术基础，其环境感知的水平很大程度上决定了机器人能应对的环境复杂程度。本章主要介绍了智能机器人概述、机器人环境感知定义和研究现状、常见的机器人环境感知传感器等内容。通过本章的学习，读者将对环境感知的重要性和主要的感知手段有了大概的认识，后续的章节将详细介绍具体的环境感知技术。

习题

1. 简述智能机器人主要的相关技术。
2. 简述常见的机器人环境感知手段。
3. 简述智能机器人视觉环境感知系统的组成和各模块的功能。
4. 简述智能机器人力触觉感知系统。
5. 试分析常见的机器人三维环境感知方案的优缺点。

参考文献

[1] FRÜH C, ZAKHOR A. An automated method for large-scale, ground-based city model acquisiton [J]. Jour-

nal of computer vision, 2004, 60 (1): 5-24.

[2] REN H W, QURESHI A H. Robot active neural sensing and planning in unknown cluttered environments [J]. IEEE transactions on robotics, 2023, 39 (4): 2738-2750.

[3] REDMON J, FARHADI A . YOLO9000: Better, faster, stronger [C] //IEEE conference on computer vision & pattern recognition. Honolulu, USA: IEEE Computer Society, 2017: 6517-6525.

[4] REDMON J, FARHADI A. YOLOv3: An incremental improvement [EB/OL]. (2018-04-08) [2024-07-17]. https://arxiv. org/abs/1804. 02767.

[5] JOCHER G, NISHIMURA K, MINEEVA T, et al. Ultralytics YOLOv8 [EB/OL]. (2022-09-12) [2024-07-17]. https: //github. com/ultralytics/ultralytics.

[6] 唐超权，唐玮，李聪，等．仿生手指的触觉感知系统设计及性能［J］．清华大学学报（自然科学版），2024，64（3）：421-431.

[7] 张宪民，王浩楠，黄沿江．机器人抓取对象硬度触觉感知研究［J］．机械工程学报，2021，57（23）：12-20.

[8] YANG M J, CHO J, CHUNG H, et al. Touch classification on robotic skin using multimodal tactile sensing modules [C] // Proceedings of ICRA 2023. London, UK: IEEE, 2023: 9917-9923.

[9] NOBIS F, GEISSLINGER M, WEBER M, et al. A deep learning-based radar and camera sensor fusion architecture for object detection [C] //2019 symposium on sensor data fusion: Trends, solutions, applications. Bonn, Germany: IEEE, 2019: 1-7.

[10] NABATI R, QI H R. Centerfusion: Center-based radar and camera fusion for 3D object detection [C] // Proceedings of 2021 IEEE/CVF winter conference on applications of computer vision. Waikoloa, USA: IEEE, 2021: 1526-1535.

第 2 章　基于视觉的机器人环境感知技术

导读

机器人环境感知技术是智能机器人能够准确感知环境，实现其自主作业的基础，智能机器人环境感知系统成为实现机器人智能化的核心技术之一。本章重点介绍机器人环境感知的视觉传感器概述及工作原理，以摄像机为例，围绕移动机器人导航作业场景，重点介绍机器人障碍物三维识别方法和机器人抓取工件三维识别方法等。

本章知识点

- 视觉传感器概述及工作原理
- 基于视觉的机器人障碍物三维识别方法
- 基于视觉的机器人抓取工件三维识别方法

2.1　视觉传感器概述及工作原理

机器人环境感知是机器人实现自主导航和作业的关键技术之一。视觉传感器是机器人环境感知的主要传感器之一，可以提供丰富的环境信息。视觉传感器通过捕捉和分析周围环境的图像数据，帮助机器人感知和理解环境。机器人通过视觉传感器（如摄像头）捕捉环境中的光线信息，将其转换为电子信号，实现环境数据采集。通过对采集的图像数据进行预处理，如去噪、校正等，提高图像质量。利用图像处理和机器视觉算法从图像中提取有意义的边缘、纹理和颜色等特征信息。结合特征信息，构建环境的三维模型或语义地图，描述环境的几何和语义信息。利用物体检测和识别算法，识别图像中的障碍物、路径、标志等目标物体。最终实现机器人自主环境感知识别理解等。

2.1.1　摄像机成像模型

在单目摄像机的成像模型中，可以通过对三维空间中任意一点 P 与摄像机成像的二维图像中像素点 p 之间的空间位置转换关系进行建模，来建立世界坐标系、摄像机坐标系、图像坐标系和像素坐标系四个坐标系之间的转换关系。摄像机的线性透视几何成像模型如图 2-1 所示。接下来，本小节将从摄像机四大坐标系的转换关系、成像模型与摄像机标定等方面详细介绍摄像机成像模型。

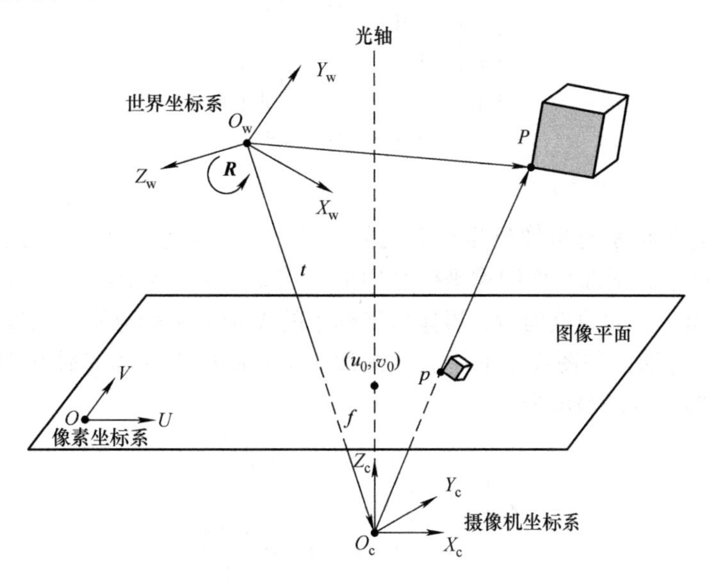

图 2-1　摄像机线性透视几何成像模型

2.1.2　摄像机坐标系之间的空间位置转换关系

1. 像素坐标系与图像坐标系的转换关系

摄像机采取的数字化图像在计算机中显示的分辨率为 $M\times N$，其中每一个像素点的数值对应着该像素点的图像亮度。如图 2-2 所示，将坐标原点定义为图像左上角像素，构建像素直角坐标系 U-O-V，以像素为单位，坐标 (u,v) 描述该像素在图像中的列号与行号。

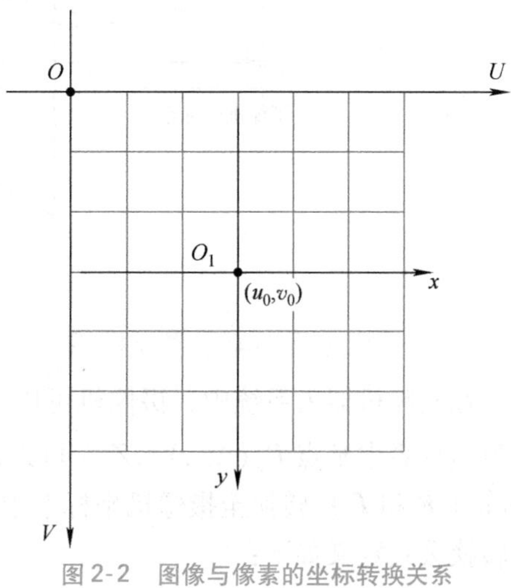

图 2-2　图像与像素的坐标转换关系

像素坐标系中的像素坐标 (u,v) 只表示像素在数字图像矩阵中的位置，该位置并没有物理含义。因此，必须建立以物理单位（如毫米）表示的图像坐标系 x-O_1-y，其中，O_1 表示图像坐标系的原点（一般位于图像中心处），通常原点定义在摄像机光轴与图像平面的交点。如图 2-2 所示，x 轴与 U 轴平行；y 轴与 V 轴平行。设 (u_0,v_0) 为图像坐标系原点 O_1 在像素坐标系中的坐标，$\mathrm{d}x$、$\mathrm{d}y$ 表示像素坐标系中的像素在图像坐标系中的物理尺寸，可以将图像与像素之间关系表示为

$$\begin{cases} u = \dfrac{x}{\mathrm{d}x} + u_0 \\ v = \dfrac{y}{\mathrm{d}y} + v_0 \end{cases} \tag{2-1}$$

转换坐标系的齐次化矩阵形式定义如下：

$$\begin{bmatrix} u \\ v \\ 1 \end{bmatrix} = \begin{bmatrix} \frac{1}{\mathrm{d}X} & 0 & 0 \\ 0 & \frac{1}{\mathrm{d}Y} & 0 \\ 0 & 0 & 1 \end{bmatrix} \begin{bmatrix} X \\ Y \\ 1 \end{bmatrix} \tag{2-2}$$

2. 图像坐标系与摄像机坐标系的转换关系

通过建立图像坐标系与摄像机坐标系之间的几何转换关系，摄像机空间中的任意一点 $P(X,Y,Z)$ 可以投影到图像平面图像坐标系中的一点 $p(x,y)$。如图 2-3 所示，f 为焦距，光轴中心和摄像机坐标系的原点为 O，摄像机坐标系的 X 轴和 Y 轴分别与图像坐标系的 x 轴和 y 轴平行，Z 轴（光轴）与图像平面垂直。图像坐标系的原点 o 为光轴与图像平面的交点。两个坐标之间的转换可以表示为

$$\boldsymbol{Z}_{\mathrm{c}} \begin{bmatrix} x \\ y \\ 1 \end{bmatrix} = \begin{bmatrix} f & 0 & 0 & 0 \\ 0 & f & 0 & 0 \\ 0 & 0 & 1 & 0 \end{bmatrix} \begin{bmatrix} X \\ Y \\ Z \\ 1 \end{bmatrix} \tag{2-3}$$

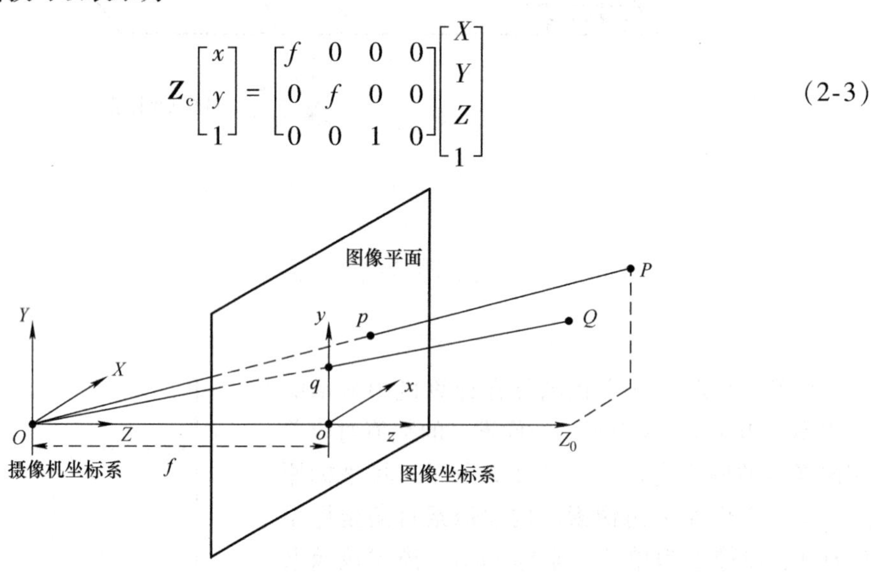

图 2-3　图像与摄像机的坐标转换关系

3. 摄像机坐标系与世界坐标系的转换关系

在实际机器人系统中，摄像机可以安放在世界坐标系 $X_{\mathrm{w}}Y_{\mathrm{w}}Z_{\mathrm{w}} - O$ 中任意位置。同样，世界坐标系中某点 $P_{\mathrm{w}}(X_{\mathrm{w}},Y_{\mathrm{w}},Z_{\mathrm{w}})$ 可以通过世界坐标系与摄像机坐标系之间的旋转和平移矩阵（$\boldsymbol{R}$ 和 $\boldsymbol{T}$）转换至摄像机坐标系中点 $P(X,Y,Z)$。世界坐标系与摄像机坐标系的齐次坐标转换公式定义如下：

$$\begin{bmatrix} X \\ Y \\ Z \\ 1 \end{bmatrix} = \begin{bmatrix} \boldsymbol{R} & \boldsymbol{T} \\ \boldsymbol{0}^{\mathrm{T}} & 1 \end{bmatrix} \begin{bmatrix} X_{\mathrm{w}} \\ Y_{\mathrm{w}} \\ Z_{\mathrm{w}} \\ 1 \end{bmatrix} = \boldsymbol{M}_2 \begin{bmatrix} X_{\mathrm{w}} \\ Y_{\mathrm{w}} \\ Z_{\mathrm{w}} \\ 1 \end{bmatrix} \tag{2-4}$$

式中，$\boldsymbol{R}$ 为 3×3 单位旋转矩阵；$\boldsymbol{T}$ 为 3×1 平移向量；$\boldsymbol{0}^{\mathrm{T}} = (0,0,0)^{\mathrm{T}}$；$\boldsymbol{M}_2$ 为 4×4 矩阵。

摄像机的针孔成像模型（线性摄像机模型）是指空间世界坐标系任何点 $\boldsymbol{P}_{\mathrm{w}}(X_{\mathrm{w}},Y_{\mathrm{w}},Z_{\mathrm{w}})$ 可以转换找到在图像中的投影位置 $\boldsymbol{p}(u,v)$：

$$
\begin{aligned}
s\begin{bmatrix} u \\ 1 \end{bmatrix} &= \begin{bmatrix} \frac{1}{\mathrm{d}x} & 0 & 0 \\ 0 & \frac{1}{\mathrm{d}y} & 0 \\ 0 & 0 & 1 \end{bmatrix}\begin{bmatrix} f & 0 & 0 & 0 \\ 0 & f & 0 & 0 \\ 0 & 0 & 1 & 0 \end{bmatrix}\begin{bmatrix} \boldsymbol{R} & \boldsymbol{t} \\ \boldsymbol{0} & 1 \end{bmatrix}\begin{bmatrix} X_{\mathrm{w}} \\ Y_{\mathrm{w}} \\ Z_{\mathrm{w}} \\ 1 \end{bmatrix} \\
&= \begin{bmatrix} a_x & \gamma & u_0 & 0 \\ 0 & a_y & v_0 & 0 \\ 0 & 0 & 1 & 0 \end{bmatrix}\begin{bmatrix} \boldsymbol{R} & \boldsymbol{t} \\ \boldsymbol{0}^{\mathrm{T}} & 1 \end{bmatrix}\begin{bmatrix} X_{\mathrm{w}} \\ Y_{\mathrm{w}} \\ Z_{\mathrm{w}} \\ 1 \end{bmatrix} = \boldsymbol{M}_1\boldsymbol{M}_2\boldsymbol{X}_{\mathrm{w}} = \boldsymbol{M}\boldsymbol{X}_{\mathrm{w}}
\end{aligned} \tag{2-5}
$$

式中，$\boldsymbol{M}$ 为 3×3 投影矩阵；s 为比例因子；$a_x=f/\mathrm{d}x$ 为 u 轴上归一化焦距（尺度因子）；$a_y=f/\mathrm{d}y$ 为 v 轴上的尺度因子（归一化焦距）；$\boldsymbol{M}_1$ 由 a_x、a_y、u_0、v_0（内部参数系数）决定；$\boldsymbol{M}_2$ 为摄像机外部参数（取决于摄像机相对于世界坐标系的方位）。摄像机标定是指确定机器人环境感知系统的摄像机内外参数的过程。

摄像机由于生产工艺等原因会存在不同程度的畸变，摄像机镜头的成像模型并非理想的针孔透视成像模型，使得空间点的投影位置并不在其线性模型所描述的位置 (X,Y)，受到镜头失真影响而偏移的实际像平面位置 (X_0,Y_0)。

$$
\begin{cases} X = X' + \delta x \\ Y = Y' + \delta y \end{cases} \tag{2-6}
$$

式中，δx 和 δy 为非线性畸变值，它与图像的像素点在图像中的位置有关。理论上，镜头会同时存在径向畸变和切向畸变。通常切向畸变比较小，径向畸变的影响比较大。

$$
\begin{cases} \delta x = X'(k_1r^2 + k_2r^4) + 2p_1X'Y' + p_2(r^2 + 2X'^2) \\ \delta y = Y'(k_1r^2 + k_2r^4) + 2p_2X'Y' + p_1(r^2 + 2Y'^2) \end{cases} \tag{2-7}
$$

式中，$r^2=X'^2+Y'^2$ 表明 X 方向和 Y 方向的畸变相对值 $\delta x/X$ 和 $\delta y/Y$ 与径向半径的二次方成正比，即在图像边缘处的畸变较大；k_1 和 k_2 为径向畸变系数；p_1 和 p_2 为切向畸变系数。

2.1.3　摄像机参数标定

摄像机参数标定的目的是建立摄像机图像像素位置与物体空间位置之间的关系，即建立机器人环境感知系统摄像机的世界坐标系与图像坐标系之间的关系。摄像机外部参数包括旋转矩阵以及平移向量，它们构成了物体的位置和方向。而摄像机内部参数与畸变系数表示图像像素转变为实际的物理距离的关系。

目前，摄像机标定通常使用张氏标定法，根据摄像机模型，由已知特征点的坐标求解摄像机的模型参数，包括摄像机内参数和畸变参数，以及外部参数旋转矩阵和平移矩阵。

1. 单应性矩阵计算

设三维世界坐标系中一点 Q 的坐标为 $\boldsymbol{Q}=[X,Y,Z,1]^{\mathrm{T}}$，摄像机的像素平面中一点 P 的坐标为 $\boldsymbol{P}=[u,v,1]^{\mathrm{T}}$，则世界坐标系与摄像机图像坐标系之间的转换关系如下：

$$
s\boldsymbol{P} = s\begin{bmatrix} u \\ 1 \end{bmatrix} = \begin{bmatrix} a_x & \gamma & u_0 & 0 \\ 0 & a_y & v_0 & 0 \\ 0 & 0 & 1 & 0 \end{bmatrix}\begin{bmatrix} \boldsymbol{R} & \boldsymbol{t} \\ \boldsymbol{0}^{\mathrm{T}} & 1 \end{bmatrix}\begin{bmatrix} X \\ Y \\ Z \\ 1 \end{bmatrix} = \boldsymbol{K}[\boldsymbol{R}|\boldsymbol{T}]\boldsymbol{Q} \tag{2-8}
$$

式中，$\boldsymbol{R}$ 为旋转矩阵；$\boldsymbol{T}$ 为平移向量；$\boldsymbol{K}$ 为摄像机内参数，定义如下：

$$K = \begin{bmatrix} a_x & \gamma & u_0 \\ 0 & a_y & v_0 \\ 0 & 0 & 1 \end{bmatrix} \tag{2-9}$$

通过利用张氏标定法，将世界坐标系放置于标定棋盘平面上，即令棋盘平面为 $Z=0$，因此，式（2-8）变换为

$$s\begin{bmatrix} u \\ v \\ 1 \end{bmatrix} = K[\varepsilon_1, \varepsilon_2, \varepsilon_3, t]\begin{bmatrix} X \\ Y \\ 0 \\ 1 \end{bmatrix} = K[\varepsilon_1, \varepsilon_2, t]\begin{bmatrix} X \\ Y \\ 1 \end{bmatrix} \tag{2-10}$$

则

$$\begin{bmatrix} u \\ v \\ 1 \end{bmatrix} = H\begin{bmatrix} X \\ Y \\ 1 \end{bmatrix} \tag{2-11}$$

式中，H 为单应性矩阵，其定义为

$$H = [h_1, h_2, h_3] = \lambda K[\varepsilon_1, \varepsilon_2, t] \tag{2-12}$$

2. 摄像机内参数与外参数计算

因此，由式(2-10)～式(2-12) 可得

$$\lambda = \frac{1}{s} \tag{2-13}$$

$$\varepsilon_1 = \frac{1}{\lambda}K^{-1}h_1 \tag{2-14}$$

$$\varepsilon_2 = \frac{1}{\lambda}K^{-1}h_2 \tag{2-15}$$

因为 ε_1 与 ε_2 为单位正交向量，即

$$\varepsilon_1^{\mathrm{T}} \cdot \varepsilon_2 = 0 \tag{2-16}$$

$$\|\varepsilon_1\| = \|\varepsilon_2\| = 1 \tag{2-17}$$

所以，由式（2-14）～式（2-17）可得

$$h_1^{\mathrm{T}}K^{-\mathrm{T}}K^{-1}h_1 = h_2^{\mathrm{T}}K^{-\mathrm{T}}K^{-1}h_2 = 1 \tag{2-18}$$

令 $K^{-\mathrm{T}}K^{-1} = B$，则

$$B = \begin{bmatrix} B_{11} & B_{12} & B_{13} \\ B_{21} & B_{22} & B_{23} \\ B_{31} & B_{32} & B_{33} \end{bmatrix} = \begin{bmatrix} \frac{1}{a_x^2} & -\frac{\gamma}{a_x^2 a_y} & \frac{v_0\gamma - u_0 a_y}{a_x^2 a_y} \\ -\frac{\gamma}{a_x^2 a_y} & \frac{\gamma^2}{a_x^2 a_y^2} + \frac{1}{a_y^2} & -\frac{\gamma(v_0\gamma - u_0 a_y)}{a_x^2 a_y^2} - \frac{v_0}{a_y^2} \\ \frac{v_0\gamma - u_0 a_y}{a_x^2 a_y} & -\frac{\gamma(v_0\gamma - u_0 a_y)}{a_x^2 a_y^2} - \frac{v_0}{a_y^2} & \frac{(v_0\gamma - u_0 a_y)^2}{a_x^2 a_y^2} + \frac{v_0}{a_y^2} + 1 \end{bmatrix} \tag{2-19}$$

由于

$$h_1^{\mathrm{T}}Bh_2 = 0 \tag{2-20}$$

$$h_1^{\mathrm{T}}Bh_1 = h_2^{\mathrm{T}}Bh_2 = 1 \tag{2-21}$$

因此，可以通过计算出 $h_i^{\mathrm{T}}Bh_j$ 来求解矩阵 B：

$$
\begin{aligned}
\boldsymbol{h}_i^{\mathrm{T}}\boldsymbol{B}\boldsymbol{h}_j &= [h_{1i},h_{2i},h_{3i}]\begin{bmatrix} B_{11} & B_{12} & B_{13} \\ B_{21} & B_{22} & B_{23} \\ B_{31} & B_{32} & B_{33} \end{bmatrix}\begin{bmatrix} h_{1j} \\ h_{2j} \\ h_{3j} \end{bmatrix} \\
&= h_{1i}h_{1j}B_{11} + (h_{1i}h_{2j} + h_{2i}h_{1j})B_{12} + h_{2i}h_{2j}B_{22} + \\
&\quad (h_{1i}h_{3j} + h_{3i}h_{1j})B_{13} + (h_{2i}h_{3j} + h_{3i}h_{2j})B_{23} + h_{3i}h_{3j}B_{33}
\end{aligned}
\tag{2-22}
$$

令

$$
\boldsymbol{v}_{ij} = [h_{1i}h_{1j},h_{1i}h_{2j} + h_{2i}h_{1j},h_{2i}h_{2j},h_{1i}h_{3j} + h_{3i}h_{1j},h_{2i}h_{3j} + h_{3i}h_{2j},h_{3i}h_{3j}] \tag{2-23}
$$

$$
\boldsymbol{b} = [B_{11},B_{12},B_{22},B_{13},B_{23},B_{33}]^{\mathrm{T}} \tag{2-24}
$$

则

$$
\boldsymbol{h}_i^{\mathrm{T}}\boldsymbol{B}\boldsymbol{h}_j = \boldsymbol{v}_{ij}^{\mathrm{T}}\boldsymbol{b} \tag{2-25}
$$

因为 $\boldsymbol{\varepsilon}_1$ 与 $\boldsymbol{\varepsilon}_2$ 为单位正交向量，则

$$
\boldsymbol{v}_{12}^{\mathrm{T}}\boldsymbol{b} = 0 \tag{2-26}
$$

$$
\boldsymbol{v}_{11}^{\mathrm{T}}\boldsymbol{b} = \boldsymbol{v}_{22}^{\mathrm{T}}\boldsymbol{b} = 1 \tag{2-27}
$$

即

$$
\begin{bmatrix} \boldsymbol{v}_{12}^{\mathrm{T}} \\ (\boldsymbol{v}_{11} - \boldsymbol{v}_{22})^{\mathrm{T}} \end{bmatrix}\boldsymbol{b} = 0 \tag{2-28}
$$

根据上述公式，采取标定棋盘格的图像超过三幅图像时，利用最小二乘拟合最佳的向量 $\boldsymbol{b}$，并得到矩阵 $\boldsymbol{B}$。因此，根据上述公式可求解摄像机的内参数矩阵 $\boldsymbol{K}$。

$$
v_0 = \frac{B_{12}B_{13} - B_{11}B_{23}}{B_{11}B_{22} - B_{12}^2} \tag{2-29}
$$

$$
a_x = \sqrt{\frac{1}{B_{11}}} \tag{2-30}
$$

$$
a_y = \frac{B_{11}}{B_{11}B_{22} - B_{12}^2} \tag{2-31}
$$

$$
\gamma = -B_{12}a_x^2a_y \tag{2-32}
$$

$$
u_0 = \frac{\gamma v_0}{a_y} - B_{13}a_x^2 \tag{2-33}
$$

摄像机的外参数：

$$
\lambda = \frac{1}{s} = \frac{1}{\|\boldsymbol{K}^{-1}\boldsymbol{h}_1\|} = \frac{1}{\|\boldsymbol{K}^{-1}\boldsymbol{h}_2\|} \tag{2-34}
$$

$$
\boldsymbol{\varepsilon}_1 = \frac{1}{\lambda}\boldsymbol{K}^{-1}\boldsymbol{h}_1 \tag{2-35}
$$

$$
\boldsymbol{\varepsilon}_2 = \frac{1}{\lambda}\boldsymbol{K}^{-1}\boldsymbol{h}_2 \tag{2-36}
$$

$$
\boldsymbol{\varepsilon}_3 = \boldsymbol{\varepsilon}_1 \times \boldsymbol{\varepsilon}_2 \tag{2-37}
$$

$$
t = \lambda\boldsymbol{K}^{-1}\boldsymbol{h}_3 \tag{2-38}
$$

3. 摄像机参数优化

由于机器人环境感知系统存在高斯噪声，常应用最大似然估计等方法进行去噪。第 i 幅图像上的角点 M_j 在摄像机矩阵下图像上的投影点可以表示为

$$
\hat{m}(\boldsymbol{K},\boldsymbol{R}_i,\boldsymbol{t}_i,\boldsymbol{M}_{ij}) = \boldsymbol{w}[\boldsymbol{R}|\boldsymbol{t}]\boldsymbol{M}_{ij} \tag{2-39}
$$

式中，$\boldsymbol{w}$ 为内参数矩阵；$\hat{m}$为图像中的棋盘格角点数；$\boldsymbol{R}_i$ 为第 i 幅图对应的旋转矩阵；$\boldsymbol{t}_i$ 为第 i 幅图对应的平移向量。因此，角点 $\boldsymbol{M}_{ij}$ 的概率密度函数可以表示为

$$f(m_{ij}) = \frac{1}{\sqrt{2\pi}} e^{\frac{-(\hat{m}(\boldsymbol{K},\boldsymbol{R}_i,\boldsymbol{t}_i,\boldsymbol{M}_{ij})-m_{ij})}{\sigma^2}} \tag{2-40}$$

构造似然函数

$$L(\boldsymbol{K},\boldsymbol{R}_i,\boldsymbol{t}_i,\boldsymbol{M}_{ij}) = \prod_{i=1,j=1}^{n,m} f(m_{ij}) = \frac{1}{\sqrt{2\pi}} e^{\frac{-\sum_{i=1}^{n}\sum_{j=1}^{m}(\hat{m}(\boldsymbol{K},\boldsymbol{R}_i,\boldsymbol{t}_i,\boldsymbol{M}_{ij})-m_{ij})^2}{\sigma^2}} \tag{2-41}$$

最小化目标函数可以表示为

$$\sum_{i=1}^{n}\sum_{j=1}^{m} \|\hat{m}(\boldsymbol{K},\boldsymbol{R}_i,\boldsymbol{t}_i,\boldsymbol{M}_{ij}) - m_{ij}\|^2 \tag{2-42}$$

可采用 Levenberg- Marquarat 算法进行迭代求解。

4. 摄像机畸变系数估计优化

张氏标定法只关注了影响最大的径向畸变：

$$\hat{u} = u + (u - u_0)[k_1(x^2 + y^2) + k_2(x^2 + y^2)^2] \tag{2-43}$$

$$\hat{v} = v + (v - v_0)[k_1(x^2 + y^2) + k_2(x^2 + y^2)^2] \tag{2-44}$$

式中，(u_0, v_0) 为主点；k_1 和 k_2 为畸变参数；(u,v) 和 $(\hat{u},\hat{v})$ 分别为无畸变像素坐标和实际像素坐标；(x,y) 和 $(\hat{x},\hat{y})$ 分别为理想连续图像坐标和实际连续图像坐标。径向畸变系数可以表示为

$$\sum_{i=1}^{n}\sum_{j=1}^{m} \|\hat{m}(\boldsymbol{K},k_1,k_2,\boldsymbol{R}_i,\boldsymbol{t}_i,\boldsymbol{M}_{ij}) - m_{ij}\|^2 \tag{2-45}$$

2.2 基于视觉的机器人障碍物三维识别方法

障碍物识别定位是移动机器人安全导航、实现自主柔性加工作业的重要保障。为实现移动机器人的安全导航，本节主要介绍了基于双目视觉的移动机器人障碍物三维识别方法。移动机器人凭借自身搭载的传感器检测到规划路线上存在的未知障碍物，实现合理的路径规划，进而防止机器人因碰撞或跌落造成无法挽救的损失。

现有障碍检测方法通常为二维图像检测方法，如根据图像颜色信息对障碍物进行分割与检测，或者利用边缘检测技术检测出障碍物及其边缘信息。然而二维图像障碍物识别方法无法直接获取障碍物的深度距离信息，需要与其他深度传感器结合才能获取障碍物的空间位置深度信息，实现移动机器人避障。另一方面，智能工厂移动机器人非结构化作业环境下，未知障碍物的大小、形状、分布位置等各有不同且动态变化。近年来，因双目视觉感知信息丰富，能直接获取障碍物的空间位置信息，研究者们尝试着使用基于深度学习的双目视觉来实现障碍物的三维识别与定位。但双目深度估计面临着遮挡、非漫射表面、重复图案和无纹理表面等诸多挑战，导致双目立体匹配产生歧义匹配的像素区域，使得双目深度估计精度低，障碍物识别误检、漏检等问题。

为此，在本节中主要提出一种基于置信度传播的、端到端的双目深度估计与障碍物三维识别定位神经网络模型。该网络模型通过利用可微分的置信度传播代价聚合方法来提高双目深度估计性能。此外，该模型还采用多模态特征信息融合技术，通过提取障碍物的图像颜色特征信息与其深度信息相融合，可以准确地实现障碍物识别与定位。基于双目深度估计的障碍物三维识别网络模型框架如图 2-4 所示。

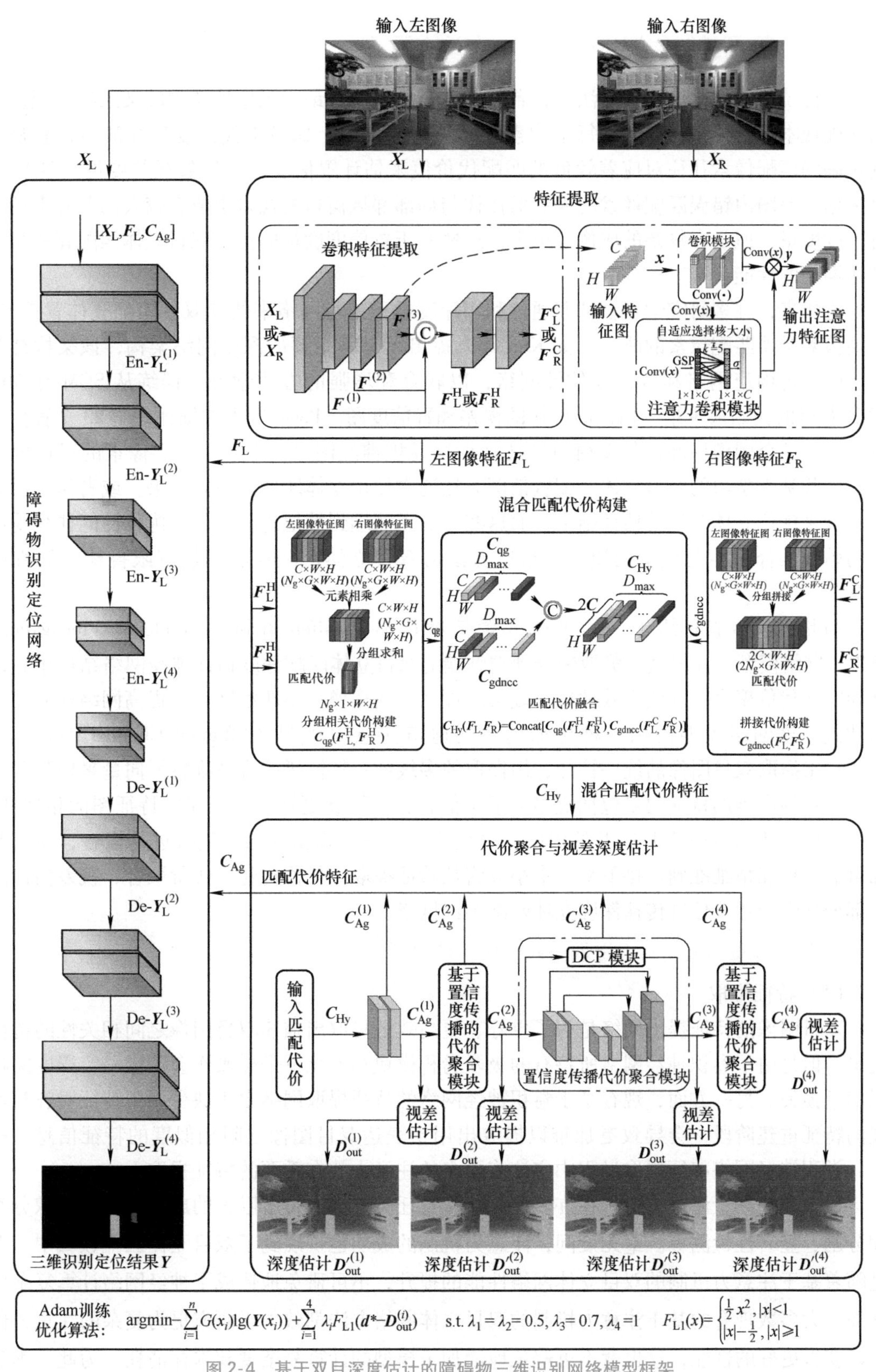

图 2-4　基于双目深度估计的障碍物三维识别网络模型框架

2.2.1 基于可微置信度传播的障碍物三维重建

在传统的双目立体匹配算法中，置信度度量通常用来最大限度地减少歧义匹配区域，提高匹配成本量的质量，以帮助每个像素选择正确的视差。如最小代价度量（MC），它是根据正确的匹配像素往往对应着较低的匹配代价值来估计置信度；中位数视差度量（MDD），是根据视差图内错误匹配像素的视差值往往与局部邻域窗口的视差中值有较大的差异来计算置信度度量。但是在复杂的成像环境下，这些基于置信度度量的传统双目立体匹配算法难以到达期望的性能。

近年来，许多研究学者尝试着通过利用深度卷积神经网络来估计双目匹配立体置信度，提高检测错误匹配像素的能力。如 Kim 等人提出了一种新颖的深度网络架构，该架构结合了匹配代价构建网络和置信度估计网络，以联合和增强的方式学习，训练从 SGM 和 MC-CNN 获得的初始成本量，估计出可靠的视差和置信度图。Poggi 等人详细评估了 23 个置信度度量，并结合图像局部置信度窗口特征来训练卷积神经网络，来推断中心像素的置信度水平。这些基于学习的双目立体匹配置信度方法通常使用立体匹配的中间结果，或者作为后处理步骤来优化立体匹配的估计结果，而这些方法无法端到端地进行优化，优化性能往往受制于初始或聚合后匹配代价的质量。这些方法为双目立体匹配算法提供有限鲁棒性和性能提升。

为此，本小节介绍了一种可微分置信度传播（Differentiable Confidence Propagation，DCP）网络模型，并将其完美地融合到端到端的双目立体匹配深度估计神经网络结构中，以指导匹配代价聚合。它能有效地减小歧义匹配区域或逐像素不匹配区域，提高网络视差估计的性能。该网络模型使用一种更加高效的通道注意力机制（Efficient Channel Attention，ECA）来提取双目图像的统一特征，用提取的多级统一特征拼接成高维特征向量来构建匹配代价。这种高维的特征向量包括更多上下文信息，并能够更好地表示左右特征图的相似性。另一方面，使用一种基于 DCP 的级联堆叠代价聚合网络来指导匹配代价进行聚合，使其更加可靠，更加精细准确。接下来，本小节将从特征提取、代价构建、代价聚合、视差估计四个部分详细介绍置信度传播深度立体匹配神经网络。

1. 高效注意力机制特征提取与匹配代价构建

（1）特征提取

双目图像的特征提出网络是为了更好、更高效地提取出描述双目图像之间相关性的特征向量。但是由于卷积神经网络所特有的级联卷积模块和池化下采样操作会造成一定程度的特征信息损失。另一方面，现有基于卷积神经网络的特征提取网络由于缺少用于特征对齐与增强的特征重建阶段，会导致更加难以提取出用于表达双目图像之间相似度的特征信息。所以，卷积神经网络特征提取过程中应该将更多的注意力放在重要的特征提取上。

最近几年来，注意力机制在许多计算机视觉任务中都取得了巨大的成功，例如图像分类和分割、显著性检测等。毫无疑问，注意力机制的成功也扩展到了双目立体匹配领域中。但是随着基于注意力机制的双目立体网络性能的提升，不可避免地造成了神经网络计算复杂度增加。大多数现有的基于注意力机制的双目立体网络方法都致力于研究更为复杂的注意力模块以获得更好的性能，这也就不可避免地增加了模型的计算复杂度和内存消耗。为此，本节引进了一种更加有效通道注意力机制提取双目图像的统一特征。这种高效通道注意力机制避免了增加网络模型的复杂性，但同时又能提高神经网络的特征表征能力。如图 2-4 所示，本小节特征提出网络模型以 ResNet-50 为基石，通过引入基于 ECA 注意力机制来提取双目图像统一特征。令输入左、右图像为 $\boldsymbol{X}_{\mathrm{L}}$ 和 $\boldsymbol{X}_{\mathrm{R}}$，图像的输入维度为 $[B,3,H,W]$，基于高效注意力机制的特征提取网络模型定义如下：

$$\boldsymbol{F}_{\mathrm{L}}^{(n)} = \begin{cases} \mathrm{Conv}^{(n)}(\boldsymbol{X}_{\mathrm{L}}), & n = 0 \\ \mathrm{EAConv}^{(n)}(\boldsymbol{F}_{\mathrm{L}}^{(n-1)}), & 0 < n < N \end{cases} \tag{2-46}$$

$$\boldsymbol{F}_{\mathrm{R}}^{(n)} = \begin{cases} \mathrm{Conv}^{(n)}(\boldsymbol{X}_{\mathrm{R}}), & n = 0 \\ \mathrm{EAConv}^{(n)}(\boldsymbol{F}_{\mathrm{R}}^{(n-1)}), & 0 < n < N \end{cases} \tag{2-47}$$

式中，$\boldsymbol{F}_{\mathrm{L}}^{(n)}$ 和 $\boldsymbol{F}_{\mathrm{R}}^{(n)}$ 分别为第 n 个卷积模块提取的左、右图像特征；$\mathrm{Conv}^{(n)}(\cdot)$ 为密集卷积模块操作，定义如下：

$$\mathrm{Conv}^{(n)}(\boldsymbol{X}) = \boldsymbol{\mathcal{F}}_{3\times3}(\boldsymbol{\mathcal{F}}_{3\times3}(\boldsymbol{\mathcal{F}}_{3\times3}(\boldsymbol{X}))) \tag{2-48}$$

同样，$\mathrm{EAConv}^{(n)}(\cdot)$ 为第 n 个高效注意力卷积（Efficient Attention Convolution，EA-Conv）模块操作，定义如下：

$$\mathrm{EAConv}^{(n)}(\boldsymbol{X}) = \boldsymbol{Y}^{(n;l)} \Rightarrow \begin{cases} \boldsymbol{Y}^{(n;0)} = E_{\mathrm{A}}^{(n;0)}(\boldsymbol{X}), & i = 0 \\ \boldsymbol{Y}^{(n;i)} = E_{\mathrm{A}}^{(n;i)}(\boldsymbol{Y}^{(n;i-1)}), & i = 1,2,\cdots,l \end{cases} \tag{2-49}$$

式中，$E_{\mathrm{A}}^{(n;i)}$ 为第 n 个高效注意力卷积模块中第 l 个级联注意力卷积子模块。注意力卷积子模块 $E_{\mathrm{A}}(\cdot)$ 定义如下：

$$E_{\mathrm{A}}(\boldsymbol{X}) = \sigma(A(\boldsymbol{\mathcal{F}}_{3\times3}(\boldsymbol{\mathcal{F}}_{3\times3}(\boldsymbol{X})))) \tag{2-50}$$

式中，$\sigma(\cdot)$ 为激活函数，通常选用 ReLu 函数；函数 A（）为高效注意力卷积层，其定义如下：

$$A(\boldsymbol{X}) = \boldsymbol{X}\cdot(\mathrm{Sigmoid}(\boldsymbol{\mathcal{F}}_{1\times1}(\mathrm{AVP}(\boldsymbol{X})))) \tag{2-51}$$

式中，Sigmoid$(\cdot)$ 为归一化激活函数；AVP$(\cdot)$ 为自适应均值池化层（Adaptive Average Pooling）。

同样，对于左、右图像所提取的特征维度 $[B,C,H,W]$ 变化过程定义如下：

$$\boldsymbol{S}_{\mathrm{L}}^{(n)} = \begin{cases} \left[B,32,\dfrac{H}{2},\dfrac{W}{2}\right], & 0 \leqslant n \leqslant 1 \\ \left[B,64,\dfrac{H}{4},\dfrac{W}{4}\right], & n = 2 \\ \left[B,128,\dfrac{H}{4},\dfrac{W}{4}\right], & 2 < n < N \end{cases} \tag{2-52}$$

$$\boldsymbol{S}_{\mathrm{R}}^{(n)} = \begin{cases} \left[B,32,\dfrac{H}{2},\dfrac{W}{2}\right], & 0 \leqslant n \leqslant 1 \\ \left[B,64,\dfrac{H}{4},\dfrac{W}{4}\right], & n = 2 \\ \left[B,128,\dfrac{H}{4},\dfrac{W}{4}\right], & 2 < n < N \end{cases} \tag{2-53}$$

式中，$\boldsymbol{S}_{\mathrm{L}}^{(n)}$ 和 $\boldsymbol{S}_{\mathrm{R}}^{(n)}$ 分别为左、右图像第 n 个卷积模块提取出来的特征维度；N 在本小节中设置为5。

所提出神经网络模型的每个模块都通过引入高效的注意力机制来进行双目图像上下文特征提取。每个卷积层模块将注意力机制生成的注意力特征图跟该模块提取的特征进行合并、增强与融合，然后再传递到下一阶段并产生新的特征图和注意力特征。该特征提出网络通过融合拼接多级统一特征信息以形成用于匹配代价构建的高维特征表示。这种高维的特征中包括大量上下文信息，能够更好地表示双目左、右图像特征图之间的相似性。

为了更好地表达双目图像间的相似性，该网络模型对提取出来的高维特征（High-dimensional Feature）进行卷积得到卷积后的特征（Convoluted High-dimensional Feature）以用多阶段的特征来表达双目图像间的相似性。对于左、右图像 $\boldsymbol{X}_{\mathrm{L}}$ 和 $\boldsymbol{X}_{\mathrm{R}}$，输入维度为 $[B;3;W;H]$，特征提取网络提取出来的左、右图像高维特征定义如下：

$$\boldsymbol{F}_{\mathrm{L}}^{\mathrm{H}} = \mathrm{Concat}[\boldsymbol{F}_{\mathrm{L}}^{(2)},\boldsymbol{F}_{\mathrm{L}}^{(3)},\boldsymbol{F}_{\mathrm{L}}^{(4)}] \tag{2-54}$$

$$\boldsymbol{F}_{\mathrm{L}}^{\mathrm{H}} = \mathrm{Concat}[\boldsymbol{F}_{\mathrm{L}}^{(2)},\boldsymbol{F}_{\mathrm{L}}^{(3)},\boldsymbol{F}_{\mathrm{L}}^{(4)}] \tag{2-55}$$

式中，特征图维度都为 $\left[B,320,\frac{H}{4},\frac{W}{4}\right]$，高维特征卷积后特征定义如下：

$$\boldsymbol{F}_{\mathrm{L}}^{\mathrm{C}} = \mathrm{Conv}(\mathrm{Concat}[\boldsymbol{F}_{\mathrm{L}}^{(2)},\boldsymbol{F}_{\mathrm{L}}^{(3)},\boldsymbol{F}_{\mathrm{L}}^{(4)}]) \tag{2-56}$$

$$\boldsymbol{F}_{\mathrm{R}}^{\mathrm{C}} = \mathrm{Conv}(\mathrm{Concat}[\boldsymbol{F}_{\mathrm{R}}^{(2)},\boldsymbol{F}_{\mathrm{R}}^{(3)},\boldsymbol{F}_{\mathrm{R}}^{(4)}]) \tag{2-57}$$

其特征图维度都为 $\left[B,12,\frac{H}{4},\frac{W}{4}\right]$，其中，$B$ 为神经网络训练的批次大小，W、H 为输入左、右图像的宽与高。

（2）代价构建

为了构建出具有更多丰富相似度特征的匹配代价，本小节中介绍双目立体匹配网络最终使用了一种混合的代价构建方法来构建匹配代价，它结合基于拼接的代价构建方法 $\boldsymbol{C}_{\mathrm{p}}$ 与分组相关的代价构建方法 $\boldsymbol{C}_{\mathrm{qg}}$ 的优势，最大限度地保持匹配代价的特征多样性，能够为代价聚合网络提供高质量的匹配代价。混合代价构建方法定义如下：

$$\boldsymbol{C}_{\mathrm{Hy}} = \mathrm{Concat}[\boldsymbol{C}_{\mathrm{qg}}(\boldsymbol{F}_{\mathrm{L}}^{\mathrm{H}},\boldsymbol{F}_{\mathrm{R}}^{\mathrm{H}}),\boldsymbol{C}_{\mathrm{p}}(\boldsymbol{F}_{\mathrm{L}}^{\mathrm{C}},\boldsymbol{F}_{\mathrm{R}}^{\mathrm{C}})] \tag{2-58}$$

因此，通过对上一小节中使用高效注意力机制特征提取网络所提取的高维拼接左图像特征 $\boldsymbol{F}_{\mathrm{L}}^{\mathrm{H}}$ 和高维卷积后的特征 $\boldsymbol{F}_{\mathrm{L}}^{\mathrm{C}}$ 维度分别为 $\left[B,320,\frac{H}{4},\frac{W}{4}\right]$、$\left[B,12,\frac{H}{4},\frac{W}{4}\right]$，同样右图像特征 $\boldsymbol{F}_{\mathrm{R}}^{\mathrm{H}}$ 和高维卷积后的特征 $\boldsymbol{F}_{\mathrm{R}}^{\mathrm{C}}$ 维度分别为 $\left[B,320,\frac{H}{4},\frac{W}{4}\right]$、$\left[B,12,\frac{H}{4},\frac{W}{4}\right]$。所以，使用混合代价构建方法构建的匹配代价 $\boldsymbol{C}_{\mathrm{Hy}}(\cdot)$，其维度为 $\left[B,24+N_{\mathrm{g}}^{\mathrm{qg}},\frac{D_{\max}}{4},\frac{H}{4},\frac{W}{4}\right]$。其中，$N_{\mathrm{g}}^{\mathrm{qg}}$ 为分组相关代价构建方法使用的分组数。

2. 可微置信度传播代价聚合与视差估计

（1）可微置信度传播代价聚合模型

当使用双目图像统一特征构建的匹配代价空间 $\boldsymbol{C}_{\mathrm{init}}^{\mathrm{cost}}$ 传递到代价聚合网络中时，代价聚合网络会学习和利用匹配代价空间中包含的双目图像间的相似性特征用于视差回归与视差估计。但是由于遮挡，非漫射表面、重复图案和无纹理表面等会导致双目立体匹配代价中产生错误匹配或歧义匹配的像素或区域，影响双目立体匹配算法的性能。传统的双目立体匹配算法中，置信度度量用来最大限度地减少歧义匹配区域，提高匹配成本量的质量，为每个像素选择正确的视差。但是传统的置信度度量方法难以集成到端到端的神经网络架构中。另外，一些基于学习的置信度度量立体匹配算法通常将置信度度量用来作为优化立体匹配结果的后处理步骤，其性能受到预处理模型的限制，即受到代价构建方法计算出的匹配代价质量或代价聚合算法的质量限制，并且不能端到端地优化整个算法。

因此，本小节介绍了一种可微分的置信度传播模型，并将其集成到端到端双目立体匹配神经网络分层体系结构中，以指导匹配代价进行聚合。可微分置信度传播模型定义如下所示：

$$C'(d_i) = \sum_{j=0}^{D_{\max}} W(d_i, d_j) C^*(d_j) C(d_j) \tag{2-59}$$

式中，$d_i, d_j \in [0, D_{\max}]$，为第 i 与 j 级别的视差等级索引；$W(\cdot)$ 为空间权重函数；$C^*(d_j)$ 为所有视差级别的像素级置信度得分图；$C(d_j)$ 为原始匹配代价量；$C'(d_i)$ 为聚合后的匹配代价量。逐像素置信度得分图 $C^*(d_i)$ 的计算公式如下所示：

$$C^*(d_i) = \frac{e^{C(d_i)}}{\sum_{j=0}^{D} e^{C(d_j)}} \tag{2-60}$$

匹配代价的空间权重 $W(d_i, d_j)$ 是基于高斯函数定义的，计算公式如下所示：

$$W(d_i, d_j) = \exp(-(i-j)^2/(2\delta^2)) \tag{2-61}$$

通过上述公式计算得到所有的视差平面上每个像素的置信度度量得分图后，将每个视差水平上的置信度评分度量图以加权空间高斯权重函数传播到所有视差平面，来指导匹配代价进行聚合。高置信度得分的视差像素在通过置信度模型代价聚合后仍然会保持高置信度状态。随着神经网络训练的次数增加，这些高置信度得分的视差像素将同化其相邻视差平面的像素，因此这将会限制视差回归的搜索范围，估计出更精细的视差、更准确的立体匹配结果。

通过将 DCP 模型集成到双目立体匹配代价聚合网络结构中，并使用了反向传播算法来传递网络梯度并更新网络权重。聚合后的匹配代价 $C'(d_i)$ 相对于 $C(d_j)$ 的梯度计算如下：

$$\frac{\partial C'(d_i)}{\partial C(d_j)} = \sum_{k=0}^{D_{\max}} \frac{\partial W(d_i, d_k)}{\partial C(d_j)} C^*(d_k) C(d_k) + \sum_{k=0}^{D_{\max}} \frac{\partial C^*(d_k)}{\partial C(d_j)} W(d_i, d_k) C(d_k) + \sum_{k=0}^{D_{\max}} \frac{\partial C(d_k)}{\partial C(d_j)} W(d_i, d_k) C^*(d_k) \tag{2-62}$$

式中

$$\frac{\partial W(d_i, d_k)}{\partial C(d_j)} = 0 \tag{2-63}$$

$$\frac{\partial C(d_k)}{\partial C(d_j)} = \begin{cases} 0, & k \neq j \\ 1, & k = j \end{cases} \tag{2-64}$$

$$\frac{\partial C^*(d_k)}{\partial C(d_j)} = \partial \frac{\mathrm{e}^{C(d_k)}}{\sum_{l=0}^{D_{\max}} \mathrm{e}^{C(d_l)}} / \partial C(d_j) = \begin{cases} \dfrac{\mathrm{e}^{C(d_k)} \cdot \left(\sum_{l=0}^{D_{\max}} \mathrm{e}^{C(d_l)} - \mathrm{e}^{C(d_j)}\right)}{\left(\sum_{l=0}^{D_{\max}} \mathrm{e}^{C(d_l)}\right)^2}, & k \neq j \\ \dfrac{-\mathrm{e}^{C(d_k+d_j)}}{\left(\sum_{l=0}^{D_{\max}} \mathrm{e}^{C(d_l)}\right)^2}, & k = j \end{cases} \tag{2-65}$$

简化公式如下：

$$\frac{\partial C^*(d_k)}{\partial C(d_j)} = \begin{cases} C^*(d_k) - C^*(d_k)C^*(d_j), & k \neq j \\ -C^*(d_k)C^*(d_j), & k = j \end{cases} \tag{2-66}$$

因此有

$$\frac{\partial C'(d_i)}{\partial C(d_j)} = \begin{cases} \sum_{k=0}^{D_{\max}} C^*(d_k)(1 - C^*(d_j))W(d_k,d_j)C(d_k), & k \neq j \\ -\sum_{k=0}^{D_{\max}} (1 + C^*(d_j)C(d_k))W(d_k,d_j)C^*(d_k), & k = j \end{cases} \tag{2-67}$$

损失函数 F 相对于匹配代价的梯度，计算公式如下：

$$\frac{\partial F}{\partial C(d_j)} = \frac{\partial F}{\partial C'(d_i)} \frac{\partial C'(d_i)}{\partial C(d_j)} \tag{2-68}$$

$$\frac{\partial F}{\partial C(d_j)} = \begin{cases} \sum_{k=0}^{D_{\max}} \dfrac{\partial F}{\partial C'(d_i)} C^*(d_k)(1 - C^*(d_j))W(d_k,d_j)C(d_k), & k \neq j \\ -\sum_{k=0}^{D_{\max}} \dfrac{\partial F}{\partial C'(d_i)} (1 + C^*(d_j)C(d_k))W(d_k,d_j)C^*(d_k), & k = j \end{cases} \tag{2-69}$$

（2）置信度传播代价聚合网络

双目立体匹配的代价聚合网络通过三维卷积层来学习匹配代价空间中双目图像的相似度特征，用于视差回归与视差估计。

如图 2-5 所示，本小节基于 DCP 模型介绍了一种基于置信度传播的代价聚合网络（Differentiable Confidence Propagation of Cost Aggregation，DCPCA）对匹配代价进行聚合。DCP 模型被整合到代价聚合网络结构中，以指导匹配代价进行聚合。

基于置信度传播的代价聚合网络定义如下：

$$\boldsymbol{C}_{\mathrm{Ag}}^{(n)} = \begin{cases} \mathrm{Conv3D}^{(n)}(\boldsymbol{C}_{\mathrm{init}}^{\mathrm{cost}}), & n = 0 \\ \mathrm{Pconv3D}^{(n)}(\boldsymbol{C}_{\mathrm{Ag}}^{(n-1)}), & 0 < n < N \end{cases} \tag{2-70}$$

式中，Conv3D(·) 为三维卷积模块，定义如下：

$$\mathrm{Conv3D}(\boldsymbol{X}) = {}^{3\mathrm{d}}\boldsymbol{\mathcal{F}}_{3\times3\times3}({}^{3\mathrm{d}}\boldsymbol{\mathcal{F}}_{3\times3\times3}(\boldsymbol{X})) \tag{2-71}$$

Pconv3D(·) 为基于 DCP 代价聚合模型的三维卷积网络模块；$\boldsymbol{C}_{\mathrm{Ag}}^{(n)}$ 为第 n 个代价聚合模块的输出。基于置信度传播的三维代价聚合模块 Pconv3D(·) 定义如下：

$$\text{Pconv3D}^{(n)}(\boldsymbol{X}) = \boldsymbol{P}^{(n;3)} \tag{2-72}$$

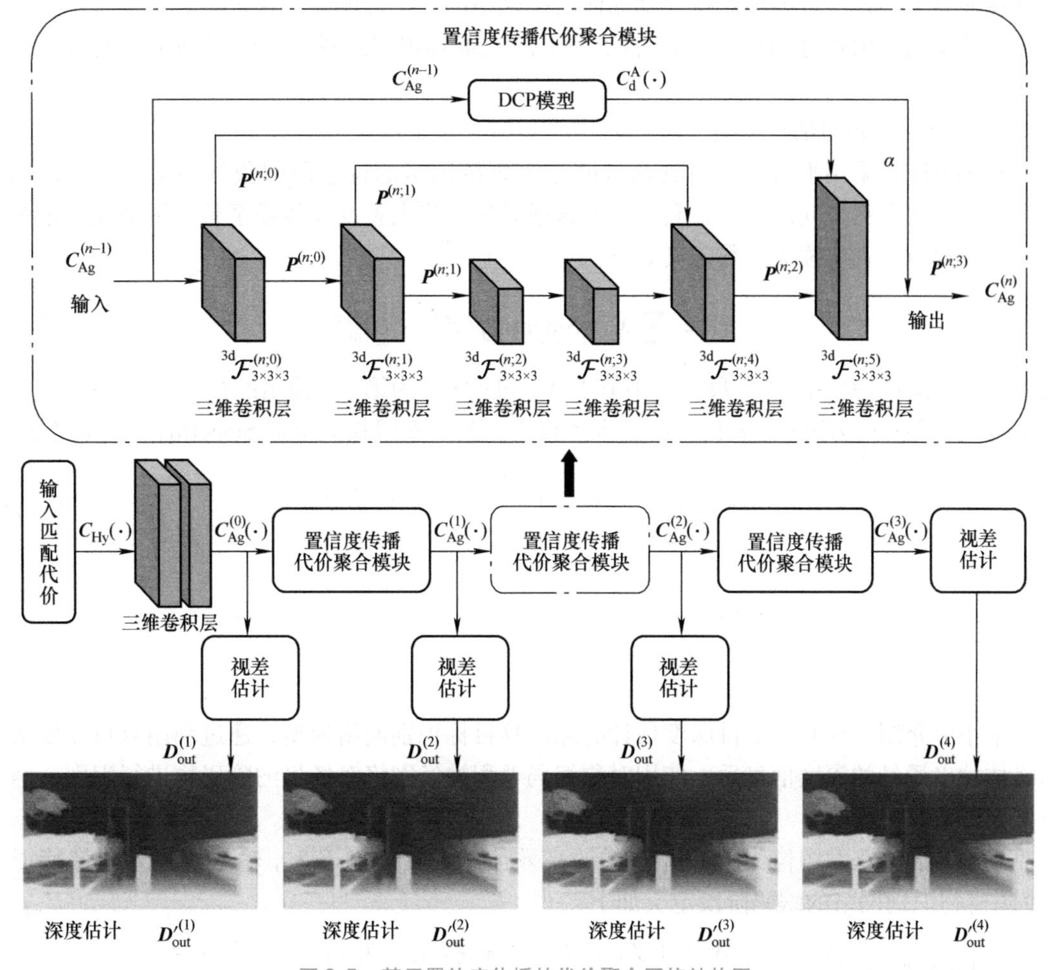

图 2-5　基于置信度传播的代价聚合网络结构图

式中，

$$\begin{cases} \boldsymbol{P}^{(n;0)} = {}^{3\text{d}}\mathcal{D}_{\text{s}}\left({}^{3\text{d}}\boldsymbol{\mathcal{F}}_{3\times3\times3}^{(n;0)}\left(\boldsymbol{C}_{\text{Ag}}^{(n-1)}\right)\right) \\ \boldsymbol{P}^{(n;1)} = {}^{3\text{d}}\boldsymbol{\mathcal{F}}_{3\times3\times3}^{(n;1)}\left(\boldsymbol{P}^{(n;0)}\right) \\ \boldsymbol{P}^{(n;2)} = {}^{3\text{d}}\mathcal{U}_{\text{s}}\left({}^{3\text{d}}\boldsymbol{\mathcal{F}}_{3\times3\times3}^{(n;4)}\left({}^{3\text{d}}\boldsymbol{\mathcal{F}}_{3\times3\times3}^{(n;3)}\left({}^{3\text{d}}\mathcal{D}_{\text{s}}\left({}^{3\text{d}}\boldsymbol{\mathcal{F}}_{3\times3\times3}^{(n;2)}\left(\boldsymbol{P}^{(n;1)}\right)\right)\right)\right)\right) + \boldsymbol{P}^{(n;1)} \\ \boldsymbol{P}^{(n;3)} = {}^{3\text{d}}\mathcal{U}_{\text{s}}\left({}^{3\text{d}}\boldsymbol{\mathcal{F}}_{3\times3\times3}^{(n;5)}\left(\boldsymbol{P}^{(n;2)}\right) + \boldsymbol{P}^{(n;0)}\right) + \alpha\cdot\text{DCP}\left(\boldsymbol{C}_{\text{Ag}}^{(n-1)}\right) \end{cases} \tag{2-73}$$

这里，${}^{3\text{d}}\mathcal{U}_{\text{s}}(\cdot)$ 为三维特征上采样操作（3D Up Sampling）；${}^{3\text{d}}\mathcal{D}_{\text{s}}(\cdot)$ 为三维特征下采样操作（3D Down Sampling）；DCP(·) 为基于置信度传播的卷积网络层；α 为置信度传播卷积网络层的权重因子。

本小节介绍的置信度传播代价聚合立体匹配网络是一种基于模型驱动的网络方法，与传统数据驱动的网络方法只通过输入数据集进行训练学习不同，立体匹配网络利用 DCP 模型来引导代价进行聚合。与数据驱动的网络方法相比，基于置信度传播代价聚合立体匹配网络能够极大地提升双目立体匹配的性能，但是过大的置信度传播代价聚合权重在一定程度上、在很小的范围内损失了一些网络的泛化性能，因此引入抑制权重因子来最大程度“弥补”网络性能损失，以尽可能地保持深度立体匹配网络的泛化性能。该代价聚合网络采用堆叠的沙漏体系结构，由重复的自上而下/自下而上的三维卷积层组成，以学习到更多的多尺度上下文特征信息。

（3）视差回归与估计模型

本小节同样采用平滑损失函数 $\text{Smooth}_{\text{L1}}$ 来训练网络的视差回归预测结果。通过计算预测结果与真实数据之间的误差，利用反向传播算法，将误差反向传播至整个网络模型中来更新网络的权重。训练损失函数定义如下：

$$F = \sum_{i=1}^{N_e} \lambda_i \cdot \text{Smooth}_{\text{L1}}(\boldsymbol{d}^* - \boldsymbol{D}_{\text{out}}^{(i)}) \tag{2-74}$$

式中，N_e 为输出视差图的个数，本小节中 $N_e=4$；$\boldsymbol{D}_{\text{out}}^{(i)}$ 为第 i 个输出的视差图像；$\boldsymbol{d}^*$ 为真实的训练视差图；λ_i 为第 i 视差估计图的训练权重。最后平滑损失函数 $\text{Smooth}_{\text{L1}}(x)$ 定义如下：

$$\text{Smooth}_{\text{L1}}(x) = \begin{cases} \frac{1}{2}x^2, & |x| < 1 \\ |x| - 1, & |x| \geqslant 1 \end{cases} \tag{2-75}$$

2.2.2 基于置信度特征融合的目标检测

1. 障碍物目标识别网络模型构建

本小节介绍一种基于双目深度估计的障碍物目标识别网络模型，通过利用双目深度估计网络估计出场景的深度信息后，使用对称编码卷积神经网络对场景的障碍物进行识别，网络模型如图 2-6 所示。

令网络的输入左图像为 $\boldsymbol{X}_{\text{L}}$，左图像的高效注意力特征为 $\boldsymbol{F}_{\text{L}}^{(n)}$，输入的视差图像特征为 d_n，障碍物识别网络的编码阶段定义如下：

$$\text{En-}\boldsymbol{Y}_{\text{L}}^{(n)} = \begin{cases} \text{Conv}^{(n)}(\boldsymbol{X}_{\text{L}}) + \boldsymbol{\mathcal{F}}_{1\times1}(\boldsymbol{F}_{\text{L}}^{(n)}) + \boldsymbol{\mathcal{F}}_{1\times1\times1}(d_n), & n = 0 \\ \text{Conv}^{(n)}(\text{En-}\boldsymbol{Y}_{\text{L}}^{(n-1)}) + \boldsymbol{\mathcal{F}}_{1\times1}(\boldsymbol{F}_{\text{L}}^{(n)}) + \boldsymbol{\mathcal{F}}_{1\times1\times1}(d_n), & 0 < n < N_e \end{cases} \tag{2-76}$$

式中，$\boldsymbol{\mathcal{F}}_{1\times1}(\cdot)$ 为卷积核大小为 1×1 的卷积层；N_e 大小为 4，而 $\text{Conv}^{(n)}(\cdot)$ 定义如下：

$$\text{Conv}^{(n)}(\boldsymbol{X}) = \boldsymbol{\mathcal{F}}_{3\times3}(\boldsymbol{\mathcal{F}}_{3\times3}(\boldsymbol{X})) \tag{2-77}$$

障碍物识别网络的解码阶段定义如下：

$$\text{De-}\boldsymbol{Y}_{\text{L}}^{(n)} = \begin{cases} \text{Conv}^{(n)}(\text{En-}\boldsymbol{Y}_{\text{L}}^{(N_e-n)}), & n = 1 \\ \text{Conv}^{(n)}(\boldsymbol{Y}_{\text{L}}^{(n-1)}) + \boldsymbol{\mathcal{F}}_{1\times1}(\text{En-}\boldsymbol{Y}_{\text{L}}^{(N_e-n)}), & 1 < n \leqslant N_e \end{cases} \tag{2-78}$$

该网络采用多尺度输出监督训练的方式进行训练，即网络训练时输出 $\boldsymbol{Y}_{\text{out}}^{(n)}$ 定义如下：

$$\boldsymbol{Y}_{\text{out}}^{(n)} = \boldsymbol{\mathcal{F}}_{1\times1}(\text{De-}\boldsymbol{Y}_{\text{L}}^{(n)}), 1 \leqslant n \leqslant N_e \tag{2-79}$$

障碍物识别网络模型通过使用交叉熵损失函数（Cross Entropy Function）来训练，训练损失函数定义如下：

$$F = -\sum_{n=1}^{N_e}\sum_{i=0}^{H}\sum_{j=0}^{W} G_n(i,j)\lg(\boldsymbol{Y}_{\text{out}}^{(n)}(i,j)) \tag{2-80}$$

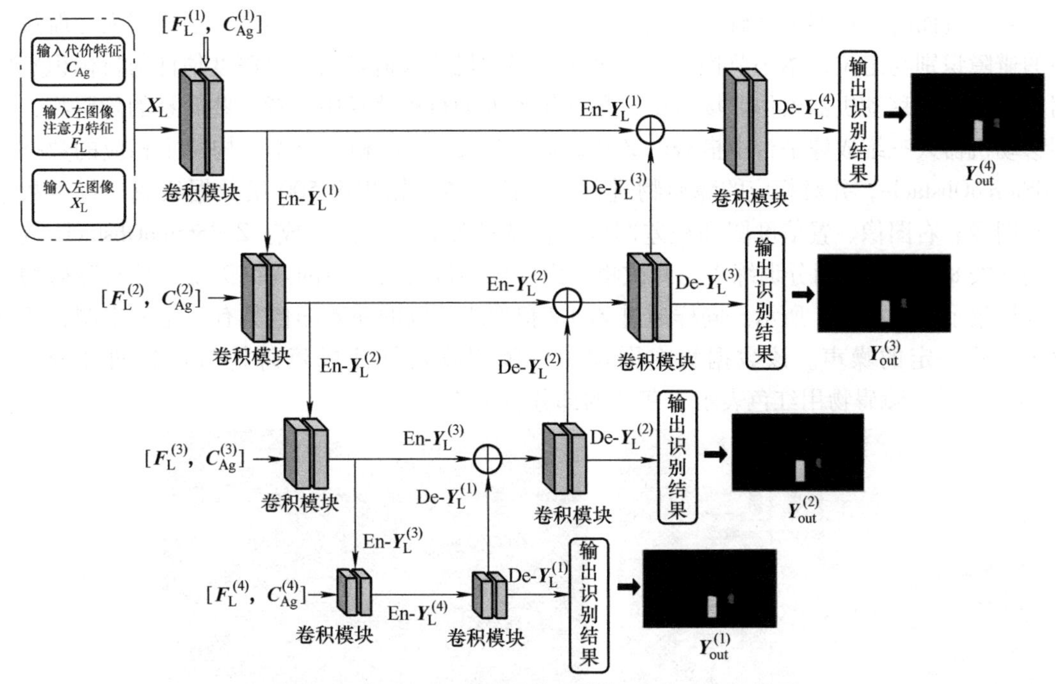

图 2-6　基于双目深度估计的障碍物目标识别网络模型

式中，$G_n(i,j)$ 为第 n 个输出对应的真值图像中坐标为 (i,j) 像素的标签；$\boldsymbol{Y}_{\text{out}}^{(n)}$ 为第 n 个预测输出结果。

2. 网络模型训练

本小节中所介绍的基于置信度传播的深度神经网络是在流行的深度学习平台 PyTorch 上实现的，同时介绍的置信度传播代价聚合模型是基于 PyTorch 的底层代码使用 CUDA 语言与 C ++ 语言编写的网络层，然后集成到 PyTorch 网络架构中。

本小节中所介绍的双目立体匹配网络模型通过 Adam 优化器进行端到端训练，其中优化器的参数设置 $\beta_1 = 0.9$，$\beta_2 = 0.9999$。网络训练的批次大小固定为 6。通过使用 2 个 Nvidia Tesla V100 GPU 训练了本小节所介绍的网络模型，得到所有的训练测试结果。

因此，网络模型迭代训练优化过程定义如下：

$$\text{Adam}: \operatorname{argmin} - \sum_{n=1}^{N_e} \sum_{i=0}^{H} \sum_{j=0}^{W} G_n(i,j) \lg(\boldsymbol{Y}_{\text{out}}^{(n)}(i,j)) + \sum_{i=1}^{N_e} \boldsymbol{\lambda}_i \cdot \text{Smooth}_{\text{L1}}(\boldsymbol{d}^* - \boldsymbol{D}_{\text{out}}^{(i)}) \tag{2-81}$$

式中，网络模型 4 个输出的监督训练权重系数设置为 $\lambda_1 = 0.5$，$\lambda_2 = 0.5$，$\lambda_3 = 0.7$，$\lambda_4 = 1.0$。网络模型的所有消融实验都在具有 2 个 Nvidia Tesla V100 GPU 的服务器中进行。

2.2.3　实验结果与分析

1. 实验数据集

关于本小节所介绍的基于置信度的双目立体匹配深度估计网络性能评估，同样在 SceneFlow 数据集上进行详细的消融实验。

自主式障碍物识别、定位与避障是移动复合机器人零部件转运和柔性加工作业的重要保障。移动机器人凭借自身搭载的传感器检测到规划路线上存在的未知障碍物，实现合理的路径规划，进而防止机器人因碰撞或跌落造成无法挽救的损失。为了实现移动机器人导航过程中的避障识别与定位，本小节构建了一个面向移动机器人避障的双目深度估计与目标识别数据集。通过在移动机器人作业场景中，移动机器人的行进路径中放置一些简易的障碍物，利用移动机器人三维成像平台中搭载的 Zed 2 双目摄像机采取相应数据，构建了相应的数据集 ZedStereoObstacle，并对相应的障碍物进行了标注。该数据集由 500 组数据组成，每组数据由左图像、右图像、置信度图和视差图以及左图像障碍物标注组成。ZedStereoObstacle 数据集同样按 8:2 的比例划分训练集与测试集。面向移动机器人避障的双目深度估计与障碍物识别数据集示例如图 2-7 所示。同样通过 Zed 2 摄像机采取的视差图像具有一定的空洞，并且也包含着一定的噪声。该数据集左图像中的障碍物被标注成障碍物与背景两部分。如图 2-7b所示，障碍物用红色表示，灰色的部分表示背景。

a) 左图像

b) 左图像障碍物标注图像

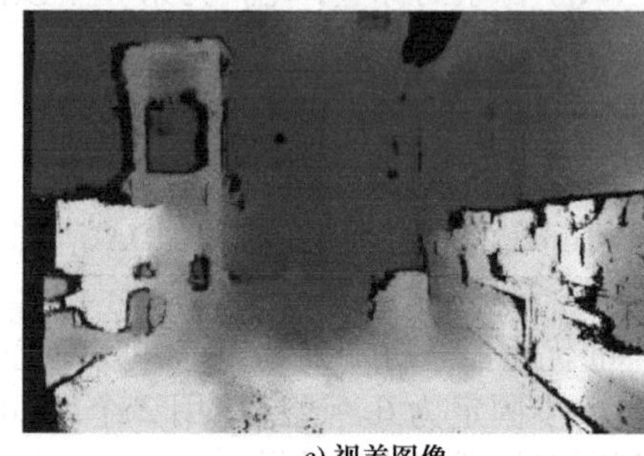

c) 视差图像

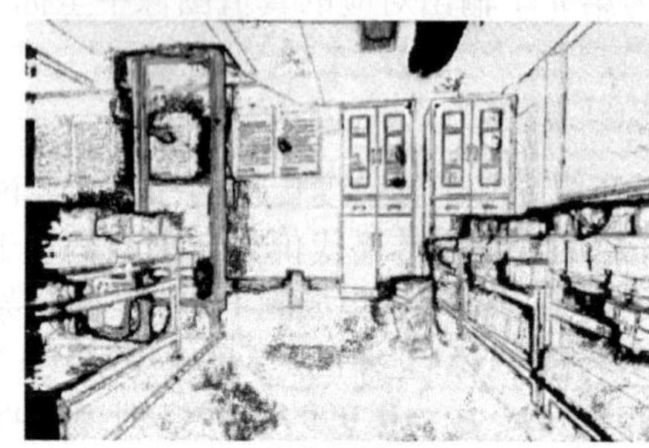

d) 置信度图

图 2-7 彩图

图 2-7　面向移动机器人避障的双目深度估计与障碍物识别数据集示例

2. 实验细节与性能评价指标

对于 SceneFlow 数据集，本小节所介绍的模型总共训练了 16 个循环。网络模型每次训练的时间大约为一天半。初始学习率设置为 0.001。在分别训练到 10、12 与 14 个循环后，将学习率分别设置为 0.005、0.00025、0.000125。本小节所介绍的模型在 SceneFlow 数据集上训练最大视差值设置为 192。

接着，通过使用数据集 ZedStereoObstacle 来训练基于置信度传播的双目深度估计与障碍物三维识别定位神经网络模型。采用两步式训练的方式来训练该网络模型。第一步通过预训练深度估计神经网络权重，第二步再加入训练目标检测神经网络模型的权重。该模型的双目深度估计模块的预训练模型为在 SceneFlow 数据集上训练好的网络模型。通过在数据集 ZedStereoObstacle 的训练批次大小为 6，使用 2 个 Nvidia Tesla V100 GPU 来训练，总共训练了 20 个循环得到训练好的双目深度估计网络模型。初始学习率设置也为 0.001。分别在训练到

10、14 和 18 个循环后将学习率分别设置为 0.0005、0.00025、0.000125。ZedStereoObstacle 数据集的最大视差值同样设置为 192。训练双目深度估计网络模型时，同样对于大于最大视差的像素和位于空洞中的像素不予训练。同时每个像素视差的置信度阈值设置为 204，置信度小于该阈值的像素也不予训练。使用深度估计网络模块来指导障碍物识别网络模型训练时，将分辨率为 720×1280 的完整双目图像输入到双目深度估计与障碍物三维识别定位神经网络模型中。

障碍物三维识别定位网络模型总共训练了 50 个循环，得到训练好的障碍物三维识别网络模型。网络通过 Adam 优化器进行端到端训练，初始学习率同样设置也为 0.001，分别在训练到 20、30 和 40 个循环后将学习率分别设置为 0.0005、0.00025、0.000125。该网络模型训练的损失函数为交叉熵损失函数。

本小节在数据集 ZedStereoObstacle 上使用的深度估计评价指标同第 2.2.2 节一致，关于障碍物识别分割的性能评价指标采用精确率（Precision）和召回率（Recall），其计算公式定义如下：

$$\mathrm{Pre} = \frac{R \cap R_{\mathrm{g}}}{R} \tag{2-82}$$

$$\mathrm{Rec} = \frac{R \cap R_{\mathrm{g}}}{R_{\mathrm{g}}} \tag{2-83}$$

式中，R 为检测出的障碍物区域；R_{g}为真实的障碍区域。关于障碍物的定位性能评估采用平均深度误差和像素误差百分比评价指标，平均深度误差定义如下：

$$\mathrm{EDE} = \frac{\mathrm{Sum}(|D_{\mathrm{gt}} - D_{\mathrm{est}}| \cdot \mathrm{Mask}((\mathrm{Conf}, T_{\mathrm{c}}) \cdot M))}{\mathrm{Sum}(\mathrm{Mask}((\mathrm{Conf}, T_{\mathrm{c}}) \cdot M))} \tag{2-84}$$

式中，M 为障碍物的标注图像。像素深度误差百分比评价指标定义如下：

$$P_{\mathrm{th}} = \frac{\mathrm{Sum}(\mathrm{Mask}(|D_{\mathrm{gt}} - D_{\mathrm{est}}|) \cdot \mathrm{Mask}((\mathrm{Conf}, T_{\mathrm{c}}) \cdot M, T_{\mathrm{h}}))}{\mathrm{Sum}(\mathrm{Mask}(\mathrm{Conf}, T_{\mathrm{c}}) \cdot M)} \tag{2-85}$$

式中，T_{h}在本小节中设置为 3、5 和 10，单位为厘米（cm）。

3. 实验结果

（1）SceneFlow 数据集的实验结果

SceneFlow 数据集是一个大型合成数据集，包含足够的训练样本数据，不必担心神经网络模型的过度拟合。置信度传播网络模型中有两个主要的参数需要进行消融实验：DCP 模型的抑制权重因子和该模型中高斯权重函数的调节因子。本小节方法在 SceneFlow 数据集上的可视化视差估计结果如图 2-8 所示。

在 SceneFlow 数据集上不同方法性能对比见表 2-1，在 SceneFlow 数据集上提供了一些立体匹配方法的 >1px（%）、>2px（%）和 >3px（%）像素误差和平均像素误差（EPE）的对比，本小节双目深度估计网络模型性能达到了最优。对比 PSMNet 网络模型，减小了 3.92% 的 >1px（%）像素误差，减小了 2.03% 的 >2px（%）像素误差，减小了 1.46% 的 >3px（%）像素误差，EPE 像素误差也减小了 0.38px。对比 AANet 网络模型，减小了 1.41% 的 >1px（%）像素误差；减小了 EPE 像素误差 0.15px。对比 GC-Net 网络模型，减小了 9.01% 的 >1px（%）像素误差，减小了 4.92% 的 >2px（%）像素误差，减小了 3.96% 的 >3px（%）的像素误差，EPE 像素误差也减小了 1.79px。

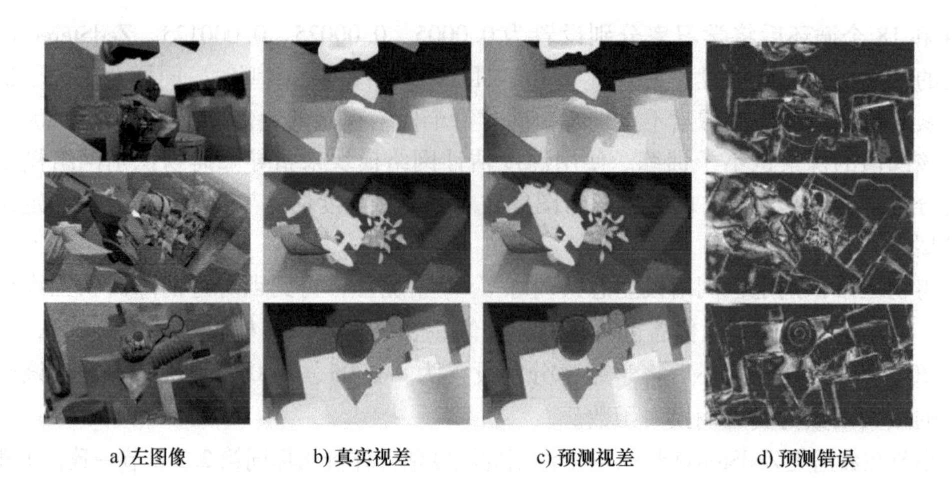

图 2-8　在 SceneFlow 数据集上的可视化视差估计结果

表 2-1　在 SceneFlow 数据集上不同方法性能对比

方法	各类性能评估				
	>1px（%）	>2px（%）	>3px（%）	EPE（px）	运行时间/s
PSMNet	11.81	6.45	4.72	1.10	0.51
AANet	9.3	—	—	0.87	—
GC-Net	16.9	9.34	7.22	2.51	—
GA-Net	—	—	—	0.84	—
SegStereo	—	—	—	1.45	—
CRL				1.32	—
本小节方法	7.89	4.42	3.26	0.72	0.27

（2）ZedStereoObstacle 数据集的实验结果

最后，对基于置信度传播的双目深度估计与障碍物三维识别定位神经网络模型的性能在 ZedStereoObstacle 数据集上进行了评估，得到了 8.93% 的 >10px（%）像素误差，5.17% 的 >20px（%）像素误差，4.09% 的 >30px（%）的像素误差，EDE 像素误差为 8.62px。详细的对比实验结果见表 2-2。

表 2-2　在 ZedStereoObstacle 数据集上不同方法性能对比

方法	深度估计性能评估				障碍物分割定位性能评估						运行时间/s
	>10px（%）	>20px（%）	>30px（%）	EDE（px）	Pre	Rec	>3px（%）	>5px（%）	>10px（%）	EDE（px）	
PSMNet	13.59	7.37	5.62	13.27	—	—	—	—	—	—	—
GwcNet	11.43	6.49	4.72	10.83	—	—	—	—	—	—	—
本小节方法	8.93	5.17	4.09	8.62	96.8	93.1	4.93	2.59	1.24	4.59	0.39

此外，如图 2-9 所示，本小节所采用基于置信度传播的双目深度估计与障碍物三维识别定位神经网络模型能够准确地估计出移动机器人移动场景的深度信息，并且能够准确地识别

分割出移动机器人移动场景中存在的障碍物。

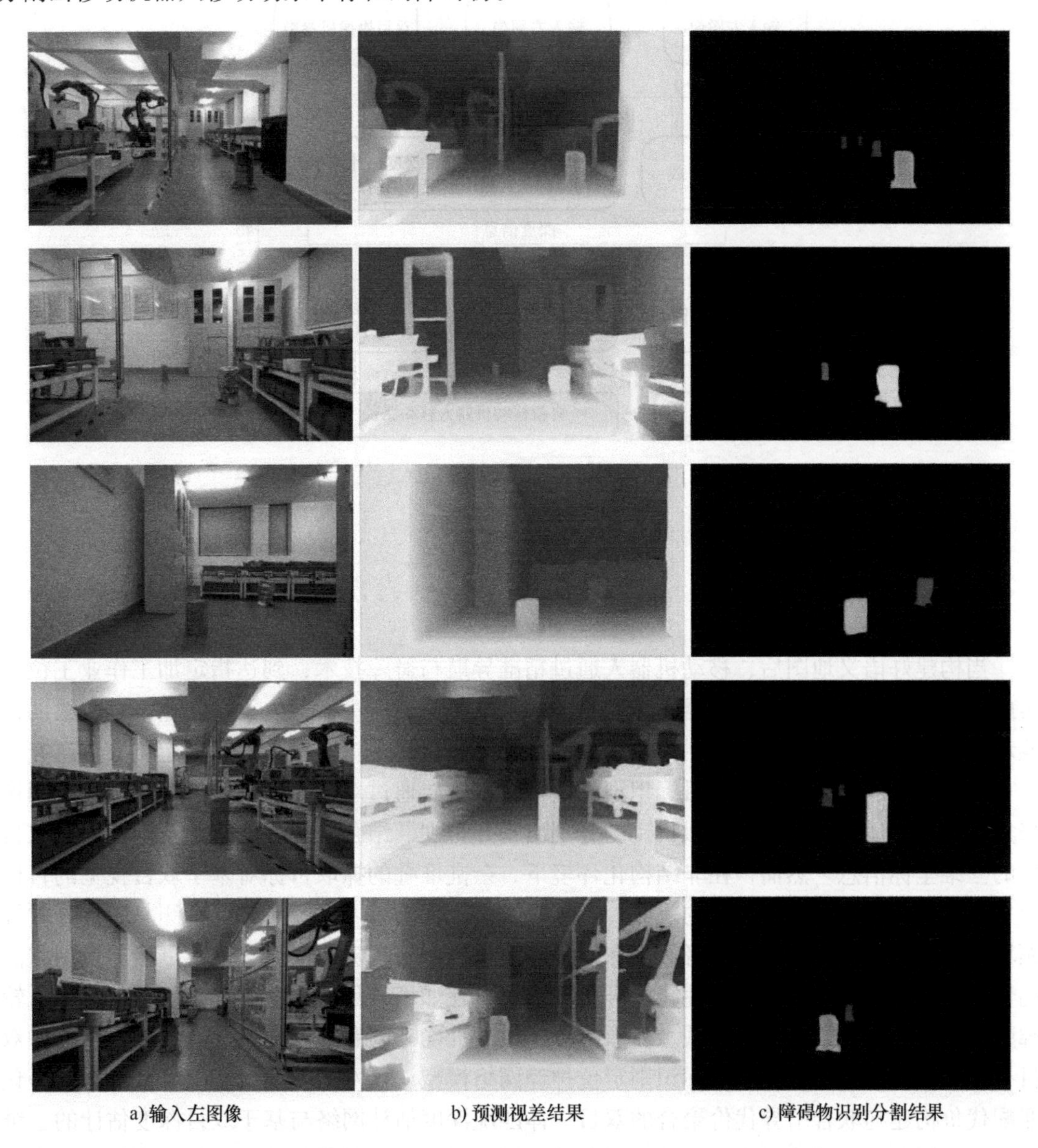

a) 输入左图像　　b) 预测视差结果　　c) 障碍物识别分割结果

图 2-9　面向移动机器人避障的双目深度估计与障碍物识别数据集示例

4. 双目立体视觉移动机器人避障应用

移动机器人凭借自身搭载的传感器检测到规划路线上存在的未知障碍物，实现合理的路径规划，进而防止机器人因碰撞或跌落造成无法挽救的损失。移动机器人行进路径上的障碍物精准识别与定位是移动机器人安全导航的关键。输入双目图像后，利用置信度传播双目深度估计与障碍物三维识别网络模型得到左图像对应的深度图与障碍物识别分割图。接着根据左图像的 ROB 特征、深度图与双目摄像机参数在全局地图中找到摄像机的相对位置。然后根据摄像机的相对位置与障碍物的三维空间信息来调整移动机器人的行进路径。详细的移动机器人避障流程如图 2-10 所示。

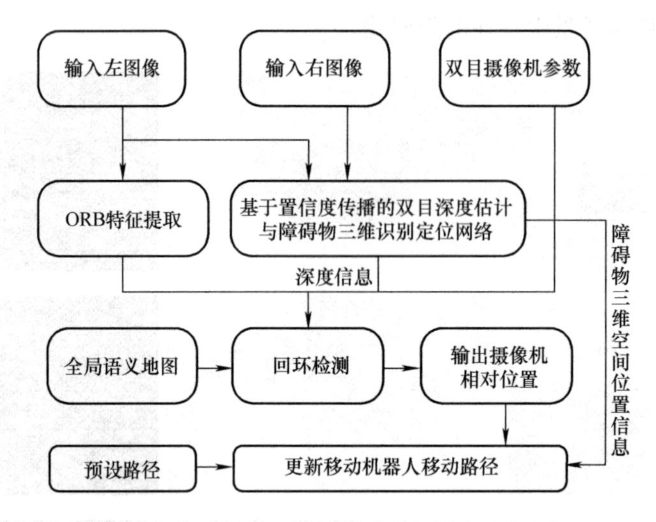

图 2-10　基于双目深度估计的移动机器人避障流程图

2.3　基于视觉的机器人抓取工件三维识别方法

当构建好语义地图后，移动机器人通过精准导航与避障技术，到达指定加工作业工位以实施下一工序的加工作业。机器人作业目标抓取是智能工厂中机器人柔性作业不可或缺的作业动作。本节以移动机器人自主抓取工件为例，开展双目视觉三维工件识别定位方法研究。

现有基于双目视觉的抓取目标识别与定位技术主要通过双目摄像机对目标物体进行图像采集，利用自适应分割法将疑似目标物分割出来并识别，结合双目深度估计技术获取抓取目标的三维坐标信息。然而，在非结构化环境下，杂乱堆叠的抓取目标对基于双目视觉的目标识别与三维信息获取提出了新的挑战。近年来，由于深度学习在图像目标检测与图像分割等领域取得了显著成就，研究学者利用深度学习来提高双目视觉抓取目标三维重建与识别方法的性能。这些方法取得极大的性能提升，但仍然存在如场景目标深度不连续区域的边缘、轮廓膨化所导致的场景重建精度低、抓取目标定位不准确等问题。因此，在本节中提出一种双目视觉三维场景重建与抓取目标识别定位神经网络模型。该网络模型由基于可微分的归一化匹配代价构建与联合引导代价聚合的双目立体匹配深度估计网络与基于双目深度估计的三维场景目标识别定位网络组成。其中，深度估计网络通过利用可微分的归一化匹配代价构建方法，增强了特征提取网络对双目图像之间的特征相似性表征，以提升双目视觉三维重建的性能；另一方面，深度估计网络还利用一种基于双边滤波器的联合引导代价聚合模型来保留边缘和轮廓特征信息以减小深度不连续区域的边缘膨化，进一步优化双目视觉三维重建的性能。此外，目标识别网络通过融合 RGB 图像信息，双目图像特征信息和场景深度特征信息等多模态特征来提高抓取目标识别精度。所提出的网络架构如图 2-11 所示。

2.3.1　基于动态尺度特征卷积的编码特征提取

基于深度学习立体匹配的特征提取网络主要用于提取双目图像的统一特征，来表达双目图像之间的相似性。尽管十多年以来，广大的研究学者们孜孜不倦研究深度学习神经网络特

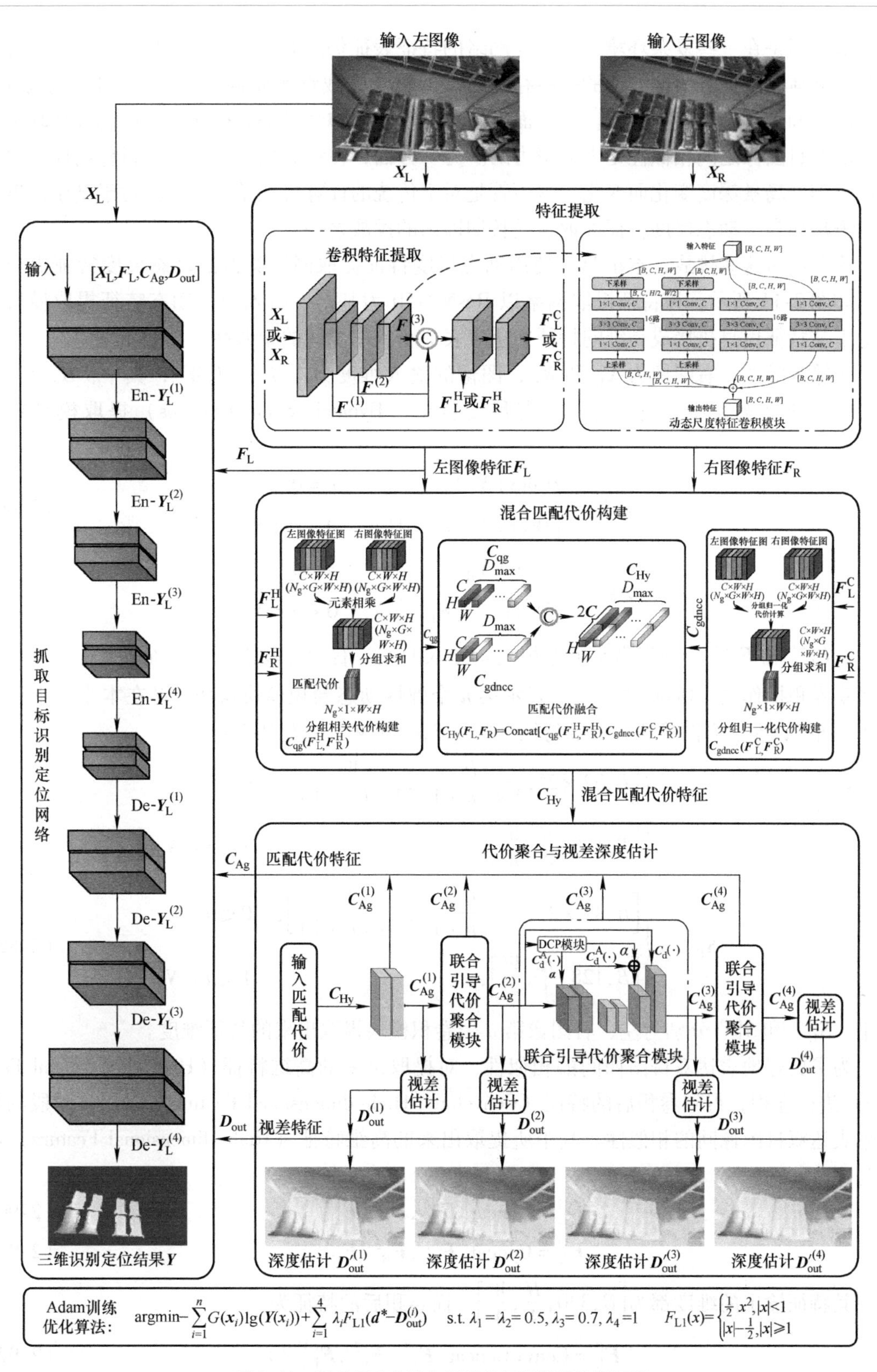

图 2-11　双目深度估计与抓取目标识别网络框架图

征提取，但是在一些复杂环境下，神经网络的特征表征仍然面临艰巨的挑战，尤其对于在双目视觉立体匹配任务中面临着的一些存在已久的视觉挑战难题而言，如遮挡、非漫射表面、重复图案和无纹理表面等挑战。一方面，使用深度学习神经网络表征从不友好的成像环境中捕获的双目图像之间相似性是十分费力的。另一方面，在计算机视觉领域，目标物体的尺寸大小会随着场景深度变化而变化。这不管是对于传统的计算机视觉方法还是对于基于深度学习的方法而言，动态尺度特征提取也是长期以来的挑战之一。

为了应对这些挑战，本小节中使用动态尺度特征提取网络类似的动态尺度特征提出策略。如图 2-11 所示，该特征提取网络以 ResNet-50 为基石，引入弹性动态特征提取模块提取上下文特征信息拼接成高维的特征向量来表征双目图像间的相似性。

令输入的左、右图像为 $\boldsymbol{X}_{\mathrm{L}}$ 和 $\boldsymbol{X}_{\mathrm{R}}$，图像的输入维度为 $[B,3,H,W]$，其中，B、H、W 为特征图的批次大小、高与宽。动态尺度特征（Dynamic Scale Features）提取模型定义如下：

$$\boldsymbol{F}_{\mathrm{L}}^{(n)}=\begin{cases}\mathrm{Conv}(\boldsymbol{X}_{\mathrm{L}}), & n=0\\ \mathrm{Dconv}^{(n)}(\boldsymbol{F}_{\mathrm{L}}^{(n-1)}), & 0<n<N\end{cases} \tag{2-86}$$

$$\boldsymbol{F}_{\mathrm{R}}^{(n)}=\begin{cases}\mathrm{Conv}(\boldsymbol{X}_{\mathrm{R}}), & n=0\\ \mathrm{Dconv}^{(n)}(\boldsymbol{F}_{\mathrm{R}}^{(n-1)}), & 0<n<N\end{cases} \tag{2-87}$$

式中，$\boldsymbol{F}_{\mathrm{L}}^{(n)}$ 和 $\boldsymbol{F}_{\mathrm{R}}^{(n)}$ 分别为第 n 个卷积模块提取的左、右图像动态尺度特征；$\mathrm{Conv}(\cdot)$ 表示密集卷积操作层；$\mathrm{Dconv}^{(n)}(\cdot)$ 表示第 n 个弹性动态卷积模块操作；N 在本小节中设置为 4。同样，左、右图像所提取的特征维度 $[B,C,H,W]$ 变化如下：

$$\boldsymbol{S}_{\mathrm{L}}^{(n)}=\begin{cases}\left[B,32\times 2^{n},\dfrac{H}{2\times(n+1)},\dfrac{W}{2\times(n+1)}\right], & 0\leqslant n\leqslant 1\\ \left[B,128,\dfrac{H}{4},\dfrac{W}{4}\right], & 1<n<N\end{cases} \tag{2-88}$$

$$\boldsymbol{S}_{\mathrm{R}}^{(n)}=\begin{cases}\left[B,32\times 2^{n},\dfrac{H}{2\times(n+1)},\dfrac{W}{2\times(n+1)}\right], & 0\leqslant n\leqslant 1\\ \left[B,128,\dfrac{H}{4},\dfrac{W}{4}\right], & 1<n<N\end{cases} \tag{2-89}$$

式中，$\boldsymbol{S}_{\mathrm{L}}^{(n)}$ 和 $\boldsymbol{S}_{\mathrm{R}}^{(n)}$ 分别为左、右图像第 n 个卷积模块提取出来的特征维度。

为了更好地表达双目图像间的相似性，对提取出来的高维特征（High-dimensional Feature）进行卷积，得到卷积后的特征（Convoluted High-dimensional Feature）以用多阶段的特征来表达双目图像间的相似性。其中所提取出来的高维特征（High-dimensional Feature）向量为

$$\boldsymbol{F}_{\mathrm{L}}^{\mathrm{H}}=\mathrm{Concat}[\boldsymbol{F}_{\mathrm{L}}^{(1)},\boldsymbol{F}_{\mathrm{L}}^{(2)},\boldsymbol{F}_{\mathrm{L}}^{(3)}] \tag{2-90}$$

$$\boldsymbol{F}_{\mathrm{R}}^{\mathrm{H}}=\mathrm{Concat}[\boldsymbol{F}_{\mathrm{R}}^{(1)},\boldsymbol{F}_{\mathrm{R}}^{(2)},\boldsymbol{F}_{\mathrm{R}}^{(3)}] \tag{2-91}$$

其特征输出的维度都为$\left[B,320,\dfrac{H}{4},\dfrac{W}{4}\right]$。而卷积后的特征为

$$\boldsymbol{F}_{\mathrm{L}}^{\mathrm{C}}=\mathrm{Conv}(\mathrm{Concat}[\boldsymbol{F}_{\mathrm{L}}^{(1)},\boldsymbol{F}_{\mathrm{L}}^{(2)},\boldsymbol{F}_{\mathrm{L}}^{(3)}]) \tag{2-92}$$

$$\boldsymbol{F}_{\mathrm{R}}^{\mathrm{C}}=\mathrm{Conv}(\mathrm{Concat}[\boldsymbol{F}_{\mathrm{R}}^{(1)},\boldsymbol{F}_{\mathrm{R}}^{(2)},\boldsymbol{F}_{\mathrm{R}}^{(3)}]) \tag{2-93}$$

其特征输出的维度都为$\left[B,12,\frac{H}{4},\frac{W}{4}\right]$。

2.3.2　基于可微归一化匹配代价与联合引导代价聚合的深度估计

1. 可微分归一化代价计算模型

对于已有的神经网络双目立体匹配模型来说，不友好成像环境中捕获的双目图像之间相似性的表达是十分费力的。因此，为了提高匹配代价构建的质量，本小节提出了一种基于可微分归一化互相关（Differentiable Normalized Cross Correlation，DNCC）方法来计算匹配代价。传统的归一化互相关函数，定义如下：

$$\mathrm{NCC}=\frac{\sum L_1\cdot L_2}{\sqrt{\left(\sum L_1\cdot L_1\right)\times\left(\sum L_2\cdot L_2\right)}} \tag{2-94}$$

式中，L_1 和 L_2 为从两个图像中提取的局部图像窗口，其大小为高 H 和宽 W。另外，操作项 $L_1\cdot L_2$ 表示 L_1 和 L_2 局部窗口按元素点乘。传统的归一化互相关代价计算方法是不需要微分求导的，因此也难以集成到端到端的双目立体匹配神经网络架构中。为了解决这些问题，本小节中提出一种基于可微分归一化互相关代价计算方法，能够很好地提高复杂成像环境下拍摄的双目图像间相似性表达的能力。为了更加确保深度立体匹配网络能够学习到匹配代价空间的相似度特征信息，简化了归一化互相关函数。给定双目图像的统一特征图 $\boldsymbol{F}_{\mathrm{L}}$ 和 $\boldsymbol{F}_{\mathrm{R}}$，可微分归一化互相关方法定义如下：

$$\mathrm{DNCC}(\boldsymbol{F}_{\mathrm{L}},\boldsymbol{F}_{\mathrm{R}})=\frac{\sum_{p\in\Omega}\sum_{q\in R_{\mathrm{p}}}\boldsymbol{F}_{\mathrm{L}}(p,q)\cdot\boldsymbol{F}_{\mathrm{R}}(p,q)}{\|R_{\mathrm{p}}\|} \tag{2-95}$$

式中，p 为左右图像中的像素；Ω 为图像像素的相邻邻域内的像素集合；q 为像素 p 的邻域 R_{p}内的像素；$\|R_{\mathrm{p}}\|$为归一化因子，大小为邻域中像素个数。因此对于维度为［B,C,H,W］的特征图 $\boldsymbol{F}_{\mathrm{L}}$ 和 $\boldsymbol{F}_{\mathrm{R}}$，计算其在每个视差级别 $d\in[0,D_{\max}]$ 上的匹配代价成本量，其详细的计算过程如下：

$$\boldsymbol{C}_{\mathrm{dncc}}(d,x,y)=\frac{1}{N_{\mathrm{nor}}}\sum_{i=-k}^{k}\sum_{j=-k}^{k}\boldsymbol{F}_{\mathrm{L}}(x+i,y+j)\boldsymbol{F}_{\mathrm{R}}(x-d+i,y+j) \tag{2-96}$$

式中，k 为大小为$(2k+1)\times(2k+1)$的图像局部窗口特征图的边界离以中心坐标（x,y）的像素点距离；d 为零到最大视差范围内［$0,D_{\max}$］的视差平面；N_{nor}为归一化因子，其值大小为$(2k+1)\times(2k+1)$。需要利用反向传播算法和互相关模型的微分操作，才能将归一化互相关代价计算函数集成到端到端的双目立体匹配神经网络中。根据上述公式，计算 $\boldsymbol{C}_{\mathrm{dncc}}$（·）相对于特征图 $\boldsymbol{F}_{\mathrm{L}}$ 和 $\boldsymbol{F}_{\mathrm{R}}$ 的梯度，计算过程如下：

$$\frac{\partial\boldsymbol{C}_{\mathrm{dncc}}(x,y,d)}{\partial\boldsymbol{F}_{\mathrm{L}}(x,y)}=\frac{1}{N_{\mathrm{nor}}}\sum_{i=-k}^{k}\sum_{j=-k}^{k}\boldsymbol{F}_{\mathrm{R}}(x-d+i,y+j) \tag{2-97}$$

$$\frac{\partial\boldsymbol{C}_{\mathrm{dncc}}(x,y,d)}{\partial\boldsymbol{F}_{\mathrm{R}}(x-d,y)}=\frac{1}{N_{\mathrm{nor}}}\sum_{i=-k}^{k}\sum_{j=-k}^{k}\boldsymbol{F}_{\mathrm{L}}(x+i,y+j) \tag{2-98}$$

因此，双目立体匹配神经网络的损失函数 F 相对于特征图 $\boldsymbol{F}_{\mathrm{L}}$ 和 $\boldsymbol{F}_{\mathrm{R}}$ 的反向传播梯度计算如下：

$$\frac{\partial F}{\partial \boldsymbol{F}_{\mathrm{L}}(x,y)} = \sum_{d} \frac{\partial F}{\partial \boldsymbol{C}_{\mathrm{dncc}}(x,y,d)} \frac{\partial \boldsymbol{C}_{\mathrm{dncc}}(x,y,d)}{\partial \boldsymbol{F}_{\mathrm{l}}(x,y)} \tag{2-99}$$

$$\frac{\partial F}{\partial \boldsymbol{F}_{\mathrm{R}}(x,y)} = \sum_{d} \frac{\partial F}{\partial \boldsymbol{C}_{\mathrm{dncc}}(x,y,d)} \frac{\partial \boldsymbol{C}_{\mathrm{dncc}}(x,y,d)}{\partial \boldsymbol{F}_{\mathrm{r}}(x-d,y)} \tag{2-100}$$

2. 分组可微分归一化互相关代价构建

当使用可微分归一化互相关（DNCC）代价计算方法构建匹配代价时，双目左右图像的高维特征图都将会被利用在所有视差平面内来衡量双目图像间的相似性。这种完整的 DNCC 代价计算方法将保留双目图像特征间的所有相似性特征信息，但它需要代价聚合网络更多的内存与参数来学习匹配代价中的相似度特征信息。因此，本小节提出了一种分组构建匹配代价的方式（Grouped DNCC），以寻求在网络内存消耗和网络性能之间实现良好的折中。利用弹性动态尺度特征提取网络提取出双目图像特征后，将使用相对应的双目图像特征来构建相应的匹配代价空间。给出一对双目图像特征图 $\boldsymbol{F}_{\mathrm{L}}$ 和 $\boldsymbol{F}_{\mathrm{R}}$，若特征图的维度为 $[B,C,W,H]$，B 为网络训练的批次大小，C 为特征图的通道数，W、H 为特征图的宽和高。将特征图的通道数 C 平均分成 N_{g} 个组，每个组有 $c=C/N_{\mathrm{g}}$ 个通道的特征。基于分组可微分归一化互相关代价构建方法定义如下：

$$\boldsymbol{C}_{\mathrm{gdncc}}(\boldsymbol{F}_{\mathrm{L}},\boldsymbol{F}_{\mathrm{R}}) = \frac{\sum_{g} \sum_{p\in\Omega} \sum_{q\in R_{\mathrm{p}}} \boldsymbol{F}_{\mathrm{L}}^{g}(p,q) \cdot \boldsymbol{F}_{\mathrm{R}}^{g}(p,q)}{N_{\mathrm{g}} \cdot \| R_{\mathrm{p}} \|} \tag{2-101}$$

式中，$\boldsymbol{F}_{\mathrm{L}}^{g}$ 和 $\boldsymbol{F}_{\mathrm{R}}^{g}$ 分别为左、右特征图的第 g 组特征。分组可微归一化代价构建详细计算过程如下所示：

$$\begin{aligned} \boldsymbol{C}_{\mathrm{gdncc}}(:,g,d,x,y) &= \frac{1}{N_{\mathrm{g}} \cdot N_{\mathrm{nor}}} \sum_{i=gc}^{(g+1)c} \sum_{i=-k}^{k} \sum_{j=-k}^{k} \\ &\boldsymbol{F}_{\mathrm{L}}(:,i,x+i,y+j)\boldsymbol{F}_{\mathrm{R}}(:,i,x-d+i,y+j) \end{aligned} \tag{2-102}$$

最后，本小节使用了 $\boldsymbol{C}_{\mathrm{p}}(\cdot)$ 和 $\boldsymbol{C}_{\mathrm{gdncc}}(\cdot)$ 来构建混合代价。混合代价构建方法定义如下：

$$\boldsymbol{C}_{\mathrm{Hy}} = \mathrm{Concat}[\boldsymbol{C}_{\mathrm{gdncc}}(\boldsymbol{F}_{\mathrm{L}}^{\mathrm{H}},\boldsymbol{F}_{\mathrm{R}}^{\mathrm{H}}),\boldsymbol{C}_{\mathrm{p}}(\boldsymbol{F}_{\mathrm{L}}^{\mathrm{C}},\boldsymbol{F}_{\mathrm{R}}^{\mathrm{C}})] \tag{2-103}$$

因此，通过对上一小节中使用高效注意力机制特征提取网络所提取的高维拼接左图像特征 $\boldsymbol{F}_{\mathrm{L}}^{\mathrm{H}}$ 和高维卷积后的特征 $\boldsymbol{F}_{\mathrm{L}}^{\mathrm{C}}$ 维度分别为 $\left[B,320,\frac{H}{4},\frac{W}{4}\right]$、$\left[B,12,\frac{H}{4},\frac{W}{4}\right]$，同样右图像特征 $\boldsymbol{F}_{\mathrm{R}}^{\mathrm{H}}$ 和高维卷积后的特征 $\boldsymbol{F}_{\mathrm{R}}^{\mathrm{C}}$ 维度分别为 $\left[B,320,\frac{H}{4},\frac{W}{4}\right]$、$\left[B,12,\frac{H}{4},\frac{W}{4}\right]$。所以，使用混合代价构建方法构建的匹配代价 $\boldsymbol{C}_{\mathrm{Hy}}(\cdot)$ 其维度为 $\left[B,24+N_{\mathrm{g}}^{\mathrm{qg}},\frac{D_{\max}}{4},\frac{H}{4},\frac{W}{4}\right]$。其中 $N_{\mathrm{g}}^{\mathrm{qg}}$ 是分组相关代价构建方法使用的分组数。

3. 可微分联合引导代价聚合模型

为了更好地利用匹配代价空间中所包含的双目图像间的相似度特征信息，解决双目立体匹配视差估计中边界、轮廓等视差不连续处难以准确估计的难题，本小节提出一种基于双边滤波的联合引导代价聚合（Differentiable Joint Guided Cost Aggregation，DJGCA）模型。传统的双边滤波器图像中的边缘、目标轮廓有较强的感知能力。但是，其难以集成到端到端的双目立体匹配神经网络架构中。为此，本小节提出的可微分的、基于双边滤波的联合引导代价聚合模型，完美地集成到端到端的深度立体匹配网络结构中。

令 $C_{\mathrm{d}}(q)$ 表示在视差级别 d 处像素 p 的匹配成本，$C_{\mathrm{d}}^{\mathrm{A}}(p)$ 表示聚合后的匹配代价，$C_{\mathrm{d}}^{\mathrm{G}}(p)$ 表示引导代价向量，基于传统双边滤波模型的代价引导聚合的公式定义如下：

$$C_{\mathrm{d}}^{\mathrm{A}}(p) = \frac{\sum_{q \in \Omega} W_{\mathrm{S}}(p,q) W_{\mathrm{R}}(p,q) C_{\mathrm{d}}(q)}{\sum_{q \in \Omega} W_{\mathrm{S}}(p,q) W_{\mathrm{R}}(p,q)} \tag{2-104}$$

式中，q 为在支持引导代价聚合局部区域内的像素；$W_{\mathrm{S}}(p,q)$ 和 $W_{\mathrm{R}}(p,q)$ 分别为空间和范围相似度权重函数，定义如下：

$$W_{\mathrm{S}}(p,q) = \exp[-(i^2+j^2)/(2\sigma_{\mathrm{S}}^2)] \tag{2-105}$$

$$W_{\mathrm{R}}(p,q) = \exp[-(C_{\mathrm{p}}^{\mathrm{g}} - C_{\mathrm{q}}^{\mathrm{g}})^2/(2\sigma_{\mathrm{R}}^2)] \tag{2-106}$$

式中，σ_{S} 和 σ_{R} 为用于调整相似度权重函数的两个常数。

为了使得深度立体匹配网络更好地、更加高效地学习到匹配代价空间中包含的边界、轮廓等特征信息，进一步简化传统的双边滤波代价聚合模型，确保深度立体匹配网络能够更加有效地引导与学习。联合引导代价聚合模型定义如下：

$$C_{\mathrm{d}}^{\mathrm{A}}(p) = \sum_{q \in \Omega} W_{\mathrm{S}}(p,q) W_{\mathrm{R}}(p,q) C_{\mathrm{d}}(q) \tag{2-107}$$

为了将可微分的联合引导代价聚合模型集成到端到端的双目立体匹配神经网络中，通过将联合引导代价聚合模型进行微分求导操作，并利用反向传播算法，计算出其反向传播的梯度，来传递网络梯度并更新网络权重。根据式（2-107），$C_{\mathrm{d}}^{\mathrm{A}}(p)$ 相对于原始匹配代价 $C_{\mathrm{d}}(\cdot)$ 的计算方式如下：

$$\frac{\partial C_{\mathrm{d}}^{\mathrm{A}}(p)}{\partial C_{\mathrm{d}}(q)} = \frac{\partial W_{\mathrm{S}}(p,q)}{\partial C_{\mathrm{d}}(q)} W_{\mathrm{R}}(p,q) C_{\mathrm{d}}(q) + \frac{\partial W_{\mathrm{R}}(p,q)}{\partial C_{\mathrm{d}}(q)} W_{\mathrm{S}}(p,q) C_{\mathrm{d}}(q) + \frac{\partial C_{\mathrm{d}}(p)}{\partial C_{\mathrm{d}}(q)} W_{\mathrm{S}}(p,q) W_{\mathrm{R}}(p,q) \tag{2-108}$$

式中

$$\frac{\partial W_{\mathrm{S}}(p,q)}{\partial C_{\mathrm{d}}(q)} = 0 \tag{2-109}$$

$$\frac{\partial W_{\mathrm{R}}(p,q)}{\partial C_{\mathrm{d}}(q)} = 0 \tag{2-110}$$

$$\frac{\partial C_{\mathrm{d}}(p)}{\partial C_{\mathrm{d}}(q)} = \begin{cases} 0, & p \neq q \\ 1, & p = q \end{cases} \tag{2-111}$$

因此，由上述公式可得

$$\frac{\partial C_{\mathrm{d}}^{\mathrm{A}}(p)}{\partial C_{\mathrm{d}}(q)} = \begin{cases} 0, & p \neq q \\ W_{\mathrm{S}}(p,q) W_{\mathrm{R}}(p,q), & p = q \end{cases} \tag{2-112}$$

同样，$C_{\mathrm{d}}^{\mathrm{A}}(p)$ 相对于引导匹配代价的梯度 $\partial C_{\mathrm{d}}^{\mathrm{G}}(\cdot)$ 的梯度计算如下：

$$\frac{\partial C_{\mathrm{d}}^{\mathrm{A}}(p)}{\partial C_{\mathrm{d}}^{\mathrm{G}}(p)} = \frac{\partial W_{\mathrm{S}}(p,q)}{\partial C_{\mathrm{d}}^{\mathrm{G}}(p)} W_{\mathrm{R}}(p,q) C_{\mathrm{d}}(q) + \frac{\partial W_{\mathrm{R}}(p,q)}{\partial C_{\mathrm{d}}^{\mathrm{G}}(p)} W_{\mathrm{S}}(p,q) C_{\mathrm{d}}(q) + \frac{\partial C_{\mathrm{d}}(p)}{\partial C_{\mathrm{d}}^{\mathrm{G}}(p)} W_{\mathrm{S}}(p,q) W_{\mathrm{R}}(p,q) \tag{2-113}$$

$$\frac{\partial C_{\mathrm{d}}^{\mathrm{A}}(p)}{\partial C_{\mathrm{d}}^{\mathrm{G}}(q)} = \frac{\partial W_{\mathrm{S}}(p,q)}{\partial C_{\mathrm{d}}^{\mathrm{G}}(q)} W_{\mathrm{R}}(p,q) C_{\mathrm{d}}(q) + \frac{\partial W_{\mathrm{R}}(p,q)}{\partial C_{\mathrm{d}}^{\mathrm{G}}(q)} W_{\mathrm{S}}(p,q) C_{\mathrm{d}}(q) + \frac{\partial C_{\mathrm{d}}(p)}{\partial C_{\mathrm{d}}^{\mathrm{G}}(q)} W_{\mathrm{S}}(p,q) W_{\mathrm{R}}(p,q) \tag{2-114}$$

式中

$$\frac{\partial W_{\mathrm{S}}(p,q)}{\partial C_{\mathrm{d}}^{\mathrm{G}}(p)}=0,\frac{\partial W_{\mathrm{S}}(p,q)}{\partial C_{\mathrm{d}}^{\mathrm{G}}(q)}=0 \tag{2-115}$$

$$\frac{\partial C_{\mathrm{d}}(p)}{\partial C_{\mathrm{d}}^{\mathrm{G}}(p)}=0,\frac{\partial C_{\mathrm{d}}(p)}{\partial C_{\mathrm{d}}^{\mathrm{G}}(q)}=0 \tag{2-116}$$

$$\frac{\partial W_{\mathrm{R}}(p,q)}{\partial C_{\mathrm{d}}^{\mathrm{G}}(p)}=-\frac{C_{\mathrm{d}}^{\mathrm{G}}(p)-C_{\mathrm{d}}^{\mathrm{G}}(q)}{\sigma_{\mathrm{R}}^{2}}\cdot W_{\mathrm{R}}(p,q) \tag{2-117}$$

$$\frac{\partial W_{\mathrm{R}}(p,q)}{\partial C_{\mathrm{d}}^{\mathrm{G}}(q)}=-\frac{C_{\mathrm{d}}^{\mathrm{G}}(p)-C_{\mathrm{d}}^{\mathrm{G}}(q)}{\sigma_{\mathrm{R}}^{2}}\cdot W_{\mathrm{R}}(p,q) \tag{2-118}$$

因此，由上述公式可得

$$\frac{\partial C_{\mathrm{d}}^{\mathrm{A}}(p)}{\partial C_{\mathrm{d}}^{\mathrm{G}}(p)}=-\frac{C_{\mathrm{d}}^{\mathrm{G}}(p)-C_{\mathrm{d}}^{\mathrm{G}}(q)}{\sigma_{\mathrm{R}}^{2}}W_{\mathrm{S}}(p,q)W_{\mathrm{R}}(p,q)C_{\mathrm{d}}(q) \tag{2-119}$$

$$\frac{\partial C_{\mathrm{d}}^{\mathrm{A}}(p)}{\partial C_{\mathrm{d}}^{\mathrm{G}}(q)}=\frac{C_{\mathrm{d}}^{\mathrm{G}}(p)-C_{\mathrm{d}}^{\mathrm{G}}(q)}{\sigma_{\mathrm{R}}^{2}}W_{\mathrm{S}}(p,q)W_{\mathrm{R}}(p,q)C_{\mathrm{d}}(q) \tag{2-120}$$

因此，双目立体匹配网络损失函数 F 相对于原始匹配代价 $C_{\mathrm{d}}(\cdot)$ 和引导匹配代价的梯度 $C_{\mathrm{d}}^{\mathrm{G}}(\cdot)$ 的计算方式如下：

$$\frac{\partial F}{\partial C_{\mathrm{d}}(q)}=\frac{\partial F}{\partial C_{\mathrm{d}}^{\mathrm{A}}(p)}\frac{\partial C_{\mathrm{d}}^{\mathrm{A}}(p)}{\partial C_{\mathrm{d}}(q)} \tag{2-121}$$

$$\frac{\partial F}{\partial C_{\mathrm{d}}^{\mathrm{G}}(\cdot)}=\frac{\partial F}{\partial C_{\mathrm{d}}^{\mathrm{A}}(p)}\frac{\partial C_{\mathrm{d}}^{\mathrm{A}}(p)}{\partial C_{\mathrm{d}}^{\mathrm{G}}(\cdot)} \tag{2-122}$$

因此有

$$\frac{\partial F}{\partial C_{\mathrm{d}}(q)}=\begin{cases}\dfrac{\partial F}{\partial C_{\mathrm{d}}^{\mathrm{A}}(p)}W_{\mathrm{S}}(p,q)W_{\mathrm{R}}(p,q), & p\neq q\\[2ex] \dfrac{\partial F}{\partial C_{\mathrm{d}}^{\mathrm{A}}(p)}, & p=q\end{cases} \tag{2-123}$$

$$\frac{\partial F}{\partial C_{\mathrm{d}}^{\mathrm{G}}(p)}=-\frac{\partial F}{\partial C_{\mathrm{d}}^{\mathrm{A}}(p)}\frac{C_{\mathrm{d}}^{\mathrm{G}}(p)-C_{\mathrm{d}}^{\mathrm{G}}(q)}{\sigma_{\mathrm{R}}^{2}}W_{\mathrm{S}}(p,q)W_{\mathrm{R}}(p,q)C_{\mathrm{d}}(q) \tag{2-124}$$

$$\frac{\partial F}{\partial C_{\mathrm{d}}^{\mathrm{G}}(q)}=\frac{\partial F}{\partial C_{\mathrm{d}}^{\mathrm{A}}(p)}\frac{C_{\mathrm{d}}^{\mathrm{G}}(p)-C_{\mathrm{d}}^{\mathrm{G}}(q)}{\sigma_{\mathrm{R}}^{2}}W_{\mathrm{S}}(p,q)W_{\mathrm{R}}(p,q)C_{\mathrm{d}}(q) \tag{2-125}$$

4. 引导代价聚合网络

当使用代价聚合网络对匹配代价进行聚合时，匹配代价空间中边缘或轮廓处的特征急剧变化是另一个不容忽视的巨大挑战。

联合引导代价聚合网络如图 2-12 所示。为了学习到更多上下文特征信息，使用了堆叠的沙漏（编码器-解码器）架构，该架构由重复的自上而下/自下而上的卷积层以及中间监督组成。代价聚合由 DJGCA 模块联合引导聚合，并通过下采样 ×2 操作将残差特征投影到不同的阶段（编码和解码阶段）。每个代价聚合的结果都加以权重限制，以尽可能地保持深度立体匹配网络的泛化性能。堆叠的 DJGCA 网络使用了多个视差回归输出模块。每一个输出模块使用不同的训练权重进行监督训练，这可以从粗到精进行学习训练，生成粗糙到精细的视差估计图。

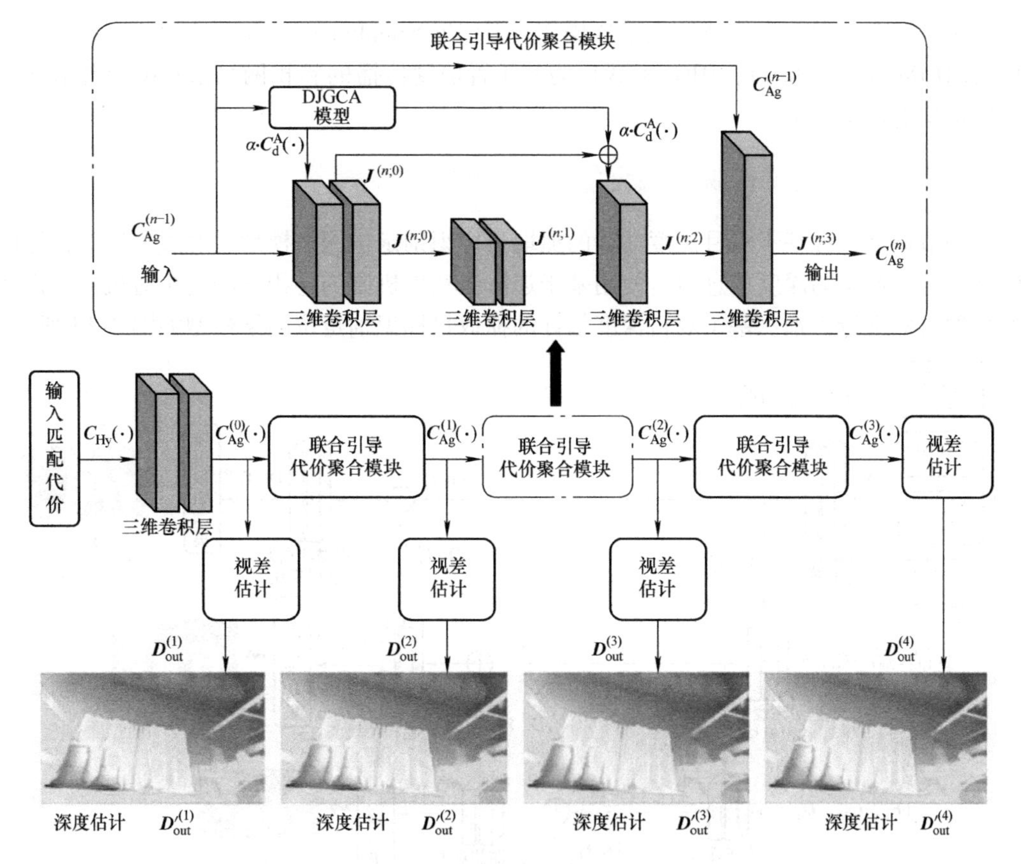

图 2-12　联合引导代价聚合网络

本小节提出了一种基于可微分联合引导代价聚合的代价聚合网络，该网络利用双边滤波器学习边缘或轮廓特征信息，然后指导匹配代价进行聚合。

基于可微分联合引导代价聚合的代价聚合网络定义如下：

$$\boldsymbol{C}_{\mathrm{Ag}}^{(n)}=\begin{cases}\mathrm{Conv3D}(\boldsymbol{C}_{\mathrm{Hy}}), & n=1\\ \mathrm{Jconv3D}^{(n)}(\boldsymbol{C}_{\mathrm{Ag}}^{(n-1)}), & 1<n<N\end{cases} \tag{2-126}$$

式中，三维卷积模块 Conv3D(·) 定义如下：

$$\mathrm{Conv3D}(\boldsymbol{X})={}^{3\mathrm{d}}\boldsymbol{\mathcal{F}}_{3\times3\times3}({}^{3\mathrm{d}}\boldsymbol{\mathcal{F}}_{3\times3\times3}(\boldsymbol{X})) \tag{2-127}$$

$\mathrm{Jconv3D}^{(n)}(\cdot)$为基于可微分联合引导代价聚合模型的三维卷积网络模块；$\boldsymbol{C}_{\mathrm{Ag}}^{(n)}$为第 n 个代价聚合模块的输出。

如图 2-12 所示，基于可微分联合引导代价聚合的三维代价聚合模块 $\mathrm{Jconv3D}^{(n)}(\cdot)$定义如下：

$$\mathrm{Jconv\ 3D}^{(n)}(\boldsymbol{X})=\boldsymbol{J}^{(n;3)} \tag{2-128}$$

式中

$$\begin{cases}\boldsymbol{J}^{(n;0)}={}^{3\mathrm{d}}\boldsymbol{\mathcal{F}}_{3\times3\times3}^{(n;1)}({}^{3\mathrm{d}}\mathcal{D}_{\mathrm{s}}({}^{3\mathrm{d}}\boldsymbol{\mathcal{F}}_{3\times3\times3}^{(n;0)}(\boldsymbol{X}))+{}^{3\mathrm{d}}\mathcal{D}_{\mathrm{s}}(\alpha\cdot\mathrm{DJGCA}(\boldsymbol{X})))\\ \boldsymbol{J}^{(n;1)}={}^{3\mathrm{d}}\boldsymbol{\mathcal{F}}_{3\times3\times3}^{(n;3)}\,{}^{3\mathrm{d}}\boldsymbol{\mathcal{F}}_{3\times3\times3}^{(n;2)}({}^{3\mathrm{d}}\mathcal{D}_{\mathrm{s}}(\boldsymbol{J}^{(n;0)}))\\ \boldsymbol{J}^{(n;2)}={}^{3\mathrm{d}}\boldsymbol{\mathcal{F}}_{3\times3\times3}^{(n;4)}({}^{3\mathrm{d}}\mathcal{U}_{\mathrm{s}}(\boldsymbol{J}^{(n;1)}))+\boldsymbol{J}^{(n;0)}+{}^{3\mathrm{d}}\mathcal{D}_{\mathrm{s}}(\alpha\cdot\mathrm{DJGCA}(\boldsymbol{X}))\\ \boldsymbol{J}^{(n;3)}={}^{3\mathrm{d}}\mathcal{U}_{\mathrm{s}}({}^{3\mathrm{d}}\boldsymbol{\mathcal{F}}_{3\times3\times3}^{(n;5)}({}^{3\mathrm{d}}\mathcal{U}_{\mathrm{s}}(\boldsymbol{J}^{(n;2)})))+\boldsymbol{X}\end{cases} \tag{2-129}$$

这里，${}^{3d}\mathcal{U}_s(\cdot)$为三维特征上采样操作（3D Up Sampling）；${}^{3d}\mathcal{D}_s(\cdot)$为三维特征下采样操作（3D Down Sampling）；DJGCA($\boldsymbol{X}$) 为基于置信度传播的卷积网络层；α 为置信度传播卷积网络层的权重因子。

2.3.3 基于多尺度特征映射融合的工件三维识别

本小节提出一种基于双目深度估计的抓取目标识别定位网络模型，通过利用双目深度估计网络估计出场景的深度信息后，使用基于迟滞注意力机制的卷积神经网络对机器人作业场景的抓取目标进行识别，基于双目深度估计的抓取目标识别定位网络模型如图 2-13 所示。

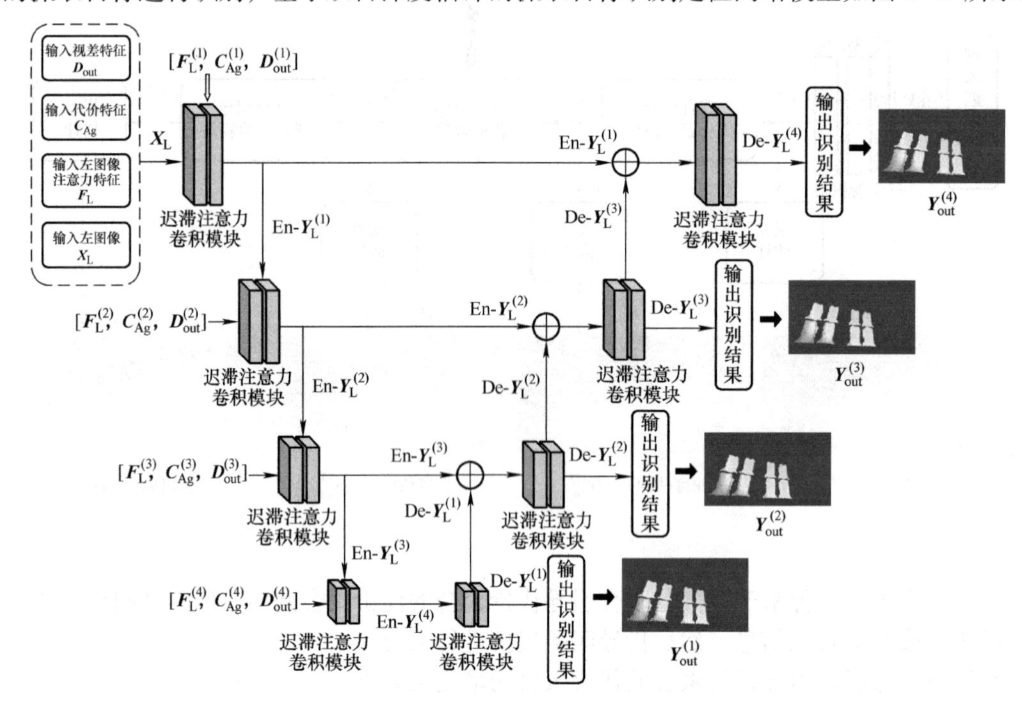

图 2-13 基于双目深度估计的抓取目标识别定位网络模型图

2.3.4 实验结果与分析

1. 实验数据集

当构建好语义地图后，移动复合机器人通过精准导航与避障技术，到达指定加工作业工位以实施下一工序的加工作业。机器人作业目标抓取是智能工厂中机器人柔性作业不可或缺的作业动作。因此，在本小节中以移动复合机器人上下料工序为例，开展了面向移动复合机器人目标抓取的双目视觉三维目标识别定位方法研究，并提出了一种基于可微分的归一化匹配代价构建与联合引导代价聚合的双目立体匹配深度估计与三维目标识别定位网络模型。汽车制造行业是机器人应用最为广泛的领域之一，涵盖了搬运、焊接、磨抛、装配、检测等多个关键工序。本小节以汽车发动机曲轴箱打磨生产线中移动复合机器人上下料工序为例，详细介绍基于双目视觉的三维目标识别定位网络模型的应用过程。

为了实现移动复合机器人抓取目标的三维识别与定位，构建了一个面向移动复合机器人目标抓取的双目深度估计与目标识别数据集。通过利用移动复合机器人机械臂上搭载的 Zed 2

双目摄像机采取相应数据，构建了相应的数据集 ZedStereoObject，并对相应的障碍物进行了标注。该数据集由 500 组数据组成，每组数据由左图像、右图像、置信度图和视差图以及左图像抓取目标的标注组成。ZedStereoObject 数据集同样按 8∶2 的比例划分训练集与测试集。移动复合机器人双目视觉三维目标抓取数据采集示例如图 2-14 所示。其中标注图像中抓取目标用红色进行标注，灰色的部分表示背景。

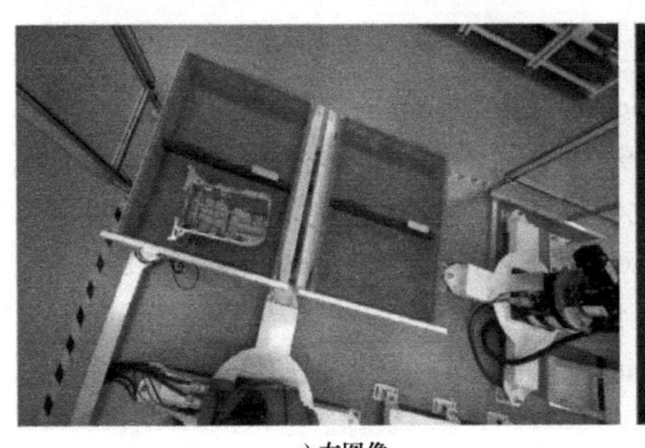

a) 左图像

b) 左图像识别目标标注图像

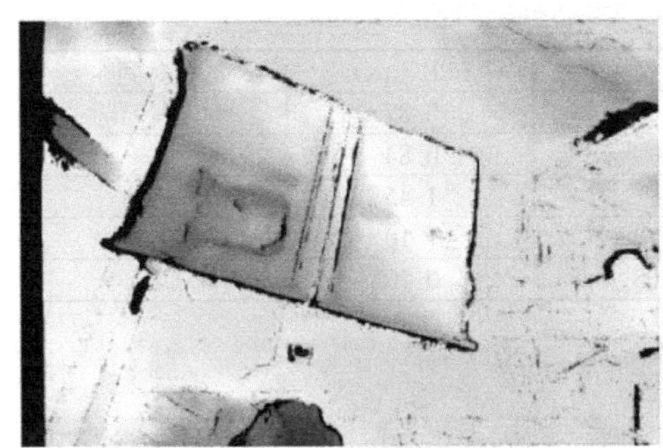

c) 视差图像

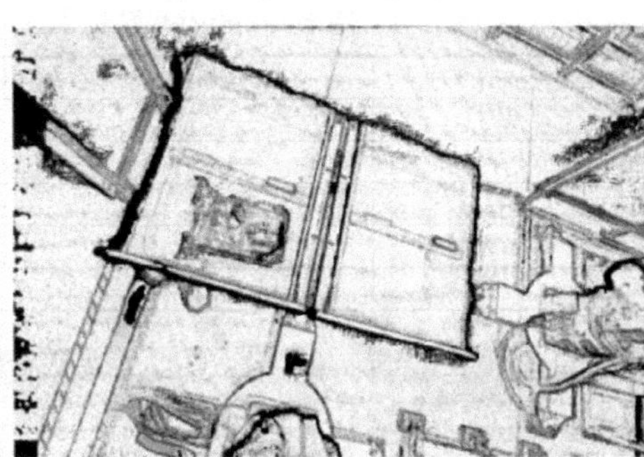

d) 置信度图

图 2-14 彩图

图 2-14　移动复合机器人双目视觉三维目标抓取数据采集示例

2. 实验细节与性能评价指标

通过使用数据集 ZedStereoObject 来训练基于可微归一化匹配代价构建与联合引导代价聚合的双目立体匹配深度估计网络与基于双目深度估计的多模态特征融合三维场景目标识别定位网络模型。同样采用两步式训练的方式来训练该网络模型。首先通过训练双目深度估计网络模块，然后用训练好的双目深度估计网络模块提取出多模态特征来指导目标识别定位网络模型训练。

该模型的双目深度估计模块为在 SceneFlow 数据集上预训练模型。本方法通过使用 2 个 Nvidia Tesla V100 GPU 训练了网络模型，总共训练了 20 个循环得到训练结果。初始学习率设置也为 0.001，在训练到 10、14 和 18 个循环后，将学习率分别设置为 0.0005、0.00025、0.000125。ZedStereoObject 数据集的最大视差值同样设置为 192。同样对于大于最大视差的像素和位于空洞中的像素不予训练。同时每个像素视差的置信度阈值设置为 204，置信度小于该阈值的像素也不予训练。在对 ZedStereoObject 测试数据集进行测试和指导抓取目标识别定位网络训练时，将分辨率为 720×1280 的完整双目图像输入到立体匹配神经网络中。

三维识别定位网络模型总共训练了 50 个循环。网络通过 Adam 优化器进行端到端训练，其中$\beta_1=0.9$，$\beta_2=0.9999$。该网络模型训练的损失函数为交叉熵损失函数，初始学习率同样设置也为 0.001，分别在训练到 20、30 和 40 个循环后将学习率分别设置为 0.0005、0.00025、0.000125。

关于双目立体匹配深度估计网络性能评估，本小节同样在 SceneFlow 数据集上进行详细的消融实验。

3. 实验结果

（1）SceneFlow 数据集的实验结果

SceneFlow 数据集上定量结果对比见表 2-3，在 SceneFlow 数据集上提供了与其他立体匹配网络方法的 >1px（%）、>2px（%）和 >3px（%）像素误差和平均像素误差（EPE）的结果对比结果，本小节所提出的基于可微分归一化代价计算与联合引导代价聚合的双目立体匹配深度估计网络模型性能达到了最优。例如，对比 PSMNet 网络模型减小了 4.22% 的 >1px（%）像素误差；减小了 2.28% 的 >2px（%）像素误差；减小了 1.67% 的 >3px（%）的像素误差；EPE 像素误差也减小了 0.40px。在 SceneFlow 数据集上的可视化视差估计结果如图 2-15 所示。

表 2-3 在 SceneFlow 数据集上不同方法性能对比

方法	>1px（%）	>2px（%）	>3px（%）	EPE（px）	运行时间/s
AANet	9.3	—	—	0.87	—
GA-Net	—	—	—	0.84	—
SegStereo	—	—	—	1.45	—
PSMNet	11.81	6.45	4.72	1.10	0.51
本小节方法	7.59	4.17	3.05	0.70	0.28

图 2-15 在 SceneFlow 数据集上的可视化视差估计结果

（2）ZedStereoObject 数据集的实验结果

同样使用训练好 PSMNet 和 GwcNet 网络模型在 ZedStereoObject 数据集上进行训练测试，得到其深度估计对比结果见表 2-4。

最后，对本小节中提出的双目深度估计网络模型的性能在 ZedStereoObject 数据集上进行了测试。对比 PSMNet 和 GwcNet 网络模型，得到了 8.93% 的 > 10px（%）像素误差、4.87% 的 > 20px（%）像素误差、3.59% 的 > 30px（%）的像素误差，EDE 像素误差为 8.12px。如图 2-16 所示，本小节所采用抓取目标三维识别定位神经网络模型能够准确地估计出移动机器人作业场景的深度信息，并且能准确地识别分割定位出移动机器人的抓取目标。

表 2-4　在 ZedStereoObject 数据集上不同方法性能对比

方法	深度估计性能评估				障碍物分割定位性能评估						运行时间/s
	> 10px（%）	> 20px（%）	> 30px（%）	EDE（px）	Pre	Rec	> 3px（%）	> 5px（%）	> 10px（%）	EDE（px）	
PSMNet	10.29	5.64	4.27	9.60	—	—	—	—	—	—	—
GwcNet	9.84	5.21	3.93	8.93	—	—	—	—	—	—	—
本小节方法	8.93	4.87	3.59	8.12	97.4	95.6	4.31	2.59	1.04	3.59	0.37

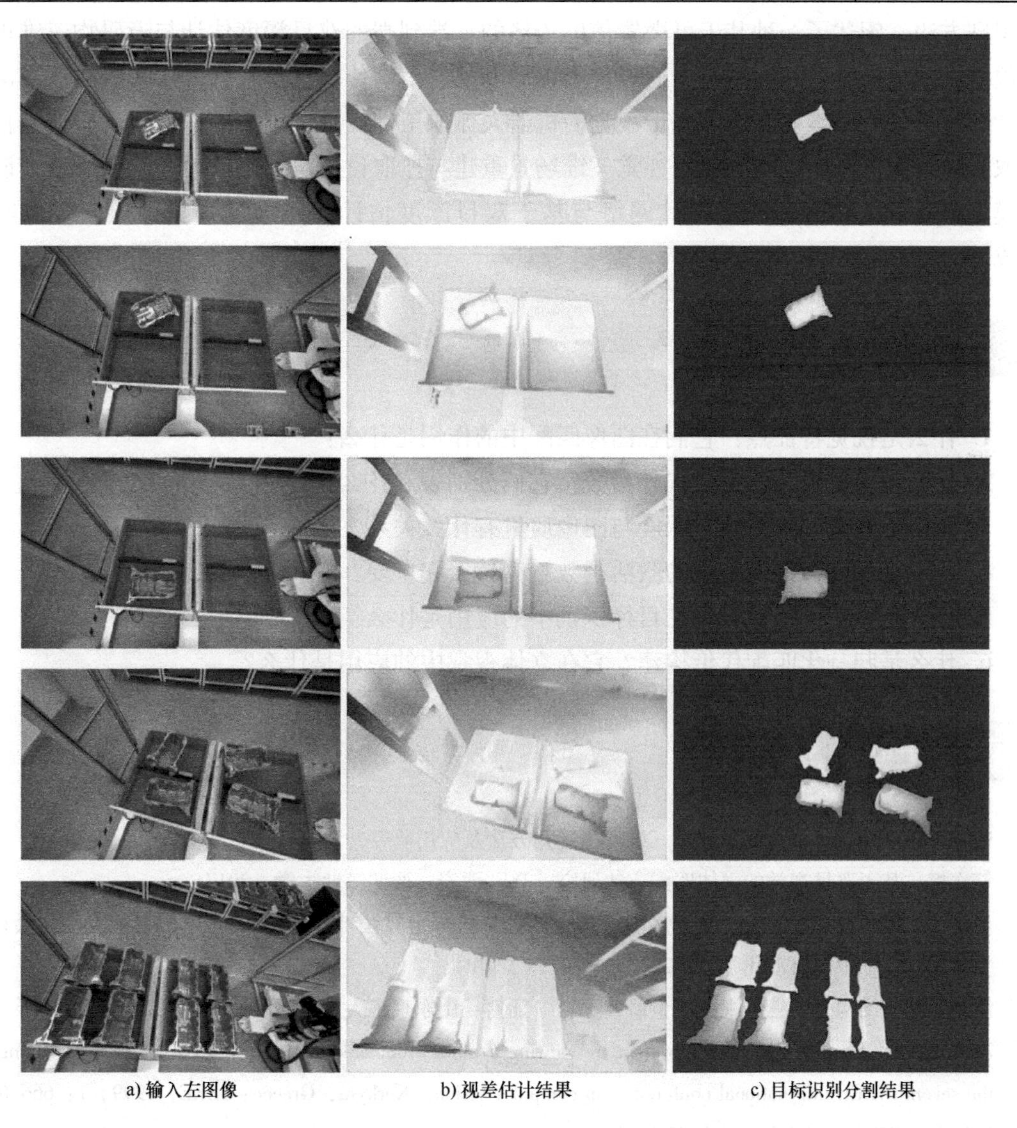

图 2-16　在 ZedStereoObject 数据集上的可视化结果

本章小结

机器人环境感知技术是智能机器人能够准确感知环境，实现其自主行动的基础，智能机器人环境感知技术成为实现机器人智能化的核心技术之一。本节重点介绍机器人环境感知的视觉传感器概述及工作原理，以视觉传感器为例，围绕移动机器人导航作业场景，重点介绍机器人障碍物三维识别方法和机器人抓取工件三维识别方法等。

本章首先介绍了视觉传感器及其工作原理，对移动机器人的视觉传感器系统的成像原理进行研究，详细阐述了基于单目摄像机视觉系统的成像数学模型，介绍了视觉传感器系统的内外参数和畸变系数及摄像机参数标定。其次，本章介绍了基于视觉的移动机器人障碍物三维识别方法，阐述了一种基于可微置信度传播的、端到端的双目深度估计与障碍物三维识别定位神经网络模型。该网络模型通过利用可微分的置信度传播代价聚合方法来提高双目深度估计性能。最后，本章介绍了基于视觉的机器人抓取工件三维识别方法，以移动机器人自主抓取工件为例，阐述了一种双目视觉三维场景重建与抓取目标识别定位神经网络模型。该网络模型由双目立体匹配深度估计网络与基于双目深度估计的三维场景目标识别定位网络组成。

习题

1. 什么是视觉特征点？它们在图像匹配中的作用是什么？
2. 什么是摄像机的内参数和外参数？它们分别表示什么？
3. 什么是像素深度？像素深度与图像质量有什么关系？
4. 什么是深度神经网络中的激活函数？为什么它重要？
5. 什么是置信度传播？它在目标识别中的应用是什么？
6. 什么是归一化匹配代价构建？它在立体视觉中的应用是什么？

参考文献

[1] 曾凯．移动作业机器人双目视觉三维环境感知方法及应用研究［D］．长沙：湖南大学，2022.

[2] 符立梅．基于双目视觉的立体匹配方法研究［D］．西安：西北工业大学，2017.

[3] 何晓兰，姜国权，杜尚丰．基于多项式拟合的摄像机标定算法［C］//2007 年中国智能自动化会议论文集．兰州：中国自动化学会，2007.

[4] 潘臻．基于结构光的三维视觉测量研究［D］．淄博：山东理工大学，2020.

[5] ZHANG Z Y. Flexible camera calibration by viewing a plane from unknown orientations［C］//Proceedings of the seventh IEEE international conference on computer vision．Kerkyra，Greece：IEEE，1999，1：666-673.

[6] KIM S，MIN D，KIM S，et al. Unified confidence estimation networks for robust stereo matching［J］．IEEE transactions on image processing，2019，28（3）：1299-1313.

[7] HEIKO H. Stereo Processing by Semiglobal Matching and Mutual Information [J]. IEEE transactions on pattern analysis and machine intelligence, 2008, 30 (2): 328-341.

[8] ŽBONTAR J, LECUN Y. Stereo Matching by Training a Convolutional Neural Network to Compare Image Patches [J]. Journal of machine learning research, 2016, 17 (1): 2287-2318.

[9] POGGI M, MATTOCCIA S. Learning to predict stereo reliability enforcing local consistency of confidence maps [C]//Proceedings of 2017 IEEE conference on computer vision and pattern recognition. Honolulu, USA: IEEE, 2017: 2452-2461.

[10] WANG Q L, WU B G, ZHU P F, et al. ECA-Net: Efficient channel attention for deep convolutional neural networks [C]//Proceedings of 2020 IEEE/CVF conference on computer vision and pattern recognition. Seattle, USA: IEEE, 2020: 11534-11542.

[11] CAO J L, CHOLAKKAL H, ANWER R M, et al. D2det: Towards high quality object detection and instance segmentation [C]//Proceedings of 2020 IEEE/CVF conference on computer vision and pattern recognition. Seattle, USA: IEEE, 2020: 11485-11494.

[12] HUANG Z L, WANG X G, WEI Y C, et al. Ccnet: Criss-cross attention for semantic segmentation [C]//Proceedings of 2019 IEEE/CVF international conference on computer vision. Long Beach, USA: IEEE, 2019: 603-612.

[13] WANG W, XIE E, LI X, et al. Shape robust text detection with progressive scale expansion network [C]//Proceedings of 2019 IEEE/CVF conference on computer vision and pattern recognition. Long Beach, USA: IEEE, 2019: 9336-9345.

[14] HE K M, ZHANG X Y, REN S Q, et al. Deep residual learning for image recognition [C]//Proceedings of 2016 IEEE conference on computer vision and pattern recognition. Las Vegas, USA: IEEE, 2016: 770-778.

[15] WANG H Y, KEMBHAVI A, FARHADI A, et al. Elastic: Improving cnns with dynamic scaling policies [C]//Proceedings of 2019 IEEE/CVF conference on computer vision and pattern recognition. Long Beach, USA: IEEE, 2019: 2258-2267.

[16] KINGMA D P, BA J. Adam: A method for stochastic optimization [EB/OL]. (2014-12-22) [2024-07-17] https: //arxiv. org/pdf/1412. 6980.

[17] CHANG J R, CHEN Y S. Pyramid stereo matching network [C]//Proceedings of 2018 IEEE/CVF conference on computer vision and pattern recognition. Salt Lake City, USA: IEEE, 2018: 5410-5418.

[18] XU H F, ZHANG J Y. AAnet: Adaptive aggregation network for efficient stereo matching [C]//Proceedings of 2020 IEEE/CVF conference on computer vision and pattern recognition. Seattle, USA: IEEE, 2020: 1959-1968.

[19] KENDALL A, MARTIROSYAN H, DASGUPTA S, et al. End-to-end learning of geometry and context for deep stereo regression [C]//Proceedings of 2017 IEEE international conference on computer vision. Venice, Italy: IEEE, 2017: 66-75.

[20] ZHANG F H, PRISACARIU V, YANG R G, et al. Ga-net: Guided aggregation net for end-to-end stereo matching [C]//Proceedings of 2019 IEEE/CVF conference on computer vision and pattern recognition. Long Beach, USA: IEEE, 2019: 185-194.

[21] YANG G R, ZHAO H S, SHI J P, et al. Segstereo: Exploiting semantic information for disparity estimation [C]//Proceedings of 2018 European conference on computer vision. Munich, Germany: 2018: 660-676.

[22] PANG J H, SUN W X, REN J S J, et al. Cascade residual learning: A two-stage convolutional neural network for stereo matching [C]//Proceedings of 2017 IEEE international conference on computer vision workshops. Venice, Italy: IEEE, 2017: 887-895.

[23] GUO X Y, YANG K, YANG W K, et al. Group-wise correlation stereo network [C]//Proceedings of 2019 IEEE/CVF conference on computer vision and pattern recognition. Long Beach, USA: IEEE, 2019: 3273-3282.

[24] HOU Q B, CHENG M M, HU X W, et al. Deeply supervised salient object detection with short connections [C]//Proceedings of 2017 IEEE conference on computer vision and pattern recognition. Honolulu, USA: IEEE, 2017: 3203-3212.

[25] ZHENG Y P, YANG B, SAREM M. Hierarchical image segmentation based on nonsymmetry and anti-packing pattern representation model [J]. IEEE transactions on image processing, 2021, 30: 2408-2421.

[26] MATTOCCIA S, TOMBARI F, DI STEFANO L. Fast full-search equivalent template matching by enhanced bounded correlation [J]. IEEE transactions on image processing, 2008, 17 (4): 528-538.

[27] TOMASI C, MANDUCHI R. Bilateral filtering for gray and color images [C]// Sixth international conference on computer vision. Bombay, India: IEEE, 1998: 839-846.

第 3 章　基于激光雷达的机器人环境感知技术

导读

智能机器人能够灵巧与环境进行互动，其核心驱动力在于其强大的环境感知能力。在众多的环境感知手段中，激光雷达技术凭借其高精度测量、高分辨率成像以及高速数据处理的能力脱颖而出，成为机器人研究与开发领域的焦点。激光雷达不仅为机器人提供了详尽的环境细节，还极大地增强了机器人在复杂多变环境中的适应性与自主性。本章重点介绍机器人激光雷达传感器原理与预处理、激光点云配准与环境建图算法等。

本章知识点

- 激光雷达传感器原理与预处理
- 激光点云配准
- 基于激光雷达的环境建图算法
- 基于激光雷达的环境语义分析

3.1　激光雷达传感器原理与预处理

激光雷达是一种先进的三维扫描传感器，它利用激光光束来探测目标的位置、速度和其他特征。与依赖无线电波的传统雷达系统不同，激光雷达使用的是光学和红外电磁波，这让它能够在各种环境条件下提供更高的角分辨率和图像清晰度。然而，由于激光波长的局限性，激光雷达无法穿透雾霾或云层，这在特定的气象条件下限制了其使用。作为一种主动传感技术，激光雷达自主发射电磁波，并捕捉从对象表面反射回来的信号，这一特性使其在低光照或夜间环境中表现出色，非常适合自动驾驶车辆的导航和环境感知系统。在自动驾驶领域，激光雷达不仅能够提供精确的距离和速度测量，还能通过连续扫描周围环境来构建稠密的三维地图，极大地增强车辆的自主决策和安全操作能力。激光雷达的应用范围广泛，不限于自动驾驶技术，在地理信息系统、大地测量、城市规划和考古等领域，激光雷达技术能够提供无法通过其他方法获得的精确三维地形和地貌数据。例如，在考古学中，激光雷达能够穿透森林的树冠，揭示被覆盖的地面结构和古迹，为历史研究提供了一种非侵入式的调查工具。此外，激光雷达技术在环境监测和林业管理中也显示出其独特的优势。通过测量树木的高度、密度和其他关键参数，激光雷达帮助科学家和环保人士更好地理解森林健康状况和生物多样性。在气象学领域，特定类型的激光雷达设备能够测量大气中的水蒸气、污染物以及其他气体的浓度，为气候变化研究提供重要数据。激光雷达在成像方面也极具潜力。它不仅可以进行传统的二维成像，还能通过测量每个像素点的距离数据来构建精细的三维视图，这些被称为体素的三维像素能够显示出物体表面的细微结构和纹理。此外，使用多波长的激光雷达可以测量物体的颜色，直接通过多普勒效应测量目标物体的速度和微小运动，为多领域的科学研究和应用开启了新的可能。

3.1.1 机械式激光雷达

机械式激光雷达发展历史最为悠久，这类激光雷达通过电动机带动光机结构整体 360°旋转，多束激光束沿垂直方向排列，发射模块以一定频率发射激光线，通过连续旋转发射头实现动态扫描形成点云。图 3-1 所示为机械式激光雷达 Velodyne_HDL64E，测量距离可达 120m。

机械式激光雷达的工作原理主要基于旋转扫描机制和激光测距技术。机械式激光雷达通过一个电动机驱动发射器和接收器沿 360°进行旋转，实现全方位的扫描。这种旋转机制使激光雷达能够覆盖周围环境的每一个角度。激光发射器以一定的频率发射激光脉冲，这些激光脉冲沿不同的垂直角度发射，从而能够扫描不同的高度，形成对环境的三维视图。当激光脉冲遇到任何障碍物（如建筑物、树木、车辆等）时，激光会被反射回来，并由激光雷达的接收器捕获。

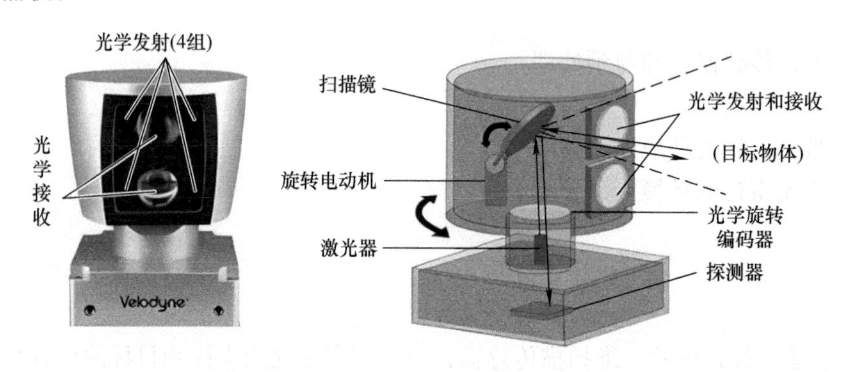

图 3-1　机械式激光雷达 Velodyne_HDL64E

3.1.2 半固态激光雷达

1. 多面旋转镜型

多面旋转镜型激光雷达使用转镜折射光线实现激光在视场区域内的覆盖，通常与线光源配合使用，形成视场面的覆盖，也可以与振镜组合使用，配合点光源形成视场面的覆盖。多面旋转镜型激光雷达通常采用多面体旋转镜，这些反射镜专门设计用于高效反射特定波长的激光（如 905nm、940nm、1550nm），通常配置为三面或四面镜。转镜的设计简洁，仅需匀速旋转，无须进行变速或其他复杂控制，镜面围绕一个中心轴线排列，形成类似于棱柱或多面体的结构。激光发射器发射激光脉冲，激光束直接照射到旋转镜上。具体的雷达有图达通

(Seyond) 公司所生产的猎鹰系列激光雷达，如图 3-2 所示。

a) 猎鹰K1、K2　　b) 猎鹰K3　　c) 猎鹰Q

图 3-2　多面旋转镜型激光雷达

由于旋转镜的多面设计，激光束可以被反射到多个不同的方向。旋转镜通过电动机驱动，以一定的速度旋转。当旋转镜转动时，每个镜面依次对准激光发射器，并将激光脉冲反射到不同的方向。转镜的配置可以是一维或二维，一维转镜系统通过单个转镜完成水平方向的扫描，而垂直方向则通过配置多个激光发射器来实现，以覆盖不同高度的目标；二维转镜系统则结合了转镜和振镜，实现了水平和垂直两个方向的综合扫描。这样，激光雷达能够覆盖一个较宽的扫描范围，从而对环境进行全方位的探测。反射的激光束从各种表面（如车辆、建筑物、树木等）反射回来，被激光雷达的接收器检测。接收器根据反射回来的激光脉冲的时间延迟（飞行时间）计算出目标的距离。

2. MEMS 微振子型

MEMS 微振子型激光雷达，主要是通过 MEMS 振镜，进行水平方向和垂直方向的振动，实现激光束的扫描。MEMS 微振镜集成在硅芯片上，镜面以一定的谐波频率悬挂在一对扭杆之间，旋转的微振镜反射来自激光的光线，实现扫描。但大尺寸镜面 MEMS 微振子悬梁材料存在疲劳问题，无法通过冲击、振动、高低温等汽车认证，使用寿命不稳定，具体产品有速腾聚创公司生产的 MEMS 微振子型固态激光雷达 RS-LiDAR-M1，如图 3-3 所示。

图 3-3　MEMS 微振子型固态激光雷达 RS-LiDAR-M1

在 MEMS 微振子型激光雷达中，微振镜被集成在硅芯片上。这些微振镜被悬挂在一对扭力杆之间，使其能够在一个或多个轴向上振动。激光源发射激光束，击中微振镜。微振镜以非常高的频率振动，从而以预定的频率和角度反射激光。由于微振镜能够在非常小的空间内快速振动，因此它们能够迅速改变激光束的方向。这种振动通常限于较小的角度，例如 10 多度，因此扫过的光线角度也相对较小，通常在 0 ~ 20 多度范围内。为了实现更广的扫描范围，通常需要使用多个激光器，每个激光器负责一个特定的角度扇区。通过精确控制这些激光器，可以将各个扇区的扫描结果拼合起来，形成一个较大的水平视场角，实现更大范围的扫描覆盖。

3. 楔形棱镜型

双楔形棱镜激光雷达由两块同轴放置的楔形棱镜组成，随着两个棱镜以不同速度旋转，将在前方扫出类似菊花的图样。图 3-4 所示为大疆 Livox 生产的双楔形棱镜激光雷达 Livox

觅道 Mid-40，该设备采用独特且不重复的扫描方法，随着扫描时间逐步增长，可以实现近 100% 的视角覆盖率；然而其移动迅速而且设备易于出现疲劳或损坏现象，其使用寿命相当有限，可靠性也相对较低。而且，非重复扫描的方法并不有利于自动驾驶算法在融合和匹配方面的应用。

图 3-4　双楔形棱镜激光雷达 Livox 觅道 Mid-40

楔形棱镜型激光雷达的工作原理涉及使用特殊设计的楔形棱镜来改变激光的传播路径，从而实现对目标的精确扫描。楔形棱镜是一种具有倾斜角度的光学元件，通常由两个斜面组成，这些斜面以特定的角度相交。当激光束通过这种楔形棱镜时，由于光的折射和反射特性，激光束的方向会根据棱镜的角度和材质而被改变。在楔形棱镜型激光雷达中，激光发射器发出的激光束首先被引导至楔形棱镜。这个激光束可以是连续的光线或脉冲光线，根据应用的需求而定。当激光束击中楔形棱镜的入射面时，由于棱镜的楔形结构和光学性质，激光束会在通过棱镜后偏离原来的路径。这种偏转使得激光束沿着一个新的方向传播，从而在扫描过程中覆盖不同的空间区域。棱镜的转动或移动可以进一步增加扫描范围，实现更广的空间覆盖。

3.1.3　全固态激光雷达

1. Flash 固态激光雷达

Flash 固态激光雷达工作原理和 TOF 摄像机有一些类似，其发射的激光束会直接向各个方向漫射，只要一次快闪就能照亮整个视场，并由位于焦平面的探测器采集不同方向反射的信号，不同目标的反射激光有不同的飞行时间，从而获取深度信息。Flash 固态激光雷达可以分为脉冲式和连续式。激光雷达直接发射到较大的检测区域，随后由接收器阵列计算每个像素对应的距离信息，对外部环境响应无延迟，无运动部件，稳定性更高，发射端方案更成熟。与传统机械式激光雷达相比，Flash 固态激光雷达无需机械运动，能够实现更快速的数据采集，适用于高速移动的场景，具体的产品有北醒光子公司生产的 AD2-S-X3 高性能 3D 激光雷达、ibeo 公司生产的 ibeoNEXT 纯固态激光雷达和 Xenomatix 公司生产的 XenoLidar-X 等，如图 3-5 所示。

a) AD2-S-X3

b) ibeoNEXT

c) XenoLidar-X

图 3-5　Flash 固态激光雷达

Flash 固态激光雷达通过其发射器发出一束宽广的激光脉冲，覆盖整个监测区域。这种广泛的覆盖允许雷达一次性照射到所有目标，而不是逐个点或逐条线扫描。与传统的机械式激光雷达相比，Flash 固态激光雷达不依赖于任何旋转或振动的部件来改变激光的方向。这种设计消除了因机械磨损或外部冲击而导致的潜在故障点，大大提高了系统的可靠性和耐用性。被照射区域中的对象会反射激光脉冲，这些反射光回到雷达系统上，被固态接收器阵列检测。接收器阵列配置有多个感光元件，能够同时从多个方向接收返回的光信号。

2. OPA 固态激光雷达

OPA（固态光学相控阵）固态激光雷达是一种高级的激光雷达技术，使用光学相控阵技术来精确控制激光束的方向，而不依赖于任何机械旋转部件。OPA 固态激光雷达利用一个由许多小型发射单元组成的相控阵列。每个发射单元可以独立控制激光的相位（即光波的相对位置）。通过调整阵列中各单元的相位，可以引导整个激光束的传播方向，实现精确的扫描而无须物理移动。在系统中，激光通过这些微小的发射单元被发射出去。每个单元发射的激光波相位可以精确调控，通过相位的差异，可以使得这些波相互干涉，形成一个统一的、方向可控的激光束。通过电子方式改变每个发射单元的激光相位，OPA 系统可以迅速改变激光束的方向。这种方向的改变是通过调整激光波前的相位来实现的，而不需要任何物理移动，从而达到高速扫描的目的。但是，由于相位控制可能产生所谓的“侧瓣”效应，即在主激光束之外形成额外的光束，这可能会导致数据的干扰和噪声。设计时需要特别注意此问题，以优化系统性能和测量精度，具体产品有力策科技公司生产的 LT-X、Quanergy 公司生产的 S3-2，如图 3-6 所示。

a) LT-X　　b) S3-2

图 3-6　OPA 固态激光雷达

3.2　激光点云配准

3.2.1　最近点迭代算法

在点云配准算法中，最近点迭代（Iterative Closest Point，ICP）算法是一种广泛使用的点云配准算法，用于估计两个三维点云之间的刚体变换（旋转和平移），以便将它们对齐。ICP 算法的基本思想是通过迭代的方式，不断地寻找两个点云之间的对应点，并基于这些对应点来优化变换参数，直到达到某种收敛条件。是一种常用的点云配准技术，其基本思想是通过迭代优化的方式，寻找目标点云与参考点云之间的最佳变换矩阵，从而实现两者的对齐。图 3-7 介绍了 ICP 算法的基本原理及步骤。

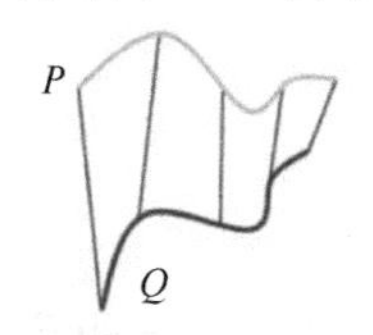

a) P、Q两个原始点云子集

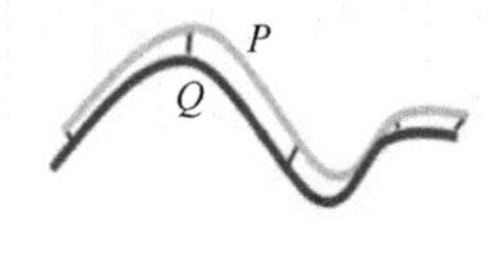

b) 最近邻关联

c) 完成匹配

图 3-7　ICP 算法的基本原理及步骤

1. 刚性变换矩阵

通过一组映射关系可以完成将不同坐标系下的点云数据统一到同一坐标系中，坐标系的变换包括旋转和平移，这是点云配准的最终目的。其中，映射关系可以表示为

$$\boldsymbol{P}'=\boldsymbol{H}\boldsymbol{P}$$

$$\boldsymbol{H}=\begin{bmatrix} a_{11} & a_{12} & a_{13} & t_x \\ a_{21} & a_{22} & a_{23} & t_y \\ a_{31} & a_{32} & a_{33} & t_z \\ v_x & v_y & v_z & S \end{bmatrix}=\begin{bmatrix} \boldsymbol{R} & \boldsymbol{T} \\ \boldsymbol{V} & S \end{bmatrix} \tag{3-1}$$

式中，$\boldsymbol{R}$ 为旋转矩阵，

$$\boldsymbol{R}=\begin{bmatrix} a_{11} & a_{12} & a_{13} \\ a_{21} & a_{22} & a_{23} \\ a_{31} & a_{32} & a_{33} \end{bmatrix} \tag{3-2}$$

$\boldsymbol{T}$ 为平移向量，

$$\boldsymbol{T}=[t_x \quad t_y \quad t_z]^{\mathrm{T}} \tag{3-3}$$

$\boldsymbol{V}$ 为透视变换向量，

$$\boldsymbol{V}=[v_x \quad v_y \quad v_z]^{\mathrm{T}} \tag{3-4}$$

S 为目标整体的比例因子。

因为形变是不存在于设备扫描的过程中的，在不同帧的点云数据处理中，仅仅存在旋转和平移现象，因此，可以把 $\boldsymbol{V}$ 设定为零向量，利用比例因子来进行映射变换，以此方式表示其特性：

$$\boldsymbol{H}=\begin{bmatrix} \boldsymbol{R}_{3\times3} & \boldsymbol{T}_{3\times1} \\ \boldsymbol{0}_{1\times3} & 1 \end{bmatrix} \tag{3-5}$$

式中，旋转矩阵可表示为

$$\boldsymbol{R}_{3\times3}=\begin{bmatrix} 1 & 0 & 0 \\ 0 & \cos\alpha & \sin\alpha \\ 0 & -\sin\alpha & \cos\alpha \end{bmatrix}\begin{bmatrix} \cos\beta & 0 & -\sin\beta \\ 0 & 1 & 0 \\ \sin\beta & 0 & \cos\beta \end{bmatrix}\begin{bmatrix} \cos\gamma & \sin\gamma & 0 \\ -\sin\gamma & \cos\gamma & 0 \\ 0 & 0 & 1 \end{bmatrix} \tag{3-6}$$

$$\boldsymbol{T}_{3\times1}=[t_x \quad t_y \quad t_z]^{\mathrm{T}} \tag{3-7}$$

2. 刚性变换矩阵相关参数的估算

通过使用特定公式，可以对不同坐标系中的点云信息进行坐标式的转换，具体如下：

$$\boldsymbol{P}'=\boldsymbol{R}_{3\times3}\boldsymbol{P}+\boldsymbol{T}_{3\times1} \tag{3-8}$$

式中，$\boldsymbol{P}=[x_i \quad y_i \quad z_i]^{\mathrm{T}}$；$\boldsymbol{P}'=[x_i' \quad y_i' \quad z_i']^{\mathrm{T}}$。由此可推出

$$\begin{bmatrix} x_i' \\ y_i' \\ z_i' \end{bmatrix}=\boldsymbol{R}_{3\times3}\begin{bmatrix} x_i \\ y_i \\ z_i \end{bmatrix}+\begin{bmatrix} t_x \\ t_y \\ t_z \end{bmatrix} \tag{3-9}$$

式中

$$\boldsymbol{R}_{3\times3}=\begin{bmatrix} \cos\beta\cos\gamma & \cos\beta\sin\gamma & -\sin\beta \\ -\cos\alpha\sin\gamma-\sin\alpha\sin\beta\cos\gamma & \cos\alpha\cos\gamma+\sin\alpha\sin\beta\sin\gamma & \sin\alpha\cos\beta \\ \sin\alpha\sin\gamma+\cos\alpha\sin\beta\cos\gamma & -\sin\alpha\cos\gamma-\cos\alpha\sin\beta\sin\gamma & \cos\alpha\cos\beta \end{bmatrix} \tag{3-10}$$

以上提供的公式涉及了 6 个不确定的变量，要解决这 6 个变量需要最少 6 组方程。因此，本小节需在预定点云的交叠部分中搜寻最少 3 组非平行并相互匹配的点对，来解出那些未知因素的数值，从而实现刚性矩阵参数的估算。在大多数情况下，会努力选择更多的选项点，这种方法能够进一步增强刚性变化矩阵参数评估的准确度。

3. 寻找目标函数的解

定义源点集和目标点集：

$$\boldsymbol{P} = \{\boldsymbol{p}_i \mid \boldsymbol{p}_i \in \mathbf{R}^3, i = 1, 2, \cdots, n\} \tag{3-11}$$

$$\boldsymbol{Q} = \{\boldsymbol{q}_i \mid \boldsymbol{q}_i \in \mathbf{R}^3, i = 1, 2, \cdots, m\} \tag{3-12}$$

式中，n 为点集 $\boldsymbol{P}$ 的规模；m 为点集 $\boldsymbol{Q}$ 的规模。

将旋转矩阵设为 $\boldsymbol{R}$，平移矩阵设为 $\boldsymbol{T}$，可以得到点 $\boldsymbol{P}$ 到点 $\boldsymbol{P}'$的坐标变换：

$$\boldsymbol{p}_i' = \boldsymbol{R}\boldsymbol{p}_i + \boldsymbol{T} \tag{3-13}$$

记点集 $\boldsymbol{P}'$（源点集 $\boldsymbol{P}$ 经刚性变换矩阵转换）与目标点集 $\boldsymbol{Q}$ 之间的误差为

$$S(\boldsymbol{R}, \boldsymbol{T}) = \frac{1}{n}\sum_{i=0}^{n} \|\boldsymbol{p}_i' - \boldsymbol{q}_i\|^2 \tag{3-14}$$

考虑到源点集 $\boldsymbol{P}$ 到目标点集 $\boldsymbol{Q}$ 的坐标变换矩阵为刚性变换矩阵（$\boldsymbol{R}, \boldsymbol{T}$），则点集 $\boldsymbol{P}'$与目标点集 $\boldsymbol{Q}$ 之间的误差应当最小，所以，在这里最优化问题即为刚性变换矩阵求解的问题，ICP 算法求解的误差函数可以定义为

$$\min S(\boldsymbol{R}, \boldsymbol{T}) = \frac{1}{n}\sum_{i=0}^{n} \|\boldsymbol{p}_i' - \boldsymbol{q}_i\|^2 = \frac{1}{n}\sum_{i=0}^{n} \|(\boldsymbol{R}\boldsymbol{p}_i + \boldsymbol{T}) - \boldsymbol{q}_i\|^2 \tag{3-15}$$

式中，n 为最邻近点对的个数；$\boldsymbol{p}_i$为源点集中的一点；$\boldsymbol{q}_i$为目标点云中与 $\boldsymbol{p}_i$对应的最近点。在求解该问题时可以利用非线性优化理论，当 $S(\boldsymbol{R}, \boldsymbol{T}) < S_{\mathrm{THR}}$或 $N_{\mathrm{step}} > N_{\mathrm{THR}}$中一个条件得到满足时（$S_{\mathrm{THR}}$为事先给定的阈值，$N_{\mathrm{step}}$为当前迭代次数，$N_{\mathrm{THR}}$为事先给定的最大迭代次数），停止迭代计算，否则继续进行迭代计算求解，直至满足设定的条件。

3.2.2　正态分布变换算法

正态分布变换（Normal Distributions Transform，NDT）算法是一种在点云配准和机器人视觉等领域中广泛使用的算法。其核心思想是通过将点云数据划分为多个小区域，并在每个小区域内计算点云数据的概率分布（通常为正态分布），从而构建出一个基于概率密度的表示形式。后续，本文通过优化计算，找到了最佳的变换参数，旨在使源云至目标云的概率密度分布最大化，确保两者之间达到最佳的匹配。

1. 计算 NDT 过程

在进行点云配准之前进行网格化操作，然后把它们划分成特定大小的网格结构。在每个网格内，计算点云数据的均值和协方差矩阵，从而得到该网格内点云数据的正态分布参数。每个小网格需要执行三步：

1）在每一个网格内，有激光点云集合 $\boldsymbol{x}_i = 1, 2, \cdots, n$。

2）计算激光点云集合的均值 $q = \frac{1}{n}\sum_{i=1}^{n}\boldsymbol{x}_i$。

3）计算激光点云集合的协方差（激光点的分散程度）$\Sigma = \frac{1}{n}\sum_{i=1}^{n}(\boldsymbol{x}_i - \boldsymbol{q})(\boldsymbol{x}_i - \boldsymbol{q})^{\mathrm{T}}$。

某网络中的激光点概率可以表示为

$$p(\boldsymbol{x}_i) \sim \exp\left(-\frac{(\boldsymbol{x}_i-\boldsymbol{q})^{\mathrm{T}}\Sigma^{-1}(\boldsymbol{x}_i-\boldsymbol{q})}{2}\right) \tag{3-16}$$

一般的网格尺寸为 1m×1m。图 3-8a 是激光点数据，图 3-8b 是概率图，明亮程度代表着这个地方是障碍物的可能性，越亮的地方越可能是障碍物。

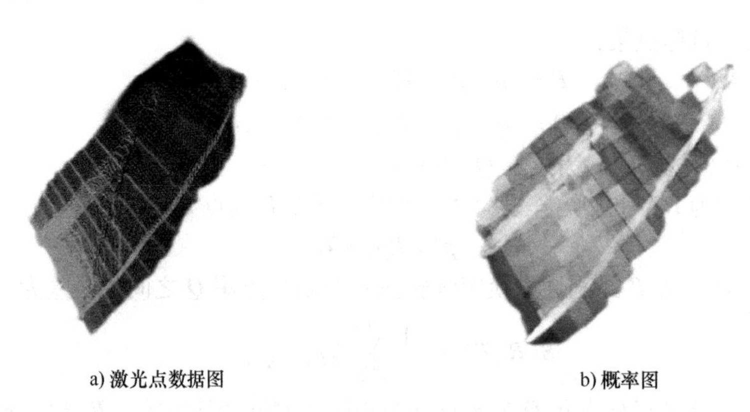

a) 激光点数据图　　b) 概率图

图 3-8　激光点数据与概率图对照

2. 帧间匹配

通过变换 $\boldsymbol{T}$ 将需要配准的点云转换到参考点云的网格中：

$$\boldsymbol{T}\begin{pmatrix}x'\\y'\\z'\end{pmatrix}=\begin{pmatrix}\cos\varphi & \sin\varphi & 0\\-\sin\varphi & \cos\varphi & 0\\0 & 0 & 1\end{pmatrix}\begin{pmatrix}x\\y\\z\end{pmatrix}+\begin{pmatrix}t_x\\t_y\\t_z\end{pmatrix} \tag{3-17}$$

式中，$\boldsymbol{T}$ 为两帧激光点云的变换矩阵；x'，y'，z' 为上一帧激光点云数据；φ 为旋转的角度；x，y，z 为当前激光点云数据。计算 $\boldsymbol{T}$ 的过程如下：

1）构建首帧（前一帧）激光点云的 NDT（概率值）。

2）对前一帧和当前帧之间的位姿进行初始化（针对特定的移动机器人，里程计可以用来初始化）。

3）经过转换矩阵将当前帧（第二帧）的激光点转换到前一帧激光的坐标下（根据初始化的位姿，完成当前帧激光的坐标转换）。

4）经过坐标转换后，计算当前帧激光概率分布情况。

5）适当改变位姿，重复 3）、4）步骤，直到收敛。

3. 牛顿算法优化

采用优化算法对评估函数 score($\boldsymbol{p}$) 进行优化，这里使用牛顿算法。计算出评估函数的梯度和 Hessian 矩阵是优化算法的关键。

由每个格子的值 ε 累加得到目标函数 score，令 $\boldsymbol{q}=\boldsymbol{x}_i'-\boldsymbol{q}_i$，则

$$\varepsilon=-\exp\left(-\frac{-\boldsymbol{q}^{\mathrm{T}}\Sigma^{-1}\boldsymbol{q}}{2}\right) \tag{3-18}$$

ε 的梯度方向为

$$\frac{\partial \varepsilon}{\partial p_i}=\frac{\partial \varepsilon}{\partial \boldsymbol{q}}\frac{\partial \boldsymbol{q}}{\partial p_i}=\boldsymbol{q}^{\mathrm{T}}\Sigma^{-1}\frac{\partial \boldsymbol{q}}{\partial p_i}\exp\left(-\frac{-\boldsymbol{q}^{\mathrm{T}}\Sigma^{-1}\boldsymbol{q}}{2}\right) \tag{3-19}$$

式中，$\boldsymbol{q}$ 对变换参数 p_i 的偏导数$\frac{\partial \boldsymbol{q}}{\partial p_i}$即为变换 $\boldsymbol{T}$ 的雅可比矩阵：

$$\frac{\partial \boldsymbol{q}}{\partial p_i}=\boldsymbol{J}_T=\begin{pmatrix}1 & 0 & -x\sin\varphi-y\cos\varphi\\ 0 & 1 & x\cos\varphi-y\sin\varphi\end{pmatrix} \tag{3-20}$$

式（3-20）得到了梯度的计算结果，继续求 ε 关于变量 p_i、p_j的二阶偏导：

$$\boldsymbol{H}_{i,j}=-\exp\left(-\frac{-\boldsymbol{q}^{\mathrm{T}}\Sigma^{-1}\boldsymbol{q}}{2}\right)\begin{bmatrix}\left(\boldsymbol{q}^{\mathrm{T}}\boldsymbol{\Sigma}^{-1}\frac{\partial \boldsymbol{q}}{\partial p_i}\right)\left(\boldsymbol{q}^{\mathrm{T}}\boldsymbol{\Sigma}^{-1}\frac{\partial \boldsymbol{q}}{\partial p_j}\right)-\left(\frac{\partial \boldsymbol{q}^{\mathrm{T}}}{\partial p_j}\boldsymbol{\Sigma}^{-1}\frac{\partial \boldsymbol{q}}{\partial p_j}\right)\\ -\left(\boldsymbol{q}^{\mathrm{T}}\boldsymbol{\Sigma}^{-1}\frac{\partial^2 \boldsymbol{q}}{\partial p_i\partial p_j}\right)\end{bmatrix} \tag{3-21}$$

根据变换方程，向量 $\boldsymbol{q}$，对变换参数 p 的二阶导数的向量为

$$\frac{\partial^2 \boldsymbol{q}}{\partial p_i\partial p_j}=\begin{cases}\begin{pmatrix}-x\cos\varphi+y\sin\varphi\\ -x\sin\varphi-y\cos\varphi\end{pmatrix}, & i=j=3\\ \begin{pmatrix}0\\ 0\end{pmatrix}, & \text{其他}\end{cases} \tag{3-22}$$

3.3　基于激光雷达的环境建图算法

随着计算机技术和人工智能的发展，智能自主移动机器人成为机器人领域的一个重要研究方向和研究热点，目前移动机器人已被广泛地应用于室外及室内场景，在室外场景下，机器人可以依靠全球定位系统（GPS）实现高精度、稳定可靠的定位，而要在室内环境或者 GPS 信号缺失的场景下实现高精度的定位仍是众多学者持续研究的一个重要难题。当前主流的定位方案为同时定位与地图创建（SLAM）技术，移动机器人在其自身的定位位置不明确或操作环境完全不清楚的前提下，能够创建环境地图，并依靠环境地图进行自主定位和导航。因此，这一部分主要集中讨论二维 SLAM 技术与三维 SALM 技术这两大主流技术。

3.3.1　二维栅格地图构建

二维栅格地图构建算法中最具代表性的是谷歌开源的 Cartographer，它可以生成精度为 5cm 的二维栅格实时地图，采用回环检测来优化子图的位姿，消除建图过程中的累积误差，同时实现了计算量和实时性之间的平衡。

Cartographer 的主要思路是利用闭环检测来减少建图过程中的累积误差，该研究算法能凭借激光雷达等数据，生成高精度栅格地图。算法大致可以划分为两个关键环节：局部 SLAM 和全局 SLAM 模块。局部 SLAM 模块通过对每一帧激光雷达扫描数据的精细处理，构建并不断更新一系列独立的子地图结构，这些子地图实质上是由网格形式表示的局部环境模型。在处理新的激光雷达扫描数据时，本小节运用 Ceres 扫描匹配算法精细地确定其最适宜的插入点，将其无缝融入整体的子图结构中。然而，子图结构在处理过程中容易累积误差，为了修正这一问题，通过全局 SLAM 模块来解决，主要是通过闭环检测段减少累计误差。当一个子图的建立，也就是不会有新的激光雷达扫描数据进入此子图中时，算法会把这一子图

整合进闭环监测程序里，通过回环检验，系统性地检测并校正累积的误差，确保定位精度。其系统框架结构如图 3-9 所示。

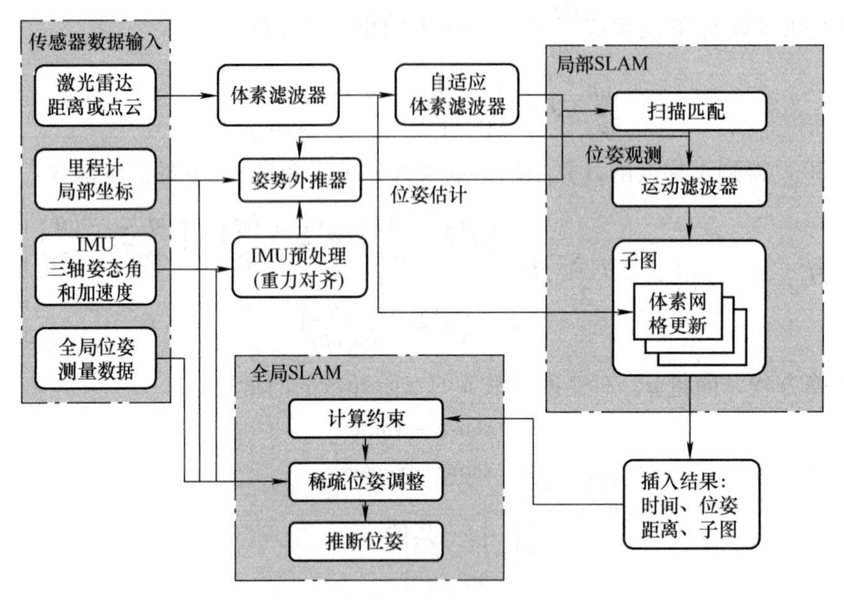

图 3-9　SLAM 框架结构图

1. 局部 SLAM

在二维 SLAM 中，由激光雷达扫描获得的平移（x,y）和旋转 ξ_θ 三个参数可确定移动机器人的位姿 $\boldsymbol{\xi}=(\xi_x,\xi_y,\xi_\theta)$。子图构建是重复对齐扫描和子地图坐标帧的迭代过程帧。将激光雷达传感器测量的数据记作 $\boldsymbol{H}=\{\boldsymbol{h}_k\}_{k=1,2,\cdots,K}, \boldsymbol{h}_k \in \mathbf{R}^2$，初始激光点为 $0 \in \mathbf{R}^2$。激光雷达扫描数据帧映射到子图的位姿变换记作 $\boldsymbol{T}_\xi$，可以通过式（3-23）将扫描点 p 从扫描帧映射到子图坐标系下：

$$\boldsymbol{T}_\xi p = \underbrace{\begin{pmatrix} \cos\xi_\theta & -\sin\xi_\theta \\ \sin\xi_\theta & \cos\xi_\theta \end{pmatrix}}_{\boldsymbol{R}_\xi} p + \underbrace{\begin{pmatrix} \xi_x \\ \xi_y \end{pmatrix}}_{\boldsymbol{t}_\xi} \tag{3-23}$$

在局部 SLAM 过程中，通过连续整合多次雷达扫描数据，形成一系列的子地图，这些子图以概率网格的形式呈现。每个网格单元对应一个特定的分辨率 r（比如 5cm）。每个栅格点的值可以认为是其被遮挡的概率，具体来说，本小节将每个像素的值关联到与其紧密相邻的栅格点集合上。

每当雷达扫描数据被插入概率栅格时，就会计算一组命中（hit）栅格的点和一组不相交未命中（miss）栅格的点，同时对地图上对应的栅格计算它的占据概率 odds。对于每个 hit，本小节将最近的栅格点插入 hit 集合。每个先前未观测到的栅格点，如果属于上述集合之一，将被赋予概率 p_{hit} 或 p_{miss}。如果已经观察到栅格点 x，会将 hit 和 miss 的概率更新为 M_{new}。

$$\text{odds}(p) = \frac{p}{1-p} \tag{3-24}$$

$$M_{\text{new}}(x) = \text{clamp}(\text{odds}^{-1}(\text{odds}(M_{\text{old}}(x)) \cdot \text{odds}(p_{\text{hit}}))) \tag{3-25}$$

式中，clamp 用于限制取值的范围，确保该值不超过指定的最大值或最小值。

在将扫描帧融入子图之前，运用 Ceres 库的高效扫描匹配器对其姿态进行精细优化。该匹配器的核心任务是通过计算，寻找并确立一个扫描帧的最佳位置，以最大限度地提高其在子映射中的匹配概率和精度。因此，将原始的帧位姿估计问题转化为了一个解决非线性最小化问题的过程：

$$\underset{\xi}{\operatorname{argmax}} \sum_{k=1}^{K} (1 - M_{\text{smooth}}(\boldsymbol{T}_{\xi} h_k))^2 \tag{3-26}$$

式中，$\boldsymbol{T}_{\xi}$ 通过位姿变换映射至特定的子图帧，这是一种关键的几何操作，旨在准确地调整帧之间的位置关系。接着，平滑函数M_{smooth}：$\mathbf{R}^2 \rightarrow R$ 以连续且均匀的方式调整每个扫描帧的概率值，平滑函数确保所有插入的扫描帧能提供最大的概率支持，以此构建一个非线性最小二乘优化的目标函数，获得最佳的整体图像一致性。这里使用双三次插值，虽然可能会出现区间［0,1］以外的值，但是这些值可以被忽略。

通过数学优化处理这类平滑函数，往往能够获得比传统栅格方法更精细的精度。局部优化的特性使它高度依赖于精准的初始猜测，尤其是利用能测量角速度的惯性测量单元（IMU），这在估算连续扫描匹配期间的姿态旋转部分中扮演关键角色，在没有 IMU 的情况下可以使用更高频率的扫描匹配或像素精确的扫描匹配方法，但是会增加计算复杂度。

2. 全局 SLAM

由于扫描仅与包含最新几次扫描结果的子地图进行匹配，这可能导致随时间推移逐步累积误差。尽管进行了仅仅几十次的连续扫描，但由于其高精度，累积误差依然保持在微小范围内。为管理广阔的空间，本小节采取了精细策略，通过分割并生成众多小型子图来实现高效处理。为提升效率，本小节全面优化扫描和子图的处理过程，采用稀疏姿态调整策略，通过将扫描的相对姿态精确地储存于内存中，得以实现高效的优化过程。除了基本姿态，所有后续的扫描与子图交互组合会在子图不再发生变动后，被视为形成一个封闭的循环处理流程。后台持续运行的扫描匹配器，一旦发现优质的匹配项，会将其转化为相关的位置信息，融入正在进行的优化问题求解中。

由于激光雷达扫描帧仅与最近几次扫描的子图进行匹配，且环境地图是由一系列的子图构成，因此随着子图数量的增多，扫描匹配过程中的累计误差会越来越大。该算法通过稀疏姿态调整的方法，旨在高效优化激光雷达数据帧与子图的精确位置和姿态。在实施过程中，一旦子图的姿态趋于稳定，本小节将综合所有扫描帧和子图的数据，执行严谨的闭环检测流程，确保测量精度的提升。

闭环检测作为一种类似的策略，常被视为一个复杂的非线性最小二乘求解框架，其独特之处在于它能够纳入额外数据并通过引入残差误差进行精确分析。稀疏姿态调整数学表达式为

$$\underset{\Xi^{\mathrm{m}},\Xi^{\mathrm{s}}}{\operatorname{argmin}} \frac{1}{2} \boldsymbol{\Sigma}_{ij} \rho (E^2(\xi_i^{\mathrm{m}}, \xi_j^{\mathrm{s}}; \boldsymbol{\Sigma}_{ij}, \xi_{ij})) \tag{3-27}$$

式中，$\Xi^{\mathrm{m}} = \{\xi_i^{\mathrm{m}}\}_{i=1,2,\cdots,m}$，$\Xi^{\mathrm{s}} = \{\xi_j^{\mathrm{s}}\}_{j=1,2,\cdots,n}$分别为在一定约束条件下的子图位姿和扫描帧位姿。约束条件为相对位姿 ξ_{ij}和关联协方差矩阵 $\boldsymbol{\Sigma}_{ij}$，相对位姿 ξ_{ij}表示扫描帧j 在子图 i 中的匹配位置，与其相关的协方差采用 Ceres 库进行特征估计。该约束的残差 E 可由下式计算：

$$E^2(\xi_i^{\mathrm{m}},\xi_j^{\mathrm{s}};\boldsymbol{\Sigma}_{ij},\xi_{ij}) = e(\xi_i^{\mathrm{m}},\xi_j^{\mathrm{s}};\xi_{ij})^{\mathrm{T}}\boldsymbol{\Sigma}_{ij}^{-1}e(\xi_i^{\mathrm{m}},\xi_j^{\mathrm{s}};\xi_{ij}) \tag{3-28}$$

$$e(\xi_i^{\mathrm{m}},\xi_j^{\mathrm{s}};\xi_{ij}) = \xi_{ij} - \begin{pmatrix} R_{\xi_i^{\mathrm{m}}}^{-1}(t_{\xi_i^{\mathrm{m}}} - t_{\xi_j^{\mathrm{s}}}) \\ \xi_{i;\theta}^{\mathrm{m}} - \xi_{j;\theta}^{\mathrm{s}} \end{pmatrix} \tag{3-29}$$

此外，本小节引入了分支定界扫描匹配算法来优化闭环检测和相对位姿的求解流程。首先，设定一个搜索窗口，采用查找的方法构建回环，使用下式进行搜索：

$$\xi^* = \underset{\xi \in W}{\operatorname{argmax}} \sum_{k=1}^{K} M_{\text{nearest}}(\boldsymbol{T}_{\xi} h_k) \tag{3-30}$$

式中，W 为搜索窗口；M_{nearest} 为 M 中参数的最近网格点到对应像素（$\mathbf{R}^2$）的扩展，使用分支定界方法可以高效地计算 ξ^* 的值。

3. 实验结果

本实验使用 ROS 中的 Cartographer 功能包进行建图实验，结果如图 3-10 所示。实验使用的教育机器人搭载了单线激光雷达、IMU 以及光电编码器，可以看出实验结果存在一定地图漂移，原因是建图效果受到激光雷达与里程计精度的影响。

图 3-10　湖南大学机器人学院建图结果

3.3.2　三维点云地图构建

下面简要介绍在对三维激光雷达获得的点云数据完成特征提取后进行运动估计并构建环境地图的主要流程，包括回环检测与后端优化部分。

1. 回环检测

在长期运行和大规模应用场景中，系统难以避免地遭遇轨迹漂移难题，这导致构建的地图在全局一致性上表现欠佳。通过回环检测技术，能够有效地校正系统运行中的轨迹偏差，从而显著提升地图的一致性和精确度。激光感知技术中的回环检测是为了降低 SLAM 前端的累计误差出现的，实际操作是通过计算当前位姿与曾经位姿间的变换，作为约束加入全局优化中，从而提高位姿图的整体精度。激光 SLAM 会通过二阶段的方法实现激光回环，分为粗查找与精匹配。

粗查找由许多算法提出，如 CSM-cartographer、Scan-context、IRIS 等，因为回环检测速度是需要足够快来跟上后端收到数据的速度，否则会导致处理不过来，所以该阶段会在时间限制要求上达到不错的召回与准确率，为后一阶段提供一个好的初值与匹配对。另外，该阶段实现思路较多，差异性较大。

精匹配思路相对比较固定，仅考虑到常规点云配准范畴就满足使用了，如 ICP 系列、NDT 等，该部分在初值不佳或匹配次数多的时候，都会造成大量耗时，会影响到回环检测效率，是需要合适的粗查找筛选绝大部分来降低精匹配的消耗。由于精查找是回环检测的最后一关，假如位姿图加入不当的回环，会产生十分不良的影响，因此该处一般会加入归一化评分机制来确定最终效果是否合适，如 ICP 或 NDT 都有相应的误差得分考虑。这一部分在前文有所阐述，这里不过多描述。

2. 后端优化

为了解决局部误差的持续累积，人们普遍采用的做法是使用滤波器后端和图优化后端。基于滤波的方法主要是粒子滤波，如蒙特卡洛方法，以及卡尔曼滤波系列，如扩展卡尔曼滤波（EKF）、迭代卡尔曼滤波（IEKF）、无迹卡尔曼滤波（UKF）等；另一方面，图优化策略凭借图论的原理，巧妙地将机器人在环境中的位置信息抽象为图结构，通过构建节点（Node）来代表机器人姿态，通过边（Edge）来体现节点间的空间约束关系，这种方法直观且高效。在构建地图的过程中，由于机器人操作可能导致误差累积，因此采用非线性最小二乘优化技术至关重要。这种优化策略旨在系统地处理所有帧之间的约束关系，通过迭代线性化的方法精确地校正和减小这些误差。下面将深入探讨两种主要的优化策略，包括基于回环的位姿修正和基于先验观测的位姿修正两种方法，分别实现消除激光里程计累计误差的功能，回环在此处提供的是两帧之间的相对位姿。

（1）基于回环的位姿修正

位姿图优化所有观测与状态，误差公式的求和为各模块残差之和。

在实际操作中，每个残差会依据特定的重要性被赋予一个权重，即所谓的信息矩阵，这种权重处理方式是对残差进行一种加权调整。在分析信息矩阵之后，总的误差或残差项可以数学化地表示为

$$F(x) = \sum_{<i,j>} \underbrace{\boldsymbol{e}_{ij}^{\mathrm{T}} \boldsymbol{\Omega}_{ij} \boldsymbol{e}_{ij}}_{F_{ij}} \tag{3-31}$$

此时优化问题可以表示为

$$x^* = \underset{x}{\operatorname{argmin}} F(x) \tag{3-32}$$

1）构建残差。第 i 帧和第 j 帧之间的相对位姿，在李群 SE（3）上可以表示为

$$\boldsymbol{T}_{ij} = \boldsymbol{T}_i^{-1}\boldsymbol{T}_j \tag{3-33}$$

也可以在李代数上表示为

$$\xi_{ij} = \ln(\boldsymbol{T}_i^{-1}\boldsymbol{T}_j)^{\vee} = \ln(\exp((-\boldsymbol{\xi}_i)^{\wedge})\exp(\boldsymbol{\xi}_j^{\wedge}))^{\vee} \tag{3-34}$$

式中，∧表示将一个李代数元素转换为李群的元素（例如，转换为变换矩阵）；∨表示从变换矩阵获取李代数元素（例如，获取运动向量）。

若位姿没有误差，则式（3-33）和式（3-34）是精确相等的，但当位姿有误差存在时，便可以使用等式的左右两端计算残差项：

$$e_{ij} = \ln(\boldsymbol{T}_{ij}^{-1}\boldsymbol{T}_i^{-1}\boldsymbol{T}_j)^{\vee} = \ln(\exp((-\boldsymbol{\xi}_{ij})^{\wedge})\exp((-\boldsymbol{\xi}_i)^{\wedge})\exp(\boldsymbol{\xi}_j^{\wedge}))^{\vee} \tag{3-35}$$

位姿图优化的核心理念在于，通过对状态变量，即位姿进行微调，目标是减小残差函数的值。为此，需要计算残差项对位姿的雅可比矩阵，以便有效地应用高斯-牛顿优化算法进行迭代优化。

2）残差关于自变量的雅克比矩阵。根据上述公式，求雅可比矩阵的方式是对位姿添加扰动，此时残差表示为

$$e_{ij} \approx e_{ij} - \mathcal{J}_{\mathrm{r}}^{-1}(e_{ij})\mathrm{Ad}(\boldsymbol{T}_j^{-1})\delta\xi_i + \mathcal{J}_{\mathrm{r}}^{-1}(e_{ij})\mathrm{Ad}(\boldsymbol{T}_j^{-1})\delta\xi_j \tag{3-36}$$

式（3-36）表明，残差关于 $\boldsymbol{T}_i$ 的雅克比矩阵为

$$\boldsymbol{A}_{ij} = \frac{\partial e_{ij}}{\partial \delta\xi_i} = -\mathcal{J}_{\mathrm{r}}^{-1}(e_{ij})\mathrm{Ad}(\boldsymbol{T}_j^{-1}) \tag{3-37}$$

残差关于$\boldsymbol{T}_j$的雅克比矩阵为

$$\boldsymbol{B}_{ij}=\frac{\partial e_{ij}}{\partial \delta \xi_i}=\boldsymbol{\mathcal{J}}_{\mathrm{r}}^{-1}(e_{ij})\mathrm{Ad}(\boldsymbol{T}_j^{-1}) \tag{3-38}$$

式中

$$\boldsymbol{\mathcal{J}}_{\mathrm{r}}^{-1}(e_{ij})\approx \boldsymbol{I}+\frac{1}{2}\begin{bmatrix}\phi_{\mathrm{e}}^{\vee} & \rho_{\mathrm{e}}^{\vee}\\ 0 & \phi_{\mathrm{e}}^{\vee}\end{bmatrix} \tag{3-39}$$

按照高斯-牛顿法的流程，需要对残差进行一阶泰勒展开，此后便可以使用高斯-牛顿法进行优化。

（2）基于先验观测的位姿修正

先验观测是一种独特的单向关联，不同于帧间观测，它并不涉及前后状态的链接，它直接给出的就是该状态量的观测值。

1）构建残差。对应的残差就是观测值与状态量之间的差异，即

$$e_i=\ln(\boldsymbol{Z}_i^{-1}\boldsymbol{T}_i)^{\vee}=\ln(\exp((-\boldsymbol{\xi}_{zi})^{\wedge})\exp(\boldsymbol{\xi}_i^{\wedge}))^{\vee} \tag{3-40}$$

2）残差关于自变量的雅克比。对残差添加扰动，可得

$$\hat{e}_i=\ln(Z_i^{-1}\exp(\delta\xi_i^{\wedge})\boldsymbol{T}_i)^{\vee} \tag{3-41}$$

利用伴随性质和 BCH 公式进行化简，可得

$$\hat{e}_i\approx e_i+\boldsymbol{\mathcal{J}}_{\mathrm{r}}^{-1}(e_i)\mathrm{Ad}(\boldsymbol{T}_i^{-1})\delta\xi_i \tag{3-42}$$

因此，残差关于$\boldsymbol{T}_i$的雅克比为

$$\frac{\partial e_i}{\partial \delta\xi_i}=\boldsymbol{\mathcal{J}}_{\mathrm{r}}^{-1}(e_i)\mathrm{Ad}(\boldsymbol{T}_i^{-1}) \tag{3-43}$$

式中

$$\boldsymbol{\mathcal{J}}_{\mathrm{r}}^{-1}(e_i)\approx \boldsymbol{I}+\frac{1}{2}\begin{bmatrix}\phi_{\mathrm{e}}^{\vee} & \rho_{\mathrm{e}}^{\vee}\\ 0 & \phi_{\mathrm{e}}^{\vee}\end{bmatrix} \tag{3-44}$$

3. 三维点云地图建立

在完成了回环检测以及后端优化后，下一步的操作是进行地图的拼接，即建立点云地图。在点云地图生成流程设计中，其核心策略着重于高效且精确地整合来自里程计的相对位置数据、闭环检测的相对定位信息，以及惯性导航系统的预设位姿。图 3-11 所示为点云地图构建的详细流程。

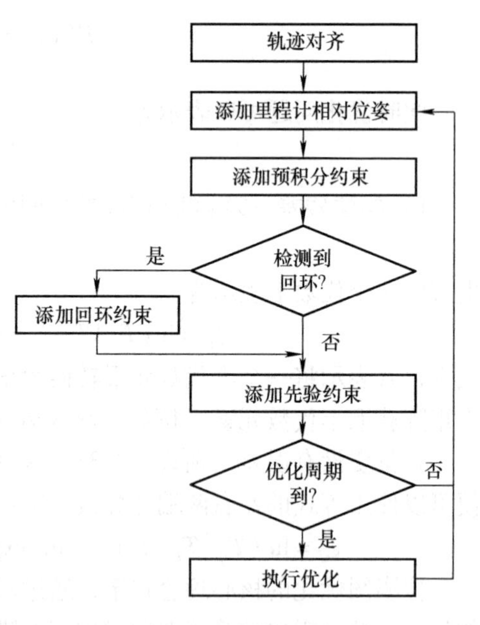

图 3-11　点云地图建立流程图

3.4　基于激光雷达的环境语义分析

激光雷达通过发射激光脉冲并接收来自各种物体反射回来的激光脉冲来感知周围环境。它们会记录反射的光程以确定自身到物体之间的距离，从而创建对周边环境的二维或三维表示，目前激光雷达作为高精度的测距传感器，已经被作为开发环境感知系统的主要传感器之一被广泛使用。通过对激光雷达的开发，可以将其运用到目标检测、语义分割等三维感知工

作当中，同时还可以基于激光雷达实现地图构建、导航规划、同步定位与地图构建等导航工作流中。在室外场景中，多线激光雷达可以提供稠密的三维点云，可以非常精确地测量各种物体在三维空间中的位置和形式，所以被自动驾驶领域一致看好，那么相应的，基于激光雷达点云的感知算法也就成为近年来自动驾驶行业研发的重点之一，与基于图像、视频流的摄像机感知算法类似，基于激光雷达点云的感知算法也被分为物体检测和语义分割两大类，下面就对这两类算法进行描述。

3.4.1　基于激光雷达的物体检测

物体检测算法的兴起来自计算机视觉领域，自从 2012 年深度学习逐渐被使用，图像和视频中的物体检测算法在速度、性能以及准确率上都有了大幅度的提升，从早期的 RCNN 到后来的 Faster RCNN，再到 YOLO 系列的发布，可以说在图形图像领域，关于物体检测的发展已经相当透彻了，那么，在关注到激光雷达点云的物体检测算法中，自然而然地就想到怎么样将视觉领域的方法进行迁移，通过类似于图像的方法实现对激光点云的物体检测，于是基于各种视图的“伪图像”转化方法就在早期被提出，常用的包括鸟瞰图和正视图。VeloFCN 和 MV3D 就是其中代表性的方法。VeloFCN 将三维点云转换成与图像类似的正视图来得到一个“点云伪图像”，通过将三维点云压缩后展开成为二维平面的图像，然后对这张“点云伪图像”采用一个 2D 全卷积神经网络来预测图像中物体的边界框以及置信度。这种方法成功地将视觉领域的图像分割方法迁移到激光点云中，但直接将三维点云转换成二维图像会将同一位置的多个点被映射到一起，导致点云信息的丢失，更重要的是，在正视图转换的过程中，激光点的深度信息被嵌入到“图像”的像素，在后续的三维点云重映射过程中会遇到不小的问题。同样的，鸟瞰图的方法是将三维点云从上而下投影成了一张二维图像，这样的方法会将激光点的高度坐标特征忽略，导致相关问题产生。MV3D 是将两种视图的图像进行结合，再加入利用摄像机得到的二维图像得到输入数据然后输入到神经网络中得到结果。

随着研究的继续发展，通过将三维点云基于视图转换成二维图像的方法不可避免地会丢失或缺少某一维度上的点云信息，于是，基于原生三维激光点云的方法应运而生，VoxelNet 和 PointNet + + 在 2017 年被提出，这两种方法被视作是该领域里程碑式的工作，后续的点云处理基本上就基于这两个方向展开，下面对这两种方法进行详细介绍。

1. VoxelNet

VoxelNet 方法是一个端到端（End to End）的利用激光点云进行三维目标检测的神经网络架构，它的主要特征是将点云转换成体素（Voxel）形式后再进行特征提取，VoxelNet 方法的整体架构如图 3-12 所示。

整体网络从下到上被分为三层：①特征提取层（Feature Learning Network）：主要任务是将点云划分为体素，然后提取特征；②中间卷积层（Convolutional Middle Layers）：对提取到的体素特征进行卷积，得到高维特征；③RPN（Region Proposal Network，区域生成网络）层：用于生成三维物体的边界框。

（1）特征提取层

由图 3-12 可知，特征提取层有 5 个步骤来完成体素转换和特征提取。

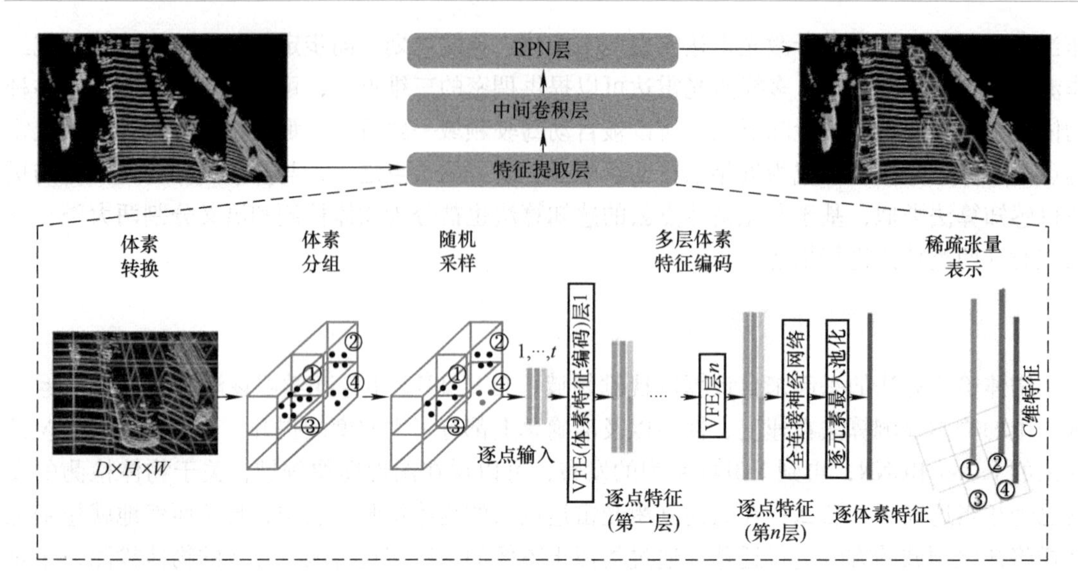

图 3-12 VoxelNet 方法的整体架构图

第一步：体素转换。

将点云划分为体素形式，用一个大的三维矩形空间容纳所有的点云数据，矩形空间的深度、高度和宽度分别为（D，H，W），然后在矩形内部自定义单位体素的大小（vD，vH，vW），这样就将整个点云划分为数个体素，在三维空间的各个坐标上生成的体素格的数量为$\left(\frac{D}{vD}, \frac{H}{vH}, \frac{W}{vW}\right)$。

第二步：体素分组。

将所有的点云数据划分到一个个小的单位体素当中，但由于点云数据是稀疏的，所以分组后每个单位体素当中的点云数量不一致，有些体素可能没有点云。

第三步：随机采样。

对于每一个单位体素，如果所含点云数量大于所设定的阈值 T，就在其中随机采样 T 个点云进行保留，这样的操作主要是由于整体体素的分布不均匀，通过随机采样减少计算量，同时降低因为点云数量不均匀所导致的信息差。

第四步：多层体素特征编码。

对于一个单位体素格内随机采样后保留的点云集 $\boldsymbol{V}=\{\boldsymbol{p}_i=[x_i, y_i, z_i, r_i]\in\mathbf{R}^4\}_{i=1,\cdots,t}$保留了点云的 X、Y、Z 坐标值以及激光点的反射强度 R，对于每个体素而言，首先计算了体素内所有点的平均值（v_x，v_y，v_z）作为单位体素格的形心。

然后，每一个点都会通过一个全连接网络被映射到一个特征空间$f_i\in\mathbf{R}^4$，输入特征点的维度为7，输出的特征维数变为 m，全连接层包含了一个线性映射层、一个批标准化（Batch Normalization，BN）层，以及一个非线性层修正线性单元（ReLU），得到逐点的（Point-Wise）的特征表示，接着通过最大池化层对逐点的特征表示进行逐元素的聚合，这一池化操作是在元素和元素之间进行的，得到局部聚合特征（Locally Aggregated Feature），即$f\in\mathbf{R}^m$，最后，将逐点特征和逐元素特征进行连接（Concatenate），得到输出的特征集合：$V_{\text{out}}=\{f_i^{\text{out}}\}_{i=1,2,\cdots,t}$。对于所有的非空体素格都经过特征编码以及全连接层后，所有的特征共享全连接层的参数，于是网络中已经包含了体素的逐点特征和逐元素特征的连接，通过对体素格内所有点进行最大池化后得到一个体素格内的特征表示。经过这层特征编码后，既保留了点的特征，又结合了局部结构特征，使其可以学习形状特征，此外，不同的体素之间结合可以得到体素之间的特征。

第五步：稀疏张量表示。

作为特征提取部分的最后一层，在经过之前的流程处理后，可以得到一系列的体素特征，这一系列体素特征可以用一个四维稀疏张量（$C \times D' \times H' \times W'$）来表示。虽然一次雷达扫描会包含很多点，但对于体素格来说，有极大部分的体素格是空的，通过使用稀疏张量来描述非空体素格可以降低反向传播时的内存和消耗。

（2）中间卷积层

完成特征提取后，进入中间卷积层。由于点云数据是四维张量描述的，所以这里使用三维卷积来构建中间层，每一个中间卷积层包含一个三维卷积，一个批标准化（BN）层以及一个非线性层修正线性单元（ReLU），增大感受野，获取全局信息。

（3）RPN层

RPN层早在2D物体检测的Faster-RCNN就已经被提出了。RPN层主要用来根据学习到的特征结合Anchor（锚框）来在原始图像中找到物体所在的检测框和对应的类别。

总结：该网络以中间卷积层输出的特征图作为输入，依次经过三次下采样，将这三个维度的特征图进行拼接，然后进行检测，输出一个物体类别的概率分布和一个输出Anchor到真实框的变化两个特征图。

2. PointNet++

PointNet++是斯坦福大学的Charles R. Q等人在他们原来提出的PointNet方法上的一个改进、迭代更新的版本。原有的PonitNet方法使用具有置换不变性的对称函数解决了由于点云无序性带来的操作问题，是将深度学习运用到点云领域的一个开创性的方法，而PointNet++核心的想法是在局部区域重复性地迭代使用PointNet，在小区域使用PointNet生成新的点，新的点定义新的小区域，进行多级的特征学习，因为是在区域中，可以用局部坐标系实现平移的不变性，同时在小区域中还是使用的PointNet，对点的顺序是无关的，保证置换不变性。PointNet++的网络结构如图3-13所示。

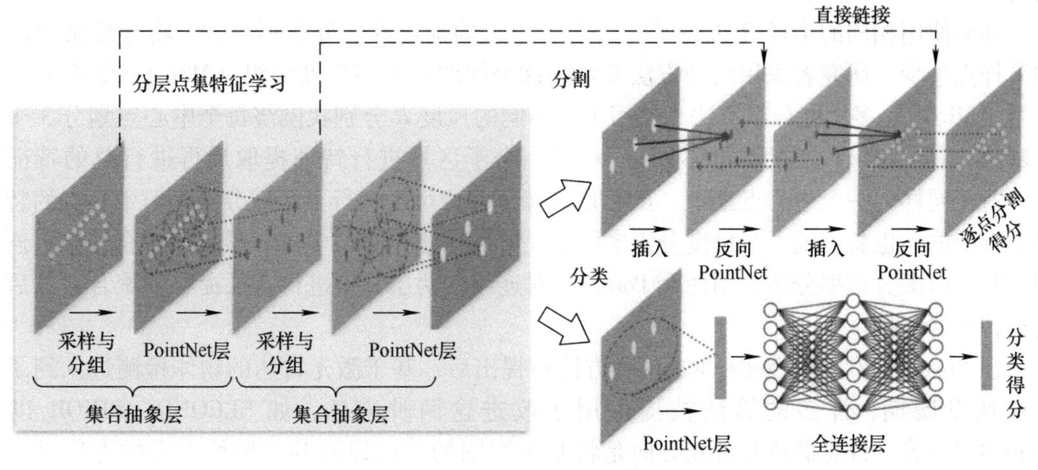

图3-13 PointNet++网络结构图

PointNet++的网络结构是在 PointNet 的基础上引入了分层点集特征学习（Hierarchical Point Set Feature Learning）的方法，它构建基于点的分层分组，并沿着层次结构逐步抽象出逐渐增大的局部区域网络结构。分层点集特征学习由多个集合抽象层（Set Abstraction Layer）组成，每一个集合抽象层包含有一个采样层、一个分组层和一个点网络（PointNet）层。

（1）采样（Sampling）层

采样层主要通过使用迭代最远点采样（Farthest Point Sampling，FPS）从输入的所有点云数据 N 中选择 N' 个中心点来代表整个点云。FPS 的算法原理为：

第一步：从输入点云 N_{in} 中随机选择一个点 A 作为初始点，保存到输出 N_{out}。

第二步：从剩余点集中计算每个点到点 A 的欧几里得距离，选取距离最远的点 B 为采样点，保存到 N_{out}。

第三步：以点 A、B 为查询点，计算剩余点集中每个点到 A、B 的欧几里得距离，保存其中最小的距离值作为评判标准，从所有点集的距离集合中选取距离最远的点 C 为采样点，保存到 N_{out} 中。

第四步：重复第三步，直到采样到 N' 个点为止，输出 N_{out}。

（2）分组（Grouping）层

分组层的输入为原始全部点集 N 和中心点集 N'，然后利用球查询（Ball Query）方法在给定半径范围内取 K 个点实现对局部特征的提取。球查询方法的流程为：

第一步：预设搜索区域的半径 R 和子区域采集点数 K。

第二步：采样层输入的 N' 点集中的每个点为球心，画一个半径为 R 的球体（Query Ball）作为搜索区域。

第三步：在每个球体内部搜索距离球心最近的点，按照距离从小到大排序，依次选择 K 个点。如果球体内部点的数量大于 K，则选择前 K 个点作为子区域，如果球体内部点的数量小于 K，则对某个点进行重采样，直到有 K 个点为止。

第四步：依次搜索所有点集，得到 N' 个子区域，一共有 $N' \times K$ 个点。

（3）PointNet 层

使用原有的 PointNet 网络结构来进行区域特征提取，这里直接使用原有的 PointNet 网络结构。

如果使用相同的半径 R 进行采样，由于点云的稀疏性、分布不一致，将导致某些区域的采样点过少。研究者采用两种方法来解决这个问题：①多尺度分组（MSG）；②多分辨率分组（MRG）。多尺度分组方法是使用 3 个不同的尺度 R 分别找围绕每个中心点划分 3 个子区域（半径与区域内点的数量不同），对每一个子区域进行特征提取后再进行总的特征拼接。对于同样的一个中心点来说，虽然是选择了多个尺度进行子区域分割，但中心点的特征是不会变的，也就是说，多尺度分组实际上是并联了多个分层学习，最后通过全连接层连接到一起。而多分辨率分组是用两个 PointNet 对连续的两层分别进行特征提取和聚合，然后再进行特征的拼接。

在 VoxelNet 和 PointNet++这两种方法被提出后，基于激光雷达的物体检测进入到了一个快速发展期，许多的算法被提出用于改进这两种方法，如 SECOND、PIXOR 以及 Point RCNN等，目前最新的研究方向是将基于视图的方法以及基于原始点云的方法进行融合，基本的融合思路是：利用较低分辨率的 Voxel 来提取上下文特征或生成候选的物体框，然后再与原始的点云集进行结合，目前较为成熟的融合方法是SIENet与Voxel RCNN。

3.4.2　基于激光雷达的语义分割

前面介绍了基于激光雷达的物体检测算法，物体检测的输出是在场景中人们感兴趣物体的信息，包括物体的类别、大小、位置等信息，这些输出的结果只是描述了整个场景中的一部分信息，但从技术实际落地的层面来看，仅仅输出场景的部分信息是完全不够的。对于整个场景来说，除了检测到场景中的物体以外，还有很多重要的信息并不是用纯物体的形式描述的，比如说室外场景中的车道线、树木、建筑物、电线杆、道路，室内场景下的墙面、拐角等，如果缺少这些东西，对于智能机器人以及最近火热的自动驾驶领域而言，机器人与车辆就无法识别场景中的可行驶区域，也无法利用现有技术规避所有的障碍物，自动驾驶领域也只能完成一般的自动紧急制动（AEB）功能。然后，物体检测输出的三维物体框也只是一个粗略的表示信息，对于更为精细的功能需求来说，如自动泊车、智能驾驶方面，只是一个三维物体框的精度也不太够。

因此，除了物体检测的技术以外，环境信息还包括另外一个重要的组成部分，即语义分割。准确地说，语义分割有三个不同的任务：语义分割、实例分割和全景分割。图像中语义分割的任务是给场景中的每个位置（图像中的每个像素，或者点云中的每个点）指定一个类别标签，比如车辆、行人、道路、建筑物等。实例分割的任务类似于物体检测，但输出的不是物体框，而是每个点的类别标签和实例标签。全景分割任务则是语义分割和实例分割的结合。算法需要区分物体上的点（前景点）和非物体上的点（背景点），对于前景点还需要区分不同的实例，本小节主要针对语义分割任务展开详细介绍。

语义分割根据特征表示与处理流程主要分为传统学习方法和深度学习方法。传统的三维语义分割常通过手工提取特征，并从分类器中输出点的标签，机器学习领域中经典的分类器，比如SVM、AdaBoost、Random Forest等都可以采用。传统的方法首先对点进行聚类分割，然后进行特征提取和语义分类；另外一种是直接设计每一个点的特征向量，不经过事先分割，但是原始的特征提取和分类并没有考虑大范围的上下文信息，而这部分信息对语义分割来说是不可或缺的。因此，在局部分类的基础上，还需要一个上下文模型来提高分割结果的正确性和平滑性。这里最常用的是条件随机场（Conditional Random Field，CRF）。一般来说，CRF可以作为一个正则项与局部分类器的优化目标相结合，从而将两个步骤整合为一个优化问题来求解。最近，利用深度神经网络开发了许多关于三维激光雷达语义分割的研究，根据输入数据的格式，它们大致可分为基于点的方法、基于图像的方法、基于体素的方法以及基于图的方法，下面对这四类方法进行详细说明。

1. 基于点的方法

基于点的方法直接将原始点云（三维坐标和颜色与法线等特征）作为输入，输出逐点类别标签，可称作逐点共享的多层感知机（Point-wise Shared MLP）。对于直接处理点的方法来说，之前运用在物体检测的方法PointNet和PointNet++是最具有代表性的。对于分类任务来说，可以直接以此向量作为特征，用MLP进行分类。对于分割任务来说，需要把点特征与全局特征进行拼接，然后用MLP对每个点进行分类（也就是分配一个语义标签）。

对于PointNet而言，虽然点分类的时候采用了全局+点特征，但是PointNet中的点特征提取是对每个点独立进行的，这个过程并没有用到领域的信息。因此，局部上下文信息在整个特征提取过程中是被忽略的，这对语义分割来说影响比较大。作为 PointNet 的升级版本，PointNet + +用聚类的方式来产生多个点云子集，在每个子集内采用 PointNet 来提取点的特征。具体的 PointNet + +网络说明见第 3. 4. 1 小节的物体检测部分。

除了 PointNet + +系列以外，对点云的直接处理还可以通过对 Point 进行卷积的方式。卷积是二维图像语义分割任务中特征提取的核心操作，要求对于网络上下层的信息进行有序的输入。目前有多种方法尝试从无序的三维激光雷达数据中构造有序的特征序列，然后将卷积的深度网络转化为三维激光雷达语义分割。PointCNN 根据 K 近邻点到中心点的空间距离来排序 K 近邻点，这被称为点卷积的 χ 算子。由于 χ 的可微性，使得其可以通过反向传播来进行训练。

为了避免 PointNet + +中多尺度邻域之间造成覆盖，A-CNN 引入了可应用于有序约束 K 近邻的环形卷积，这同样有助于获得更好的三维形状的几何表示。Engelmann 等人提出的网格［Grid（G）］和循环合并单元［Recurrent Consolidation Unit（RCU）］指出每个点的感受野的大小会直接影响语义分割结果的表现。因此，他们提出了扩展点卷积（DPC）的方法，通过对 K 近邻搜索的得到的点进行排序并仅计算每个点来增加卷积的尺度。在 PointAtrous-Net 中使用了空洞卷积（Point Atrous Convolution，PAC）技术来增加感受野，在不增加参数的情况下提取多尺度局部几何特征。

对于点云数据来说，点的位置是不固定的，卷积操作也无法在空间位置上找到对应关系。2019 年，有相关论文提出 KPConv，即在一个邻域范围内定义相对位置固定的一些核心点卷积（Kernel Point Convolution）来计算特征（类比传统的卷积核）。

2. 基于图像的方法

基于图像的方法主要是将三维激光雷达数据投影到球面上，生成二维图像作为深度模型输入。这些方法通常来源于图像的语义分割模型，如完全卷积网络（FCN），输出预测的像素级别的标签重新投影到原始的三维激光雷达数据点上。简单的策略是选择几个不同的角度将点云投影到图像中，基于多视角投影的思路。Felix 等人提出了一种替代三维卷积神经网络（CNN）的方法，他们将虚拟摄像机绕固定的垂直轴旋转以生成多视图合成图像，这些图像由基于 FCN 的多流体系结构处理，将像素级预测得分相加，然后重新投影到三维激光雷达点云中。

此外，另一类普遍的方法是采用距离图像（Range Image）分割，将一帧三维的激光雷达数据投影到球面上生成距离图像。对于采用水平和垂直扫描的激光雷达来说，点云中的每个扫描点有水平和垂直两个角度，而且这些角度都是离散的，其个数取决于相应的分辨率。比如 128 线的激光雷达，其垂直角度个数就是 128。假设其水平角度分辨率为 0. 5°，那么其扫描一周就产生了 720 个角度。将点云映射到以水平和垂直角度为 X、Y 轴坐标的二维网格上，就得到了一个 720 × 128 像素的距离（Range）图像，其像素值可以是点的距离、反射强度等。RangeNet + +就是基于 RangeView 的一个典型方法。

第一步：将原始点云以球坐标系表示，然后将其转换成 Range 图像。

第二步：2D 图像完全卷积语义分割。

经过球面映射得到 2D 的 Range 图像，通过设计好的全卷积分割网络，对其进行语义分割，从而得到2D图像对应位置上的分割结果。本文采用的分割网络是一种常见的全卷积分割网络结构，与传统图像领域的不同之处在于，只对 Range 图像的 W 方向进行下采样，H 方向维持不变。网络结构如图3-14所示。

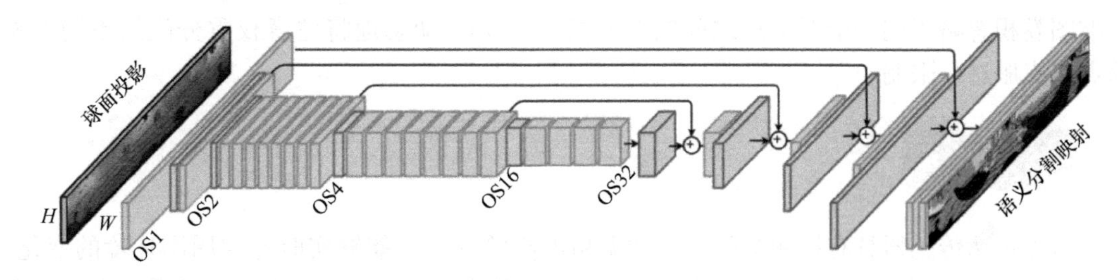

图3-14　全卷积分割网络结构图

第三步：从原始点云中恢复所有点的从二维到三维的语义转换，无论使用的距离图像离散化如何。

当使用较小的图像以使 CNN 的推理更快时，这一点尤其重要。例如，将130000个点投影到［64×512］range 图像的扫描将仅表示32768个点，对每个像素的截锥体中最近的点进行采样。因此，为了推断语义云表示中的所有原始点，对初始渲染过程中获得的所有数据使用所有（u，v）对，并使用与每个点对应的图像坐标对距离图像进行索引。这可以在下一个后处理步骤发生之前在图形处理单元（GPU）中以极快的速度执行，并且它会以无损方式为整个输入扫描中存在的每个点生成语义标签。

第四步：基于有效距离图像的三维后处理以清除点云中的点云，使用在所有点上运行的基于 GPU 的快速 K 最近邻（KNN）搜索，消除不希望的离散化和推理伪影。

RangeNet++提出了一种直接在输入点云中运行的快速、支持 GPU 的 KNN 搜索。这能够为语义点云中的每个点找到扫描中最接近三维的 K 个点的共识投票。由于在 KNN 搜索中很常见，还可以为搜索设置了一个阈值（称为截止），设置被认为是近邻的点的最大允许距离。对 K 个近邻点进行排序的距离度量可以是范围内的绝对差值，也可以是欧几里得距离。

3. 基于体素的方法

在三维物体检测领域的经典方法 VoxelNet 中，点云被量化为均匀的三维网格（voxel）。配合上三维卷积，图像语义分割中的全卷积网络结构就可以用来处理三维的网格数据。

全卷积点网络（FCPN）在三维空间进行均匀采样，每个采样的位置收集邻域内固定数量的点用来提取点特征。这里与 VoxelNet 中的方式略有不同：VoxelNet 中的网格也是均匀位置采样，邻域的大小是固定的，但点的数量则是不固定的。所以，VoxelNet 中的网格数据是稀疏的，而 FCPN 中的网格数据则是稠密的。但是，无论哪种方式，最后得到的数据形式都是四维的张量，也就是三维网格+特征。这种数据形式可以采用三维卷积来处理，并通过一个 U 形网络的结构来提取不同尺度的信息，最终得到原始量化尺度下的分割结果。每个网格会被分配一个类别标签，网格中所有的点共享此标签。

4. 基于图的方法

基于图的方法根据三维激光雷达数据构建一个图。顶点通常表示一个点或一组点，边表示顶点之间的邻接关系。图构造和图卷积是这种方法的两个关键操作。超点图（SPG）是一个具有代表性的工作。该网络使用 PointNet 网络来对顶点的特征进行编码，并使用图卷积来提取邻接层的信息。GACNet 提出了一种新的图卷积运算，即图注意力机制卷积（GAC）。在图的构造中，每个顶点代表一个点的信息，并且在每个顶点与其最邻近之间添加 12 条边。标准图卷积忽略了同一个对象点之间的结构关系。GAC 动态地将注意权重分配给不同的相邻点以克服这一限制。

本章小结

激光雷达传感器具有探测范围广、数据精度高等优点，能够实时感知周围环境的变化，为机器人提供全面的环境信息，被广泛配置于各种机器人完成环境感知。本章重点介绍机器人激光雷达传感器原理与预处理，激光点云配准、基于激光雷达的环境建图算法、基于激光雷达的环境语义分析等。

习题

1. 简述激光点云最近点迭代配准方法的基本原理及步骤。
2. 结合 SLAM 框架结构图简要介绍二维栅格地图构建的主要流程。
3. 简述机器人激光雷达传感器三维点云地图构建过程。
4. 试解释基于传统方法和深度学习方法的激光雷达语义分割方法的区别。
5. 除了 ICP 和 NDT 这两种基于点云直接匹配的配准方法以外，还有基于特征的点云配准方法。请详细描述一种基于特征的点云配准方法，包含其步骤以及优缺点。
6. 在求解 ICP 优化问题时会用到非线性优化问题：由许多个误差项二次方和组成的最小二乘问题。求解这个问题一般要使用什么方法？请举例说明，并进行推导与手写代码验证。
7. 你了解哪些成熟的激光 SLAM 系统（包括 2D 和 3D），它们都有哪些优点和不足？
8. 有关激光雷达点云的语义信息，请下载 Kitti 数据集中的 Segmati Kitti 部分，通过 PCL 库查看其中相关的语义标签，并使用文中开源的方法检验其检测效果。SemanticKITTI-A Dataset for LiDAR-based Semantic Scene Understanding (semantic-kitti. org)

参考文献

[1] HESS W, KOHLER D, RAPP H, et al. Real-time loop closure in 2D LIDAR SLAM [C]// 2016 IEEE international conference on robotics and automation. Stockholm, Sweden: IEEE, 2016: 1271-1278.

[2] SHAN T X, ENGLOT B. Lego-loam: Lightweight and ground-optimized lidar odometry and mapping on variable terrain [C]// 2018 IEEE/RSJ international conference on intelligent robots and systems. Madrid, Spain: IEEE, 2018: 4758-4765.

[3] GIRSHICK R, DONAHUE J, DARRELL T, et al. Rich feature hierarchies for accurate object detection and semantic segmentation [C]// Proceedings of 2014 IEEE conference on computer vision and pattern recognition. Columbus, USA: IEEE, 2014: 580-587.

[4] REN S Q, HE K M, GIRSHICK R, et al. Faster R-CNN: Towards real-time object detection with region

proposal networks [J]. IEEE transactions on pattern analysis and machine intelligence, 2017, 39 (6): 1137-1149.

[5] REDMON J, DIVVALA S, GIRSHICK R, et al. You only look once: Unified, real-time object detection [C]// Proceedings of 2016 IEEE conference on computer vision and pattern recognition. Las Vegas, USA: IEEE, 2016: 779-788.

[6] LI B, ZHANG T L, XIA T. Vehicle detection from 3d lidar using fully convolutional network [EB/OL]. (2016-08-29) [2024-07-17] https://arxiv.org/pdf/1608.07916.

[7] CHEN X Z, MA H M, WAN J, et al. Multi-view 3d object detection network for autonomous driving [C]// Proceedings of 2017 IEEE conference on computer vision and pattern recognition. Honolulu, USA: IEEE, 2017: 1907-1915.

[8] ZHOU Y, TUZEL O. Voxelnet: End-to-end learning for point cloud based 3d object detection [C]// Proceedings of 2018 IEEE conference on computer vision and pattern recognition. Salt Lake City, USA: IEEE, 2018: 4490-4499.

[9] QI C R, YI L, SU H, et al. Pointnet++: Deep hierarchical feature learning on point sets in a metric space [J]. Advances in neural information processing systems, 2017, 30: 5105-5114.

[10] QI C R, SU H, MO K C, et al. Pointnet: Deep learning on point sets for 3d classification and segmentation [C]// Proceedings of 2017 IEEE conference on computer vision and pattern recognition. Honolulu, USA: IEEE, 2017: 652-660.

[11] YAN Y, MAO Y X, LI B. Second: Sparsely embedded convolutional detection [J]. Sensors, 2018, 18 (10): 3337.

[12] YANG B, LUO W J, URTASUN R. Pixor: Real-time 3d object detection from point clouds [C]// Proceedings of 2018 IEEE conference on computer vision and pattern recognition. Salt Lake City, USA: IEEE, 2018: 7652-7660.

[13] SHI S S, WANG X G, LI H. PointRCNN: 3d object proposal generation and detection from point cloud [C]// Proceedings of 2019 IEEE/CVF conference on computer vision and pattern recognition. Long Beach, USA: IEEE, 2019: 770-779.

[14] LI Z Y, YAO Y C, QUAN Z B, et al. SIENet: Spatial information enhancement network for 3D object detection from point cloud [EB/OL]. (2021-03-29) [2024-07-17] https://arxiv.org/pdf/2103.15396.

[15] DENG J J, SHI S S, LI P W, et al. Voxel R-CNN: Towards high performance voxel-based 3d object detection [C]// Proceedings of 2021 AAAI conference on artificial intelligence. AAAI: 2021: 1201-1209.

[16] STEINWART I, CHRISTMANN A. Support vector machines [M]. Berlin: Springer science & business media, 2008.

[17] ZHANG Y Q, NI M, ZHANG C W, et al. Research and application of AdaBoost algorithm based on SVM [C]// 2019 IEEE 8th joint international information technology and artificial intelligence conference. ChongQing, China: IEEE, 2019: 662-666.

[18] DIETTERICH T G. Machine learning [J]. Annual review of computer science, 1990, 4 (1): 255-306.

[19] KOMARICHEV A, ZHONG Z, HUA J. A-CNN: Annularly convolutional neural networks on point clouds [C]// Proceedings of 2019 IEEE/CVF conference on computer vision and pattern recognition. Long Beach, USA: IEEE, 2019: 7421-7430.

[20] MILIOTO A, VIZZO I, BEHLEY J, et al. RangeNet++: Fast and accurate lidar semantic segmentation [C]// 2019 IEEE/RSJ international conference on intelligent robots and systems. Macau China: IEEE, 2019: 4213-4220.

[21] LONG J, SHELHAMER E, DARRELL T. Fully convolutional networks for semantic segmentation [C]//

Proceedings of 2015 IEEE conference on computer vision and pattern recognition. Boston, USA: IEEE, 2015: 3431-3440.

[22] LANDRIEU L, SIMONOVSKY M. Large-scale point cloud semantic segmentation with superpoint graphs [C]// Proceedings of 2018 IEEE conference on computer vision and pattern recognition. Salt Lake City, USA: IEEE, 2018: 4558-4567.

[23] 撒贝宁．基于高光谱激光雷达的古建筑构件分类与建模［D］．合肥：安徽建筑大学，2022.

[24] 杨家鑫．移动机器人自主导航关键技术研究［D］．吉林：吉林化工学院，2023.

[25] 车爱博．复杂交通环境下基于点云场景的三维目标检测研究［D］．长沙：长沙理工大学，2022.

[26] 林凯东．面向辅助驾驶的激光同步定位与建图关键技术研究［D］．西安：西安电子科技大学，2022.

[27] 马耀辉．基于深度学习的复杂环境下 AGV 视觉 SLAM 算法研究［D］．长春：吉林大学，2023.

[28] 杨依凡．基于深度学习的单目深度估计算法研究［D］．长春：中国科学院大学（中国科学院长春光学精密机械与物理研究所），2022.

[29] 韩梦杰．基于激光三维重建的种薯芽眼识别方法研究［D］．淄博：山东理工大学，2023.

[30] 程一彤．基于深度学习研究后牙邻接紧密型食物嵌塞区牙齿形态特征［D］．太原：山西医科大学，2022.

[31] 周子立．基于激光点云语义的环境感知［D］．西安：西安工业大学，2023.

[32] 马学年．基于数据驱动的自动驾驶激光雷达点云仿真技术研究［D］．哈尔滨：哈尔滨工业大学，2021.

第 4 章　机器人力触觉环境感知技术

导读

机器人环境感知能实现对作业环境理解，为人机智能交互和柔性作业提供信息支撑，是机器人智能自主操作的关键基础。在机器人众多的环境感知手段中，力触觉感知手段能获取交互时空间中的三维力与三维力矩信息，为作业任务和人机交互提供力感环境，是机器人完成作业任务的关键条件之一。本章将详细介绍常见的机器人力触觉感知方法、原理和应用。

本章知识点

- 机器人力触觉传感器分类及原理
- 机器人力/力矩感知方法
- 机器人触觉感知方法

在机器人的环境感知中，力是一种不可忽视的感知物理量。机器人在与周边环境和目标物体进行交互时，不可避免地要产生接触，例如物体抓取、推动等操作。这些过程必然会产生机器人与环境或物体的交互力。精确地感知这种力，对于机器人完成指定任务过程中的安全性、有效性和可靠性，有着极大的助力。这一过程，需要力触觉传感器的参与。

力触觉传感器是一种将物理力转换成电信号的设备，这些电信号经过一定的处理后，可被机器人的控制系统利用，使机器人能够借助力触觉的方式感知外部环境和目标物体，实现精确的力信号反馈和控制。并且通过力触觉的感知，能够实现对被交互物体的识别。随着机器人在工作精度和安全性方面的要求日益提高，以及仅依靠视觉模态感知带来的感知不完全可靠、受到环境发光强度和视野限制等情况，力触觉传感器的应用逐渐变得广泛。

图 4-1　机器人借助力触觉传感器实现环境感知

如图 4-1 所示，在机器人利用视觉技术对目标物体进行定位后，末端的机械手爪需要根据物体的特性，配以适当力度，保证物体在搬运过程中不会在手爪中滑动或脱落，同时，需要避免对物体造成损伤。该过程中需要将力控制在一个合适的范围内，力度过大，会损伤物体，力度过小，物体会在“手中”滑动甚至脱落。此外，当机器人的手臂在运动过程中接触到人体或其他物体时，机器人必须能够感知情况并迅速采取紧急停止措施，避免对人或物体造成不必要的伤害；或者当一个小物体被机器人手爪覆盖、视野完全丧失时，机器人仍然需要知道物体在空间中的姿态，以便完成剩余的移动和放置任务；以及在没有视觉系统的情况下，仅靠接触来识别被抓物体的类别等。这些要求不仅提高了机器人的智能水平，也对力触觉传感器和触觉感知识别算法的性能提出了更高的要求。

本章主要介绍机器人力触觉传感器的分类及原理、力/力矩感知方法以及机器人触觉感知方法。首先，按照两种分类方法详细介绍了力触觉传感器的分类以及几种典型力触觉传感器的工作原理。其次，介绍了力触觉传感器实现力/力矩感知的一般建模方法和测量方法。最后，说明了机器人通过力触觉传感实现对目标物体的感知和识别的一般流程与方法，以及一个应用实例。

4.1 机器人力触觉传感器分类及原理

随着机器人技术的迅猛发展，力触觉传感器在机器人领域的应用日益广泛，其类型也在不断增加，因此需要一些规范的方法对其进行分类，并了解这些类型的力触觉传感器的优缺点。本节将按照两种典型标准对力触觉传感器进行分类，并分开探讨力传感器与触觉传感器的工作原理。

4.1.1 力触觉传感器分类

力触觉传感器作为机器人感知系统的关键组成部分，发挥着至关重要的作用。它们为机器人提供了与环境和物体进行交互时的力反馈，使得机器人能够根据力触觉反馈完成更加精细的作业。机器人在各个应用领域的不断扩展，使得其对力触觉传感器的性能要求也越来越高，包括灵敏度、响应速度、稳定性以及成本效益等关键性能指标。深入研究和理解各种力触觉传感器的类型、工作机制以及其优缺点，对于精细作业下的机器人的实际应用具有重要的理论和实践意义。力触觉传感器作为智能机器人系统不可或缺的关键组件，其设计和实现方法呈现多样化，且分类方式也因应用需求和研究背景的不同而有所差异。

在实际的机器人应用中，为了满足多样化的工作需求和力/力矩检测目标，力触觉传感器通常需要根据机器人的特定任务和操作环境，被战略性地部署在机器人的指定结构上，以捕获机器人工作过程中相应的力触觉数据。这些数据对于机器人执行检测、控制和感知等任务至关重要，并有助于提高机器人的灵巧性、准确性和智能性。根据传感器在机器人结构上的工作位置，力触觉传感器可系统地分为以下几类：

1）关节力触觉传感器。这些传感器通常安装在机器人的每个关节执行器上，用于实时测量和记录关节执行器输出的力或力矩。这些力/力矩数据可帮助机器人对关节实施力反馈和控制，从而提高机器人的控制精度和柔软度。如图4-1所示，当机械臂与人或物体发生碰撞时，这类传感器可实现紧急停止机器人当前运行的功能。因此这类传感器的功能比较专一，可以在特定的应用中提供精确的机器人关节力/力矩数据，但同时也限制了它们的应用范围和适应性。

2）腕部力触觉传感器。这类传感器安装在机器人最后一个关节与末端执行器相连接的位置，用于测量机械臂工作过程中由于与外部环境和物体产生交互而作用在末端执行器上的多维力和力矩。在人机协同作业时，通过腕部力触觉传感器，机器人能够实时检测末端执行器在与外部环境和目标物体交互的力触觉信号，并根据腕部力反馈进行柔顺性作业，从而增加机器人的感知能力，提高工作的安全性与可靠性。由于腕部力触觉传感器一般用于测量多维力，其结构相对复杂，这增加了设计和制造的难度。但其包含的力触觉信息量更加丰富，通常是用于测量三维力或六维力，通用化程度更高，因此存在更广泛的应用场景。

3）指尖力触觉传感器。这类传感器安装于机器人末端执行器的夹爪或手指上，能够直接测量夹持器与物体接触时产生的力信号。对于图 4-1 中控制机器人夹持力的范围，以及估计物体在机器人“手”中的姿态和借助力触觉识别目标物体等任务，通常是依靠这类指尖力触觉传感器实现的。指尖力触觉传感器的应用使得机器人能够实现精细的操作和对物体在机器人“手”中的精确控制，尤其在需要高灵敏度和复杂交互的应用场景中显示出其重要性。然而，这类传感器在机器人夹爪或手指上的集成存在一定困难，由于传感器的尺寸和重量限制，需要设计出小巧、灵活的传感器用于集成到夹持器中，因此大多数情况下需要根据指定任务设计相应的夹持器和传感器并设法进行安装和集成。

4）底座力触觉传感器。底座力触觉传感器通常安装在机器人的底座上，用于感应机器人与地面或工作台之间的整体力相互作用。与上述三种力触觉传感器相比，底座力触觉传感器具有稳定性高、测量范围宽的特点，适用于重载搬运和精确定位等应用场景。它们能够反馈施加在机器人上的总体力，以帮助进行运动控制和环境适应，同时还具有抗干扰能力更强和易于维护的优点。不过，由于安装在机器人的底部，它们可能不如指尖或腕部力触觉传感器灵活，在机器人执行精细操作或需要高空间分辨率的任务时可能不够灵敏。

这四类力触觉传感器的具体分布位置如图 4-2 所示。当然，随着科技的不断发展，现在也出现了需要仿人皮肤式的力触觉传感器，这类传感器不再限制于安装在机器人的某一个部位，而是一个区域。通过获取阵列形式的力触觉信息，完成触觉感知。这类传感器专注于力传感器的集成化与微型化，以模拟人类的皮肤，实现大面积的触觉感知，因此有着数据量丰富、感知范围广的优点。但如何处理这些丰富的触觉数据，并从中提取有用的特征用于触觉识别，目前还有待商榷，所以大多数也处于实验室阶段。

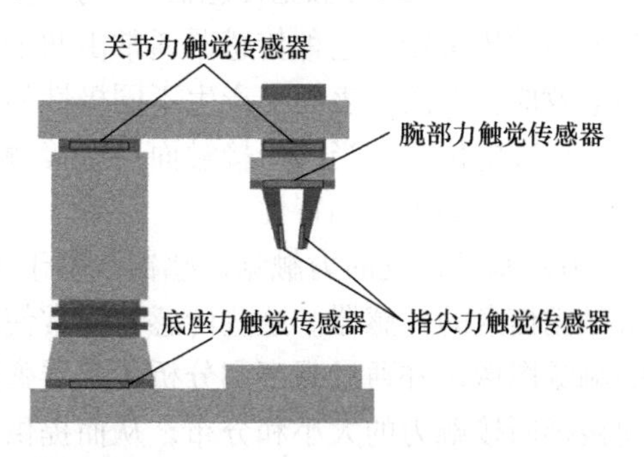

图 4-2　按位置分布的力触觉传感器分类

不过，在进行力触觉传感器分类时，更多的是依据其工作原理。如图 4-3 所示，力触觉传感器根据其工作原理主要分为以下几类：

1）电阻式力触觉传感器。电阻式力触觉传感器主要通过两种类型的传感元件来实现其转换功能：压阻式敏感元件和应变式敏感元件。压阻式敏感元件的工作原理是当外部施加了力或力矩时，其内部电阻值会因材料本身电阻率变化而发生变化，这种变化与所施加的外部力成正比，从而允许传感设备通过测量电阻的变化来确定施加的应力的大小。另一方面，应变式敏感元件利用材料在受力时产生形变从而引起电阻变化来测量力，当元件受到力的作用时，其几何形状会发生微小的改变，进而导致电阻值的变化，因此也可以被用来测量施加的外力。

2）电容式力触觉传感器。这类传感器通常采用平行电极板的结构，通过利用开关电容

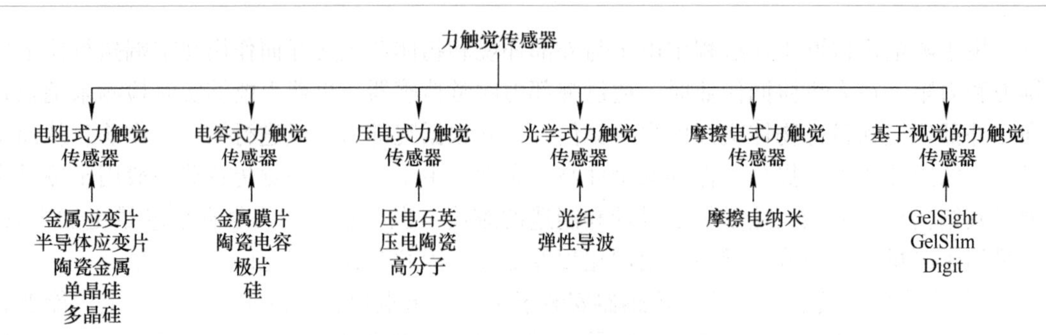

图 4-3　力触觉传感器按工作原理的分类

电路、电容交流桥或对变频器的电容，检测到由于施加的力或力矩导致的平行极板之间的间隔距离、重叠面积变换或者中间的介电常数变化，进而测量出可变电容的变化。根据电容变化量，可以得到施加力或力矩的具体数值。

3）压电式力触觉传感器。压电式力触觉传感器通过利用压电材料的特性，将机械力或力矩转换为电信号。这种传感器的工作原理基于压电效应，即在机械应力作用下，压电材料（如石英晶体或陶瓷）的极化状态发生变化，从而在材料的两个端面产生电荷，且产生的电荷量与施加的力或力矩成正比，因此传感设备可以根据电荷的变化来测量外部施加应力的大小。

4）光学式力触觉传感器。光学式力触觉传感器是利用光学原理将力或触觉的变化转换为可测量的光学信号的变化，例如发光强度、频率、相位或偏振状态，以此检测和量化施加在传感器上的力或力矩。常见的光学传感技术光纤布拉格光栅（FBG）传感器，是通过在光纤核心中刻写特定的反射波长来实现对力和变形的精确测量。

5）摩擦电式力触觉传感器。摩擦电式力触觉传感器是一种利用摩擦电效应来检测和响应外力的传感器。这种传感器通常由两个不同材料的接触表面组成，当它们相互接触时，摩擦电效应会在两个表面上产生不同极性的电荷；当它们分开时，这些电荷会保留在两个表面上，形成电位差。当两个接触面再次接触时，电荷又会重新中和。电荷的产生和变化可用于检测接触力的大小和特性。

6）基于视觉的力触觉传感器。基于视觉的力触觉传感器是一种利用视觉技术捕捉和分析触觉信息的传感器。这些传感器通常使用摄像头或其他视觉捕捉设备来捕捉与物体接触时的触觉图像，并通过观察和分析传感器弹性表面上标记点在与物体接触前后的变形或位移，间接推断接触力的大小和分布，从而提供物体接触几何形状和力的高分辨率测量值。

接下来的章节将详细探讨不同类型力触觉传感器的工作原理。为了明确区分力传感器和触觉传感器，第 4.1.2 小节将重点介绍力/力矩传感器，而第 4.1.3 小节将重点介绍触觉传感器。

4.1.2　力/力矩传感器原理

力/力矩传感器所采用的各种各样的配置源于对各种测量原理或方法（如电阻式、电容式、压电式、光学式等）的利用，这些测量原理或方法能够进行机电、机械磁和机械光转换。每种转换原理都对应着特定的传感器设计和应用领域，且每种设计都有其独特的优势与局限性。深入理解这些原理有助于更准确地把握传感器的性能特征，并为特定应用场景选择最合适的传感器类型。本小节将对这些技术及其相关特征进行简要描述和解释。

1. 电阻式力传感器

根据电阻定律，任意导体的电阻 R 可表示为

$$R=\frac{\rho L}{A} \tag{4-1}$$

式中，R 为电阻阻值，单位为 Ω；ρ 为导体材料的电阻率，单位为 Ω · m；L 为导体的长度，单位为 m；A 为导体的横截面积，单位为 m^2。

当导体外部条件发生变化（例如材料被拉伸或者压缩），式（4-1）中决定导体电阻的三个参数 ρ、L 和 A 都会发生一定变化，进而导致导体的电阻受到影响而发生变化，其电阻变化率可以表示为

$$\frac{\Delta R}{R}=\frac{\Delta \rho}{\rho}+\frac{\Delta L}{L}-\frac{\Delta A}{A} \tag{4-2}$$

即导体本身电阻 R 的变化与决定电阻的三个因素，即导体电阻率 ρ、长度 l 和横截面积 A 的变化有关。基于压阻式和应变式的力传感器均是根据以上电阻变化率的公式，设计对应的感知原理。

（1）压阻式

当某些固态材料在受到外力的作用时，其电阻率会发生变化，这种性质称为压阻效应。基于这类材料制作的力触觉传感器称为压阻式力触觉传感器。对于这类半导体材料而言，式（4-2）的后两项（导体相对长度变化 $\Delta L/L$ 与相对横截面积变化 $\Delta A/A$）对于电阻变化的影响非常小，可忽略不计，因此有

$$\frac{\Delta R}{R}\approx\frac{\Delta \rho}{\rho}=\pi\sigma \tag{4-3}$$

式中，σ 为外部应力，单位为 Pa；π 为固态材料压阻效应的特性系数，单位为 m^2/N；$\Delta(\cdot)$为相关参数的变化量。

固态材料压阻效应的特性系数 π，通常被称为压阻系数或压阻率，这是一个关键参数，它量化了压阻材料在受到外力作用时，其电阻率随应力变化的程度。这一系数不仅取决于材料本身的性质，而且对于各向异性的材料而言，若沿着材料本身的不同晶向或轴向施加应力，也会导致压阻系数出现显著差异。这是因为材料内部原子排列的不对称性和晶体结构的各向异性，使得应力在不同方向上传播和转换为电阻变化的效率不同。

基于式（4-3）的原理，压阻材料能将外界施加的应力变化转化为其内部电阻的相应变化，二者之间存在正相关关系。这一特性使得压阻材料能够用于设计力传感器，从而实现对外界应力的有效检测。目前，多晶硅（Si）、锗（Ge）、金属纳米线（NW）、碳纳米管（CNT）及石墨烯等材料因其优异的压阻性能，成为压阻式力传感器中广泛采用的材料。压阻式力传感器的优点包括相对容易集成到 MEMS 器件中，制造工艺和结构简单，与超大规模集成电路（VLSI）兼容，具有高分辨率和线性度，输出信号方便可用，可靠性高，免维护。然而，它们仅限于测量非常低的力/力矩差异，在生产过程中需要精确地控制公差，并且具有很大的温度灵敏度和漂移。

（2）应变式

这类传感器基于电阻应变效应原理，即当敏感元件发生形变时，其电阻值会相应地发生变化。如图 4-4 所示，当导电材料在外力作用下，根据材料力学，其轴向应变为 $\varepsilon=\Delta L/L$，径向应变为 $\Delta r/r=-\mu\ (\Delta L/L)\ =-\mu\varepsilon$。对于金属材料，受到外力时其电阻率几乎不会发生改变，因此，式（4-2）中的首项（导体相对电阻率变化 $\Delta\rho/\rho$）对于电阻变化的影响非

常小，可忽略不计，则有

$$\frac{\Delta R}{R}=\frac{\Delta L}{L}-\frac{\Delta A}{A}=(1+2\mu)\varepsilon=k\varepsilon \tag{4-4}$$

式中，μ 为导电材料的泊松比；ε 为因外力导致导电材料的轴向应变；k 为电阻导线的灵敏度系数，即单位应变引起的电阻变化率。

依据式（4-4）所揭示的物理机制，应变片能够将外界施加的应力转变为材料内部电阻的相应变化，两者之间呈现出正比关系。基于此原理，可以利用具备电阻应变效应的材料来设计并制造力传感器，以实现对机械应力的精确检测。当前，镍铬合金、铁铬铝合金、铂以及铂钨合金等材料由于其稳定的电阻应变特性和良好的环境适应性，已成为制备高性能应变片传感器的首选导电材料。应变式力传感器的优点包括测量范围广、精度高、稳定性好等。但是，它也存在一些缺点，如易受温度影响、需要定期校准等。

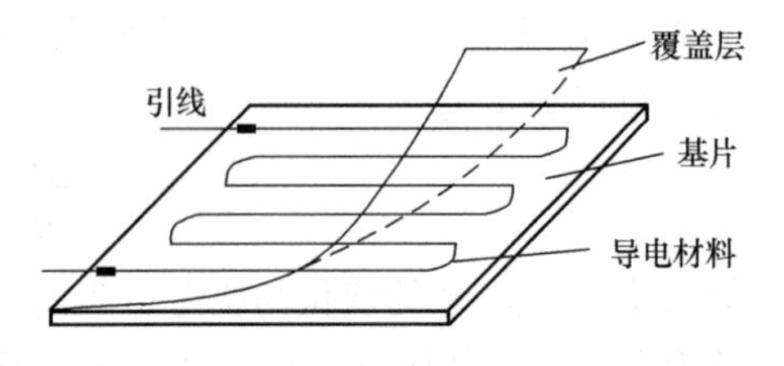

图 4-4　电阻应变片结构示意图

2. 电容式力传感器

电容式力传感器的工作原理依赖于电容的基本物理特性，在两个平行电极之间设置一个介电层，形成了一个简单的平板电容器。极板之间的电容量 C 可表示为

$$C=\frac{\varepsilon A}{d} \tag{4-5}$$

式中，C 为两个极板间的电容量，单位为 F；ε 为电极板间介质的介电常数且 $\varepsilon=\varepsilon_0\varepsilon_r$，$\varepsilon_0=8.854187817\times10^{-12}$F/m 为真空的介电常数，$\varepsilon_r$ 为介电层的相对介电常数，无量纲；A 为平行电极之间的覆盖面积，单位为 m^2；d 为平行电极之间的间隔距离，单位为 m。

电容式力传感器检测方法，如图 4-5 所示，通过巧妙设计，能够在受到法向力作用时引起电极间距 d 的变化，而在受到切向力作用时，则引发电极之间的覆盖面积 A 的变动，从而实现对外部应力的精确感知。近年来，一些创新性的电容式力传感器设计甚至能够通过相对介电常数 ε_r 的改变来感知应力，进一步拓宽了其应用领域。电容式力传感器的输出可以通过电容-频率转换器（振荡器）、开关电容电路或电容交流桥等获得。其通常具有极高的灵敏度、低功耗、低噪声、可在广泛的测量范围内检测到毫牛（mN）甚至皮牛（pN）分辨力的力、高空间分辨率和对温度变化的不敏感，可用于恶劣环境（如高温、磁场和辐射）以及非接触式和非侵入式应用。然而，一般来说，它们存在寄生电容等缺点，并且需要虚拟元件和差分测量来滤除噪声和边缘效应。

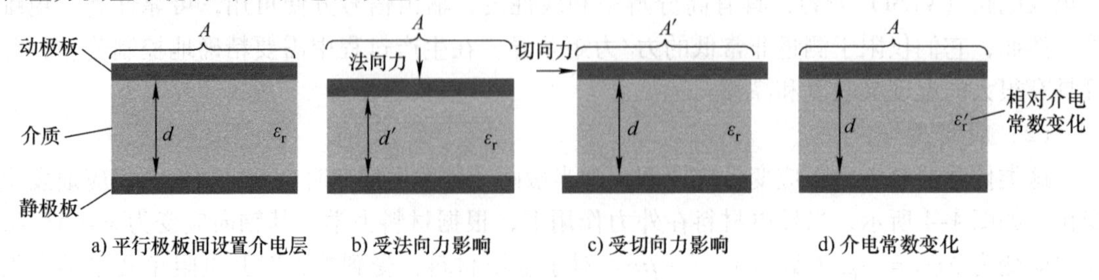

图 4-5　电容式力传感器检测方法示意图

3. 压电式力传感器

这是一种利用压电效应将机械能转换为电能的传感器，压电效应是指某些电介质材料在受到机械力作用时，会发生极化现象，其内部的正负电荷发生转移，导致两个相对表面出现电性相反的电荷。随着外力的变化，电荷量也会相应地变化，实现机械能与电能之间的转换。压电式力传感器的内部结构通常是平行极板对与压电材料的组合，当传感器受到外部应力作用时，压电材料产生压电效应，使得两个平行电极之间产生电压。该电压的大小与施加的外部应力成正比，即

$$Q = \sigma A d_{ij} \tag{4-6}$$

式中，Q 为电荷量，单位为 C；σ 为外部应力，单位为 Pa；A 为压电材料的受力面积，单位为 m^2；d_{ij}为压电材料受力方向上的压电系数，单位为 C/N。

因此，其通过测量电压的输出值来检测对应施加的应力大小。常用的压电材料包括石英、钛酸钡和锆钛酸铅（PZT）系列的压电陶瓷等，表 4-1 列出了常用压电材料的基本属性。其中，单结晶的石英晶体结构如图 4-6 所示，假设图中阴影部分的石英晶体切片在 X 轴、Y 轴和 Z 轴方向的尺寸为 a、b 和 c，如果晶体切片几何尺寸的厚度与 X 轴对齐，而长度和宽度分别与 Y 轴和 Z 轴对齐，称该类切片为 X 切型晶体切片，利用这类切片的纵向压电效应可以测量 X 轴方向上的力；如果晶体切片几何尺寸的厚度与 Y 轴对齐，而长度和宽度分别与 X 轴和 Z 轴对齐，称该类切片为 Y 切型晶体切片，利用这类切片的横向压电效应可以测量 X 轴和 Z 轴方向上的力。综合利用 X 切型和 Y 切型晶体切片的纵向和横向压电效应，组成力敏元件组，可以实现空间三维力和三维力矩的检测。

表 4-1　常用压电材料的基本属性

性能	压电材料				
	石英	钛酸钡	PZT-4	PZT-5	PZT-6
压电系数①/(10^{-12}C/N)	$d_{11}=2.31$ $d_{14}=0.73$	$d_{15}=560$ $d_{31}=-78$ $d_{33}=190$	$d_{15}=410$ $d_{31}=-100$ $d_{33}=230$	$d_{15}=670$ $d_{31}=-100$ $d_{33}=600$	$d_{15}=330$ $d_{31}=-90$ $d_{33}=200$
相对介电常数/ε_r	4.5	1200	1050	2100	1000
最大安全应力/(10^5N/m^2)	95～100	81	76	76	83
密度/(10^3kg/m^3)	2.65	5.5	7.45	7.5	7.45
弹性模量/(10^3N/m^2)	80	110	83.3	117	123
机械品质因数 K	10^5～10^6	300	≥500	80	≥800
居里点温度/℃	573	115	310	260	300
体积电阻率/Ω·m	$>10^{12}$	10^{10}	$>10^{10}$	10^{11}（25℃）	
最高允许温度/℃	550	80	250	250	

① 压电系数 d 下标中的第一个数字指电场方向，第二个数字指应力或应变的方向。

压电材料的高弹性模量保证了压电式力传感器的大动态范围。此外，压电式力传感器在更宽的测量范围内还具有高固有频率、高稳定性、优异的再现性和优越的线性度。与其他类型的力检测方法相比，其主要缺点在于剩余电流行为，这使得其在长时间检测静力时的精度受到质疑。压电式力传感器利用压电材料产生的电荷输出，其性能类似于电容器，在没有任

何外部电激励的情况下输出信号。因此，剩余电流行为是压电式力传感器的一种特殊的、不可避免的特性。

4. 光学式力传感器

这类传感器是一种利用光的变化来检测和测量物体的形变、压力或张力的传感器。它们通常由光源（如发光二极管）、光传输介质（如光纤或弹性波导）和光电探测器组成。这种传感器的工作原理是检测施加在光传输介质上的应变或压力而导致的发光强度、频率或相位的变化。其中，基于光纤布拉格光栅（Fiber Bragg Grating，FBG）的力传感器具有体积小、易于阵列化、重量轻、无电磁干扰、耐腐蚀和高低温、生物相容性好以及无零点漂移等多种优势，成为光学式力传感器的典型代表。FBG 作为光传输载体，具有损耗低、可靠性高的特点，当其作为敏感元件时，传感器信号通过波长编码，从而避免了光能变化和连接或耦合损耗的影响。

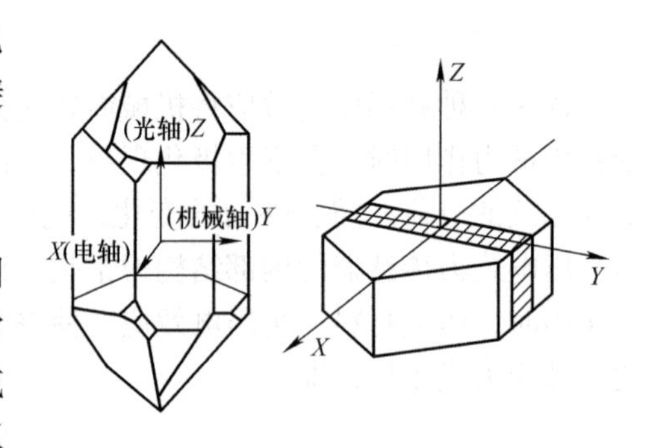

图 4-6　单结晶的石英晶体结构

如图 4-7 所示，在 FBG 传感器的工作原理中，特定波长的光在遇到光栅时会被反射，而其他波长的光则继续沿光纤传输。当传感器受到外力作用，导致光栅的周期性结构发生变形时，反射光的波长随之改变。其中，反射光光谱的中心波长（又称布拉格波长）可表示为

$$\lambda = 2n_{\mathrm{eff}}\Lambda \tag{4-7}$$

式中，λ 为布拉格波长，单位为 nm；n_{eff}为光纤的有效折射率，无量纲；Λ 为光栅的空间周期，单位为 nm。

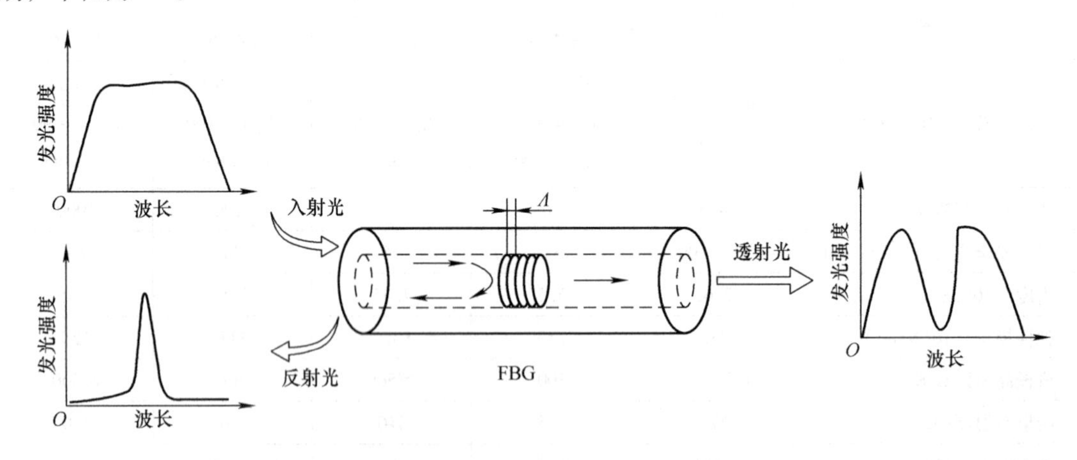

图 4-7　光在 FBG 中的传输原理

当光纤材料确定时，通过精确测量反射光波长的变化，可以检测出光栅周期的实际变化情况，从而准确感知作用在传感器上的力的大小。例如，当 FBG 受到轴向力时，其反射光谱的中心波长发生变化，且有

$$\frac{\Delta\lambda}{\lambda} = K_{\varepsilon}\varepsilon + K_{T}\Delta T \tag{4-8}$$

式中，$\Delta\lambda$ 为中心波长的变化量；K_ε 为应变的灵敏度系数，无量纲；ε 为应变量，无量纲；K_T 为温度的灵敏度系数，单位为$℃^{-1}$；ΔT 为温度的变化量，单位为℃。

由式（4-8）可知，布拉格波长的变化情况不仅与外部应变量有关，还受到环境温度的影响，因此在设计 FBG 传感器时，通常会额外添加一根光纤光栅用于温度补偿。假设现有两根光纤光栅，其中一根安装在弹性体上，可以感受外部应变，另一根仅用于温度补偿，则有

$$\frac{\Delta\lambda_1}{\lambda_1} = K_\varepsilon \varepsilon + K_T \Delta T \tag{4-9}$$

$$\frac{\Delta\lambda_2}{\lambda_2} = K_T \Delta T \tag{4-10}$$

从而可以计算出实际应变大小为

$$\varepsilon = \left(\frac{\Delta\lambda_1}{\lambda_1} - \frac{\Delta\lambda_2}{\lambda_2}\right) \Big/ K_\varepsilon \tag{4-11}$$

即应变的大小仅与两根光纤光栅各自的布拉格波长变化有关。基于上述方法可实现应变量到反射光光谱中心波长变化量的映射，因此可以实现对外部应力的感知。

5. 摩擦电式力传感器

摩擦电式力传感器是一种利用摩擦电效应将两个电极接触和分离时产生的机械能转换为电信号的传感器。它由两种具有不同电子亲和力的材料组成，材料分别覆盖在两个平行电极上。当两种材料接触和分离时，它们之间会发生电荷转移，从而产生电压或电流。常用的材料包括聚四氟乙烯（PTFE）和聚二甲基硅氧烷等聚合物，以及水凝胶、氧化铟锡（ITO）和纺织品。

摩擦电纳米发电机（Triboelectric Nanogenerator，TENG）是此类传感器的典型代表，能够将机械能转换为电能，因其结构简单和自驱动特性而被广泛应用于能量收集和传感设备中。在垂直接触-分离模式下，TENG 通过周期性的电荷转移和电位差变化产生交流电脉冲，以此响应外部机械激励，实现力的检测。如果 C 表示系统的电容量，V 表示两个电极之间的电压，则通过外部机械激励产生的电流 I 可以表示为

$$I = C\frac{\partial V}{\partial t} + V\frac{\partial C}{\partial t} \tag{4-12}$$

式中，第一项表示由于静电引起的电荷在上下电极上的电位变化；第二项表示当检测单元发生机械变形时，随着上下电极之间距离的变化，系统电容的变化。

这一过程只有在两个电极之间保持由摩擦电效应引起的电位下降时才会产生电流。系统电容的变化是由于机械压缩引起的两个电极之间的平面间距离的变化。一旦摩擦力消失，结构被释放，两个薄膜恢复其原始形状，摩擦产生的正电荷和负电荷将被中和，两个电极上的静电感应电荷重新组合。

基于视觉的力触觉传感器一般不直接测量接触过程的力信号，因此放在 4.1.3 节中作为触觉传感器详细介绍。

上述传感器各有其独特的性能特点和应用领域，为力传感系统的设计提供了丰富的选择。在科研和工程实践中，根据具体需求选择合适的传感器类型对于实现高效、精确的力反馈至关重要。

4.1.3 触觉传感器原理

一般而言，机器人在运动过程以及与物体交互过程中产生的物理力，可以分为两大类：

1）运动学力（动态力），例如在移动物体的操作过程中，由于物体质量的加速度而施加在机器人手腕组件上的力。

2）静力（静态力），例如在操作夹持过程中由机器人末端夹持器施加到物体表面的力。

与物体交互产生的静力，促使了在夹持器内部使用力传感器的发展进程，这与人类的触觉感知相似，因此可被称为触觉传感器。触觉传感器与视觉系统一样，是研究的热点，它们可以克服视觉系统的限制，是未来几代机器人多感官反馈系统的重要组成部分。触觉传感器的工作原理是通过测量物体表面和机器人手爪之间的接触压力来工作，通常将接触区域划分为若干测量点阵列，以绘制出接触压力的二维图像，进而可以生成被操纵物体的局部三维视图。因此，在设计中，触觉传感器一般都为阵列式力传感器。

1）基于电阻式、电容式、压电式、光学式以及摩擦电式的触觉传感器。其设计原理与上述的力传感器类似，并且通过阵列形式布置、集成，从而形成了触觉形式的传感器，这类传感器的感知数据不再限制为一个单接触点的采集，而是在微观接触平面上形成带有分辨率的多点接触，其上布置的力传感元件越多，分辨率越高，采集到的触觉信息就越丰富，处理信号的方法也就越复杂。一般而言，这类数据有两种可视化方法。一是将每一个时刻采集到的多个数据按照其分布方式转为触觉图像形式，当然，这种触觉图像形式的分辨率一般较低，多数为 3×3、5×5 的形式，基于摩擦电原理设计的触觉传感器的分辨率可以达到 8×8 甚至更高。二是将其看作多通道的时间序列形式，即所有单点采集的数据整合到一起。由于触觉图像形式的分辨率较低，大多数研究中，都是按照第二种方式，对数据进行处理以及后续的训练与预测。如何从这类信号中实现对目标物体的感知与识别，是机器人力触觉环境感知中的一大难点。

2）基于视觉的触觉传感器。基于视觉的触觉传感器是一种先进的传感技术，它利用视觉成像技术来检测和量化外界施加的力和接触信息。这类传感器系统通常由高分辨率摄像机、光源和带有特定标记的弹性体表面组成。与上述的触觉传感器不同，基于视觉的触觉传感器不直接测量力的大小，而是通过捕捉弹性体表面的触觉图像来间接获取力的信息。这些图像能够反映出与接触材料无关的局部几何形变，为力的分析提供了新的视角。通过应用先进的图像处理技术和模式识别算法，可以精确追踪图像上标记点的形变和位移，进而推断出作用在传感器上的力。此外，基于视觉的触觉传感器还能够以高分辨率重建接触区域的三维几何形状，这对于机器人手持物体姿态估计等任务至关重要，因此这类触觉传感器受到了广泛的关注与应用。目前，三维几何形状的重构主要依赖于光度立体法和神经网络技术。其主要构想在于通过 RGB 图像构建接触物体对应的法向量图，从而获取接触物体高度对应的梯度图，进而估计出高度图。

现有的基于视觉的触觉传感器，如 GelSight、GelSlim 和 Digit 等，能够在多种应用场景中提供高对比度和高分辨率的触觉图像。这些传感器的应用范围广泛，从精密制造到医疗手术辅助，再到机器人交互，都展现出了其独特的优势。图 4-8 给出 GelSight 带标记点的弹性体薄膜示意图、无接触时的触觉图像以及接触物体后的触觉图像。通过对标记点的跟踪，可以检测到弹性体薄膜各部分的位移信息，从而间接检测出接触应力触觉信息。图 4-9 给出了

GelSight 利用无标记点的弹性体薄膜接触物体并重构其三维点云的案例。利用这两类应用情况，基于视觉的触觉传感器能够完成许多有待解决的问题，例如目标物体在夹持器中的滑移估计、手持物体的姿态估计等。

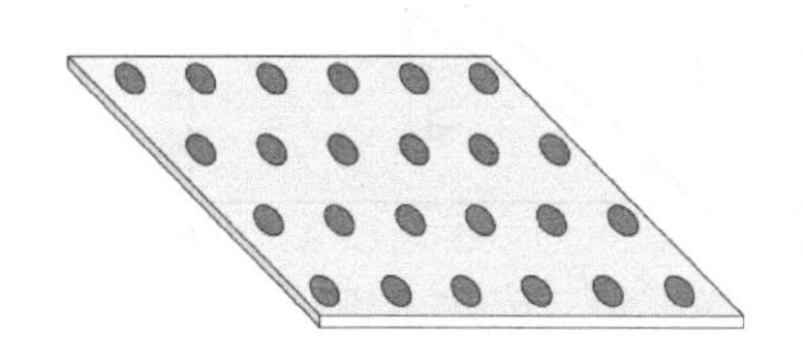

a) 带标记点的弹性体薄膜示意图

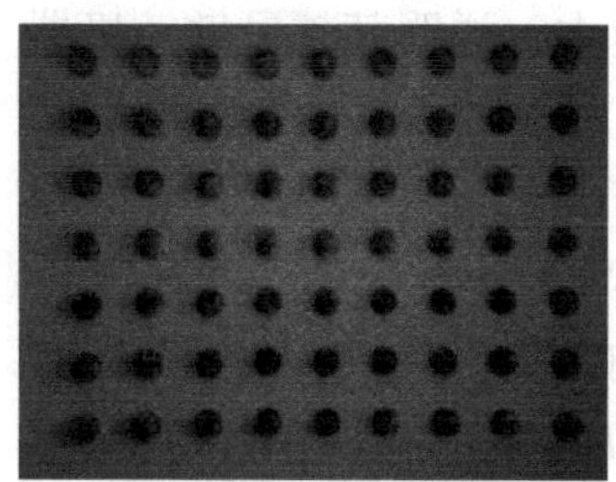

b) 无接触时的触觉图像

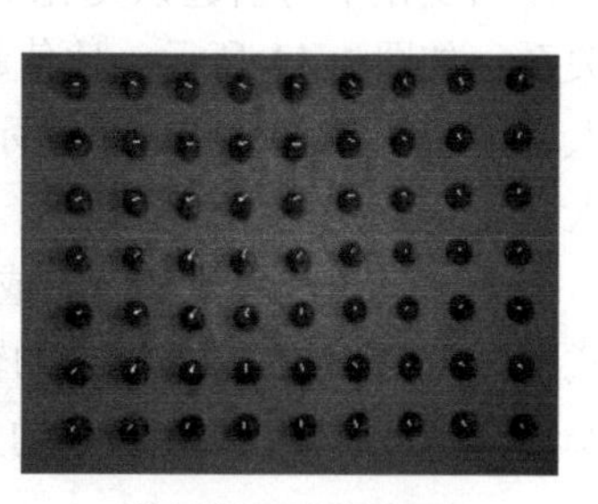

c) 接触物体后的触觉图像

图 4-8　GelSight 跟踪接触物体力的应用案例

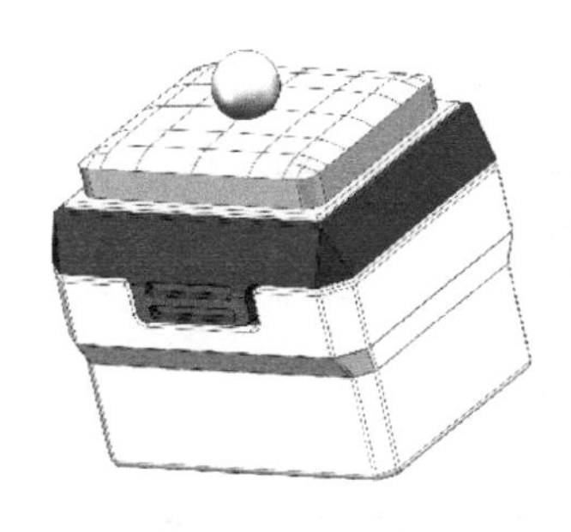

a) 与物体发生接触

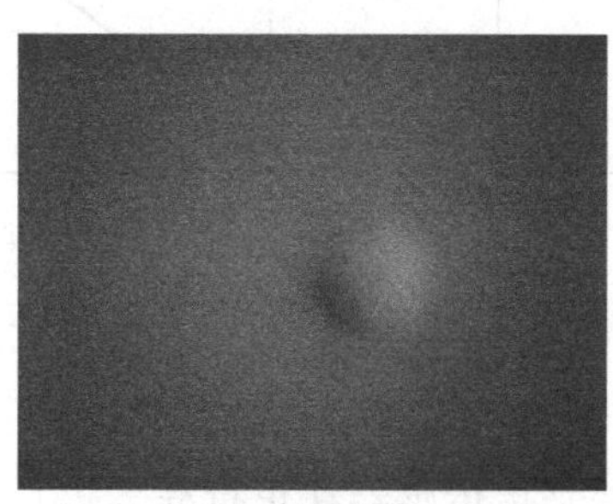

b) 采集的触觉RGB图像

c) 重构的3D几何形状

图 4-9　GelSight 重构接触物体三维点云的应用案例

4.1.4　力传感器性能指标

机器人力传感器的被测量通常为静态力和动态力两种形式。不同的力形式使得传感器所表现出的力输入-输出特性不同，因此需要全面地评估力传感器的性能指标。与一般传感器相同，机器人力传感器的性能指标也可分为静态特性指标与动态特性指标。两类指标共同确保力传感器在机器人技术应用中的有效性和可靠性。

1. 机器人力传感器静态特性

机器人力传感器静态特性指标主要包括线性度、灵敏度、迟滞性误差、重复性误差、分辨力（分辨率）、静态误差、稳定性、量程和漂移等指标，其实际性能需要在标准的静态条件下测定获得。

（1）线性度

与非线性误差对应，力传感器的线性度是指其输出信号的实际加载曲线与理想线性拟合曲线之间的偏差程度，如图 4-10 所示。力传感器的非线性误差 γ_L 可以表示为两者之间的最大偏差与满量程输出值的百分比，即

$$\gamma_L = \pm \Delta L_{max} / Y_{FS} \times 100\% \tag{4-13}$$

式中，ΔL_{max}为机器人力传感器实际输入-输出曲线与理想线性拟合曲线的最大偏差，单位一般为 V；Y_{FS}为机器人力传感器在满量程输入情况下的输出值，单位与 ΔL_{max}相同。

(2) 灵敏度

机器人力传感器的灵敏度是指力传感器在受载情况下输出变化量与引起该变化的力输入变化量之间的比例关系，如图4-11所示，比值越大，说明其越灵敏。机器人力传感器的灵敏度S可表示为输出变化量与对应的输入变化量之间的比值，即

$$S=\Delta y/\Delta x \text{ 或 } S=\mathrm{d}y/\mathrm{d}x \tag{4-14}$$

式中，Δy或$\mathrm{d}y$为力传感器的输出变化量，单位一般为V；Δx或$\mathrm{d}x$为输出变化量对应的力输入变化量，单位为N。

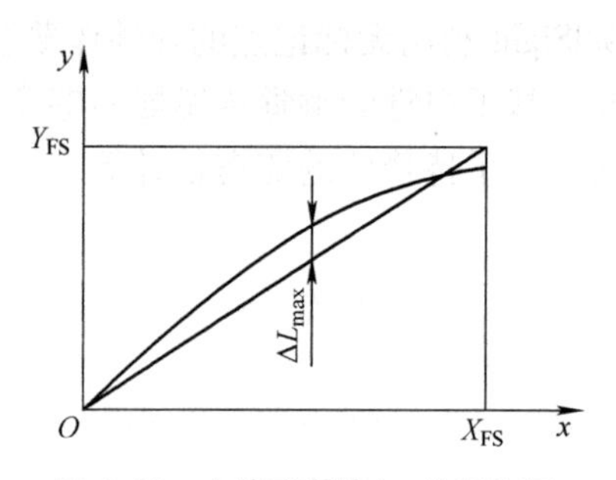

图4-10　力传感器输入-输出特征曲线的线性度示意图

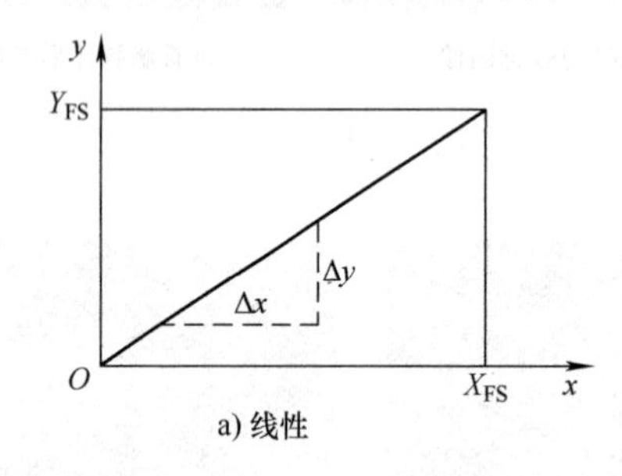

a) 线性

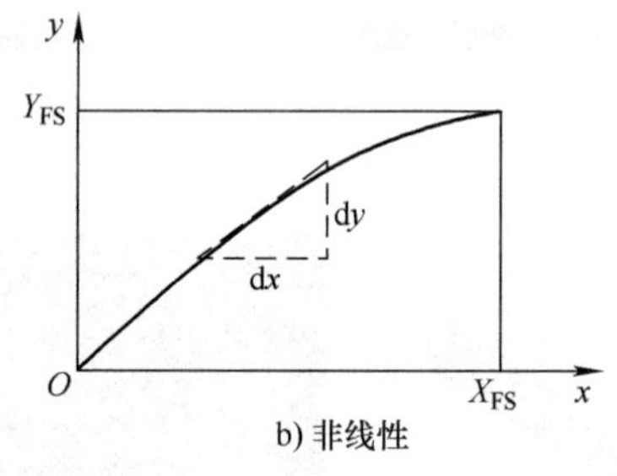

b) 非线性

图4-11　线性力传感器与非线性力传感器的灵敏度示意图

(3) 迟滞性误差

机器人力传感器的迟滞性误差是指传感器在正行程（输入的力值从最小值逐渐加载到最大值）与逆行程（输入的力值从最大值逐渐卸载到最小值）的过程中，两者输入-输出曲线之间的不重合程度，如图4-12所示。力传感器的迟滞性误差γ_H可以表示为两者之间的最大偏差值与满量程输出值的百分比

$$\gamma_H=\pm\Delta H_{max}/Y_{FS}\times 100\% \tag{4-15}$$

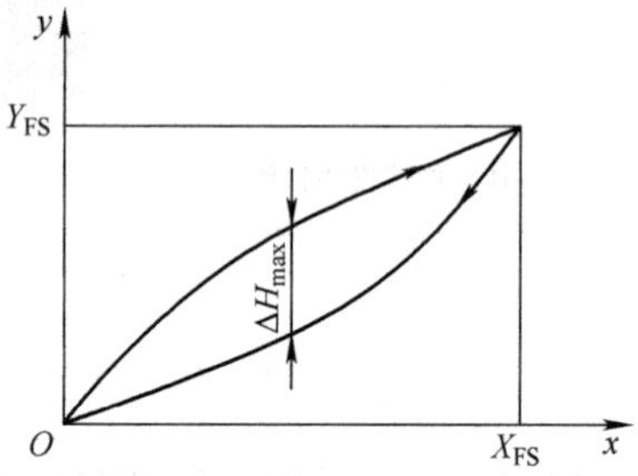

图4-12　迟滞性误差示意图

式中，ΔH_{max}为正行程与反行程中力输入-输出曲线的最大偏差，单位一般为V；Y_{FS}为满量程输出值，单位与ΔH_{max}相同。

(4) 重复性误差

机器人力传感器的重复性误差是指传感器在同向行程（力的加载或卸载）重复测试时力输入-输出曲线的不一致程度，如图4-13所示。力传感器的重复性误差γ_R可以表示为重复多次加载过程中的最大偏差与满量程输出值的百分比，即

$$\gamma_R=\pm\Delta R_{max}/Y_{FS}\times 100\% \tag{4-16}$$

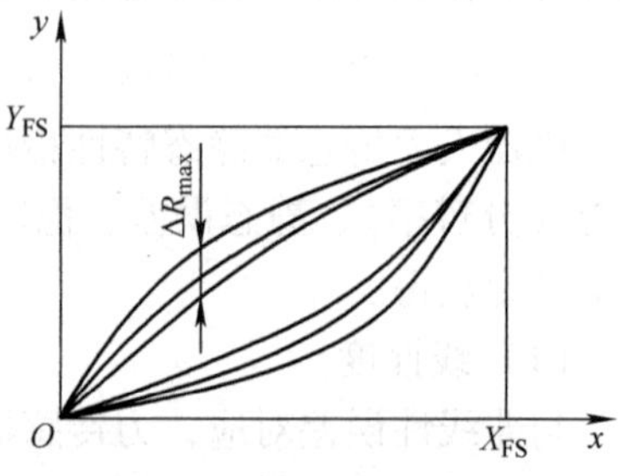

图4-13　重复性误差示意图

式中，ΔR_{max}为多次同向行程中其力输入-输出曲线的最大偏差值，单位一般为V；Y_{FS}为满量程输出值，单位与ΔR_{max}相同。

(5) 分辨力（分辨率）

机器人力传感器分辨力是指传感器在许可测量范围内能够分辨和检测到的最小的力输入

变化量，即两个相邻最小可测量力值之间的差异。而分辨率是指分辨力与满量程输出值的百分比。

（6）静态误差

机器人力传感器的静态误差是指在传感器的量程范围内，实际输出值与理论拟合值的接近程度。力传感器的静态误差可以表示为

$$\gamma_s = \pm\sqrt{\gamma_L^2 + \gamma_H^2 + \gamma_R^2}$$

或 (4-17)

$$\gamma_s = \pm(\gamma_L + \gamma_H + \gamma_R)$$

式中，γ_L、γ_H 和 γ_R 分别为非线性误差、迟滞性误差和重复性误差。

（7）稳定性

机器人力传感器稳定性是指在长时间运行中的传感器仍能保持本身精度性能的能力，一般指在室温状态下经过一天、一月甚至更长时间间隔后，力传感器的输出与最初标定时的输出之间的差异。差异越大，稳定性越差。

（8）量程

机器人力传感器的量程是指其能测量的最大范围，通常由上限值和下限值构成。传感器在选型时应重点考虑量程的适应性，通常会按照可能出现最大测量值的 1.2～2 倍选择量程，防止因为过载损坏传感器。传感器的量程选择也不是越大越好，量程越大的传感器分辨力和测量精度会更差。

（9）漂移

力传感器漂移特征是指传感器在固定输入的情况下，随着时间推移，其输出发生变化的情况，一般包括时间漂移、温度漂移和零点漂移等，通常是由传感器自身老化或所处的使用环境变化引起的。

2. 机器人力传感器动态特性

机器人力传感器动态特性是衡量传感器在处理变化迅速的动态力输入信号时的一系列相关性能指标。力传感器动态性能指标可以从两个方面考虑：

1）当力传感器的输出达到稳定状态后，实际的输出值与理想情况下力输出值之间的差异大小。

2）当力输入信号为阶跃变化时等突变信号时，即机器人力传感器的输出从一种稳定状态过渡到另一种稳定状态的过程。其指标可以分为一阶和二阶力传感器的阶跃响应曲线。

假设一阶力传感器的微分方程为

$$\tau\frac{\mathrm{d}y(t)}{\mathrm{d}t} + y(t) = z_0 x(t) \tag{4-18}$$

式中，z_0 为静态灵敏度；τ 为时间常数。

则其对应的一阶响应曲线可表示为

$$y(t) = z_0(1 - \mathrm{e}^{-\frac{t}{\tau}}) \tag{4-19}$$

对于二阶力传感器有

$$\frac{\mathrm{d}^2 y(t)}{\mathrm{d}t^2} + 2\xi\omega_n\frac{\mathrm{d}y(t)}{\mathrm{d}t} + \omega_n^2 y(t) = z_0\omega_n^2 x(t) \tag{4-20}$$

式中，z_0 为静态灵敏度；ω_n 为无阻尼自然振荡频率；ξ 为阻尼比。

当静态灵敏度 $z_0=1$ 时，其对应的二阶响应曲线可表示为

$$y(t)=1-\frac{e^{-\omega_n\xi t}}{\sqrt{1-\xi^2}}\sin\left(\sqrt{1-\xi^2}\omega_n t+\arctan\frac{\sqrt{1-\xi^2}}{\xi}\right) \tag{4-21}$$

两类力传感器的阶跃响应曲线如图 4-14 所示（$z_0=1$），主要性能指标包括：

1）时间常数 τ：一阶机器人力传感器的输出值从初始状态（通常是 0）上升到其最终稳态值 63.2% 时所需的时间。

2）延迟时间 t_y：一阶（或二阶）机器人力传感器的输出值从开始响应到达到 50% 稳态值所需的时间。

3）上升时间 t_s：一阶机器人力传感器的输出值从稳态值的 10% 上升到 90% 所需的时间；二阶机器人力传感器的输出值从初始值上升到稳态值所需的时间。

4）峰值时间 t_f：机器人力传感器在阶跃输入信号的作用下，其输出值从初始值开始首次达到峰值所需的时间。由于二阶机器人力传感器的输出响应存在振荡衰减现象，因此峰值时间可表示为输出响应第一次达到最高值的时间。

5）超调量 δ：二阶机器人力传感器的输出第一次达到峰值时，其超出稳态值的最大量与稳态值之比。超调量反映了机器人力传感器的稳定性。

6）响应时间 t_x：机器人力传感器响应曲线衰减至稳态值附近 5%（或 2%）误差范围以内所需的时间。响应时间反映了力传感器响应的快速性。

7）稳态误差 $e(\infty)$：机器人力传感器输出值进入稳定状态之后的实际值与期望值之间的差值。稳态误差反映了机器人力传感器的精度。

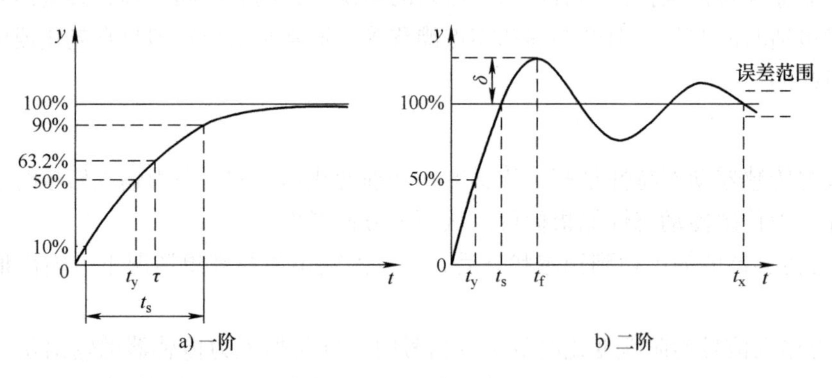

图 4-14　一阶和二阶力传感器动态阶跃响应曲线

机器人力传感器的指标体系包含的内容很多，每种类型的力传感器有各自独特的指标。对于不同应用场景的机器人力传感器，需要考虑应用场景对力传感器的具体需求，结合应用场景的需要选择合适的力传感器，以满足机器人感知任务的要求。

4.2　机器人力/力矩感知方法

力触觉传感器的核心原理是通过测量力作用在传感器上产生的物理形变来实现能量转换。这种形变可以是由外部力直接作用于传感器表面引起的，也可以是力通过支撑材料传递

到传感器上的间接形变，如图 4-15 所示。支撑材料的选择和设计对于传感器的性能至关重要，尤其是在动态测量范围方面。材料的类型、刚度、弹性模量和形状都会影响传感器对力的响应速度和精度。

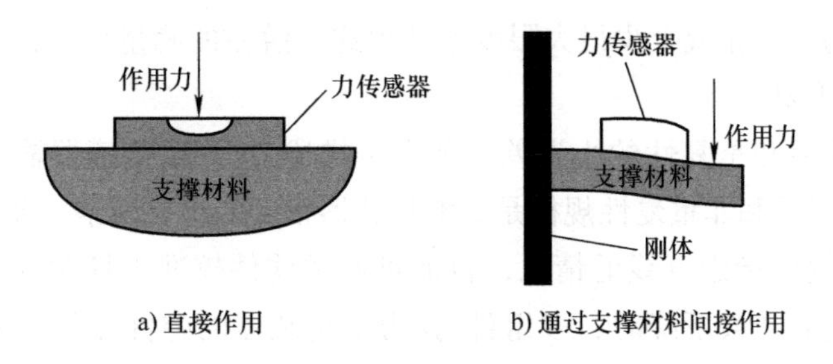

a) 直接作用　　b) 通过支撑材料间接作用

图 4-15　传感元件感知外部变形的两种方法

在几乎所有类型的力/力矩传感器中，最关键的机械部件是支撑结构，又称为弹性元件（Elastic Element，EE），它通过变形或应变对外加力/力矩起响应作用。在设计特定的弹性元件时，应同时考虑多个设计准则，其中有些准则相互矛盾，从而增加了设计过程的难度。以下是一些最重要的设计准则：

1）全局灵敏度和最小刚度。全局灵敏度（机械和电气）是力/力矩传感器最重要的参数，它表示输出电信号与施加的力/力矩之间的关系。由于机械臂的刚度取决于刚度最小的部件，而刚度最小的部件通常是力/力矩传感器，因此力/力矩传感器的刚度是性能的关键因素。然而，传统的多组件力/力矩传感器在权衡各种参数（如灵敏度和刚度）方面存在严重缺陷。因此，弹性元件的合理设计始终是权衡的结果，而这种合理的设计不能仅通过直接优化算法来实现，因为这种算法会导致单一的设计点。此外，经典的闭式分析技术主要适用于由简单几何结构组成的部件。然而，多组件力/力矩传感器的弹性元件由于有源传感部件对应三个力和三个力矩，因此几何结构更为复杂，使用经典技术很难甚至不可能准确计算应变和挠度。多目标优化、模拟驱动设计和优化探索已被用于弹性元件的设计。

2）简单、体积小、高度低。一般来说，力/力矩传感器的合理结构应简单、易于分析和制造。现有力/力矩传感器的一个缺点是高度和体积都很大。因此，由于高度增加而产生的额外力矩会施加到安装在机械手下方的执行器上。此外，传感器所需的测量范围和执行器所需的额定功率也必须相应增加。这意味着系统的成本也将增加。并且，薄型、低轮廓力/力矩传感器的优点还使其可以应用于曲面。

3）测量各向同性和各组成部分之间的低耦合效应。需要同时检测多个力/力矩分量，因此，需要降低各分量之间的各向异性。适当的结构应确保每个分量的输出幅度相等且足够大，以便分量具有相同的放大电路和灵敏度。此外，元件间充分的测量各向同性可确保多元件传感器的电路具有放大对称性、高集成度和简单的去耦方法。传感器的各向异性指数 λ_{I}（典型单位为 mV/V）可通过各元件的测量灵敏度求得

$$\lambda_{\mathrm{I}}=\frac{\max\{S_i\}-\min\{S_i\}}{\sqrt{\sum_i S_i^2/n_{\mathrm{c}}}} \tag{4-22}$$

式中，S_i 为力和力矩分量的测量灵敏度，一般单位为 V/N 或者 V/(N · m)；n_{c} 为传感器的

分量数量，无量纲。

由于力/力矩传感器使用单一的单片结构测量所有元件，因此任何其他测量元件造成的非预期输出（元件间的所谓“耦合”或“串扰”）可能非常明显（一般是传感器满量程的1% ~5%之间）。为了防止或至少最大限度地减少这种潜在的测量误差源，新型电子元件结构和补偿方法尤为重要。

4）非线性、滞后和重复性的小误差。精度是描述力/力矩传感器输出测量误差的通用术语，而非线性、滞后和非重复性规格是影响传感器精度的主要因素。非线性表示输出曲线在力或力矩范围内偏离指定直线的情况，目前可通过软件校准工具对其进行补偿。当输入力/力矩和环境温度上升或下降时，多组件力/力矩传感器的弹性元件结构应返回相同的输出值。

在机器人领域，力/力矩感应是实现机器人精确控制和智能交互的关键技术之一。力/力矩传感方法使机器人能够感知其与环境的交互作用力，从而自适应地控制、调整和优化其操作。这种感知能力对于机器人执行精密装配、外科手术或与人类协作等复杂任务至关重要。在这些任务中，机器人不仅需要执行精确的动作，还需要能够感知和适应环境的变化，以确保安全有效的操作。力/力矩传感技术是实现这一目标的关键。力/力矩感应方法的两个基本组成部分包括力建模和力测量。

① 力建模：力建模是指了解和预测机器人与环境或目标物体交互时所受力的过程。通过建立精确的力模型可以预测机器人在特定操作下的行为，从而设计出更有效的控制策略。需要建模求解的力通常包括牵引力/压缩力、弯曲力和扭转力等，这些力的相互作用会影响机器人的结构稳定性和操作精度，该过程需要设计相应的弹性结构。

② 力测量：力测量是通过一个电路设计或其他方法获取实际机器人与环境或目标相互作用力的过程。通过使用应变计、压电式传感器和电容式传感器等各种类型的传感器，可以实时监测施加到机器人上的力，这些检测过程大多是依靠传感元件的排布和检测电路实现的，其测量结果对于机器人的实时控制和自适应调整至关重要。

4.2.1 机器人-环境交互力建模

如上所述，实际的力触觉传感器设计与应用中，都需要弹性元件，这种元件在工程中的表现一般是弹性桥梁结构。因此下面详细介绍两种用于测量多维力/力矩的典型弹性桥梁结构：Euler-Bernoulli 梁理论和 Timoshenko 梁理论，如图 4-16 所示。

1）Euler-Bernoulli 梁理论。针对弹性梁发生的微小变形，Euler-Bernoulli 理论假设变形前后弹性梁的中心始终与截面垂直且截面不发生变形，以此用于描述弹性梁的受力与挠度之间的关系。假设弹性梁的中心挠度为 $w(x)$，那么弹性梁上受到的弯矩和剪切力分别为

$$C(x) = -EI\frac{\mathrm{d}^2 w}{\mathrm{d}x^2} \tag{4-23}$$

$$D(x) = \frac{\mathrm{d}C(x)}{\mathrm{d}x} = -EI\frac{\mathrm{d}^3 w}{\mathrm{d}x^3} \tag{4-24}$$

式中，$C(x)$ 为弯矩，单位为 N · m；$D(x)$ 为剪切力，单位为 N；E 为杨氏模量，单位为

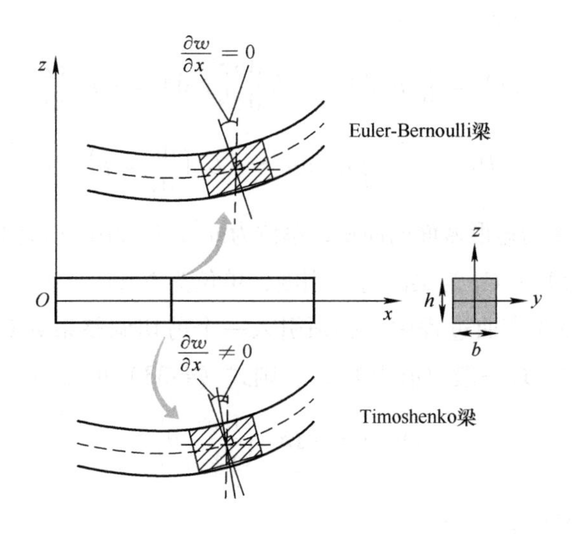

图 4-16　两种典型的弹性梁应变理论及其弯曲变形示意图

Pa；I 为截面二次矩，单位为 m^4，对于矩形截面 $I=bh^3/12$，其中 b 为弹性梁的宽，h 为弹性梁的高。

通过上述的分析过程可知，Euler-Bernoulli 梁理论没考虑弹性梁的横向剪切变形，一般被用于对细长梁进行分析。但是，对于多维力/力矩传感器采用细长梁进行设计并不能满足紧凑性要求。常用传感器矩形弹性梁的截面高度和宽度比一般为 1∶3～3∶4 之间，属于短粗梁。并且，剪切变形在短粗梁分析中是一个不可忽视的存在。

2）Timoshenko 梁理论。相比于 Euler-Bernoulli 梁理论，Timoshenko 梁理论引入了横向剪切变形，从而修正了梁变形理论。在 Timoshenko 梁理论中，广义的位移包括了梁中心轴线的挠度 $w(x)$ 和横向截面的转角 $\theta(x)$，因此在弹性梁发生弯曲后，中心轴线不再保证与横截面垂直。梁的位移 DP 可表示为

$$\mathrm{DP}_x(x,y,z)=-z\theta(x) \tag{4-25}$$

$$\mathrm{DP}_y(x,y,z)=0 \tag{4-26}$$

$$\mathrm{DP}_z(x,y,z)=w(x) \tag{4-27}$$

根据位移-应变关系，可得梁应变表示

$$\varepsilon_x=\frac{\partial \mathrm{DP}_x}{\partial x}=-z\frac{\partial \theta}{\partial x} \tag{4-28}$$

$$\varepsilon_y=\varepsilon_z=\varepsilon_{xy}=\varepsilon_{yz}=0 \tag{4-29}$$

$$\varepsilon_{xz}=\frac{1}{2}\left(-\theta+\frac{\partial w}{\partial x}\right) \tag{4-30}$$

截面和中面相交处的剪切应变可以表示为

$$\psi=\frac{\partial w}{\partial x}-\theta \tag{4-31}$$

式中，ψ 为截面和中面相交处的剪切应变。

进而可得梁的弯矩和剪切力分别为

$$C(x)=\int_A y\sigma_x \mathrm{d}A=-E\frac{\mathrm{d}\theta}{\mathrm{d}x}\int_A y^2\mathrm{d}A=-E_\mathrm{I}\frac{\mathrm{d}\theta}{\mathrm{d}x} \tag{4-32}$$

$$D(x)=-\int_A \sigma_{xy}\mathrm{d}A=-G_A\left(\frac{\mathrm{d}w}{\mathrm{d}x}-\theta\right) \tag{4-33}$$

式中，E 为杨氏模量；A 为矩形截面的面积，单位为 m^2；E_I 为梁的弯曲刚度，单位为 $\mathrm{N}\cdot\mathrm{m}^2$；$G$ 为刚度模量，单位为 Pa；G_A 为梁的剪切刚度，单位为 N/m。

在 Timoshenko 梁发生弯曲过程中，必须引入一个剪切调整系数对剪力进行修正，令该系数为 Ω（对于矩形梁，Ω 一般取值为 1.2），则式（4-33）可改为

$$D(x)=-\Omega G_A\left(\frac{\mathrm{d}w}{\mathrm{d}x}-\theta\right) \tag{4-34}$$

当剪切角 $\frac{\mathrm{d}w}{\mathrm{d}x}-\theta=0$ 时，可得

$$\theta=\frac{\mathrm{d}w}{\mathrm{d}x} \tag{4-35}$$

此时 Timoshenko 梁退化为 Euler-Bernoulli 梁，即 Euler-Bernoulli 梁是一种特殊的 Timoshenko 梁，两者的区别就在于是否有剪切角。Timoshenko 梁理论常被用来对多维力/力矩传感器的弹性梁进行分析，其平衡方程为可表示为

$$\frac{\mathrm{d}}{\mathrm{d}x}\left[E_\mathrm{I}\frac{\mathrm{d}\theta(x)}{\mathrm{d}x}\right]-\Omega G_A\left[\frac{\mathrm{d}w(x)}{\mathrm{d}x}-\theta(x)\right]=0 \tag{4-36}$$

$$\frac{\mathrm{d}}{\mathrm{d}x}\left[k\Omega A\left(\frac{\mathrm{d}w(x)}{\mathrm{d}x}-\theta(x)\right)\right]+o(x)=0 \tag{4-37}$$

式中，$o(x)$ 为梁上的横向分布载荷。

将式（4-32）、式（4-33）、式（4-36）和式（4-37）结合适定的边界条件，则可得梁上的应变分布为

$$\varepsilon(x,z)=-z\frac{\mathrm{d}\theta(x)}{\mathrm{d}x} \tag{4-38}$$

4.2.2 机器人-环境交互力测量

力触觉传感器能够精确捕捉和测量与物体接触时产生的力，为机器提供与人类触觉类似的感知能力。以下将重点介绍几种力触觉传感器测量交互力的具体设计和检测方法。

1）当使用电阻式力触觉传感器时，以压阻式为例，当测量多维力时，其电阻的变化率可以表示为

$$\frac{\Delta R}{R}=\chi'_{11}\sigma_1+\chi'_{12}\sigma_2+\chi'_{13}\sigma_3+\chi'_{14}\tau_4+\chi'_{15}\tau_5+\chi'_{16}\tau_6 \tag{4-39}$$

式中，$\chi'_{1i}(i=1,2,3,4,5,6)$ 为任意方向轴的压阻系数，单位为 m^2/N；$\sigma_j(j=1,2,3)$ 为法向应力，单位为 Pa；$\tau_k(k=4,5,6)$ 为切向应力，单位为 Pa。

图 4-17 显示了基于压阻式的三轴力传感器的原理图。压敏电阻可通过在横梁上表面沿中心纵轴掺入硅束或通过沉积多晶硅或金属层来形成。它们的排列如图 4-17a 所示。为了独立测量力的 3 个分量，压敏电阻被连接到 3 个惠斯通电桥电路配置中，以读取带有温度补偿的电阻变化，如图 4-17b 所示。其中，R_{x1}、R_{x2}、R_{y1}、R_{y2}、R_{z1}、R_{z2}为压敏电阻，其电阻值满足式（4-39），R 为稳定电阻，不受外部压力影响。如果所有压阻器的标称电阻相同，则每个电桥的输出电压与输入电压 U 的关系如下：

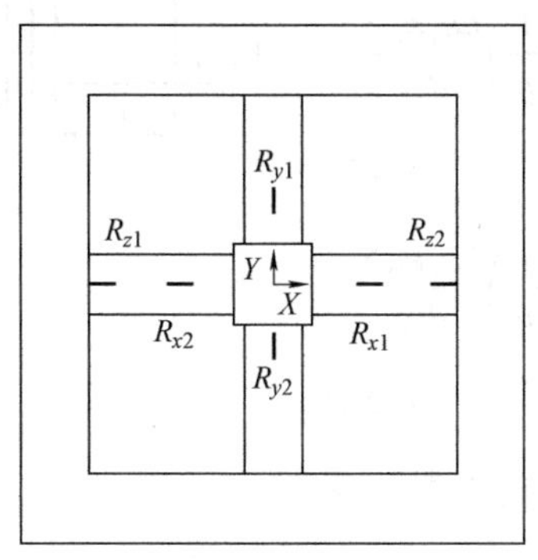

a) 横梁上的压敏电阻布置

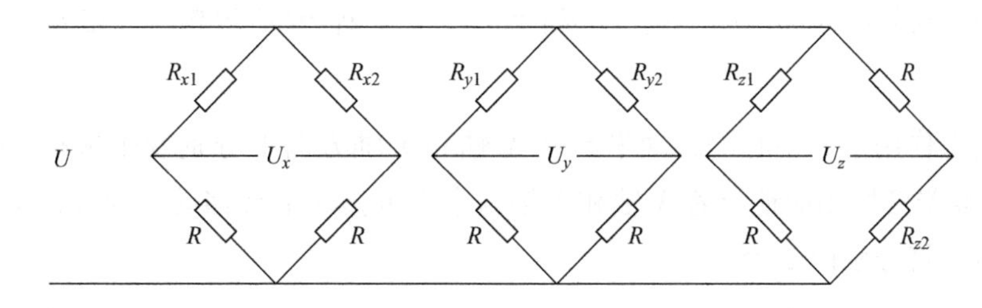

b) 惠斯通(Wheatstone)桥接方式

图 4-17　基于压阻式的三轴力传感器的原理图

$$U_x = \frac{U}{4}\left(\frac{\Delta R_{x1}}{R_{x1}} - \frac{\Delta R_{x2}}{R_{x2}} + \frac{\Delta R}{R} - \frac{\Delta R}{R}\right) = \frac{U}{2}\left(\frac{\Delta R_{x1}}{R_{x1}}\right) \tag{4-40}$$

$$U_y = \frac{U}{4}\left(\frac{\Delta R_{y1}}{R_{y1}} - \frac{\Delta R_{y2}}{R_{y2}} + \frac{\Delta R}{R} - \frac{\Delta R}{R}\right) = \frac{U}{2}\left(\frac{\Delta R_{y1}}{R_{y1}}\right) \tag{4-41}$$

$$U_z = \frac{U}{4}\left(\frac{\Delta R_{z1}}{R_{z1}} - \frac{\Delta R}{R} + \frac{\Delta R_{z2}}{R_{z2}} - \frac{\Delta R}{R}\right) = \frac{U}{2}\left(\frac{\Delta R_{z1}}{R_{z1}}\right) \tag{4-42}$$

式中，U_x、U_y、U_z 为三个电桥对应的输出电压，一般单位为 V。

当传感器外部施加多维力时，其电阻发生，对应的 3 个电桥的输出电压也发生变化，根据电压的具体变化结果，可以计算出外部施加的多维力的具体数值。

2）当使用电容式力触觉传感器时，通常可以通过机械力或力矩引起的板间距离变化（或其他参数改变电场）而获得电容变化。图 4-18 为两轴电容式力触觉传感器示意图。采用横向三极板差动梳，实现了高灵敏度和线性输入-输出关系。并联板电容式传感器的电容为

$$C_{x1}=k\frac{\varepsilon_r\varepsilon_0S}{d_{x1}}+k\frac{\varepsilon_r\varepsilon_0S}{d_{x2}}=\left(1+\frac{1}{n}\right)\frac{k\varepsilon_r\varepsilon_0S}{d_{x1}} \tag{4-43}$$

$$C_{x2}=k\frac{\varepsilon_r\varepsilon_0S}{d_{x1}}+k\frac{\varepsilon_r\varepsilon_0S}{d_{x2}}=\left(1+\frac{1}{n}\right)\frac{k\varepsilon_r\varepsilon_0S}{d_{x1}} \tag{4-44}$$

$$C_{y1}=k\frac{\varepsilon_r\varepsilon_0S}{d_{y1}}+k\frac{\varepsilon_r\varepsilon_0S}{d_{y2}}=\left(1+\frac{1}{n}\right)\frac{k\varepsilon_r\varepsilon_0S}{d_{y1}} \tag{4-45}$$

$$C_{y2}=k\frac{\varepsilon_r\varepsilon_0S}{d_{y1}}+k\frac{\varepsilon_r\varepsilon_0S}{d_{y2}}=\left(1+\frac{1}{n}\right)\frac{k\varepsilon_r\varepsilon_0S}{d_{y1}} \tag{4-46}$$

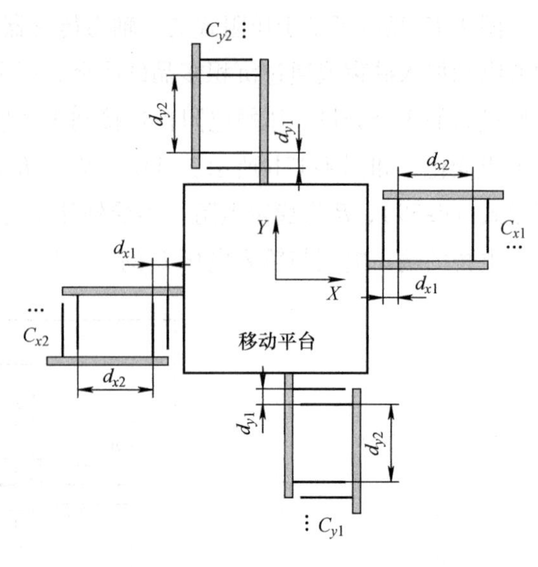

图 4-18 两轴电容式力触觉传感器示意图

式中，k 为传感器中平行电极板的对数，无量纲；S 为平行电极板的重叠面积，单位为 m^2；d_{x1}、d_{x2}、d_{y1}、d_{y2} 为电极间的初始间隙宽度，单位为 m，初始状态为 $nd_{x1}=d_{x2}$，$nd_{y1}=d_{y2}$；ε_r、ε_0 分别为相对介电常数和真空介电常数。

在外部应力作用下，中心的移动平台在 X 轴和 Y 轴方向上分别发生偏移，偏移量分别为 x 和 y。电容器极板相应地沿着 X 轴和 Y 轴与中央可移动平台移动。因此，电容 C_{x1}、C_{x2} 和 C_{y1}、C_{y2} 的值将分别改变为

$$C'_{x1}=k\frac{\varepsilon_r\varepsilon_0S}{d_{x1}-x}=C_{x1}\frac{1}{1-x/d_{x1}}=C_{x1}\left[1+\frac{x}{d_{x1}}+\left(\frac{x}{d_{x1}}\right)^2+\left(\frac{x}{d_{x1}}\right)^3+\cdots\right] \tag{4-47}$$

$$C'_{x2}=k\frac{\varepsilon_r\varepsilon_0S}{d_{x1}+x}=C_{x2}\frac{1}{1+x/d_{x1}}=C_{x2}\left[1-\frac{x}{d_{x1}}+\left(\frac{x}{d_{x1}}\right)^2-\left(\frac{x}{d_{x1}}\right)^3+\cdots\right] \tag{4-48}$$

$$C'_{y1}=k\frac{\varepsilon_r\varepsilon_0S}{d_{y1}-y}=C_{y1}\frac{1}{1-y/d_{y1}}=C_{y1}\left[1+\frac{y}{d_{y1}}+\left(\frac{y}{d_{y1}}\right)^2+\left(\frac{y}{d_{y1}}\right)^3+\cdots\right] \tag{4-49}$$

$$C'_{y2}=k\frac{\varepsilon_r\varepsilon_0S}{d_{y1}+y}=C_{y2}\frac{1}{1+y/d_{y1}}=C_{y2}\left[1-\frac{y}{d_{y1}}+\left(\frac{y}{d_{y1}}\right)^2-\left(\frac{y}{d_{y1}}\right)^3+\cdots\right] \tag{4-50}$$

采用差分电容结构，保证了挠度与传感器输出呈线性关系。因此，电容的相对变化为

$$\Delta C_x=C'_{x1}-C'_{x2}=2C_{x1}\left[\frac{x}{d_{x1}}+\left(\frac{x}{d_{x1}}\right)^3+\left(\frac{x}{d_{x1}}\right)^5+\cdots\right] \tag{4-51}$$

$$\Delta C_y=C'_{y1}-C'_{y2}=2C_{y1}\left[\frac{y}{d_{y1}}+\left(\frac{y}{d_{y1}}\right)^3+\left(\frac{y}{d_{y1}}\right)^5+\cdots\right] \tag{4-52}$$

不考虑高阶项的影响，进而可以找到传感器的灵敏度为

$$\lambda_x=\frac{\Delta C_x}{x}=\frac{C'_{x1}-C'_{x2}}{x}=2\frac{C_{x1}}{d_{x1}} \tag{4-53}$$

$$\lambda_y = \frac{\Delta C_y}{y} = \frac{C'_{y1} - C'_{y2}}{y} = 2\frac{C_{y1}}{d_{y1}} \tag{4-54}$$

那么相对非线性误差可以由下式给出

$$\delta_x = \left|\frac{2(x/d_{x1})^3}{2(x/d_{x1})}\right| = (x/d_{x1})^2 \times 100\% \tag{4-55}$$

$$\delta_y = \left|\frac{2(y/d_{y1})^3}{2(y/d_{y1})}\right| = (y/d_{y1})^2 \times 100\% \tag{4-56}$$

传感器的输出电压可通过差分电容分压器电路获得

$$V_{ox} = V_s \frac{C_{x1} - C_{x2}}{C_{x1} + C_{x2}} \tag{4-57}$$

$$V_{oy} = V_s \frac{C_{y1} - C_{y2}}{C_{y1} + C_{y2}} \tag{4-58}$$

式中，V_s 为电路的激励电压，单位为V。

当传感器外部施加多维力时，对应的差分电容分压器电路的输出电压也发生变化，根据电压的具体变化结果，同样可以计算出外部施加的多维力的具体数值。

3）当使用光学式力触觉传感器时，例如以FBG传感器为例，其均匀光栅部分的折射率方程式是

$$\delta n_{\text{all-eff}} = \delta n_{\text{ave-eff}}\left[1 + q\cos\left(\frac{2\pi}{\Lambda}z + \varphi(z)\right)\right] \tag{4-59}$$

式中，$\delta n_{\text{all-eff}}$为总导模有效折射率，无量纲；$\delta n_{\text{ave-eff}}$为平均有效折射率，无量纲；$\Lambda$ 为光栅周期；q 为干涉条纹可见度；$\varphi(z)$ 为均匀光栅的相移；z 为光在光纤的轴向上传播。

假设均匀光栅沿 z 轴正方向的纤芯模振幅分别为 $P_a^+(z)$ 和 $N_a^+(z)$，结合光波在纤芯中的相位匹配条件，可得光栅的耦合波方程为

$$\frac{dP_a^+}{dz} = i\Delta\iota P_a^+(z) + iSP_a^+(z) \tag{4-60}$$

$$\frac{dN_a^+}{dz} = -i\Delta\iota N_a^+(z) - iS^* N_a^+(z) \tag{4-61}$$

式中，$\frac{dP_a^+}{dz}$ 和 $\frac{dN_a^+}{dz}$ 为 $P_a^+(z)$ 和 $N_a^+(z)$ 沿轴向的变化；$\Delta\iota$ 为自耦合系数；S 为交流耦合系数；S^* 为 S 的复共轭。其中交流耦合系数 S 和自耦合系数 $\Delta\iota$ 可计算为

$$S = S^* = \frac{\pi}{\lambda}q\delta n_{\text{ave-eff}} \tag{4-62}$$

$$\Delta\iota = \Delta\iota_1 + \Delta\iota_2 - \frac{1}{2}\cdot\frac{d\varphi}{dz}, \Delta\iota_1 = \frac{2\pi}{\lambda}\delta n_{\text{ave-eff}}, \Delta\iota_2 = CC - \frac{\pi}{\Lambda} = 2\pi n_{\text{eff}}\left[\frac{1}{\lambda} - \frac{1}{\lambda_B}\right] \tag{4-63}$$

式中，$\Delta\iota_1$ 和 $\Delta\iota_2$ 为光栅产生的与 z 无关的吸收损耗和模式间的失谐量；CC为光纤光栅的传输常数；λ 为光在真空中的波长；n_{eff} 为光纤有效折射率；λ_B 为均匀光栅的初始谐振波长，称为布拉格波长。

当光在栅区长为 L 的一段均匀光栅中传播时，根据边界条件 $P_a^+(0)=1$、$N_a^+(L)=0$，可对耦合波方程进行求解。栅的带宽为谐振波长两侧反射率第一次为零的波长间距 $\Delta\lambda_0$ 为

$$\Delta\lambda_0 = \lambda \frac{q\delta n_{\text{ave-eff}}}{n_{\text{eff}}} \sqrt{1 + \left(\frac{\lambda_B}{q\delta n_{\text{ave-eff}} L}\right)^2} \tag{4-64}$$

当光纤光栅折射率变化非常小时，有

$$\frac{\Delta\lambda_0}{\lambda} \approx \frac{\lambda_B}{n_{\text{eff}} L} = \frac{2\Lambda}{L} \tag{4-65}$$

当光栅周期 <1μm 时，布拉格波长 λ_B 可表示为

$$\lambda_B = 2n_{\text{eff}}\Lambda \tag{4-66}$$

当光纤光栅只受均匀轴向力应变（牵引力/压缩力）时，如图 4-19 所示，各向应力可表示为 $\sigma_z = f$（f 为轴向力），$\sigma_x = \sigma_y = 0$，且不存在切向应力。反射谱中心波长变化 $\Delta\lambda_B$ 与应变 ε_z 的关系可描述为

$$\Delta\lambda_B/\lambda_B = K_\varepsilon \varepsilon_z \tag{4-67}$$

$$K_\varepsilon = 1 - \left(\frac{n_{\text{eff}}^2}{2}\right)[p_{12} - \nu(p_{11} + p_{12})] \tag{4-68}$$

式中，ν 为石英光纤的泊松比；对于固定的材料，参数 p_{11} 和 p_{12} 是已知的，进而可以得到应变灵敏度系数 K_ε 的确定值。

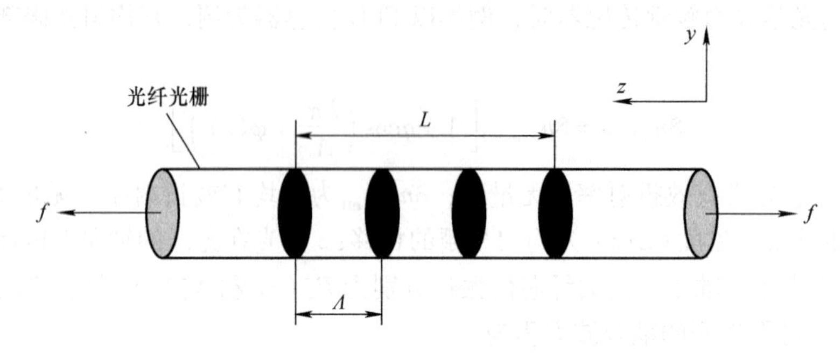

图 4-19　光纤光栅受均匀轴向力示意图

当只有温度改变时，波长漂移量 $\Delta\lambda_B$ 与温度变化 ΔT 的关系为

$$\Delta\lambda_B/\lambda_B = (\xi + \alpha)\Delta T \tag{4-69}$$

同样的，对于固定的材料而言，参数 ξ 和 α 是已知的，因此可以确定光栅的温度灵敏系数 K_T。

由此可知，光纤光栅中心波长漂移与应变 ε_z 以及温度变化 ΔT 均成正比，因此有

$$\Delta\lambda_B/\lambda_B = K_\varepsilon \varepsilon_z + K_T \Delta T \tag{4-70}$$

式中，$\Delta\lambda_B$ 为中心波长的变化量；K_ε 为应变的灵敏度系数，无量纲；ε_z 为轴向应变量，无量纲；K_T 为温度的灵敏度系数，单位为℃$^{-1}$；ΔT 为温度的变化量，单位为℃。

结合 4.1.2 小节中 FBG 传感器的描述，从而可以实现对外部力的测量。

4.2.3　多维力/力矩传感器解耦

当力或力矩加载到多维力/力矩传感器上的某一方向时，本应该只在其对应的方向上产生输出信号，而在其他方向上无输出，但实际上，其他方向也会有不同程度的输出，这就是维间耦合现象。这种耦合现象严重影响了多维力/力矩传感器的测量精度，因此需要加以抑制或消除，这个过程称之为解耦。解耦研究主要集中在两个方面，一是从力/力矩传感器的

结构和制造工艺上着手，以消除维间耦合产生的根源，二是静态解耦算法，即通过找到多维力/力矩传感器的各维的输出电压信号与所加载的载荷大小之间的对应关系，从而实现对各维力/力矩的准确测量，这种方法较前一种更容易实现，既能降低传感器制造工艺上的要求，同时也能取得较好的解耦效果。本小节主要介绍后一类解耦方法。

多维力/力矩传感器静态解耦方法主要有两种。其中线性解耦的精度较差，这是由于多维力/力矩传感器的输入-输出普遍存在着非线性关系。而非线性解耦，一般采用神经网络等智能算法来逼近输入-输出的非线性关系，但神经网络解耦速度较慢，难以满足多维力/力矩动态测量的要求。近年来常见的几种多维力/力矩传感器静态解耦算法见表 4-2。

表 4-2　常见多维力/力矩传感器的静态解耦方法

年份	研究者	解耦方法	实验对象	解耦效果
2004	姜力等	BP 神经网络	微型五维指尖力传感器	静态耦合率（Ⅱ类误差）≤0.5%
2006	金振林等	最小二乘法	Stewart 型六维力传感器	Ⅰ类误差≤1.8%，Ⅱ类误差≤1.7%
2011	曹会彬等	线性神经网络	小量程六维腕力传感器	比传统解耦方法的误差下降 24%
2012	肖汶斌等	RBF 神经网络	六维力传感器	总体误差低于 1% F. S.（F. S. 为满量程）
2012	石钟盘等	基于混合递阶遗传算法和优化小波神经网络	大量程柔性铰六维力传感器	Ⅰ类误差≤1.25%，Ⅱ类误差≤2.59%
2013	武秀秀等	基于耦合误差和分段拟合建模	十字梁结构的六维力传感器	Ⅰ类误差≤0.59%，Ⅱ类误差≤4.365%
2015	茅晨等	基于耦合误差建模	六维力传感器	Ⅰ类误差≤0.599%，Ⅱ类误差≤2.984%

1. 静态线性解耦

静态线性解耦将传感器的输入输出关系假定为线性，即满足

$$\boldsymbol{F}=\boldsymbol{C}\cdot\boldsymbol{U} \tag{4-71}$$

式中，$\boldsymbol{F}\in\mathbf{R}^{6\times n}$ 为 n 个力/力矩列向量 $\boldsymbol{F}=[\boldsymbol{F}_x,\boldsymbol{F}_y,\boldsymbol{F}_z,\boldsymbol{M}_x,\boldsymbol{M}_y,\boldsymbol{M}_z]^{\mathrm{T}}$ 所组成的输入矩阵；$\boldsymbol{U}\in\mathbf{R}^{6\times n}$ 为对应输出的 n 个列向量 $\boldsymbol{U}=[\boldsymbol{U}_{Fx},\boldsymbol{U}_{Fy},\boldsymbol{U}_{Fz},\boldsymbol{U}_{Mx},\boldsymbol{U}_{My},\boldsymbol{U}_{Mz}]^{\mathrm{T}}$ 所组成的输出矩阵；$\boldsymbol{C}\in\mathbf{R}^{6\times 6}$ 为该六维力/力矩传感器的标定矩阵，用于将输出电压读数转换为力/力矩值。

传感器的静态线性解耦即求解标定矩阵 $\boldsymbol{C}$，主要有以下两种求解方式：

（1）直接求逆法（$n=6$）

选取 6 组线性无关的力/力矩列向量组成标定力进行标定实验，按式（4-71）组成含 6 个线性无关的方程组，可求解出唯一的标定矩阵 $\boldsymbol{C}$，计算公式如下：

$$\boldsymbol{C}=\boldsymbol{F}\cdot\boldsymbol{U}^{-1} \tag{4-72}$$

（2）最小二乘法（$n>6$）

由于标定实验中存在着较大的随机误差，往往需要增加标定次数，得到冗余的 n 个标定力向量。此时，按式（4-71）组成的方程个数将多于 6 个，则将该线性方程组的最小二乘解作为标定矩阵，计算公式为

$$\boldsymbol{C}=\boldsymbol{F}\cdot\boldsymbol{U}^{\mathrm{T}}(\boldsymbol{U}\boldsymbol{U}^{\mathrm{T}})^{-1} \tag{4-73}$$

上述直接求逆法解耦计算简单，但精度很差，主要是因为所用到的标定实验数据较少，容易受随机误差影响。而基于最小二乘法的线性解耦精度要稍好一些，因为它以最小误差线性逼近样本数据。

2. 静态非线性解耦

实际应用中，由于设计的一体式力敏元件结构复杂，线性解耦算法很难满足解耦的要

求，研究者提出了多种基于非线性智能结构算法。

（1）基于 BP 神经网络的多维力/力矩传感器解耦

BP 神经网络（Back-Propagation Network）即反向传播网络，其主要特点在于采用了误差反向传播算法，一方面，输入信息从输入层经隐含层逐层向后传播，另一方面，误差信号则从输出层经隐含层逐层向前传播，并根据某种准则（如最速下降法）逐步修正网络的连接权值。随着权值不断修正，误差越来越小，当误差达到设定的阈值时，训练结束。

如图 4-20 所示，基于 BP 神经网络的多维力传感器解耦方法将六维力/力矩传感器的多路输出电压所组成的列向量作为 BP 神经网络的输入，将对应的作用在传感器上的多个力/力矩分量作为 BP 神经网络的输出。BP 神经网络一般将 tansig 函数作为隐含层传递函数，而输出层则采用 purelin 型线性函数，隐含层采用单隐层，其神经元个数需根据实验情况来确定。BP 神经网络训练时，通常随机给定初始权值，但这容易造成网络的不可重现性。通常将初始权值定义为较小的非零随机值。也有学者专门针对该问题采用遗传算法来优化 BP 神经网络，如初始权值和阈值的选择。

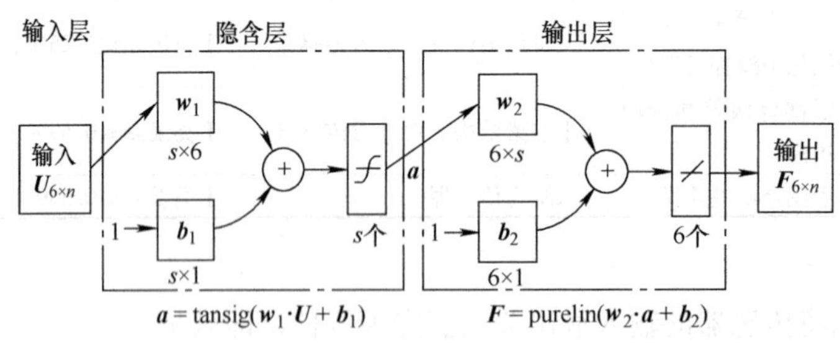

图 4-20 BP 神经网络解耦模型示意

（2）基于支持向量回归机（SVR）的多维力/力矩传感器解耦

支持向量机（SVM）可分为支持向量分类机（SVC）和支持向量回归机（SVR）两大类。其中，SVR 在系统识别、非线性系统的预测等方面有着广泛的应用。而多维力/力矩传感器的解耦实质上就是要探寻多路输出电压值与实际加载的多维力/力矩信息之间的非线性关系，因此可以用到 SVR 的方法。

支持向量回归进行多维力/力矩解耦的基本思想是：对于给定的训练样本集 $\boldsymbol{S}=\{(\boldsymbol{x}_i, y_i) \mid \boldsymbol{x}_i \in \mathbf{R}^d, y \in \mathbf{R}, i=1,2,\cdots,n\}$，其中 $\boldsymbol{x}_i$ 表示 d 维输入向量，y_i 则表示相对应的目标输出值，n 为训练样本个数。首先通过非线性映射 $\boldsymbol{x} \to \boldsymbol{\varphi}(\boldsymbol{x})$，将输入的低维空间映射到高维空间，然后转化为线性回归问题。假设回归函数可以写成如下形式：

$$\boldsymbol{f}(\boldsymbol{x}) = \boldsymbol{w} \cdot \boldsymbol{\varphi}(\boldsymbol{x}) + b \tag{4-74}$$

式中，$\boldsymbol{w}$ 为权值向量；b 为偏置。

依据上述 SVR 的基本思想，可用数学语言描述为一个凸优化问题：

$$\begin{aligned} &\min \quad \frac{1}{2}\|\boldsymbol{w}\|^2 + C\sum_{i=1}^{n}(\xi_i + \xi_i^*) \\ &\text{s. t.} \begin{cases} y_i - (\boldsymbol{w} \cdot \boldsymbol{\varphi}(\boldsymbol{x}_i) + b) \leqslant \varepsilon + \xi_i \\ (\boldsymbol{w} \cdot \boldsymbol{\varphi}(\boldsymbol{x}_i) + b) - y_i \leqslant \varepsilon + \xi_i^* \quad i=1,2,\cdots,n \\ \xi_i, \xi_i^* \geqslant 0 \end{cases} \end{aligned} \tag{4-75}$$

式中，ε 为 SVR 预测值与实际值之间的偏差，$\varepsilon \geqslant 0$；ξ_i和 ξ_i^* 为松弛因子；C 为惩罚因子，C 为常数且 $C>0$。

ξ_i和 ξ_i^* 是考虑所采集的样本中可能会有较大误差而引入的，它反映了样本集中各样本点误差的大小，其数值越大，该样本的误差越大，多数样本所对应的松弛因子为 0。C 决定了上述误差较大的样本点对目标函数的损失程度，其数值越大，对目标函数的损失也就越大，极端的情况是 C 无穷大时，样本集中只要出现一个误差超过 ε 的样本点，目标函数的值即变为无穷大，导致上述问题无解。目前，惩罚因子 C 的值只能靠试凑法来确定。

为便于求解式（4-75），引入拉格朗日（Lagrange）乘子 α_i、α_i^*，并最终转化为上述凸优化问题的对偶问题：

$$\max_{\alpha_i,\alpha_i^*} -\frac{1}{2}\sum_{i,j=1}^{n}(\alpha_i-\alpha_i^*)(\alpha_j-\alpha_j^*)[\boldsymbol{\varphi}(\boldsymbol{x}_i)\cdot\boldsymbol{\varphi}(\boldsymbol{x}_j)]-\varepsilon\sum_{i=1}^{n}(\alpha_i+\alpha_i^*)+\sum_{i=1}^{n}y_i(\alpha_i-\alpha_i^*)$$

$$\text{s. t.}\quad \begin{cases}\sum_{i=1}^{n}(\alpha_i-\alpha_i^*)=0 \\ \alpha_i,\alpha_i^*\in[0,C]\end{cases}\quad i=1,2,\cdots,n \tag{4-76}$$

可以看到，上述问题的求解只需计算出 $\boldsymbol{\varphi}(\boldsymbol{x}_i)$ 与 $\boldsymbol{\varphi}(\boldsymbol{x}_j)$ 的内积，而无须知道 $\boldsymbol{x}\rightarrow\boldsymbol{\varphi}(\boldsymbol{x})$ 的具体映射形式。因此，只需找到一个如下形式的核函数：

$$K(\boldsymbol{x}_i,\boldsymbol{x}_j)=\boldsymbol{\varphi}(\boldsymbol{x}_i)\cdot\boldsymbol{\varphi}(\boldsymbol{x}_j) \tag{4-77}$$

该核函数的输入参数 $\boldsymbol{x}_i$和 $\boldsymbol{x}_j$为两个低维空间内的向量，输出值则为经过 $\boldsymbol{x}\rightarrow\boldsymbol{\varphi}(\boldsymbol{x})$ 映射到高维空间后的向量内积。这样，引入核函数之后，低维空间的非线性回归问题就变成了高维空间的线性回归问题了。目前常用的核函数主要是径向基（RBF）函数，其表达式为

$$K(\boldsymbol{x},\boldsymbol{x}_i)=\exp(-\gamma\|\boldsymbol{x}-\boldsymbol{x}_i\|^2),\ \lambda>0 \tag{4-78}$$

式中，γ 为核函数的一个超参数。

求解式（4-76）即可得到 α_i、α_i^*，其中与 $\alpha_i-\alpha_i^*\neq 0$ 相对应的样本，称为支持向量。由此可以求出权值向量 $\boldsymbol{w}$ 为

$$\boldsymbol{w}=\sum_{i=1}^{n}(\alpha_i-\alpha_i^*)\boldsymbol{\varphi}(\boldsymbol{x}_i)=\sum_{i=1}^{n_{\text{SV}}}(\alpha_i-\alpha_i^*)\boldsymbol{\varphi}(\boldsymbol{x}_i) \tag{4-79}$$

式中，n_{SV}为支持向量的数目。

阈值 b 则可根据 Karush-Kuhn-Tucker（KKT）条件求出

$$\begin{gathered}b=y_i-\boldsymbol{w}\cdot\boldsymbol{\varphi}(\boldsymbol{x}_i)-\varepsilon\quad 0<\alpha_i<C,\ \alpha_i^*=0\\ \text{或}\\ b=y_i-\boldsymbol{w}\cdot\boldsymbol{\varphi}(\boldsymbol{x}_i)+\varepsilon\quad 0<\alpha_i^*<C,\ \alpha_i=0\end{gathered} \tag{4-80}$$

为了计算可靠，一般对所有支持向量分别计算 b 的值，然后取平均值，即

$$\begin{aligned}b&=\frac{1}{n_{\text{SV}}}\left\{\sum_{0<\alpha_i<C}(y_i-\boldsymbol{w}\cdot\boldsymbol{\varphi}(\boldsymbol{x}_i)-\varepsilon)+\sum_{0<\alpha_i^*<C}(y_i-\boldsymbol{w}\cdot\boldsymbol{\varphi}(\boldsymbol{x}_i)+\varepsilon)\right\}\\&=\frac{1}{n_{\text{SV}}}\left\{\sum_{0<\alpha_i<C}\left(y_i-\sum_{j=1}^{n_{\text{SV}}}(\alpha_j-\alpha_j^*)K(\boldsymbol{x}_j,\boldsymbol{x}_i)-\varepsilon\right)+\sum_{0<\alpha_i^*<C}\left(y_i-\sum_{j=1}^{n_{\text{SV}}}(\alpha_j-\alpha_j^*)K(\boldsymbol{x}_j,\boldsymbol{x}_i)+\varepsilon\right)\right\}\end{aligned} \tag{4-81}$$

最终可以得到支持向量回归机的回归函数为

$$f(\boldsymbol{x}) = \boldsymbol{w} \cdot \boldsymbol{\varphi}(\boldsymbol{x}) + b = \sum_{i=1}^{n} (\alpha_i - \alpha_i^*) K(\boldsymbol{x}_i, \boldsymbol{x}) + b \tag{4-82}$$

可以看到，SVR 回归算法在计算回归函数 $f(\boldsymbol{x})$ 时，无需计算权值向量 $\boldsymbol{w}$ 和非线性映射 $\boldsymbol{\varphi}(\boldsymbol{x})$ 的具体值，而只需计算拉格朗日乘子 α_i、α_i^*，核函数 $K(\boldsymbol{x}_i, \boldsymbol{x})$ 以及阈值 b 即可。而且支持向量回归函数的复杂程度与输入空间的维数无关，而仅仅取决于支持向量的数目。

非线性 SVR 的算法可以归纳如下：

步骤 1：给定训练样本集 $\boldsymbol{S}$。

步骤 2：选择适当的精度参数 ε 以及核函数 $K(\boldsymbol{x}_i, \boldsymbol{y}_i)$。

步骤 3：求解式（4-76）中的优化问题，得到 $\boldsymbol{\alpha} = (\alpha_1, \alpha_1^*, \alpha_2, \alpha_2^*, \cdots, \alpha_n, \alpha_n^*)$。

步骤 4：计算阈值 b。

步骤 5：构造非线性 SVR 的超平面 $f(\boldsymbol{x})$。

SVR 结构为输入为多维向量的神经网络，其输出为中间结点线性组合后得到的单维实数值，每个中间结点对应一个支持向量，其权值即为对应的拉格朗日乘子 $\alpha_i - \alpha_i^*$，如图 4-21所示。

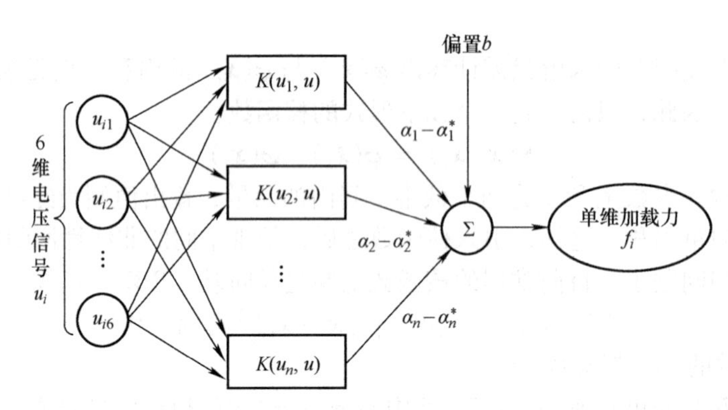

图 4-21　建立从 6 维输出电压 u_i 到单维加载力信息 f_i 的 SVR 模型

这里将多维力/力矩传感器的 6 维输出电压作为 SVR 的输入，将施加在力/力矩传感器上 6 个不同方向上的力或力矩值分别逐一作为 SVR 的输出，依次构造出 6 个独立的 SVR 模型。训练完成后，再分别用各个模型对测试样本进行预测。

（3）基于极限学习机的多维力/力矩传感器解耦

实验表明，BP 神经网络和支持向量机（SVR）的非线性逼近能力已使得多维力/力矩传感器的解耦精度与传统线性解耦相比得以显著提升。然而，BP 神经网络大多采用梯度下降法。而支持向量机（SVR）在用交叉验证法或遗传算法优化初选参数时耗费时间也较长。然而，多维力/力矩传感器除了需要满足精度要求外，还需要在测量时保证较好的动态响应性，而 BP 神经网络和 SVR 训练速度慢的特点则很难适应这一要求。研究发现，极限学习机（ELM）比上述两种方法的学习速度更快，泛化性能也较好。因此，本小节将介绍基于 ELM 的多维力/力矩传感器解耦方法。

基于极限学习机解耦的网络结构如图 4-22 所示，它由输入层、隐含层和输出层组成，各层之间的神经元全连接。其中输入层、输出层神经元个数均为 6 个，分别对应 6 个输入变量和 6 个输出变量。与 BP 神经网络解耦一样，ELM 解耦也采用逆向建模。网络的隐含层神经元个数为 L 个，同样需由实验确定。

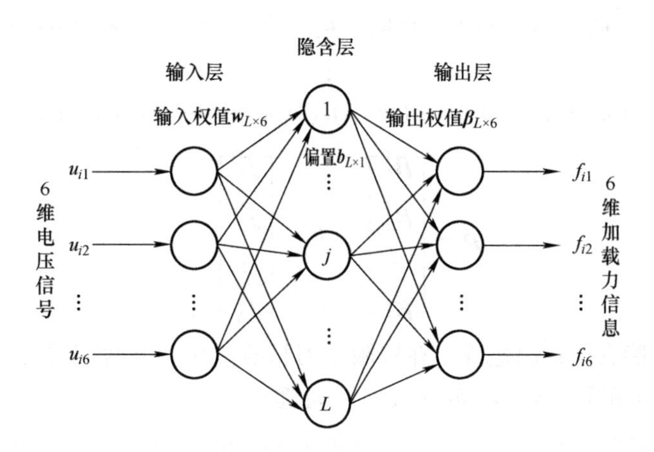

图 4-22　基于极限学习机解耦的网络结构图

对于 N 个样本 $(\boldsymbol{u}_i,\boldsymbol{f}_i)$，其中输入 $\boldsymbol{u}_i=[u_{i1},u_{i2},\cdots,u_{i6}]^{\mathrm{T}}$，输出 $\boldsymbol{f}_i=[f_{i1},f_{i2},\cdots,f_{i6}]^{\mathrm{T}}$，一个含 L 个隐含层神经元的网络输出可表示为

$$\boldsymbol{t}_i=\begin{bmatrix} t_{i1}\\ t_{i2}\\ \vdots\\ t_{i6}\end{bmatrix}_{6\times1}=\begin{bmatrix}\sum_{j=1}^{L}\beta_{j1}g(\boldsymbol{w}_j\cdot\boldsymbol{u}_i+b_j)\\ \sum_{j=1}^{L}\beta_{j2}g(\boldsymbol{w}_j\cdot\boldsymbol{u}_i+b_j)\\ \vdots\\ \sum_{j=1}^{L}\beta_{j6}g(\boldsymbol{w}_j\cdot\boldsymbol{u}_i+b_j)\end{bmatrix}_{6\times1}$$

$$=\sum_{j=1}^{L}\boldsymbol{\beta}_j g(\boldsymbol{w}_j\cdot\boldsymbol{u}_i+b_j),i=1,2,\cdots,N \tag{4-83}$$

式中，$\boldsymbol{w}_j=[w_{1j},w_{2j},\cdots,w_{6j}]^{\mathrm{T}}$、$\boldsymbol{\beta}_j=[\beta_{j1},\beta_{j2},\cdots,\beta_{j6}]^{\mathrm{T}}$ 和 b_j 分别为第 j 个隐含层神经元的输入权值、输出权值和偏置；$\boldsymbol{w}_j\cdot\boldsymbol{u}_i$ 表示向量 $\boldsymbol{w}_j$ 和 $\boldsymbol{u}_i$ 的内积；$g(\cdot)$ 为隐含层传递函数。

若上述网络能以零误差逼近这 N 个样本，即满足

$$\sum_{i=0}^{N}\|\boldsymbol{t}_i-\boldsymbol{f}_i\|=0 \tag{4-84}$$

则存在 $\boldsymbol{w}_j$、$\boldsymbol{\beta}_j$ 和 b_j 使得

$$\sum_{j=1}^{L}\boldsymbol{\beta}_j g(\boldsymbol{w}_j\cdot\boldsymbol{u}_i+b_j)=\boldsymbol{f}_i,i=1,2,\cdots,N \tag{4-85}$$

式（4-85）可改写为如下矩阵形式：

$$\boldsymbol{H\beta}=\boldsymbol{F} \tag{4-86}$$

式中，

$$
\boldsymbol{H}(\boldsymbol{w}_1,\boldsymbol{w}_2,\cdots,\boldsymbol{w}_L,b_1,b_2,\cdots,b_L,\boldsymbol{u}_1,\boldsymbol{u}_2,\cdots,\boldsymbol{u}_N)
= \begin{bmatrix} g(\boldsymbol{w}_1\cdot\boldsymbol{u}_1+b_1) & g(\boldsymbol{w}_2\cdot\boldsymbol{u}_1+b_2) & \cdots & g(\boldsymbol{w}_L\cdot\boldsymbol{u}_1+b_L) \\ g(\boldsymbol{w}_1\cdot\boldsymbol{u}_2+b_1) & g(\boldsymbol{w}_2\cdot\boldsymbol{u}_2+b_2) & \cdots & g(\boldsymbol{w}_L\cdot\boldsymbol{u}_2+b_L) \\ \vdots & \vdots & & \vdots \\ g(\boldsymbol{w}_1\cdot\boldsymbol{u}_N+b_1) & g(\boldsymbol{w}_2\cdot\boldsymbol{u}_N+b_2) & \cdots & g(\boldsymbol{w}_L\cdot\boldsymbol{u}_N+b_L) \end{bmatrix}_{N\times L} \tag{4-87}
$$

$$
\boldsymbol{\beta} = \begin{bmatrix} \boldsymbol{\beta}_1^{\mathrm{T}} \\ \boldsymbol{\beta}_2^{\mathrm{T}} \\ \vdots \\ \boldsymbol{\beta}_L^{\mathrm{T}} \end{bmatrix}_{L\times 6}, \boldsymbol{F} = \begin{bmatrix} \boldsymbol{f}_1^{\mathrm{T}} \\ \boldsymbol{f}_2^{\mathrm{T}} \\ \vdots \\ \boldsymbol{f}_N^{\mathrm{T}} \end{bmatrix}_{N\times 6} \tag{4-88}
$$

式中，矩阵 $\boldsymbol{H}$ 称为隐含层输出矩阵，在极限学习机算法中，隐含层神经元的输入权值 $\boldsymbol{w} = [\boldsymbol{w}_1,\boldsymbol{w}_2,\cdots,\boldsymbol{w}_L]^{\mathrm{T}}$ 和偏置 $\boldsymbol{b} = [b_1,b_2,\cdots,b_L]^{\mathrm{T}}$ 可随机给定。

而当训练样本个数 N 较大时，该网络的训练误差可以逼近一个任意的 $\varepsilon>0$，即

$$
\sum_{i=0}^{N} \| \boldsymbol{t}_i - \boldsymbol{f}_i \| < \varepsilon \tag{4-89}
$$

当隐含层的传递函数 $g(\cdot)$ 无限可微时，$\boldsymbol{\beta}$ 的值可通过下式求得：

$$
\| \boldsymbol{H}\hat{\boldsymbol{\beta}} - \boldsymbol{F} \| = \min_{\boldsymbol{\beta}} \| \boldsymbol{H}\boldsymbol{\beta} - \boldsymbol{F} \| \tag{4-90}
$$

隐含层神经元输出权值 $\boldsymbol{\beta}$ 的最小二乘范数解为

$$
\hat{\boldsymbol{\beta}} = \boldsymbol{H}^{+}\boldsymbol{Y} \tag{4-91}
$$

式中，$\boldsymbol{H}^{+}$ 为隐含层输出矩阵 $\boldsymbol{H}$ 的广义逆。

4.3 机器人触觉感知方法

在机器人各部位安装对应的力触觉传感器，最终的目的是丰富机器人的感知能力，希望机器人能够像人一样，能够依靠触觉感知完成指定的任务。机器人触觉感知方法包括两个核心部分：感知和识别。

1. 感知

感知一般指机器人通过力触觉传感器获取目标物体的力触觉数据，这些数据可以是单个力传感器或多个力传感器共同使用所采集的时间序列形式的力触觉信号，也可以是阵列形式的触觉传感器采集的动态触觉图像信号。这些信号中隐含了目标物体形状、大小、材料属性等信息。借助这些信息，机器人可以实现对目标物体的识别。感知阶段，除了采集这些力触觉信号之外，通常还需要对数据进行预处理。其中预处理包括信号去噪、数据降维和数据增强等预处理操作。其中，信号去噪是为了防止数据采集过程中一些非目标信号（如噪声、抖动）的干扰。数据降维是在保持数据中隐含的绝大部分重要信息的同时减少无意义或意义很低的信号进入后续识别，从而影响识别的准确性和实时性。数据增强是通过一些有效的操作来增加数据样本量或提高数据质量，使后续的训练效果更好。

2. 识别

识别是指机器人在上述力触觉传感器的帮助下感知目标物体的力触觉信息，并进行一系

列数据预处理后，通过对数据进行特征提取，并根据这些特征对目标物体进行分类、匹配或识别的过程。

特征提取中，对于单个或多个力传感器件采集的时间序列形式的力触觉信号，可以通过等间隔窗口划分、时域和频域特征提取的方法，获取力触觉信号中隐藏的目标物体信息。对于阵列形式的触觉传感器所采集的类图像力触觉信号，可以通过图像处理的方法，例如方向梯度直方图（Histogram of Oriented Gradient，HOG）、局部二值模式（Local Binary Pattern，LBP）等，从而获取其中隐含的物体形状、材料属性等信息。

对目标物体的形状、大小或材料属性等信息进行分类、匹配或识别的过程中，一般需要借助监督学习、半监督学习或者无监督学习等方法实现。例如在对目标物体的材料属性进行分类时，可通过监督学习的方法，例如支持向量机（SVM）、随机森林（Random Forest）等分类器对上述从力触觉数据中提取到的特征进行监督分类；也可通过无监督学习的方法，例如 K-means 聚类算法、高斯混合模型（Gaussian Mixture Model，GMM）等，在没有数据标签的情况下，将具有相似特征的数据归为同一类。

通过触觉感知和识别，机器人可以实现对特定目标物体形状、大小或材料属性的区分，从而支持其在复杂环境中的智能操作。下面将详细介绍机器人基于触觉的感知和识别过程。

4.3.1　基于触觉的目标感知

机器人借助力触觉传感器，模仿人类动作，对目标物体进行触觉交互，从而采集力触觉信号，并进行后续的预处理。这一过程中包含三个阶段：与目标物体交互，交互过程中的数据采集和后续的数据预处理。这里采集数据的传感器一般是指尖力触觉传感器或腕部力触觉传感器。

1. 与目标物体交互

在触觉感知领域，将触觉交互称之为探索性程序（Exploratory Procedure，EP），主要有以下几类。

1）按压。按压物体至一定的阈值以感知物体的硬度。

2）滑动。在物体上滑动以感知表面纹理。

3）轻触。与物体保持静态接触以感知物体温度或导热性。

4）抓握。使用夹持器抓取整个物体，以感知物体的全局形状和体积。

5）举。将物体抬起至一定高度以感知其重量信息。

6）表面轮廓跟踪。围绕物体的轮廓进行跟踪，以感知物体的局部形状或体积。

7）推。以一定力或一定速度推动物体，感知物体在受指定力时的运动程度或做匀速运动时的受力状态。

当然，也有其他的一些交互方法。机器人可以按照这些交互动作，利用安装有力触觉传感器的夹持器进行各类触觉探索，采集相应目的下的力触觉数据。例如，目前的大量研究中，对于目标硬度是识别，主要是依靠按压和抓握等探索，以额定的速度与目标物体交互，当力值达到阈值时停止按压或抓握的进程，停留一段时间后，释放进程，采集“进”—“停”—“退”过程中的所有数据。此外，目前机器人的主要探索性程序大致可分为以下几种模式：

1）被动模式：机器人夹持器静止不动，操作人员手动将目标物体放置到夹持器可交互的位置和姿态。安装有力触觉传感器的夹持器在操作人员的控制下与物体发生交互，执行按压、轻触等探索动作。

2）半主动模式：物体通常固定在某处，机器人借助视觉系统等方法尝试检测目标物体后，按照一定的轨迹靠近物体并达到可交互姿态，执行 EP。由于视觉产生的可交互位置与姿态的误差，以及物体和手指之间的相对运动，半主动模式可能会产生更嘈杂的信号。

3）主动模式：机械手自主地找到目标物体并进行触觉探索，当物体发生移动时，更新状态并维持交互的进行。这类模式灵活性较强，但具体的实施难度较大，目前还面临许多挑战，尚未提出统一的方法。

目前绝大多数的力触觉数据的采集一般是以被动模式和半主动模式完成的。随着机器人智能程度的提高，未来的触觉交互将会以主动模式为主。

2. 交互过程中的数据采集

安装有力触觉传感器的夹持器在与物体发生触觉交互时会采集相对应的力触觉信号，从而为机器人提供额外的感知能力。然而，单一的力触觉信号，如一个瞬时的力值5N，通常包含的信息量有限。机器人缺乏人类丰富的先验知识，难以仅凭单一信号理解环境并做出决策。为了克服这一限制，力触觉传感器需要收集力触觉信号的时间序列数据。这意味着机器人必须连续监测力触觉信号的变化，以获得更丰富的信息，帮助机器人理解与物体交互的复杂性。因此，力触觉传感器的性能指标，如灵敏度、分辨力、长期工作中的稳定性和采样频率等，对于确保传感器在连续检测过程中测量数据的准确性至关重要。这些性能指标直接影响机器人对动态接触和交互过程的感知能力，进而影响任务执行的精确性和智能化水平。

3. 后续的数据预处理

对于单通道或多通道的时间序列形式的力触觉信号以及触觉图像形式的力触觉信号，它们的预处理方式通常不完全一致。

（1）时间序列形式力触觉信号

这类数据一般是多通道的长时序信号，其预处理方法一般包括：

1）去噪。可以使用各类滤波器实现对数据的去噪。这些滤波器可以是频域滤波（见图4-23），通过过滤不必要的频率成分，来达到降噪的目的。也可以是空间滤波器（这部分与降采样类似），对数据进行均值等操作，实现降噪的效果。除此之外，小波变换以及数据降维等一系列方法也可以实现去噪的效果。

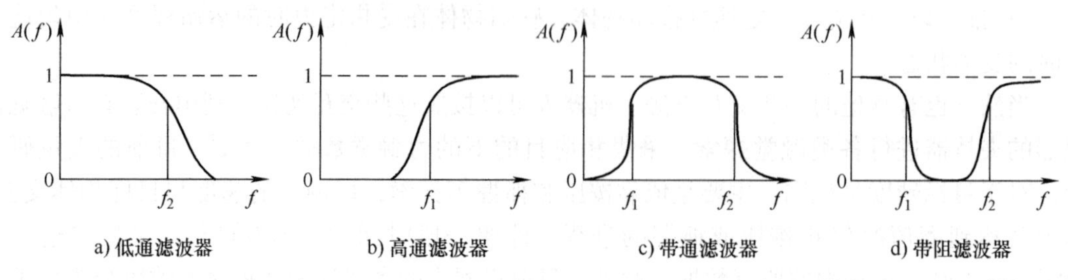

图4-23　四种频域滤波器的幅频特性

2）降采样。对于每个通道的时序信号 $\boldsymbol{T}=(t_1,t_2,\cdots,t_n)$，其中 n 表示信号的总时间步长，进行二次采样，可以每间隔一定的时间步长重新采样一个数据，即

$$\text{downsampling}(\boldsymbol{T},\Delta t)=\{t_1,t_{1+\Delta t},t_{1+2\Delta t},\cdots\} \tag{4-92}$$

也可以对这个间隔内的信号进行均值处理，即

$$\text{downsampling}(\boldsymbol{T},\Delta t)=\left\{\frac{t_1+t_2+\cdots+t_{\Delta t}}{\Delta t},\frac{t_{1+\Delta t}+t_{2+\Delta t}+\cdots+t_{2\Delta t}}{\Delta t},\cdots\right\} \tag{4-93}$$

式中，Δt 为降采样中的时间步长间隔。

又或是取最值、中位数等方法，这些可以实现对数据的降采样。

3）数据归一化和标准化。这个操作主要是消除不同通道上采集的力触觉信号的单位差异，例如力（N）和力矩（N·m）。归一化是指使一个通道上的数据全部压缩到 0～1 的范围，可表示为

$$\boldsymbol{T}'=\frac{\boldsymbol{T}-T_{\min}}{T_{\max}-T_{\min}} \tag{4-94}$$

式中，$T_{\min}$ 为时序信号中的最小值；$T_{\max}$ 为时序信号中的最大值。

标准化是指使通道上的时间序列数据服从高斯分布，因此有

$$\boldsymbol{T}'=\frac{\boldsymbol{T}-\mu_T}{\sigma_T} \tag{4-95}$$

式中，μ_T 为时序信号的均值；σ_T 为时序信号的标准差。

4）窗口划分。对每个通道的时序信号，使用长度为 ω，间隔为 Δ 的连续窗口进行划分，从而得到子序列集合。通常可用作数据样本的增加或者样本特征提取的第一步操作。

图 4-24 展示了几种对数据预处理的结果。另外，这类预处理方式还有许多，这里不再一一列举。

（2）图像形式力触觉信号

对于低分辨率的阵列性触觉传感器所采集的力触觉数据，其大多数情况下，仍然可以看作是多通道的时间序列形式，其预处理方法与上述相同。对于高分辨率的力触觉类图像数据，这类信号的预处理方法与视觉图像的处理方法类似，尤其是基于视觉的触觉传感器所采集的触觉图像。

首先，去噪、归一化和标准化等操作同样可以用在这类信号上。除此之外，还有以下操作：

1）上采样。对于分辨率低的触觉图像，可通过最邻近插值、双线性插值等方法扩展触觉图像的分辨率。

2）数据增强。按照视觉图像的方法，对触觉图像进行旋转、缩放和翻转等几何变换实现数据增强。

3）图像增强。对与物体接触产生的触觉边缘、轮廓或区域等部分在视觉上突出。

这类方法在视觉图像处理中均有先例，可直接参考。图 4-25 给出了 GelSight 触觉传感器接触物体时的触觉图像以及经过预处理后显示的接触区域。

4.3.2　基于触觉的目标识别

针对机器人触觉感知结果，结合现有的各类机器学习方法，可以以高性能表现实现对接触目标的识别。机器学习是指通过计算机运算的方法，模仿人类的学习过程，获取模式本身

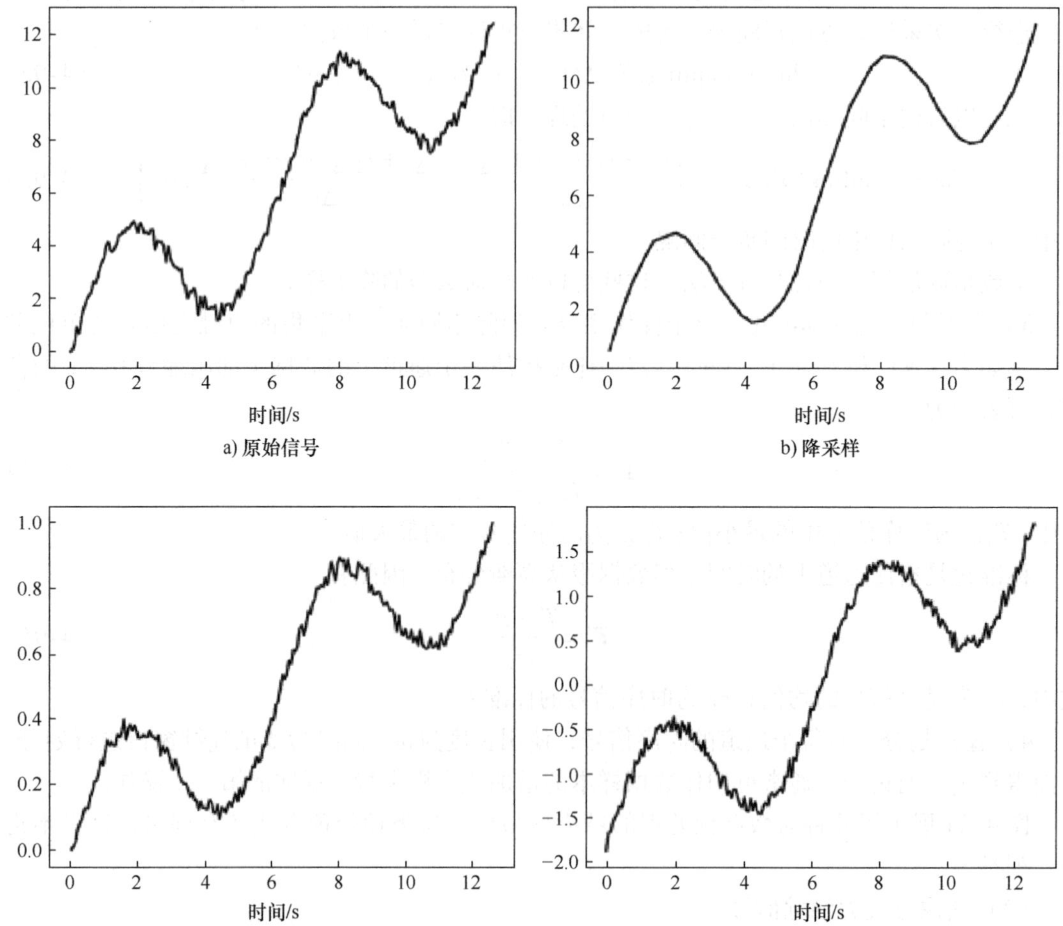

时间/s

a) 原始信号

时间/s

b) 降采样

时间/s

c) 归一化

时间/s

d) 标准化

图 4-24　数据预处理实例

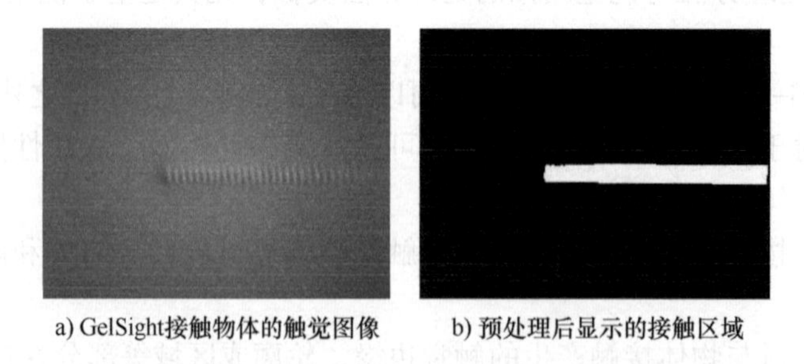

a) GelSight接触物体的触觉图像　　b) 预处理后显示的接触区域

图 4-25　GelSight 触觉传感器采集触觉图像与预处理结果

的知识。由于机器学习具有精度高、鲁棒性强、计算速度快等优点，该方法在触觉传感领域逐渐开展了实际应用。

该方法有三个要素：模型、策略和算法。其中：

1）模型通俗来讲就是数据之间的关系，例如使用力触觉传感器感知多种不同的物体，这类感知数据与实际物体的对应关系，就是力触觉识别中需要学习的模型。

2）策略最直白地讲就是一个目标函数，即学习的目的。例如希望每类物体所感知到的力触觉数据之间相似程度高，实现聚类，可以以类内方差最小、类间方差最大的函数形式表现。

3）这里的算法更多的是指从数据中学习模型的优化方法。例如最小二乘法以数据解析的方式实现目标函数与学习到的映射关系之间的误差最小，而梯度下降法通过迭代优化的方法实现学习到的映射关系逼近目标函数。

然而，机器学习的前提条件是需要有数据和相应的计算机算力，这涉及人工智能的核心元素，这里不多做介绍。以下的基于触觉的目标识别过程中，也不考虑计算机算力的影响。

下面以监督学习和非监督学习，讨论机器学习方法在基于触觉的目标感知上的应用。

1. 监督学习

监督学习是指对标记数据进行训练，并对传入的未经训练的数据进行预测的方法。这类方法中主要包含基于统计学习的方法和基于神经网络与深度学习的方法。

（1）统计学习

基于统计理论的算法提供了提取特征、创建模型和分析数据的能力。常用于触觉感知的典型方法包括支持向量机（SVM）、K 近邻学习（KNN）、随机森林（Random Forest）、线性判别分析（LDA）。这些方法以力触觉数据的特征作为输入、以数据的标签作为输出，实现训练数据和测试数据的最佳预测。

1）特征提取。对于时序信号的力触觉数据，在经过降采样、标准化、窗口划分等预处理后，可以将每个子序列作为一个样本，提取样本的时域、频域等统计特征，作为样本数据的特征，用于后续作为模型的输入。除了均值、方差以及最值之外，下面还介绍一些常用的时频域统计特征。假设子序列信号为 $T=(t_1, t_2, \cdots, t_n)$，$n$ 表示序列长度，其中：

方均根值（Root Mean Square，RMS），指在一定时间窗口内信号均值的二次方根。

$$\mathrm{RMS}=\sqrt{\frac{1}{n}\sum_{i=1}^{n} t_i^2} \tag{4-96}$$

平均绝对值（Mean Absolute Value，MAV），指一段时间内信号绝对值的均值。

$$\mathrm{MAV}=\frac{1}{n}\sum_{i=1}^{n} |t_i| \tag{4-97}$$

平均功率频率（Mean Power Frequency，MPF），指信号的功率频率分布的平均值。

$$\mathrm{MPF}=\frac{\int_0^{\infty} f\cdot \mathrm{PSD}(f)\,\mathrm{d}f}{\int_0^{\infty}\mathrm{PSD}(f)\,\mathrm{d}f} \tag{4-98}$$

式中，f 为信号的频率；$\mathrm{PSD}(f)$ 为信号的功率谱密度函数。

中值频率（Median Frequency，MF），指信号的频率中值，它将功率谱密度函数均分为两个面积相等的区域。

$$\mathrm{MF}=\frac{1}{2}\int_0^{+\infty} f\cdot \mathrm{PSD}(f)\,\mathrm{d}f \tag{4-99}$$

除此之外，还有小波变换后得到的小波系数对应的三类特征：小波系数能量（Energy Wavelet Coefficient，EWC）、小波系数均值（Mean Wavelet Coefficient，MWC）、小波系数方差（Variance Wavelet Coefficient，VWC）等，均可作为力触觉信号的统计特征。

对于高分辨率触觉图像类型的力触觉信号，其可参考视觉图像处理等一系列方法，这里不再做具体介绍。

2）特征分类/回归。当提取样本数据对应的特征后，可基于多种分类、回归模型完成基于力触觉的目标识别任务。下面介绍几种常用的方法。

最初的SVM是在高维空间中寻找最优的分离超平面，从而清晰地对两类特征点进行分类。两个超平面之间的区域称为“边界”。超平面的最优选择是通过最大化边界来实现的。假设力触觉数据的特征点集与对应的标签表示为 $\boldsymbol{D}=\{(\boldsymbol{x}_i,y_i)\mid i=1,2,\cdots,N,y_i\in\{+1,-1\}\}$，则SVM是希望找到一个超平面 $\boldsymbol{y}(\boldsymbol{x})=\boldsymbol{w}^{\mathrm{T}}\boldsymbol{\Phi}(\boldsymbol{x})+\boldsymbol{b}$，满足

$$\begin{cases}\boldsymbol{w}^{\mathrm{T}}\boldsymbol{\Phi}(\boldsymbol{x}_i)+\boldsymbol{b}>0,y_i=+1\\ \boldsymbol{w}^{\mathrm{T}}\boldsymbol{\Phi}(\boldsymbol{x}_i)+\boldsymbol{b}<0,y_i=-1\end{cases}\tag{4-100}$$

式中，$\boldsymbol{w}^{\mathrm{T}}$ 为权值；$\boldsymbol{b}$ 为偏置；$\boldsymbol{\Phi}(\cdot)$ 为映射函数，又称核函数，通常是将低维特征映射到高维。

实际应用中很难满足这类“硬边界”的条件，即没有特征点被区分到错误区域和位于边界上，因此通常会放宽边界条件。这类超平面的最优选择是通过最大化边界来实现的，即希望两类目标物体，其特征点与超平面的最小距离之和能够最大化，具体优化过程不做介绍。

KNN是将用于训练的数据特征点集作为备用库，将新特征点与库中所有特征点进行距离度量，并选取前 k 个距离最小的特征点，获取这些特征点对应的类别，并根据投票或平均机制确定新特征点的类别。其中的距离度量需依靠具体任务而定，可以是欧几里得距离、曼哈顿距离和切比雪夫距离等。图4-26展示了一个二维平面中三分类问题的KNN示例，其中 $k=12$，特征点之间的距离度量使用的是欧几里得距离。按照投票机制，新样本点属于类别1的概率为3/12，属于类别2的概率为4/12，属于类别3的概率为5/12，因此最终判断为该样本归于类别3。

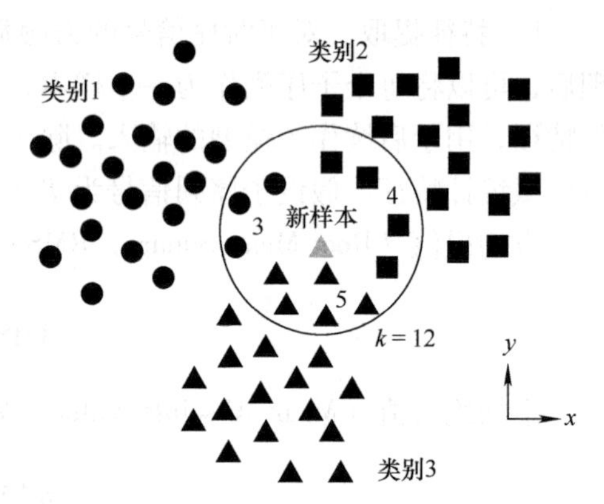

图4-26　三分类问题的KNN示例

LDA是在数据特征点集中找到分离不同类的特征，通过最大化不同类中特征点的方差、最小化同一类中特征点的方差，在给定的数据集中分离类。二分类问题中，假设映射函数为 $\boldsymbol{y}=\boldsymbol{\omega}^{\mathrm{T}}\boldsymbol{x}$，则优化目标可表示为

$$\hat{\boldsymbol{\omega}}=\underset{\omega}{\operatorname{argmax}}\frac{\boldsymbol{\omega}^{\mathrm{T}}\boldsymbol{S}_{\mathrm{b}}\boldsymbol{\omega}}{\boldsymbol{\omega}^{\mathrm{T}}\boldsymbol{S}_{\omega}\boldsymbol{\omega}}\tag{4-101}$$

式中，$\boldsymbol{S}_{\mathrm{b}}$ 为类间方差；$\boldsymbol{S}_{\omega}$ 为类内方差之和。

（2）神经网络与深度学习

与统计学习不同，神经网络模拟了生物神经系统的信号传递机制，通过将计算单元使用权重计算的方法连接起来，具有并行性、容错性、自动提取特征而非人工选择等优点，为发

现抽象数据和大数据的复杂结构提供了解决方案。典型的网络包括全连接层（Full Connect，FC）、卷积神经网络（Convolutional Neural Network，CNN）等，如图 4-27 所示，并构成了各式各样的模型，能够端到端地实现对力触觉数据的特征提取、融合、分类或回归，功能非常强大。因此，目前大多数机器人基于触觉的识别任务都是依靠该方法实现。

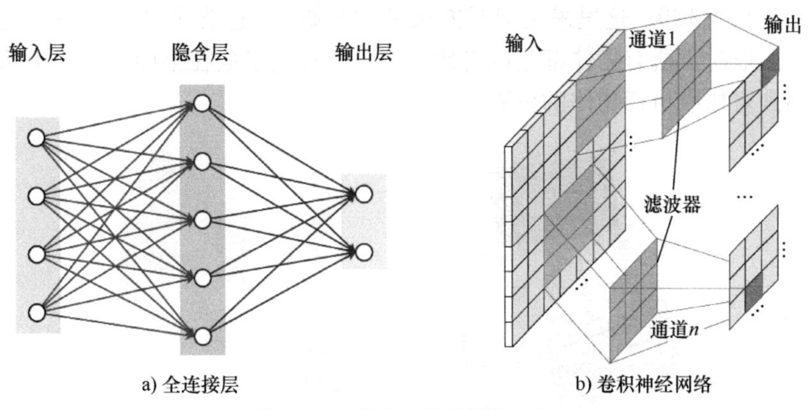

图 4-27　两种典型的神经网络模块

对于时序的力触觉信号，一般可以通过循环神经网络（Recurrent Neural Network，RNN）或长短时记忆网络（Long Short Term Memory Network，LSTM），提取时间维度上的特征，对于多通道的，或者是阵列形式的力触觉信号，可以看作图像，并利用卷积神经网络提取空间特征，之后再输入到全连接网络进行分类或回归。

2. 无监督学习

这类方法中的数据没有人工标签，主要是依靠数据本身的特点和相似性进行处理，一般用于聚类和降维。

（1） 聚类

数据聚类是根据数据本身之间的相似度对数据进行分组。由于力触觉传感器采集的数据通常要从中分析出一些特定的目标物体，因此聚类通常作为数据处理的中间步骤。聚类算法可以将无标签的数据（或特征）按照数据本身的一些规则，将数据分类多个类别，其中最常用的就是 K-means 聚类的方法。该方法首先需要确定一个 K 值，即数据应该被分为几类。之后持续迭代，找到 K 个聚类中心，使得所有类别的数据到各自类中心的距离之和最小。

（2） 降维

降维是将力触觉数据（或特征）从高维空间转换为低维子空间，同时保留尽可能多的信息。常用的降维方法主要有主成分分析（Principal Component Analysis，PCA）、字典学习（Dictionary Learning，DL）和自动编码器（Auto Encoder，AE）。这类学习的目的在于，在尽可能保存数据主要信息的前提下，降低数据复杂度，显性化数据的特征与数据之间的关联性，降低后续的学习和训练难度。

3. 案例

上文给出了机器人依靠力触觉传感器感知物体、识别物体的大致方法与流程。下面给出一个机器人夹持器依靠三通道光纤光栅式的力传感器（Fiber Bragg Grating，FBG）与惯性测量单元（Inertial Measurement Unit，IMU），抓取多类目标物体、采集数据、特征提取与融合以及特征分类的案例。

(1) 目标感知

如图4-28所示，研究人员在柔性抓手的每根手指上都安装了一根FBG与一个IMU，用于获取抓取物体时的力信息与运动信息。其中，目标物体包括青椒、橙子、香蕉、纸箱、玩具鸭、玉米、纸杯、海绵和塑料瓶，共采集数据样本1694个，每个样本有三指12个通道的数据，其时间步长为130。这里采用交互方法是“抓握”，包含了“抓”—“停”—“放”的整个过程。抓取时，所有物体都是以自然状态，立在或平放在桌面上被手爪抓取，手爪由操作人员移动到可抓取目标物体的位姿。

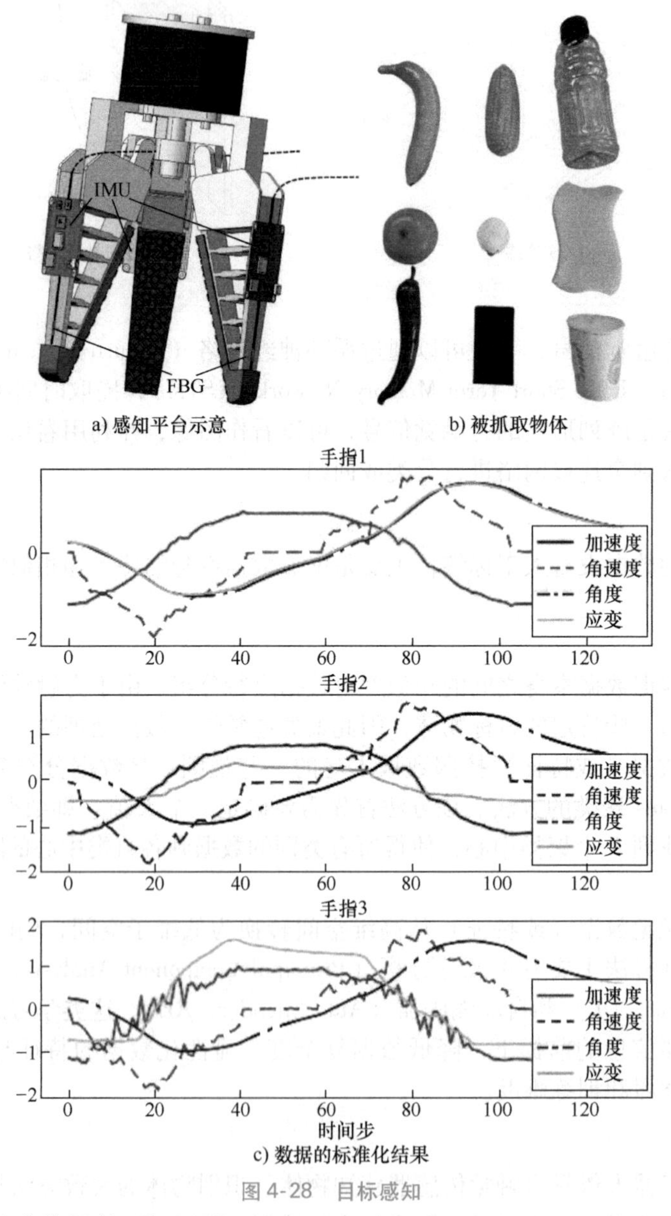

图4-28 目标感知

(2) 基于力触觉信号的目标识别

本案例设计了一套时序力触觉信号的特征提取、融合和分类的方法。

1) 特征提取部分。该部分是借助了BOSS (Bag-of-SFA-Symbol) 算法，通过对时序信号进行窗口划分、SFA（Symbolic Fourier Approximation，符号傅里叶近似）变换和直方图统计，完成特征提取。

首先，对每个时序力触觉数据集 $\boldsymbol{T}_r=(t_1,t_2,\cdots,t_n), n=1,\cdots,N$，使用长度为 ω 的窗口划分子序列，得到子序列集合 window$(\boldsymbol{T}_r,\omega)$ 为

$$\text{window}(\boldsymbol{T}_r,\omega)=\{\boldsymbol{S}^r_{1:\omega},\boldsymbol{S}^r_{2:\omega},\cdots,\boldsymbol{S}^r_{n-\omega+1:\omega}\} \tag{4-102}$$

式中，n 为数据集中第 r 个数据样本 $\boldsymbol{T}_r$ 的时间步长总数；N 为数据集中的样本总数量；$\boldsymbol{S}^r_{i:\omega}$ 为划分得到的子序列，第 i 个子序列为 $\boldsymbol{S}^r_{i:\omega}=(t_i,t_{i+1},\cdots,t_{i+\omega-1})$。

其次，进行 SFA 变换为

$$\boldsymbol{S}^r_{i;\omega}\xrightarrow{\text{SFA}}s_1,s_2,\cdots,s_l\in\boldsymbol{\Sigma}_\alpha \tag{4-103}$$

式中，$\boldsymbol{\Sigma}_\alpha$ 为包含 a 个字符的集合；s_i 为属于字符集合中的一个字符。即 SFA 变换将所有子序列转变为一个长度为 l，字符种类数不大于 a 的字符串。最后，将一个样本数据产生的所有字符串类别进行统计，从而生成一个特征向量。

2）特征融合。假设特征提取后的 4 类数据特征（加速度、角速度、角度和应变）与对应标签表示为 $\boldsymbol{B}^p=\{(\boldsymbol{x}^p_n,y_n)\mid 1\leqslant n\leqslant n(p)\}$，其中 $\boldsymbol{x}^p_n=[b^p_1(\boldsymbol{x}^p_n),b^p_2(\boldsymbol{x}^p_n),\cdots,b^p_{m_p}(\boldsymbol{x}^p_n)]$，$p$ 表示 4 类特征中的一类，m_p 表示特征的维度。首先将特征的高维信息融合特征中，即对于每个特征，将它的二次幂、三次幂等添加至特征向量中，扩充特征维度为

$$\boldsymbol{\Phi}_p(\boldsymbol{x}^p_n)=[h^p_1(\boldsymbol{x}^p_n),\cdots,h^p_j(\boldsymbol{x}^p_n),\cdots,h^p_{m_pL}(\boldsymbol{x}^p_n)] \tag{4-104}$$

式中，$\boldsymbol{\Phi}_p$ 为代表融合高维特征的映射函数；$h^p_j(\boldsymbol{x}^p_n)$ 为扩充高维特征后向量中元素，$h^p_j(\boldsymbol{x}^p_n)=(b^p_k(\boldsymbol{x}^p_n))^l, j=l+L(k-1)$；$L$ 为扩展高次幂的最大值。

将融合高维特征后的特征集合定义为 $\boldsymbol{H}_p=\{(\boldsymbol{\Phi}_p(\boldsymbol{x}^p_n),y_n)\mid(\boldsymbol{x}^p_n,y_n)\in\boldsymbol{B}^p\}$，然后统计各个特征维度上的皮尔逊相关系数，构成相关系数矩阵 $\boldsymbol{R}^p$，该矩阵的第 i 行第 j 列的值为

$$\boldsymbol{R}^p(i,j)=\rho(\boldsymbol{h}^p_i,\boldsymbol{h}^p_j)=\frac{\text{cov}(\boldsymbol{h}^p_i,\boldsymbol{h}^p_j)}{\sigma_{\boldsymbol{h}^p_i}\cdot\sigma_{\boldsymbol{h}^p_i}}=\frac{E[(\boldsymbol{h}^p_i-\mu_{\boldsymbol{h}^p_i})(\boldsymbol{h}^p_j-\mu_{\boldsymbol{h}^p_j})]}{\sigma_{\boldsymbol{h}^p_i}\cdot\sigma_{\boldsymbol{h}^p_i}} \tag{4-105}$$

式中，$\boldsymbol{h}^p_i$、$\boldsymbol{h}^p_j$ 分别为扩展后特征矩阵的第 i 列与第 j 列；μ 为对应下标列的均值；σ 为对应下标列的标准差；$E[\cdot]$ 为期望值计算。

进而根据该相关系数矩阵 $\boldsymbol{R}^p$，将融合高维特征后的特征矩阵进行关联融合，得

$$\boldsymbol{\varphi}_p(\boldsymbol{\Phi}_p(\boldsymbol{x}^p_n))=[a^p_1(\boldsymbol{x}^p_n),\cdots,a^p_j(\boldsymbol{x}^p_n),\cdots,a^p_{m_pL}(\boldsymbol{x}^p_n)] \tag{4-106}$$

其中，

$$a^p_j(\boldsymbol{x}^p_n)=\sum_{k=1}^{m_pL}\omega_k R^P_{kj}\cdot h^p_k(\boldsymbol{x}^p_n)=\boldsymbol{\Phi}_p(\boldsymbol{x}^p_n)(\boldsymbol{\omega}^{\mathrm{T}}\odot\boldsymbol{R}^p_{:j}) \tag{4-107}$$

式中，$\boldsymbol{\omega}$ 为特征向量的加权值，$\boldsymbol{\omega}=[\omega_1,\omega_2,\cdots,\omega_{m_pL}]=\Big[\underbrace{\frac{1}{1!},\frac{1}{2!},\cdots,\frac{1}{L!}}_{m_p},\cdots\Big]\in\mathbf{R}^{m_pL}$；$\odot$ 为矩阵对应元素乘法；$\boldsymbol{R}^p_{:j}$ 为相关系数矩阵 $\boldsymbol{R}^p$ 的第 j 列。

将融合关联特征后的特征集合定义为 $\boldsymbol{A}_p=\{(\boldsymbol{\varphi}_p(\boldsymbol{\Phi}_p(\boldsymbol{x}^p_n)),y_n)\mid(\boldsymbol{\Phi}_p(\boldsymbol{x}^p_n),y_n)\in\boldsymbol{H}^p\}$。最后，将特征通过径向基核函数映射，完成特征融合部分。

3）特征分类。使用带有初始节点的增量式极限学习机（Incremental Extreme Learning Machine，I-ELM）对特征值进行快速。假设经过特征提取、融合的力触觉数据集为 $(\boldsymbol{x},\boldsymbol{Y})$。

其中，$\boldsymbol{x} \in \mathbf{R}^{d \times N}$，$d$ 表示特征维度，N 表示样本数量。首先定义初始节点数 L_0，其隐含层的输出 $\boldsymbol{H}$ 为

$$\boldsymbol{H} = g(\boldsymbol{w} \cdot \boldsymbol{x} + \boldsymbol{b}) \tag{4-108}$$

式中，$\boldsymbol{w}$ 为输入层权值，$\boldsymbol{w} \in \mathbf{R}^{L_0 \times d}$；$\boldsymbol{b}$ 为输入层偏置，$\boldsymbol{b} \in \mathbf{R}^{L_0}$；$g(\cdot)$ 为激活函数，这里选用 Sigmod 函数。

根据最小二乘法可以计算输出层的权值为

$$\boldsymbol{\beta}_0 = \boldsymbol{H}^{\dagger}\boldsymbol{Y} \tag{4-109}$$

式中，$\boldsymbol{H}^{\dagger}$ 为隐含层输出 $\boldsymbol{H}$ 的广义逆矩阵。

从而可以计算此时的训练误差为

$$\boldsymbol{E}_0 = \boldsymbol{Y} - \boldsymbol{\beta}_0\boldsymbol{H} \tag{4-110}$$

当新增加一个隐含层节点时，可以根据式（4-108）计算该节点的隐藏输出 $\boldsymbol{H}_{\tilde{L}}$，进而计算该节点的输出权重为

$$\boldsymbol{\beta}_{\tilde{L}} = \frac{\boldsymbol{E} \times \boldsymbol{H}_{\tilde{L}}^{\mathrm{T}}}{\boldsymbol{H}_{\tilde{L}} \times \boldsymbol{H}_{\tilde{L}}^{\mathrm{T}}} \tag{4-111}$$

并更新训练误差

$$\boldsymbol{E} = \boldsymbol{E} - \boldsymbol{\beta}_{\tilde{L}}\boldsymbol{H}_{\tilde{L}} \tag{4-112}$$

之后每增加一个节点，都按照上述公式迭代计算，从而完成训练，实现对特征的高性能分类。

4）训练结果。根据参数搜索，最终获取了特征提取与融合时的 4 个超参数，分别为：窗口长度 $\omega = 26$，字符串长度 $l = 4$、字母表的大小 $a = 3$、最大幂次数 $L = 1$。此外 I-ELM的最大隐含层数定义为300。

训练结果的评价指标主要有 4 个：准确率、精确率、召回率和 F1 分数。图 4-29 为二分类问题中的混淆矩阵，则准确率可以定义为

$$\mathrm{Acc} = \frac{\mathrm{TP} + \mathrm{TN}}{\mathrm{TP} + \mathrm{FP} + \mathrm{FN} + \mathrm{TN}} \tag{4-113}$$

精确率定义为

$$\mathrm{Pre} = \frac{\mathrm{TP}}{\mathrm{TP} + \mathrm{FP}} \tag{4-114}$$

召回率定义为

$$\mathrm{Recall} = \frac{\mathrm{TP}}{\mathrm{TP} + \mathrm{FN}} \tag{4-115}$$

F1 分数定义为

$$\mathrm{F1} = 2 \times \frac{\mathrm{Pre} \times \mathrm{Recall}}{\mathrm{Pre} + \mathrm{Recall}} \tag{4-116}$$

从定义上可知，4 个性能指标均在 0 ~ 1 的范围内取值，越接近 1，分类性能越好。

训练过程中，将数据集进行十折交叉验证，即将数据集的总样本分为 10 份，每次选择其中的 9 份用于训练，最后 1 份用于测试。最终 10 次测试的平均结果为准确率 98.76%，精确率 98.83%，召回率 98.61%，F1 分数 0.9867，说明通过上述的触觉感知与识别方法，可以以极好的表现结果帮助机器人识别图 4-28 中的 9 类物体。并绘制出了十折交叉验证中 9

类物体分类的平均混淆矩阵，如图 4-30 所示，可以看到，除了香蕉，其余 8 类物体均被完美识别。分析原因可能为，相比于其他几类物体，香蕉外形的不对称性最为明显，因此在香蕉被夹持器抓取过程中，由于抓取的姿态存在一定的调整，使得所采集的数据之间存在一定的偏差，因此识别的效果可能会降低。

		真实值	
		真	假
预测值	真	TP	FP
	假	FN	TN

图 4-29　二分类问题中的混淆矩阵

这是基于触觉感知与识别中，经常遇到的一个问题，相比于视觉感知中视觉图像包含了物体的全局信息，而触觉感知中，每次进行触觉交互所采集的数据都是物体的局部信息，由于局部信息之间的不相似性，与目标物体不同的部分进行交互，所采集的数据之间会存在一定差异。目前这类问题的解决方案主要有以下两个解决方案。

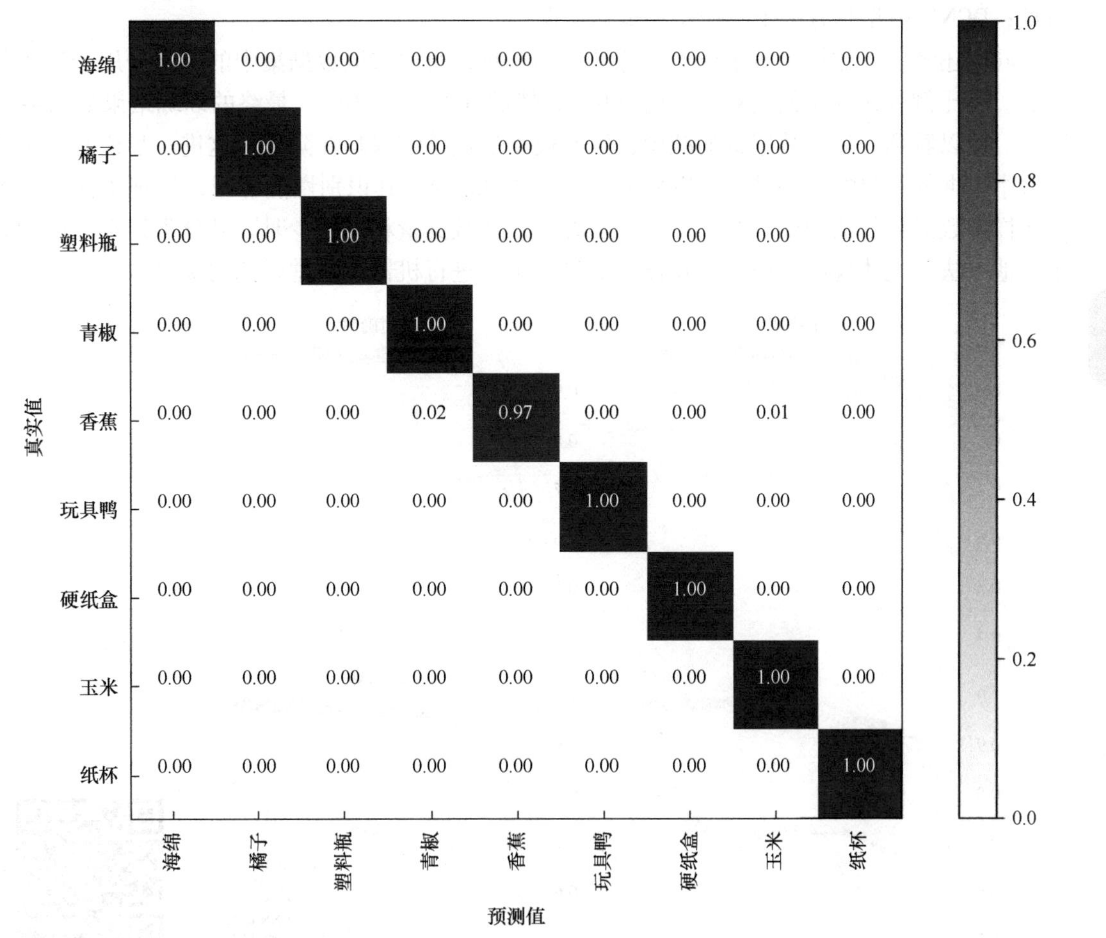

图 4-30　基于触觉感知的 9 类物体分类的混淆矩阵

一是扩充用于训练的数据集。即使同一物体的局部触觉信息之间存在差异，但一般而言，这种差异不会比两类不同物体之间所采数据的差异更大。机器学习目前大多属于基于数据驱动的方法，随着训练数据量的增加，可以将数据本身差异更小的数据样本归于一类，从而解决上述问题。但是，目前力触觉信号的采集，相比于视觉数据要困难，因此其公开数据集较小，并且数据集中包含的样本一般是几百或者几千，这相比于视觉数据集而言，要小得多。

二是借助其他模态，进行多模态识别。例如，通过融合含有全局信息的视觉图像，以及包含局部信息力触觉数据，可以更好地实现目标物体的感知与识别。这类方法通常有效，但是其用于识别目前的模型通常更为复杂，也需要更多的算力。

除此之外，还训练了其他 6 类模型，包括 MLP、LSTM、CNN、CNN-LSTM、Conv-LSTM 和 DCNN。其中，MLP 使用各通道数据的最后一个时间步进行训练；LSTM 将数据样本的每个特征作为单独的时间序列进行处理；CNN 模型由一个卷积层和一个全连接层组成，将数据样本视为图像，在特征维度和时间维度上进行卷积运算，以学习特征间的相关性；CNN-LSTM 使用一维卷积提取每个时间步长的空间特征后，采用 LSTM 对压缩信息进行时间序列分类；Conv-LSTM 数据被解释为一维图像的时间序列，可同时提取时间信息和基于特征的信息；DCNN 模型具有多个卷积层和全连接层。

同时还考虑了数据量对于模型训练结果的影响，每次选取数据集中的一部分用于训练与测试。其比例为最开始使用数据集的 100%，然后逐渐较少 10%。最终的训练结果如图 4-31 所示。可以看到，随着数据量的减少，所有模型的训练结果均在降低，这进一步说明了机器学习中数据的重要性。并且，DCNN 在数据量少的时候，其识别性能骤减，体现了深度学习对于样本数据量的依赖性。案例中提出的方法，在数据量相对较少时，其分类识别的性能高于其他方法，也体现出了该方法在样本少的情况下进行机器人触觉感知的优势。

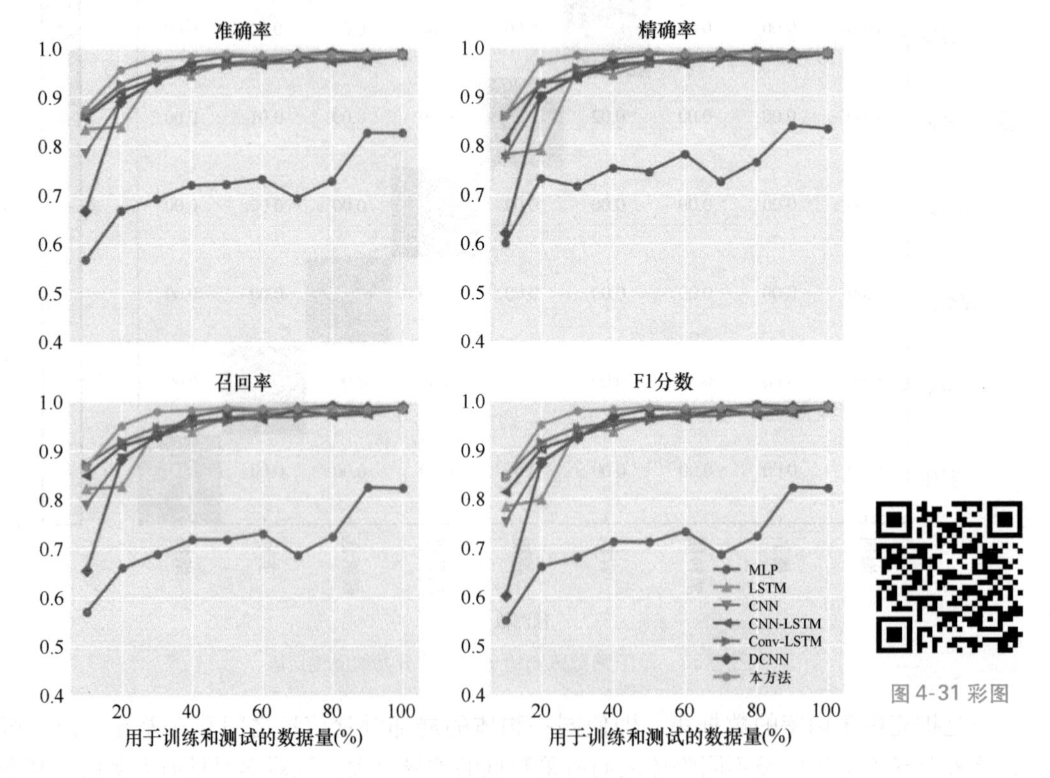

图 4-31　各类模型的训练结果

本章小结

力触觉是感觉之母。机器人力触觉传感器精细地测量机器人与环境之间的物理交互，是最复杂的感觉系统，在机器人灵巧作业中扮演着至关重要的角色。本章详细介绍了常见的机器人力触觉感知方法、原理和应用，具体介绍了机器人力触觉传感器概述及工作原理、常见的机器人力触觉感知方法，最后介绍了基于触觉的目标感知方法。

习题

1. 机器人力触觉感知系统能实现什么功能？
2. 常见的机器人力触觉感知方法有哪些？
3. 如何衡量机器人力触觉传感器的性能？
4. 简述基于触觉的目标识别的主要要素。

参考文献

[1] RUOCCO S R. Robot sensor and transducers [M]. Hoboken: Halsted press, 1987.

[2] 孟立凡，蓝金辉. 传感器原理与应用 [M]. 3 版. 北京：电子工业出版社，2015.

[3] LIANG Q K, ZOU K N, LONG J Y, et al. Multi-component FBG-based force sensing systems by comparison with other sensing technologies: A review [J]. IEEE sensors journal, 2018, 18 (18): 7345-7357.

[4] LIANG Q K, ZHANG D, COPPOLA G, et al. Multi-dimensional MEMS/micro sensor for force and moment sensing: A review [J]. IEEE Sensors journal, 2014, 14 (8): 2643-2657.

[5] PYO S, LEE J, BAE K, et al. Recent progress in flexible tactile sensors for human-interactive systems: From sensors to advanced applications [J]. Advanced materials, 2021, 33 (47): 2005902.

[6] QU J, MAO B, ZHEN K, et al. Recent progress in advanced tactile sensing technologies for soft grippers [J]. Advanced functional materials, 2023, 33 (41): 2306249. 1-2306249. 32.

[7] 梁桥康，王耀南，孙炜. 智能机器人力觉感知技术 [M]. 长沙：湖南大学出版社，2018.

[8] 王俊峰，孟令启，等. 现代传感器应用技术 [M]. 北京：机械工业出版社，2006.

[9] 龙建勇. 面向机器人腕部力觉感知的多维力/力矩测量方法研究 [D]. 长沙：湖南大学，2022.

[10] 宋文绪，杨帆. 传感器与检测技术 [M]. 3 版. 北京：高等教育出版社，2023.

[11] LIU H P, WU Y P, SUN F C, et al. Recent progress on tactile object recognition [J]. International journal of advanced robotic systems, 2017, 14 (4): 1-12.

[12] 梁桥康，龙建勇，肖文星，等. 一种机器人仿人多手指联合触觉感知方法、系统和设备：CN202310829132. 4 [P]. 2023-09-08.

第 5 章　主动视觉感知与点云配准

导读

传统的视觉感知技术多基于被动式感知，即机器人仅通过接收外部环境提供的信息来进行分析和判断。然而，这种被动的方式在很大程度上限制了机器人的自主性和适应性。因此，本章引入了机器人主动视觉感知的概念。主动视觉感知强调机器人不仅要被动地接收环境信息，还要主动地去探索和交互环境，通过自身的动作来改变观察的角度和条件，以获取更丰富、更准确的感知数据。这种方式能够极大地提升机器人的自主导航、目标识别、场景理解等能力，使机器人能够在更广泛的场景中发挥作用。在主动视觉感知技术中，视角规划是一项核心技术。视角规划技术涉及如何根据任务需求和当前环境信息，规划出最佳的观测视角，以获取更丰富、更准确的视觉信息。视角规划技术不仅要求机器人能够自主决策，还需要它具备对环境变化的快速响应能力，以确保在复杂多变的场景中始终保持对环境的准确感知。本章将介绍视角规划的核心算法，包括视角规划的基本原理和基于强化学习的视角规划等。

从不同的视角观测到的数据需要转换到同一坐标系下，才能进行全局的特征提取，从而准确地完成识别、重建等任务。点云配准是实现这一功能的重要方法，因此，本章还将系统地介绍成对点云配准技术和多视角点云配准技术，其中涵盖了多种配准方法，包括经典的 ICP（最近点迭代）精配准算法、RANSAC（随机采样一致性）算法以及基于深度神经网络的配准算法等。

本章知识点

- 机器人主动视觉感知系统中的基本概念
- 视角规划的基本方法
- 基于强化学习的视角规划方法
- 点云及其配准
- 成对点云配准
- 多视角点云配准

5.1　机器人主动视觉感知系统中的基本概念

5.1.1　机器人主动视觉感知系统概述

随着机器人技术的蓬勃发展，机器人的作业环境日益非结构化，作业任务趋于柔性化，环境和任务的动态性对机器人的感知能力提出了越来越高的要求。例如，目标物体的大小、与摄像机（或相机）的距离以及任务的特定要求，均会随着观察对象或特征的不同而发生变化。未来的机器人不再局限于以一种固定的状态（一般指视觉传感器的位置和姿态）被动地获取外界环境信息，而是通过频繁地调整视觉传感器状态，以更加完善、准确、高效地感知外界环境。主动视觉感知技术便赋予了机器人一种独特的能力，即能够通过规划策略有效调整视觉传感器状态。

机器人主动视觉感知技术是人工智能领域的重要研究方向，为机器人提供了更广泛的应用前景和更高的智能化水平。视觉传感器和机器人本体机构是一个机器人主动视觉感知系统的核心硬件。传感器负责成像以采集环境数据，根据任务的不同，传感器类型选择有所区别。常用的视觉传感器包括二维相机、2.5D 相机、激光雷达、结构光扫描仪等；机器人本体机构在数据采集过程中作为执行机构，根据传感器提供的信息进行动作，携带并改变传感器的状态，从而完成数据采集任务。常见的机器人类型包括机械臂、移动机器人、无人机等。为机器人决策出“最佳的视觉角度”以获取所需的信息，是主动视觉系统中的一个核心技术挑战。本章的后续内容主要讨论如何规划决策传感器视角，即上述传感器状态，从而完成不同类型的感知任务。

主动视觉感知技术已应用到各个机器人作业任务中，其中应用较为成熟的场景有物体三维重建、目标识别、目标位姿估计、自主环境探索等。在不同的作业任务中，主动视觉感知所使用的视角规划方法有所区别。

1）物体三维重建与视角规划。物体三维重建是指从多个不同角度的视觉信息中提取目标信息，并将这些信息融合在一起，以重建目标的三维模型。这一过程对于文化遗产保护、航天航空、医学影像等众多领域都有着重要的应用价值。物体三维重建视角规划的主要目的是通过优化传感器的位置和姿态，以尽可能少的视角数量覆盖整个目标，从而获取足够的三维数据用于重建。

2）目标识别与视角规划。在目标识别中，仅利用一个视角的信息往往难以准确确认对象的类型。为了更精确地识别对象，需基于一个模型数据库做出关于对象类型的初步假设，通过进一步从多个不同视角获取关键信息，来减小这些假设的不确定性。这样的过程会持续进行，直到对象的类型能够被唯一且准确地确定。视角规划的目的是通过选择下一视角以最大化地消除这些初始假设集中的歧义。

3）目标姿态估计与视角规划。目标姿态估计中视角规划的思想与对象识别中的类似，但相较于目标识别，目标姿态估计不仅要匹配模型数据库中的模板，还需要准确地恢复其位置和姿态。因此，视角规划算法的设计通常会考虑如何找到有助于计算物体姿态的关键特征点。

4）自主环境探索与视角规划。自主环境探索中视角规划方法的主要目标是确定机器人在未知环境中的最佳观察位置和方向。其相较于上述三种任务需要考虑更多因素，如路径成本、信息增益、传感器不确定性、视角的可达性、观察范围、信息冗余等。

5.1.2　主动视觉感知基本工作流程

一个典型的主动视觉感知系统的工作流程，它集成了数据采集、全局数据更新、视角规划三个关键步骤。这三个步骤环环相扣，形成了一个闭合的循环，机器人主动视觉感知系统将不断执行这一循环，直至满足预设的终止条件。在循环的起始阶段，机器人会随机选择一个初始视角作为有效的观测位置。终止条件的设定通常基于具体任务目标，例如目标表面的扫描覆盖率、类别识别的准确度，或是工作空间中熵的降低程度等。视角规划在整个工作流循环中占据着核心地位。随着每一轮信息的收集与全局信息的更新，视角规划器会基于当前的环境状态和任务目标，动态地计算和更新下一个最佳视角（Next Best View，NBV），以确保机器人能够高效、全面地探索其周围环境。在全局数据更新的过程中，三维点云配准也是一项重要技术。

如图 5-1 所示，以一个航空发动机叶片自主测量系统为例，具体解释机器人主动视觉感知的基本工作流程。为了对异形叶片进行精确的分析，需要收集其完整的三维形状数据。而安装在工业机械臂末端的三维扫描仪从单一角度扫描只能获得部分数据，无法捕获到叶片表面的所有细节。因此，需要从不同的角度对叶片进行多次扫描获取不同的数据，并将这些数据进行拼接来得到完整的信息。视角是相对于固定坐标系的 6 自由度传感器位姿。机器人从一个初始视角扫描叶片，获得叶片局部表面数据；随后将局部表面数据融合到全局模型中；接着，将当前的全局模型输入到视角规划器中，计算出下一个扫描视角；最后控制机器人将传感器放置到规划出的下一视角，开始下一轮的扫描与融合，直至获得叶片的完整三维模型。

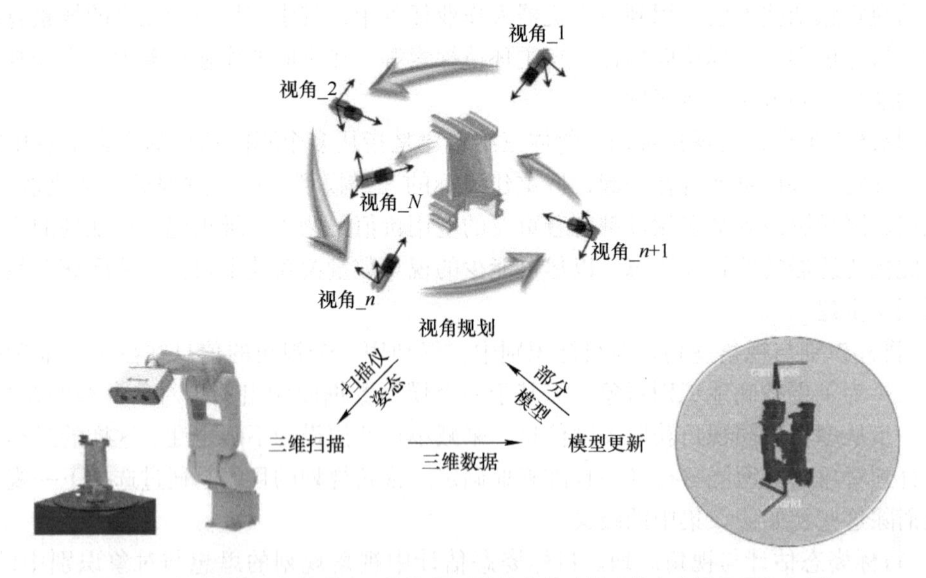

图 5-1　主动视觉感知的基本工作流程（以航空发动机叶片自主测量系统为例）

5.1.3　视觉规划数据表示

主动视觉系统中的视角规划是基于检测到的关于环境的信息实现的，环境或工作空间是指包含目标对象和自由空间的整个三维空间。主动视觉感知系统使用新获取的信息更新其环境模型，并使用更新后的环境模型指导视角规划。因此，用于表示环境信息的数据形式将影响视角规划策略的设计。本小节将介绍视角规划中常用的数据表示方法。不同的数据表示形式具有不同的特点和优势，如体素提供了三维空间的直接表示，三角网格能够高精度地描绘物体表面，而点云则直接从传感器获取详细的环境信息，图 5-2 为视角规划过程的数据表示。

a) 体素表示

b) 三角网格表示

c) 点云表示

图 5-2　视角规划过程的数据表示

在视角规划中，体素表示因其直观性和计算效率而备受青睐。它采用三维网格或类似的数据结构，如稀疏体素八叉树，来离散化并模拟复杂的三维环境。虽然体素表示在精确捕捉三维对象表面的微小细节上可能有所不足，但它在捕捉物体大致形状和体积方面表现出色。在视角规划中，体素表示的关键优势在于其能够提供一种高效的方式来评估光线或视线的传输。通过将环境离散化为体素网格，可以快速确定哪些区域是可见的，哪些区域被障碍物遮挡。这种快速评估对于视角规划中的实时性要求至关重要。此外，体素表示还能够在一定程度上平衡计算复杂性和数据表示的质量。通过调整体素网格的分辨率，可以根据具体应用的需求在精确度和计算资源之间进行权衡。较低的分辨率可以减少计算量，但可能会损失一些细节；而较高的分辨率则可以更精确地表示环境，但可能需要更多的计算资源。

三角网格表示则提供了一种高效且精确的方式来描述场景中的几何形状。三角网格表示通过将场景表面分解为一系列紧密相连的三角形来实现对场景表面的精确描述。这种表示方法能够有效地捕捉被扫描对象表面的细微变化，包括曲率、纹理和凹凸等细节。通过连接这些三角形，可以构建出一个完整的三维模型，该模型能够准确地反映场景中的几何信息。然而，三角网格表示也存在一些局限性。首先，更丰富的细节意味着需要更多的三角形来表示场景，这可能导致更高的计算成本。在视角规划中，计算成本是一个重要的考虑因素，因为需要在有限的时间内完成大量的计算任务。其次，三角网格只描述了被扫描对象的表面信息，而没有考虑对象内部的空间结构。这可能导致在某些情况下，无法准确地评估场景中对象的完整性。

点云表示是一种广泛使用的三维场景表示方法，点云表示中的每个点都包含了丰富的信息，不仅仅是空间坐标（即 x、y、z），还包括了反射强度以及可能的颜色信息。与体素表示相比，点云表示能够更精确地恢复对象的表面细节。因为点云表示直接由传感器测量的点组成，它能够捕捉到物体的精细轮廓和纹理信息，这对于视角规划中的场景理解和物体识别尤为重要。此外，点云表示在数据结构上相对简单，比三角网格表示更为直接。它不需要像三角网格那样进行复杂的连接和拓扑关系构建，从而降低了数据处理的复杂度和计算成本。这使得点云表示在视角规划中可以更加高效地进行处理和分析。然而，与三角网格表示类似，点云表示也存在一定的局限性。它主要描述了已知存在的物体表面，而无法直接描述未知和空白空间。这意味着在视角规划中，还需要结合其他技术或方法来推断和补充场景中的未知信息。

5.2 视角规划的基本方法

5.2.1 视角规划的基本方法原理

尽管针对不同感知任务的视角规划方法核心思想有所区别，但算法的框架大同小异。本节仅以物体三维重建任务作为示例，主要介绍两类不同的视角规划算法：基本方法和基于强化学习的视角规划算法。本节的后续内容介绍基于体素表示的视角规划方法。

视角规划算法旨在根据当前体素模型从候选视角集合中选择最优的下一视角。选择基于八叉树结构的概率占用图表示目标所在空间。在这种表示中，每个体素都与一个被占用的概率相关联。根据被占用的概率，将每个体素分类为三个类别：①占用（occupied）体素，表示传感器观测到的物体表面点；②空置（free）体素，表示未被占用空间；③未知（unknown）体素，表示传感器尚未观察到的空间。每个类别的体素均有一个占用概率区间，例如，未知体素的占用概率区间为［0.5，0.6］，空置体素的占用概率小于0.5，占用体素的概率大于0.6。图5-3所示为物体三维重建扫描视角规划物理仿真平台，可见性计算是在八叉树内部模拟扫描的过程，这种模拟能够确定给定传感器姿态下观察到的每个体素的类型。通常，可见性计算是通过均匀的射线追踪来实现的，它在地图内部发射一定数量的射线来模拟测距传感器，如图5-4所示。

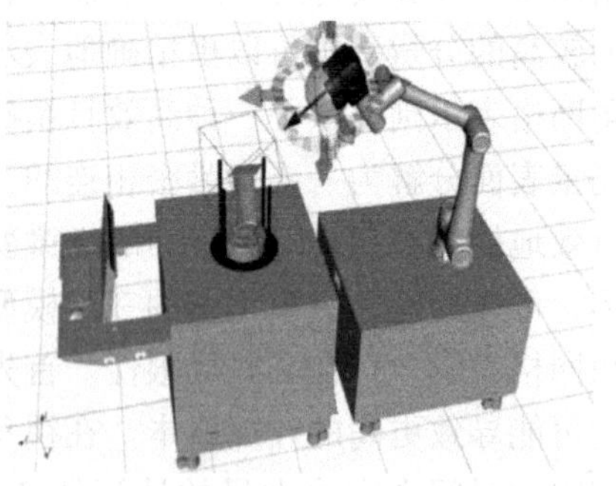

图5-3 物体三维重建扫描视角规划物理仿真平台

视角是视觉传感器相对于固定全局坐标系的位姿，为了在计算视角时能够更明确地表示机器人测量系统中各个刚体之间相对关系，为各个刚体自身建立了坐标系并为整个系统建立了全局坐标系。视角通过视觉传感器坐标系与全局坐标系之间的相对变换进行了定义，刚体之间的相对变换最常用变换矩阵进行描述。变换矩阵 $\boldsymbol{T}$ 是属于特殊欧式群的 4×4 齐次矩阵 $\begin{bmatrix}\boldsymbol{R} & \boldsymbol{t}\\ \boldsymbol{0} & 1\end{bmatrix}$，其中 $\boldsymbol{R}$ 是属于特殊正交群 SO(3) 的 3×3 旋转矩阵，$\boldsymbol{t}$ 是 3×1 的平移向量。图5-5

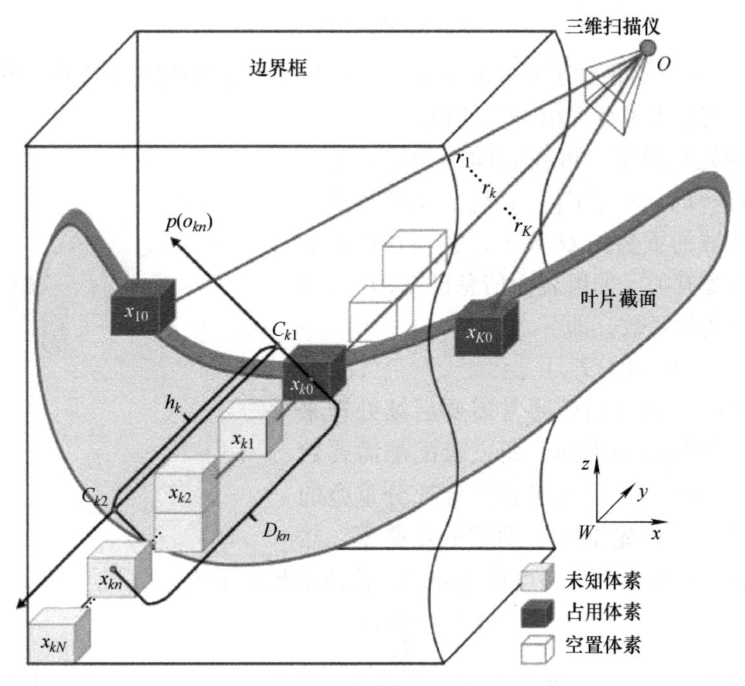

图 5-4　射线追踪技术示意图

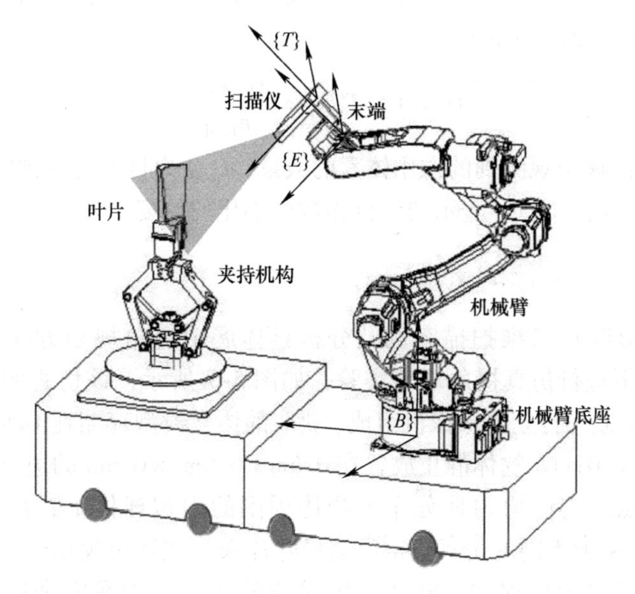

图 5-5　异形叶片机器人三维测量系统

所示为异形叶片机器人三维测量系统，在该系统中待测叶片固定于静止平台上，传感器装载在机械手的末端上，通过控制机械臂末端携带传感器从不同视角获取零部件的三维数据。$\{c:O_c-x_c\,y_c\,z_c\}$、$\{B:O_B-x_B\,y_B\,z_B\}$ 和 $\{E:O_E-x_E\,y_E\,z_E\}$ 分别表示传感器、工业机械手基座和末端执行器的坐标系。$\{W:O_W-x_W\,y_W\,z_W\}$ 表示世界坐标系，定义视角为 $\{c\}$ 相对于世界坐标系 W 的相对变换，用 ${}^{c}\boldsymbol{T}_W$ 表示。机械臂底座在测量过程是固定的，控制传感器移动时

需要将视角映射到末端执行器的笛卡儿空间，即

$$^{E}\boldsymbol{T}_{W}={}^{c}\boldsymbol{T}_{W}({}^{c}\boldsymbol{T}_{E})^{-1} \tag{5-1}$$

式中，$^{E}\boldsymbol{T}_{W}$ 为末端执行器相对于基座的变换矩阵；$^{c}\boldsymbol{T}_{E}$ 为传感器相对于末端的执行器的变换矩阵，通过手眼标定技术可计算出 $^{c}\boldsymbol{T}_{E}$ 的值。

给定目标的先验模型，可在它周围预定义了一个视角空间 $\Phi={}^{c}\boldsymbol{T}_{W}^{1},\cdots,{}^{c}\boldsymbol{T}_{W}^{i}\cdots,{}^{c}\boldsymbol{T}_{W}^{l}$，如图 5-6 所示。不同扫描区域的重叠用 O 表示，它与物体表面结构和传感器位姿有关。如果表面信息已知，O 可以表示为传感器位姿的函数，即

$$O=\Gamma({}^{c}\boldsymbol{T}_{W}^{i}) \tag{5-2}$$

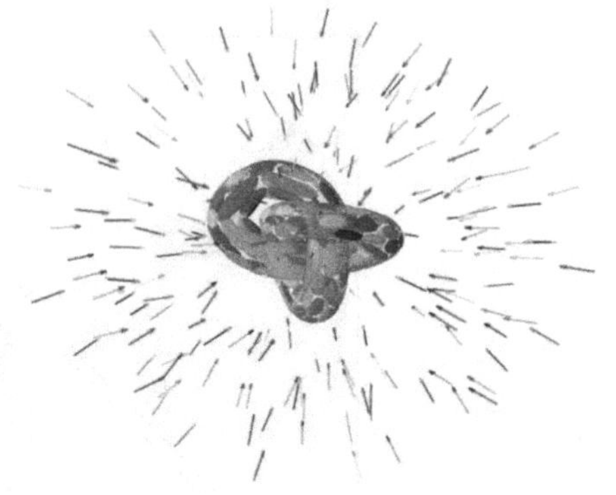

图 5-6　预设视角空间示意图

获取到对象的局部数据后通常需要后续处理来提高建模精度，例如点云配准，而点云配准需要数据间含约有 50% 重叠区域。为了在保证充分重叠的同时获得新的信息，首先给定了期望的重叠率。然后，将视角规划建模成一个重叠度优化问题，代价函数表示为

$$^{c}\boldsymbol{T}_{W}^{*}=\min_{^{c}\boldsymbol{T}_{W}^{i}}(O-O^{*}) \tag{5-3}$$

式中，$^{c}\boldsymbol{T}_{W}^{*}$ 为 NBV（下一最优视角）；O^{*} 为期望重叠度；$^{c}\boldsymbol{T}_{W}^{i}$ 为视角空间 Φ 中的候选视点。

基于给定的先验对象体素模型，采用了射线跟踪技术对视角进行评价。对于一个视角 $^{c}\boldsymbol{T}_{W}^{i}$，重叠度与视角位姿的关系为

$$O^{i}=\Gamma({}^{c}\boldsymbol{T}_{W}^{i})=\frac{n({}^{c}\boldsymbol{T}_{W}^{i})}{n_{\text{total}}} \tag{5-4}$$

式中，$n({}^{c}\boldsymbol{T}_{W}^{i})$ 为当前视角观测到的占用体素的数量；n_{total} 为目前观测到的占用体素总量。

最后，NBV 是使式（5-3）表示的代价函数最小化的位姿。

5.2.2　视角规划基本方法的仿真测试

本小节通过异形叶片三维扫描案例及分析具体展示视角规划方法运行过程。首先在 ROS-GAZEBO 环境下进行仿真视角规划实验，如图 5-7 所示，该仿真实验平台主要由仿真叶片和 6 自由度无碰撞飞行立体摄像机组成。获取的体素模型存储在 OctoMap 中，其分辨率为 0.01m×0.01m×0.01m。物体静止放置在 0.6m×0.6m ×0.6m 的边界框中。视角空间 Φ 包含 288 个候选视点，它们均匀地分布于物体周围的虚拟球体上，且 Z 轴面向物体。如图 5-8所示，使用了 4 种不同的仿真航空发动机叶片来测试视角规划算法的性能。由于在仿真环境下不存在传感器定位误差，叶片三维重建的结果认为是完全准确的。图 5-9 为在 $O^{*}=0.6$ 时对 4 个不同仿真叶片估计 OctoMap 的演化过程。图 5-10 为在 $O^{*}=0.6$ 时对不同物体的点云重建模型。

5.2.3　视角规划基本方法在实际机器人系统上的测试

图 5-11 所示为机器人测量系统对实际叶片三维重建进行测试。该机器人系统配备了一个 YASKAWA DX200 型号的 6 自由度工业机械臂，并将用于实验的异形叶片通过夹具夹持

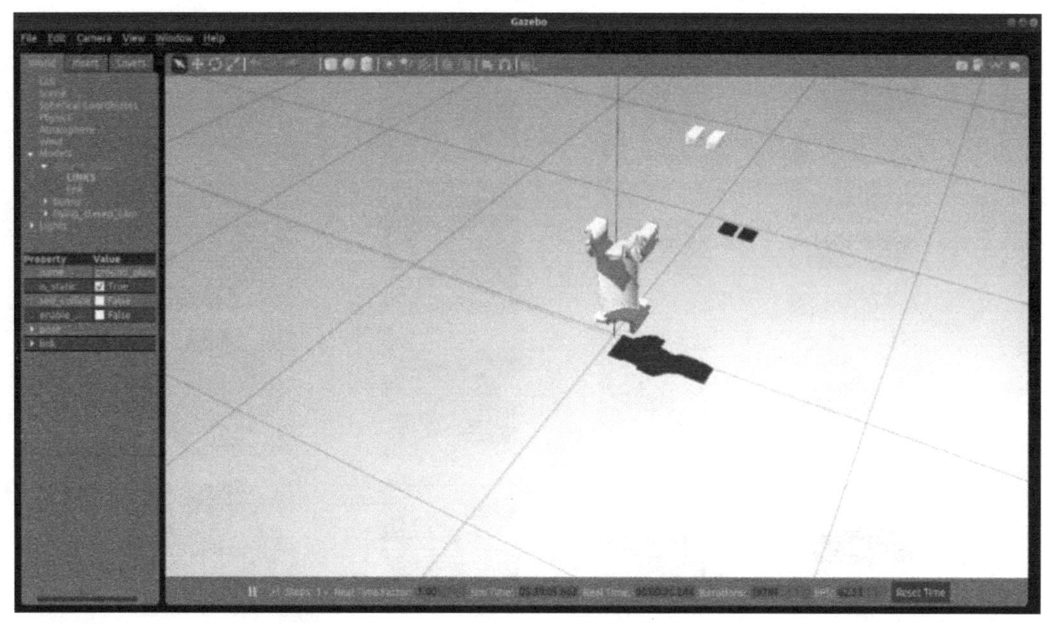

图 5-7　异形叶片扫描 ROS- GAZEBO 仿真平台

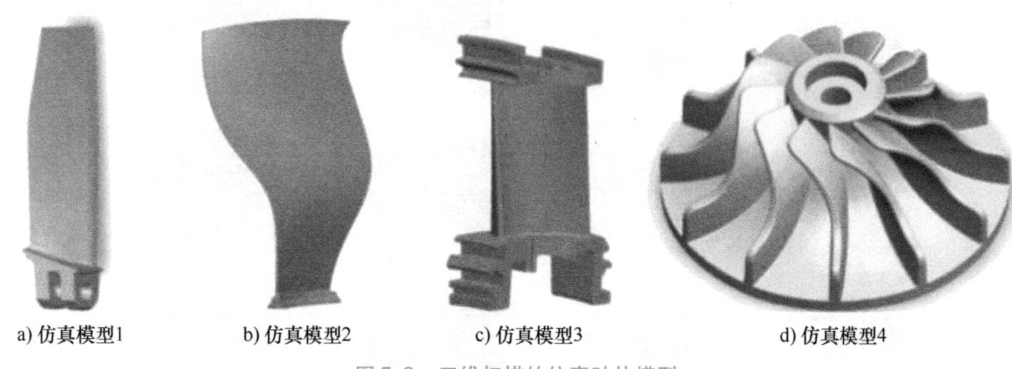

a) 仿真模型1　b) 仿真模型2　c) 仿真模型3　d) 仿真模型4

图 5-8　三维扫描的仿真叶片模型

固定于末端。一台 Cognex ES- A5000 双目结构光摄像机静止安装在固定平台上。该型号双目结构光摄像机能够同时捕捉图像、点云以及物体表面的深度图像。取末端执行器的坐标系为世界坐标系 W。由于扫描仪是固定的，只能通过控制末端执行器位姿来改变视角，视角是由仿真实验中所用到的相同软件来确定。在该实验系统中，视角表示为

$$^{c}\boldsymbol{T}_{E} = {^{E}\boldsymbol{T}_{B}}^{-1}\,{^{c}\boldsymbol{T}_{B}} \tag{5-5}$$

式中，c 为点云空间的坐标系；$^{E}\boldsymbol{T}_{B}$ 为末端执行器相对基座的坐标变换；$^{B}\boldsymbol{T}_{c}$ 为点云空间坐标系相对基座的坐标系。$^{E}\boldsymbol{T}_{B}$ 可以通过控制机械臂改变，$^{B}\boldsymbol{T}_{c}$ 是固定但未知的，所以需要标定 $^{c}\boldsymbol{T}_{B}$ 。如图 5-11 所示，首先通过双目摄像机中的左视摄像机标定出 Phys3D 与末端坐标系之间的相对变换 $^{E}\boldsymbol{T}_{P}$，Phys3D 为图 5-11 所示的定义在标定板上的坐标系。控制机械臂使得标定板坐标系与深度图像坐标系的 x 轴和 y 轴重合，即可通过深度图读取标定板坐标系与点云坐标系之间的相对变换 $^{P}\boldsymbol{T}_{c}$ ，同时记录下末端相对基座的相对变换 $^{E}\boldsymbol{T}_{B}$ 。最后点云坐标系与基座坐标系之间的相对变换可以通过下式计算：

$$^{B}\boldsymbol{T}_{c} = {^{P}\boldsymbol{T}_{c}}\,{^{E}\boldsymbol{T}_{P}}\,{^{E}\boldsymbol{T}_{B}^{-1}} \tag{5-6}$$

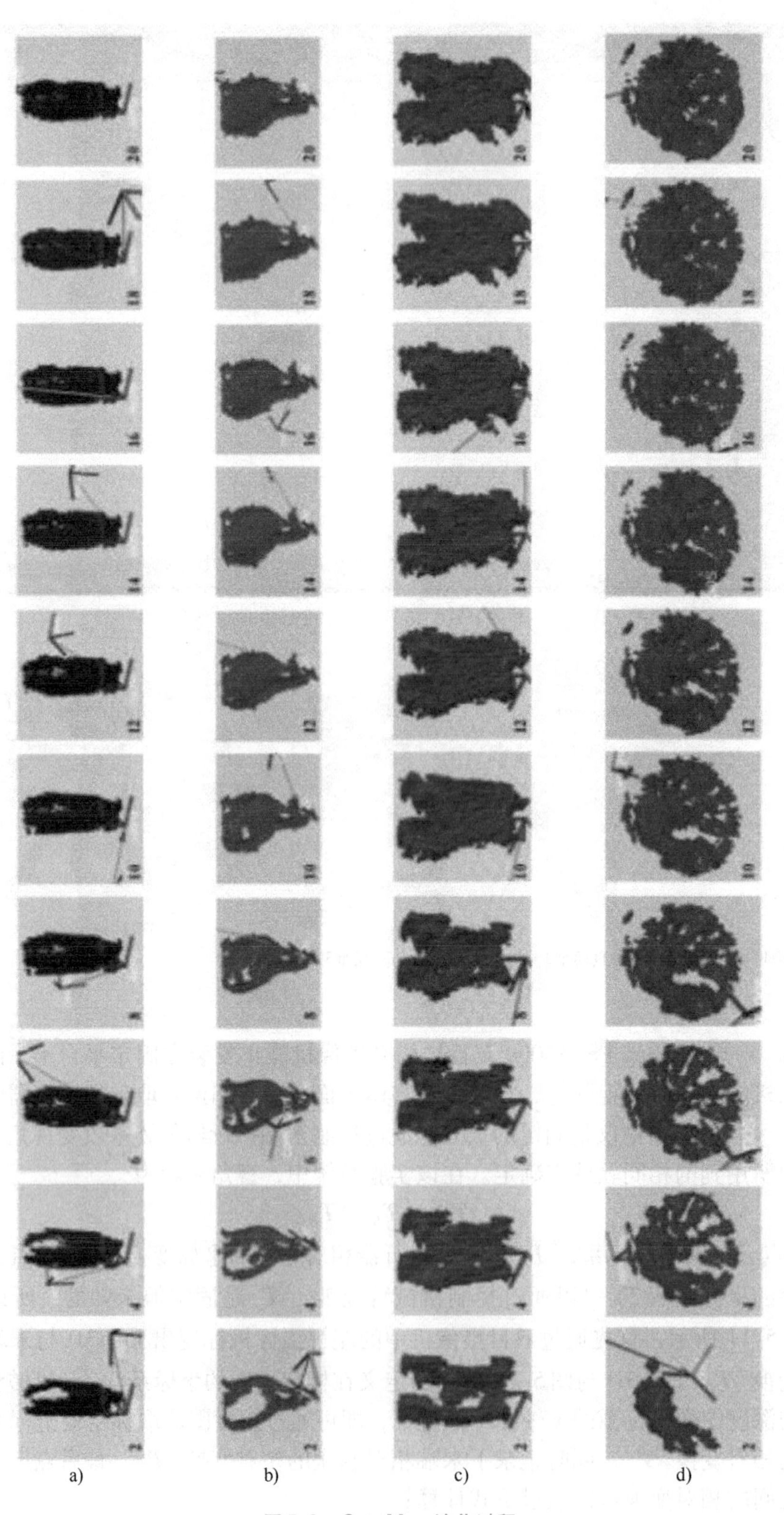

a)　　b)　　c)　　d)

图5-9　OctoMap 演化过程

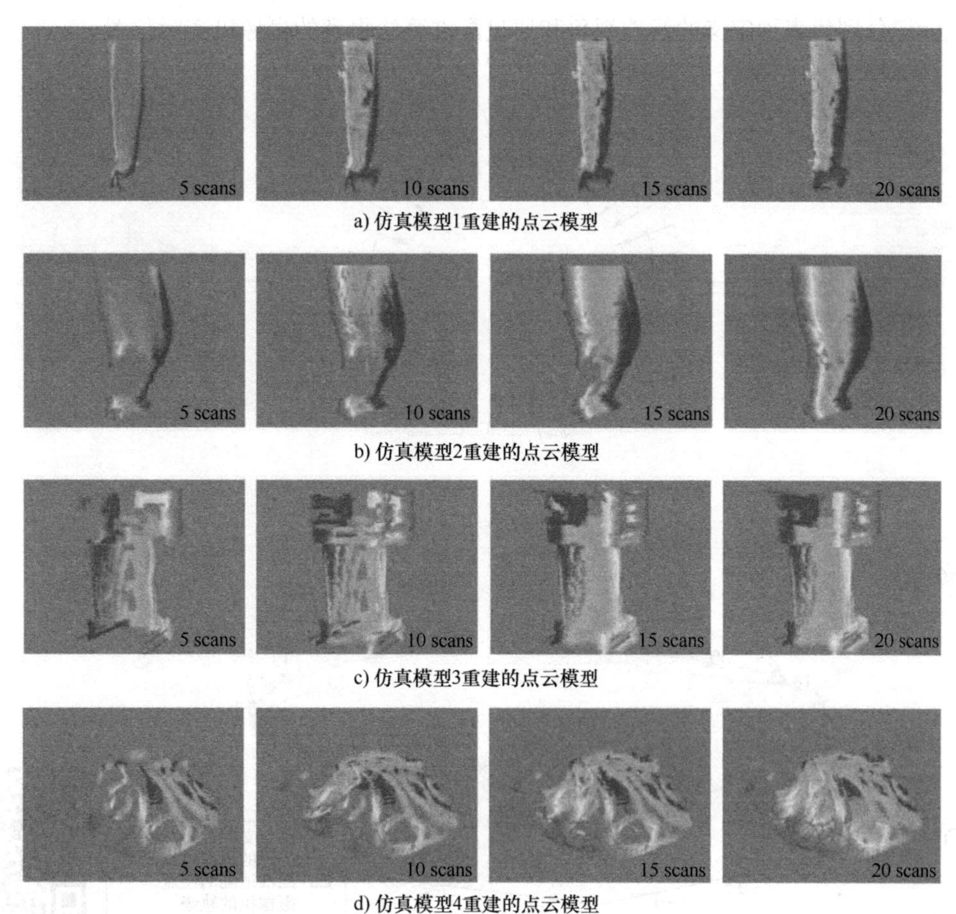

图 5-10　重建的点云模型演化过程

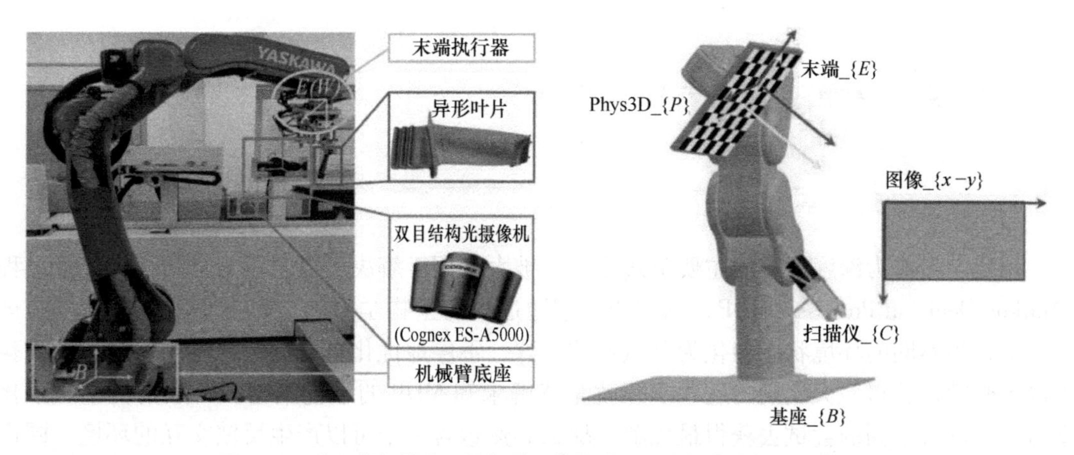

图 5-11　实际的机器人三维扫描硬件构成及手眼标定坐标系示意图

如图 5-12 所示，选择 40 个位姿构成一个视角空间。考虑到在控制机械臂定位到 NBV 时存在定位误差，所以采用 ICP 算法估计扫描仪位姿来减小误差对测试结果的影响。如果配准失败，将放弃扫描的点云。

图 5-13 为不同的视角规划方法确定的摄像机位置轨迹，图中标记了位置的顺序。蓝色

和绿色标记分别代表预定义的候选视角和通过配准算法得到的摄像机实际位置。

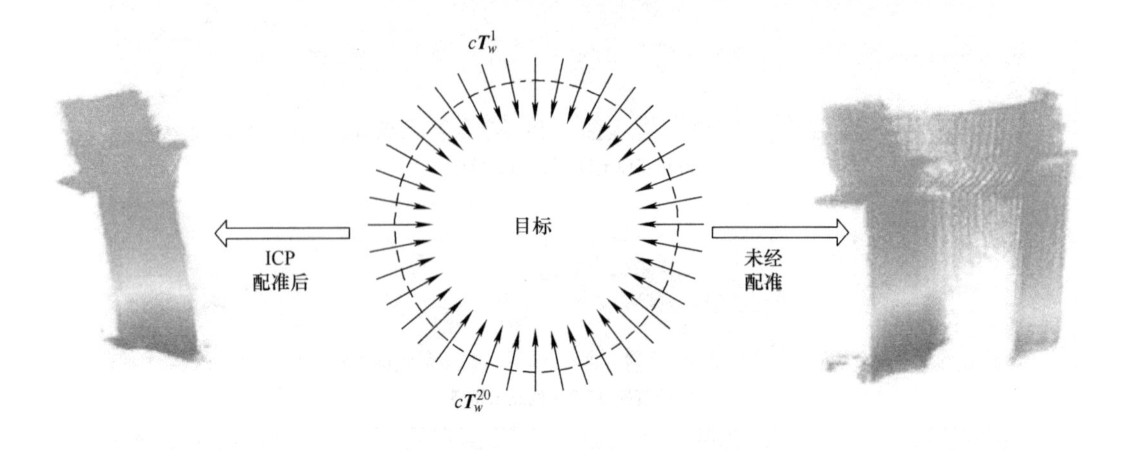

图 5-12 配准/未配准的叶片点云模型

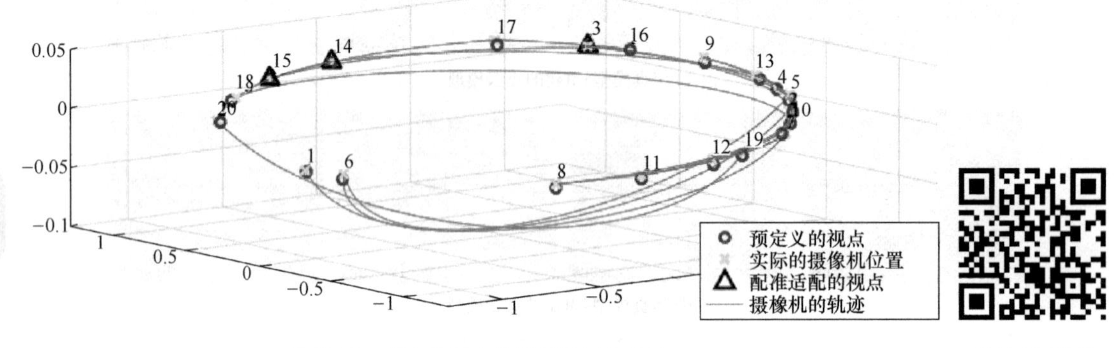

图 5-13 视角规划方法得到的视角轨迹

图 5-13 彩图

5.3 基于强化学习的视角规划方法

5.3.1 强化学习的基本原理

强化学习作为深度学习的主要范式之一，被大量用于解决可以表示为马尔科夫决策过程（Markov Decision Process，MDP）的问题。它通过模仿生物学习的过程，不断地在环境中进行尝试，将不同的环境状态转化为可执行的步骤，不停地优化自己的行为达到最终目标，赢得最大奖励，获得最大奖励的这些步骤就是待解未知 MDP 的最优策略。一般情况下，强化学习需要进行不同的尝试去获得最优解，那么必然包含一个可以产生反馈交互的环境，同样地，还有一个能够与环境进行交互的实体，一般称之为智能体，它代表了 MDP 问题中的学习者或决策者。智能体与环境之间的交互如图 5-14 所示，通过智能体与环境进行动态交互，在不同的环境变化中学习最优的动作，从而获得最大的累计奖励。

假设智能体和环境都在某一时刻 t，当前的环境状态为 $s_t(s_t \in S)$，那么智能体将对环境做出判断，在 t 时刻应该执行动作 $a_t(a_t \in A)$，在实际情况中，智能体和环境进行交互后环境将发生变化，因此，需要使用概率转移函数 $P(s_{t+1} \mid s_t, a_t)$ 确定环境的变化，获得时刻 $t+1$ 的状态 $s_{t+1}(s_{t+1} \in S)$，同时可以获得这一次与环境交互的即时奖励 $r_{t+1} = R(s_t, a_t)$。强化学习就是在不断重复整个交互过程，只有在与环境交互达到上限或取得目标后才会停止，开始新一轮的尝试，最终目的就是找到最大的累计奖励。在实际情况中，最大回报不能只考虑当前情况，还需考虑后续步骤才能达到全局最优，但预期回报并非即时奖励，不能直接进行累计，需要添加折扣 γ 折算到当前回报中，因此累计折扣回报 G_t 可表示为

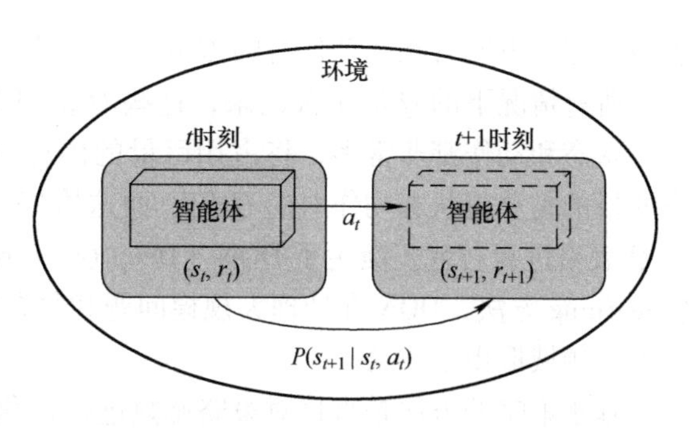

图 5-14　智能体与环境之间的交互示意图

$$G_t \doteq r_{t+1} + \gamma r_{t+2} + \gamma^2 r_{t+3} + \cdots = \sum_{k=0}^{\infty} \gamma^k r_{t+k+1} \tag{5-7}$$

根据马尔可夫决策过程，智能体和环境进行交互时，不同的状态将使智能体做出不同的决策，而不同的动作会带来不同的奖励回报。由于智能体与环境交互后会有概率转移到多个不同的后继状态，G_t 会是一个随机变量，为了处理这个问题，引入了状态值函数（State-value Function）和动作值函数（Action-value Function），采用期望对累计回报进行评估：

$$V^{\pi}(s) \doteq \mathbb{E}^{\pi}[G_t \mid s_t = s] = \mathbb{E}^{\pi}\left[\sum_{k=0}^{\infty} \gamma^k r_{t+k+1} \mid s_t = s\right] \tag{5-8}$$

$$Q^{\pi}(s,a) \doteq \mathbb{E}^{\pi}[G_t \mid s_t = s, a_t = a] = \mathbb{E}^{\pi}\left[\sum_{k=0}^{\infty} \gamma^k r_{t+k+1} \mid s_t = s, a_t = a\right] \tag{5-9}$$

状态值函数 $V^{\pi}(s)$ 表示从状态 s 开始，按照策略 π 执行能够获得的回报值。而动作值函数 $Q^{\pi}(s,a)$ 则指的是，在状态 s 时，智能体采用动作 a，遵循策略 π 可以获取到的期望回报。假设当前有一个最优策略 π^*，根据值函数的定义可知，最优状态值函数 $V^*(s) \doteq \max_{\pi} V^{\pi}(s)$ 并且最优动作值函数 $Q^*(s,a) \doteq \max_{\pi} Q^{\pi}(s,a)$。因此，在值函数收敛后，就能获得最优动作：

$$\pi^*(s) = \underset{a \in \mathcal{A}}{\operatorname{argmax}} \sum_{s' \in \mathcal{S}} P(s' \mid s,a)[R(s,a) + \gamma V^*(s')], \forall s \in \mathcal{S} \tag{5-10}$$

$$\pi^*(s) = \underset{a \in \mathcal{A}}{\operatorname{argmax}}\, Q^*(s,a), \forall s \in \mathcal{S} \tag{5-11}$$

在通过状态价值函数计算动作时，对于任何 V^* 来说，采用贪婪策略就是最优策略，为了获得最优的累积回报，需要将后续的状态奖励也加入进来，通过多计算下一步奖励获得最优动作。而对于动作价值函数来说，在确定 Q^* 的情况下，使得 Q 值最大的动作即是最优动作。

目前，主要的强化学习方法主要分为三大类：①基于价值函数的方法；②基于策略的方法；③基于价值与策略结合的方法。基于价值函数的方法的核心思想在于寻找一个价值函数，主要基于环境给出的奖励信号进行调整，根据状态-动作计算价值，再根据价值函数指导动作。最为经典的基于价值函数的方法莫过于 Q-learning 了，它不需要任何与环境相关的模型，能够利用时序差分误差对状态动作对进行迭代。在简单的任务中，将会构造一张 Q

表格，记录下所有状态动作对的 Q 值，通过与环境的交互对表格进行更新。在若干次任务后，所有情况下的 Q 值都被记录，这些 Q 值将为智能体的策略提供指导。但在大部分问题中，状态和动作都非常多，将占用巨量的内存空间，使用 Q 表格显得不太实际。由于 Q 表格的目的是获得状态动作对的 Q 值，而这恰好是神经网络的强项，因此采用深度神经网络对 Q 表格进行替代，诞生了 DQN（Deep Q-Learning Network，深度 Q-网络）。相比于传统的 Q-learning 方法，DQN 在处理大规模问题和复杂环境时表现出了更好的性能和泛化能力，在多个表领域取得了成功。

基于策略的方法是直接对策略函数进行优化，一般采用梯度上升或下降获取最优策略。其中，策略又分为随机性策略和确定性策略两种类型，随机性策略从最佳动作概率分布中输出动作，而确定性策略直接估计最佳动作，两种类型的最终目标都是通过最大化性能函数来获得最大回报。REINFORCE 作为最经典的策略梯度算法，尽管它的算法核心非常简单，但依然解决了大量较为复杂的强化学习问题。该算法的主要步骤为：

步骤 1：随机生成一个策略（初始化策略网络）。

步骤 2：根据当前策略和环境交互，获得奖励。

步骤 3：根据当前累计回报，更新策略（更新策略网络）。

步骤 4：重复步骤 2 和 3 直至达到目标。

基于价值与策略结合的方法结合了价值估计方法与策略优化方法的特点，一般被称为演员-评论家（Actor-Critic，AC）算法，同时对最优 Q 值以及最优策略进行学习。当前最具有代表性的 AC 算法为 Soft Actor-Critic（SAC）算法，该算法使用 Actor 和 Critic 两部分，其中 Actor 采用的是策略函数，将通过与环境交互来选择动作；Critic 采用的是价值函数，负责评估当前动作并指导其下一状态下的动作，最终策略网络的输出即为最优动作。同时，为了解决强化学习容易收敛到局部最优的问题，还引入了最大熵的理论，根据不同的策略调整熵值，使其具备了高效的探索能力和稳健的性能优势。

5.3.2 视角规划强化学习的建模

视角规划（View Point Planning，VPP）问题通常涉及复杂和不确定的环境，传统的规划方法难以找到最优解，而强化学习可以适应这种不确定性，通过与环境的交互来探索最优策略。视角规划问题简单来说就是，如何确定最少数量的摄像机视角，以满足覆盖要求的问题。该问题的传统解决方法常用贪婪算法，但它不能保证得到最优解，并且随着模型复杂程度的加深，策略也随之变得更复杂，算法也更难以设计。通过强化学习的不断尝试，可以学习到最佳的规划策略，从而实现高效的规划。如何将强化学习用于视角规划上呢？从前面的章节中了解到，需要将视角规划问题转化为一个马尔可夫决策过程，才能用强化学习方法来解决。其核心工作是如何合理地定义一个 MDP 问题的元组 (S,A,R,γ)，并根据定义的动作空间和状态空间选择合适的强化学习模型进行训练。其中，S 和 A 分别表示状态空间和动作空间，R 表示收获的奖励，γ 表示奖励折扣因子。

以下介绍一种在离散动作空间下基于 Deep Q-Network（DQN）强化学习框架的视角规划方法。建立视角规划 MDP 模型的一种较为直接方式就是将预定义的视角集合作为动作空间 A，并以扫描物体的体素模型作为状态空间 S。视角规划的两个基本目标是：①扫描到物体更多的信息；②所需扫描次数尽可能少。回报函数将引导强化学习的训练过程，为了使得智

能体能尽可能达成上述两个目标，回报函数可以定义为

$$R_t = \begin{cases} \alpha \Delta I - p, & I < I_{\text{terminal}} \\ R\_\text{max}, & I \geq I_{\text{terminal}} \end{cases} \tag{5-12}$$

式中，α 为获取到的新信息的在回报函数中所占比例；p 为每多一步给予的惩罚因子；ΔI 为获取的信息的度量；I 为获取到的信息总量度量；R_max 为最大回报值；I_{terminal} 为获取到的信息总量的终止阈值。

DQN 的初衷是解决 Q-learning 在状态空间连续时无法用表格储存价值函数的问题，其用一个神经网络来回归动作-价值函数 $Q(s,a;w)$，w 为神经网络参数。因此，还需要构建一个输入为状态、输出为 Q 值的神经网络。考虑到状态空间为体素模型，可以采用体素卷积神经网络回归动作价值函数。视角规划 DQN 的训练过程见算法 1。

算法 1：视角规划 DQN

1：Repeat
2：　　初始化动作-价值函数网络，输入状态 s_t，输出 s_t 下的所有视角的 Q 值；
3：　　通过策略（如 ε-greddy）选择下一视角 a_t；
4：　　控制智能体执行 a_t，量化在视角 a_t 下获得的新状态 s_{t+1}；
5：　　计算 TD 目标：$y_t = r_t + \gamma \cdot \max_a Q(s_{t+1}, a; w)$；
6：　　计算损失函数：$L = \frac{1}{2}[y_t - Q(s,a;w)]^2$；
7：　　更新 Q 网络参数；
8：　　判断是否结束训练；
9：**return** Q 函数；
10：根据训练的 Q 函数选择视角集合；
11：**return** 视角集合；

5.4　点云及其配准

5.4.1　点云数据

点云数据是一种通过采样三维空间中物体表面点来表示几何形状的形式，通常由激光雷达（LiDAR）、结构光扫描仪、飞行时间（TOF）摄像机或立体视觉系统等设备获取。激光雷达通过发射激光脉冲并测量反射回来的时间来确定物体的距离，具有高精度和远距离测量能力，广泛应用于无人驾驶和地形测绘。结构光扫描仪使用已知图案的光投射到物体表面，通过摄像机捕捉变形后的光图案，计算出三维坐标，适用于高精度近距离扫描，如工业检测和文物保护。TOF 摄像机利用光脉冲飞行时间差来测量距离，具有快速采集和实时成像的优势，常用于机器人和手势识别。立体视觉系统通过两台或多台摄像机捕捉物体的不同视角图像，利用视差原理重建三维信息，适用于成本较低的场景，如无人机测绘和虚拟现实。每种技术在点云数据的密度、精度和适用场景上有所不同，需要根据具体应用需求选择合适的采

集方法，以确保数据质量和系统性能。

点云中的每个点都包含了其在三维空间中的坐标，有时还包括颜色、强度等附加信息。点云数据在计算机视觉、自动导引车（AGV）导航、三维重建、无人驾驶等场景有着广泛的应用。点云数据具有以下特点：

1）离散性：点云是三维空间的离散表示形式，每个点都由其三维坐标（x,y,z）表示，有时还包含颜色、强度等附加信息。

2）无序性：点云通常是无序的，即点的排列没有特定顺序，这使得传统的图像处理方法难以直接应用。

3）密度不均匀：在采集过程中受到传感器分辨率和距离的影响，点云密度和分辨率可能不均匀。

4）数据量大：点云体量大，尤其是高精度扫描会生成大量数据点，需要有效的存储和处理方法。

5）不规则性：因受环境因素影响，点云数据可能包含误差和缺失点，需进行预处理，如去噪和补全。

总的来说，点云数据为三维空间信息提供了丰富且详细的表示，但也带来了处理和分析上的挑战。

5.4.2 点云配准的概念

点云配准是指将不同视角或不同时间获取的多组点云数据对齐的过程，旨在找到一个或多个变换矩阵，使得点云之间的对应点尽可能重合。点云配准问题的核心在于确定最佳的刚体变换参数，以最小化配准误差。这一过程在机器人导航、无人驾驶、三维重建医学影像处理等应用中也尤为重要。在机器人导航中，点云配准帮助机器人准确地构建和更新环境地图，实现自主导航与避障。在无人驾驶领域，配准技术用于整合来自不同传感器的数据，精确定位车辆位置，提升行驶安全性。在三维重建中，配准技术使得多视角的扫描数据可以准确对齐，生成完整的三维模型。在医学影像处理中，配准技术用于将不同时间点或不同模态的医学扫描数据对齐，以便医生更好地观察病变区域和制定治疗方案。此外，点云配准还应用于文化遗产保护、建筑施工监控、虚拟现实等多个领域，为各行各业提供精确的三维数据支持和分析手段。

点云配准问题可分为成对点云配准和多视角点云配准，前者将两个不同坐标系下的点云变换到一个坐标系下，后者则将多个不同坐标系下的点云变换到一个坐标系下。多视角点云配准可以通过多次运用成对点云配准来完成，因此成对点云配准是多视角点云配准的基础，但也有一些方法不通过成对点云配准而直接将多个点云变换到一个坐标系下。

5.5 成对点云配准

成对点云配准是指将两组点云数据进行对齐的过程，以找到一个最佳的刚体变换（包括旋转和平移），使得两组点云在空间上尽可能重合。成对点云配准通常涉及以下几个步骤：首先，选择初始对齐方式，通过全局或粗配准方法，如基于特征的匹配，提供一个初始变换估计；接下来，使用精确配准算法，如 ICP，通过迭代优化进一步微调变换参数，以最小化两组点云之间的误差。成对点云配准是实现多视角数据融合的基础，其准确性和效率对后续数据处理和应用有着重要影响。

5.5.1　问题定义

成对点云配准问题可以在数学上定义为一个优化问题，即通过求解数据集之间的最佳旋转和平移，使得数据集重叠区域之间的距离在适当的度量空间中最小。给定两组点云数据，源点云 $P=\{\boldsymbol{p}_i \in \mathbf{R}^3 \mid i=1,2,\cdots,N\}$ 和目标点云 $Q=\{\boldsymbol{q}_j \in \mathbf{R}^3 \mid j=1,2,\cdots,M\}$，目标是找到一个刚体变换，包括旋转矩阵 $\boldsymbol{R} \in \mathrm{SO}(3)$ 和平移向量 $\boldsymbol{t} \in \mathbf{R}^3$，使得源点云经过变换后的点云 $\boldsymbol{R}P+\boldsymbol{t}$ 与目标点云 Q 对齐。

5.5.2　全局（粗）配准算法

全局（粗）配准算法旨在提供一个初始的变换矩阵，特别是在没有先验位姿信息的情况下，全局配准算法能够处理较大的初始错位和噪声。常见的全局配准算法通常利用特征描述子提取点云的显著特征，并通过匹配这些特征来估计初始变换。然后，利用 RANSAC（随机采样一致性）算法在噪声数据中寻找最佳匹配。全局配准算法为后续的精确配准提供了良好的起点，在复杂环境和多视角三维重建中发挥着重要作用。

点云特征描述子是一种用于描述点云中特征点局部几何和拓扑结构的向量表示，旨在捕捉点云中每个特征点的独特属性，以便进行匹配和识别。常见的点云描述子包括自旋图像（Spin-image）、三维形状上下文（3D Shape Context）、点特征直方图、快速点特征直方图、方向直方图签名等，它们通过分析特征点周围邻域的几何关系，如点的法向量、曲率，以及相对位置等，生成具有旋转不变性和尺度不变性的描述子。这些描述子在点云配准、物体识别、分类和语义分割等任务中起到关键作用，通过提供可靠的特征匹配信息，增强了算法的鲁棒性和精度。点云特征匹配是指在两组或多组点云数据中找到对应特征点对的过程，如图 5-15 所示。通过比较特征描述子，使用距离度量如欧几里得距离、余弦相似度等，找到相似度最高的特征点对。然后，通过筛选和验证匹配对，去除误匹配，以确保匹配的准确性。

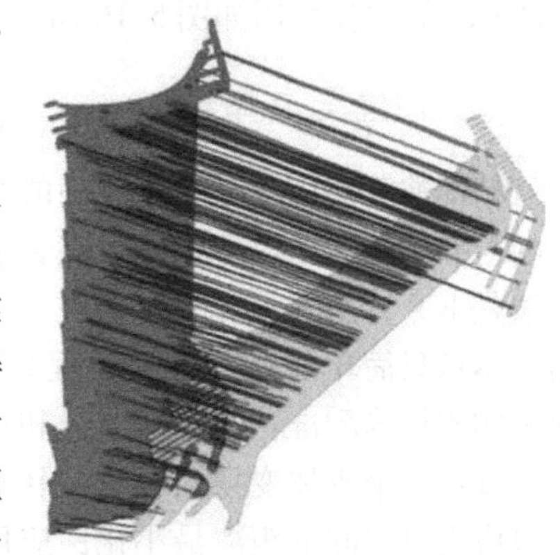

图 5-15　点云特征匹配示意图

刚性配准旨在确定目标点云相对源点云的刚性坐标变换 $[\boldsymbol{R},\boldsymbol{t}]$，在特征匹配等方法确定待配准两个点云的匹配点对后，可以将变换矩阵求解定义为如下最小化方差优化问题：假设 $\boldsymbol{p}_{i(k)}$ 和 $\boldsymbol{q}_{j(k)}$ 是成对的匹配点，并且有 K 对点是正确匹配的，$1 \leqslant K \leqslant \min\{N,M\}$。刚性变换 $[\boldsymbol{R},\boldsymbol{t}]$，应使得距离均方最小，即

$$\mathbb{D}(\boldsymbol{R},\boldsymbol{t})=\frac{1}{K}\sum_{K}^{k}\|\boldsymbol{R}\boldsymbol{p}_{i(k)}+\boldsymbol{t}-\boldsymbol{q}_{i(k)}\|^2 \tag{5-13}$$

定义源点云和目标点云的质心分别为 $\bar{\boldsymbol{p}}$ 和 $\bar{\boldsymbol{q}}$：

$$\bar{\boldsymbol{p}}=\frac{1}{K}\sum_{K}^{k}\boldsymbol{p}_{i(k)},\bar{\boldsymbol{q}}=\frac{1}{K}\sum_{K}^{k}\boldsymbol{q}_{j(k)} \tag{5-14}$$

则优化问题式（5-13）的解为

$$\boldsymbol{R}=\boldsymbol{V}\boldsymbol{U}^{\mathrm{T}},\boldsymbol{t}=\overline{\boldsymbol{q}}-\boldsymbol{R}\,\overline{\boldsymbol{p}} \tag{5-15}$$

式中，$\boldsymbol{U}$ 和 $\boldsymbol{V}$ 分别为奇异值分解 $\boldsymbol{U}\boldsymbol{S}\boldsymbol{V}^{\mathrm{T}}=\mathrm{SVD}(\boldsymbol{H})$ 的结果；

$\boldsymbol{H}$ 为交叉协方差矩阵，即

$$\boldsymbol{H}=\sum_{K}^{k}(\boldsymbol{p}_{i(k)}-\overline{\boldsymbol{p}})(\boldsymbol{q}_{j(k)}-\overline{\boldsymbol{q}})^{\mathrm{T}} \tag{5-16}$$

然而，特征匹配得到的对应关系在三维点云中并不一定完全对应，这些对应关系称为错误匹配。它们会对上述求解过程带来误差，从而降低得到的变换矩阵的精度。为了提高配准的精度，需提高特征匹配的准确度。一种可行的方式是采用随机采样一致性（RANSAC）算法来降低误匹配的影响。RANSAC 算法是一种用于模型拟合的鲁棒估计算法，特别适用于含有大量噪声和离群值的数据集。其核心思想是通过随机抽样来寻找最佳模型参数：首先，从数据集中随机选取一个最小样本子集，并用该子集拟合模型；然后，评估整个数据集中有多少数据点与该模型一致，即计算内点的数量；重复上述过程多次，最终选择内点数量最多的模型作为最终结果。RANSAC 算法通过有效处理噪声和离群点，提高了模型拟合的准确性和稳定性，RANSAC 算法流程图如图 5-16 所示。

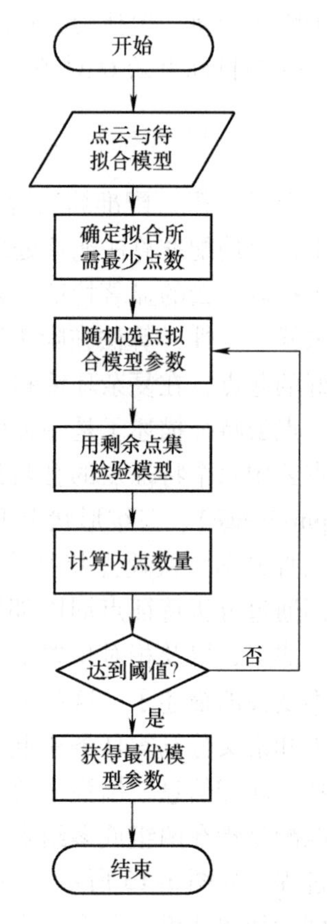

图 5-16　RANSAC 算法流程图

5.5.3　精确配准算法

精配准算法用于在初步对齐的基础上进一步优化点云之间的对齐精度，以最小化两组点云的误差。最常用的精配准算法是 ICP 算法（该算法已经在第 3 章进行了较为详细的介绍，本章只简单概述其计算过程），它通过反复迭代以下步骤来实现精确配准：找到源点云和目标点云之间的最近邻点对；计算一个刚体变换，包括旋转矩阵和平移向量，使得这些对应点对之间的距离最小化；应用该变换更新源点云的位置。迭代过程持续到误差收敛到一个小于预设阈值的范围内。

尽管 ICP 算法有许多优点，但它也存在一些显著的缺点。首先，ICP 算法对初始变换的选择非常敏感。如果初始变换不佳，算法可能会陷入局部最优解，导致最终配准结果不准确。其次，ICP 算法的计算复杂度较高，每次迭代都需要进行最近点对的搜索，通常为 O（$N\lg N$），这使得 ICP 在处理大规模点云时效率较低。再次，ICP 算法对噪声和离群点非常敏感，实际应用中常常需要对数据进行预处理以减少噪声和离群点的影响。最后，ICP 算法的收敛速度较慢，通常需要多次迭代才能达到收敛，尤其在初始位置较差或点云重叠较少的情况下。

为了克服这些缺点，研究者们提出了多种改进方向。第一，可以在 ICP 之前采用全局配准方法，如基于特征的配准方法或随机采样一致性（RANSAC），以提供较好的初始变换。第二，可以使用 KD 树（k 维树）或八叉树等数据结构加速最近点搜索，或利用 GPU 并行计

算技术提高搜索效率。第三，可以采用加权 ICP 或鲁棒统计方法来处理噪声和离群点，通过对不同点对赋予不同权重或采用鲁棒损失函数，减小噪声和离群点的影响。第四，可以引入多目标优化方法，同时优化多个配准目标，提高配准精度和鲁棒性。此外，可以采用逐层优化方法（如从粗到细的层次优化）加速收敛，或者引入并行和分布式计算技术，通过多核处理器、GPU 或分布式计算平台同时处理多个点云块或多个 ICP 迭代步骤，显著提高计算效率。除了上述改进方法，本章将在第 5.5.4 节中详细介绍一种基于深度神经网络的点云配准方法。

5.5.4　基于深度神经网络的点云配准

基于深度神经网络的点云配准方法旨在自动学习和提取点云数据的特征，以实现精确的点云配准。与传统的手工设计特征和优化方法不同，点云配准网络通过端到端训练，直接从大量点云数据中学习有效的特征表示和变换估计。典型的点云配准网络架构包括特征提取模块、特征匹配模块和变换估计模块。特征提取模块使用卷积神经网络［如 PointNet、DGCNN（基于图的动态卷积神经网络）］从点云中提取局部和全局特征；特征匹配模块利用这些特征找到对应点对；变换估计模块则通过学习优化来预测最佳的刚体变换参数。

由于点云数据具有无序性和稀疏性，依赖于规则网格结构的卷积神经网络无法直接用于处理点云数据。PointNet 是首个尝试直接对点云进行特征提取的网络，它通过一个对称函数（如最大值池化）处理点云，从而获得不变于输入点顺序的全局特征表示。具体来说，PointNet 将每个点独立通过一系列共享权重的多层感知机（MLP）进行编码，然后使用最大池化层将这些局部特征聚合为全局特征。这种方法简单而有效，但在捕捉局部几何结构方面存在一定的局限性。为了改进 PointNet 的局限性，PointNet + + 引入了层次化的特征学习机制。PointNet + + 通过递归地划分点云并在每个子区域应用 PointNet，从而逐层提取局部到全局的特征。这种层次化的方法使得 PointNet + + 能够更好地捕捉点云中的局部几何细节，并在处理复杂场景时表现出更高的鲁棒性。

成对点云配准一般是对两个部分重叠的点云进行配准，因此，接下来对部分重叠的点云配准问题进行描述并介绍相关的深度网络配准方法。如第 5.5.2 节所述的点云配准求解过程较为简单，更具挑战性的是确定式（5-13）中所有正确的匹配点对 $\boldsymbol{p}_{i(k)}$ 和 $\boldsymbol{q}_{j(k)}$ 。一种可以避免显式确定匹配点对的配准范式如下：

$$\begin{aligned}\mathbb{D}(\boldsymbol{W},\boldsymbol{R},\boldsymbol{t}) &= \frac{1}{2}\sum_{i}^{N}\sum_{j}^{M} w_{ij}\,\|\boldsymbol{R}\boldsymbol{p}_i+\boldsymbol{t}-\boldsymbol{q}_j\|^2 \\ \text{s. t. } & \boldsymbol{W}\,\boldsymbol{1}_M=\boldsymbol{1}_N,\boldsymbol{W}^{\mathrm{T}}\boldsymbol{1}_N=\boldsymbol{1}_M \\ & w_{ij}\in\{0,1\},\forall ij\end{aligned} \tag{5-17}$$

式中，$\boldsymbol{1}_N$ 和 $\boldsymbol{1}_M$ 为元素全为 1 的列向量；$\boldsymbol{W}=\{w_{ij}\}^{N\times M}$ 为权值矩阵，其中 w_{ij} 表示评估 $\boldsymbol{p}_i$ 和 $\boldsymbol{q}_j$ 是一对正确匹配点对的可能性。上述两个约束强制 $\boldsymbol{W}$ 成为双随机矩阵。通过对权重 w_{ij} 的学习，达到了剔除由离群点引起的错误匹配点对。此外，还需要推导出与式（5-16）相似的优化封闭解。

如图 5-17 所示，深度点云配准方法计算权矩阵 $\boldsymbol{W}$ 并输出刚性变换［$\boldsymbol{R},\boldsymbol{t}$］。主要包括三个部分：学习点云特征，对所有候选匹配点对进行加权去除离群点，以及通过闭式解计算刚性变换。

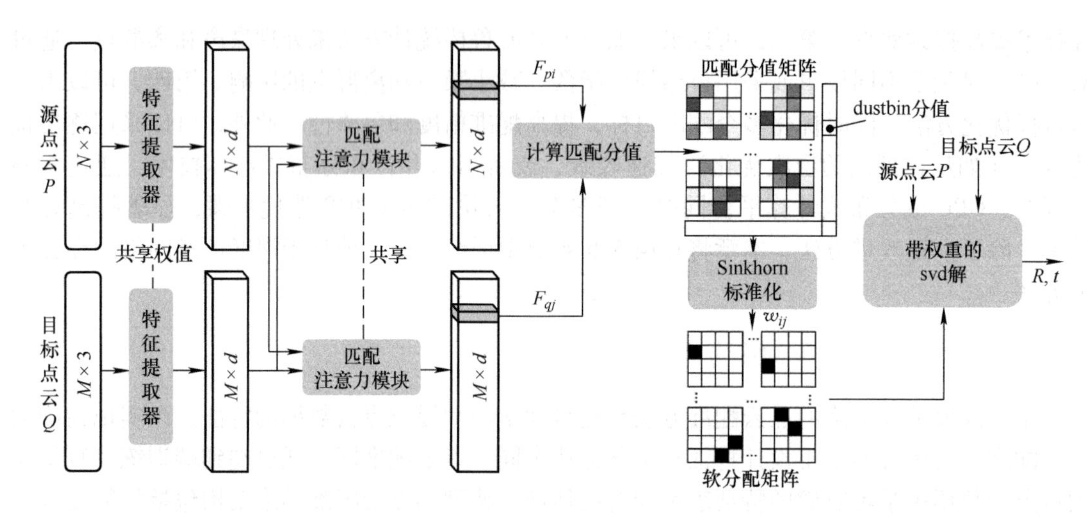

图 5-17　深度对应匹配点云配准网络结构

匹配点对 $\boldsymbol{p}_{i(k)}$ 和 $\boldsymbol{q}_{j(k)}$ 实际上应该是物理空间中同一点。因此，理论上存在一个描述 $\boldsymbol{p}_{i(k)}$ 和 $\boldsymbol{q}_{j(k)}$ 的共同特征，可以将它们与其他点区分开来。为了提取点特征，本节考虑将 PointNet 作为特征提取器。如图 5-18 所示，对于一个点云中的任意一点 $\boldsymbol{p}_i$，首先定义了一个局部邻域 $N(\boldsymbol{p}_i)=\{\boldsymbol{x}_1,\cdots,\boldsymbol{x}_l,\cdots,\boldsymbol{x}_L\}$，该邻域包含 L 个点。于是，输入到 PointNet 的向量为 L 个 10 维向量：

$$[\boldsymbol{p}_i,\Delta\boldsymbol{p}_{i,l},\mathrm{PPF}(\boldsymbol{p}_i,\boldsymbol{x}_l)] \tag{5-18}$$

式中，$\Delta\boldsymbol{p}_{i,l}=\boldsymbol{x}_l-\boldsymbol{x}_i$；$\mathrm{PPF}(\boldsymbol{p}_i,\boldsymbol{x}_l)$ 为描述质心点 $\boldsymbol{p}_i$ 表面法向和邻域点 $\boldsymbol{x}_l$ 之间关系的四维旋转不变点对特征 PPF。

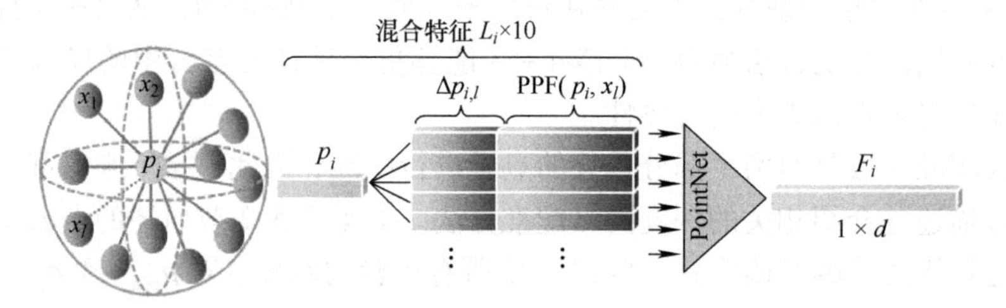

图 5-18　点云特征提取网络结构示意图

源点或目标点从 $\mathbf{R}^3$ 映射到高维空间，即一个包含丰富信息的 d 维特征向量。对应 P 和 Q 的特征输出表示为 $\boldsymbol{F}_P=\{\boldsymbol{F}_{pi}\}_{i=1}^{N}\subset\mathbf{R}^{N\times d}$ 和 $\boldsymbol{F}_Q=\{\boldsymbol{F}_{qj}\}_{j=1}^{M}\subset\mathbf{R}^{M\times d}$。

除了利用点的位置参数化几何特征外，还可以融入交互信息来进一步提高辨识度。例如，使用图结构来建模点与点之间的交互信息。为了获得足够的表征能力，同时考虑自注意力机制和交叉注意力机制。自注意力机制是为自然语言处理（NLP）任务而设计的 Transformer 的基础层，在这里用于增强源点集或目标点集的上下文信息。关系模型被引入到二维检测中来描述两个对象之间的关系。因此，通过交叉注意力机制学习这种关系有助于衡量不同集合中的点之间的相似性。

对于一个源点 $\boldsymbol{p}_i$，连接另一个源点 $\boldsymbol{p}_{i'}$ 的边记为 $\boldsymbol{E}_{i'}$，连接目标点 $\boldsymbol{q}_j$ 的边记为 $\boldsymbol{E}_j$。如图 5-19所示，自注意力机制将 $\{\boldsymbol{E}_{i'}\}_1^N$ 聚合为上下文特征 $\boldsymbol{F}_{\mathrm{sa}}$，即

$$F_{\mathrm{sa}}=\sum_{i'=1}^{N}\alpha_{ii'}(\boldsymbol{v}_{i'}) \tag{5-19}$$

式中，$\alpha_{ii'}=\mathrm{softmax}(\boldsymbol{r}_{i'}^{\mathrm{T}}\boldsymbol{k}_{i'}/\sqrt{d})$ 为自注意力权重；$\boldsymbol{Q}_i$、$\boldsymbol{k}_{i'}$和 $\boldsymbol{v}_{i'}$ 分别为注意力机制中的 query、key 和 value，按如下方式进行计算：

$$\boldsymbol{Q}_i=\boldsymbol{W}^Q\boldsymbol{F}_i,\boldsymbol{k}_{i'}=\boldsymbol{W}^K\boldsymbol{F}_{i'},\boldsymbol{v}_{i'}=\boldsymbol{W}^V\boldsymbol{F}_{i'} \tag{5-20}$$

式中，$\boldsymbol{W}^Q$、$\boldsymbol{W}^K$ 和 $\boldsymbol{W}^V$ 分别为使用多层感知机层（MLP）实现的可学习矩阵。

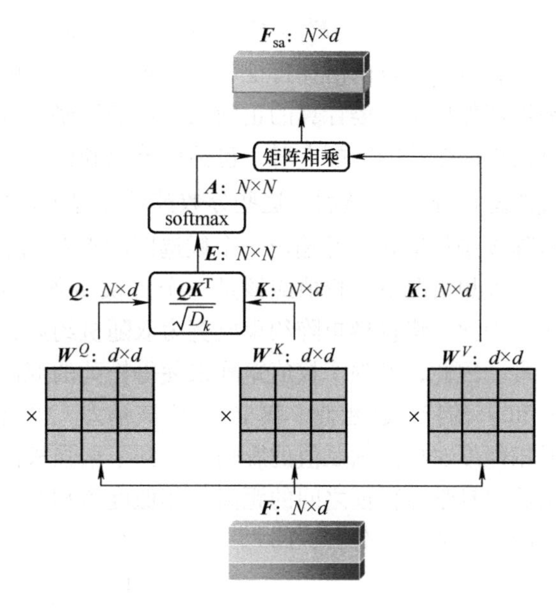

图 5-19　自注意力网络结构示意图

一个单一的自注意力特征只能从某一特定的潜在空间描述点的相似性。如图 5-20 所示，通过联合 N_{sa} 个自注意力模块可从多个潜在空间来描述点的特征。每个自注意力特征都是通过式（5-19）计算，计算时 $\boldsymbol{W}^Q$、$\boldsymbol{W}^K$ 和 $\boldsymbol{W}^V$ 对应的多层感知机（MLP）权重不共享。N_{r} 个自注意力特征的聚合过程表示为

$$\boldsymbol{F}_{\boldsymbol{pi}}^{S}=\boldsymbol{F}_{\boldsymbol{pi}}+\mathrm{MLP}(\mathrm{Concat}\{\boldsymbol{F}_{\mathrm{sa}}^{1},\boldsymbol{F}_{\mathrm{sa}}^{2},\cdots,\boldsymbol{F}_{\mathrm{sa}}^{n_{\mathrm{sa}}},\cdots,\boldsymbol{F}_{\mathrm{sa}}^{N_{\mathrm{sa}}}\}) \tag{5-21}$$

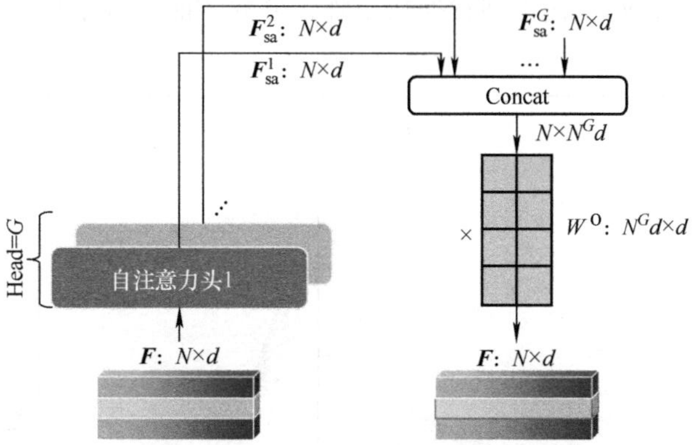

图 5-20　多头注意力网络结构示意图

式中，Concat(·) 为多个关系特征的聚合运算。为了使 + 操作可实现，每个 $\boldsymbol{W}_{n_{\mathrm{sa}}}^{V}$ 的输出通道必须等于 $\boldsymbol{F}_{\boldsymbol{pi}}^{S}$ 维数的 $\dfrac{1}{N_{\mathrm{sa}}}$。

交叉注意力机制通过相似的加权平均值计算了交互上下文特征来建模源点 p_i 与目标点集中所有点的关系，即

$$\boldsymbol{F}_{\mathrm{ca}}=\sum_{j=1}^{M}\alpha_{ij}(\boldsymbol{v}_j) \tag{5-22}$$

主要区别在于 key 和 value 的计算方式不同

$$\boldsymbol{k}_j=\boldsymbol{W}^k\boldsymbol{F}_j\boldsymbol{v}_j=\boldsymbol{W}^v\boldsymbol{F}_j \tag{5-23}$$

N_{ca} 个交叉注意力机制同样通过多头（multi-head）机制进行聚合，即

$$\boldsymbol{F}_{pi}^{\mathrm{C}}=\boldsymbol{F}_{pi}+\mathrm{MLP}(\mathrm{Concat}\{\boldsymbol{F}_{\mathrm{ca}}^{1},\boldsymbol{F}_{\mathrm{ca}}^{2},\cdots,\boldsymbol{F}_{\mathrm{ca}}^{n_{\mathrm{ca}}},\cdots,\boldsymbol{F}_{\mathrm{ca}}^{N_{\mathrm{ca}}}\})\tag{5-24}$$

获得了每点的潜在特征后，接着处理错误的匹配点对或离群点。下面介绍一种通过权重来近似作用于位姿计算的正确匹配点的策略。该策略是一种调整权重的软分配机制，而不是直接消除错误的匹配点对，包括评分层和标准化层。评分层非线性地将特征 $\boldsymbol{F}_{pi}$ 和 $\boldsymbol{F}_{qj}$ 映射成匹配评分 s_{ij}。然后，这些分数被堆叠起来构建一个分数矩阵 $\boldsymbol{S}=\{s_{ij}\}^{N\times M}$。随后，分数矩阵 $\boldsymbol{S}$ 被标准化，并输出一个候选匹配点对 $\{\boldsymbol{p}_i,\boldsymbol{q}_j\}^{N\times M}$ 的权重矩阵 $\boldsymbol{W}=\{w_{ij}\}^{N\times M}$。

理想情况下，权值应该是一个置换矩阵，但这种约束会导致优化过程成为 NP-hard 问题。为此，将置换矩阵约束放宽为双随机约束，松弛的程度是影响最终姿势结算精度的关键因素。因此，增强了权值矩阵来使得松弛的双随机矩阵尽可能接近一个置换矩阵。直观上，$\boldsymbol{p}_i$ 和 $\boldsymbol{q}_j$ 的特征越相似，权重 w_{ij} 应该越大。提出的方法放大了高相似度对权值的影响，抑制低相似度对权值软赋值的影响，达到了增强权值矩阵的目的。考虑到高斯函数是一个径向基函数，且学习特征之间的距离与相似度负相关，将评分 s_{ij} 建模为学习特征 $\boldsymbol{F}_{pi}$ 和 $\boldsymbol{F}_{qj}$ 之间距离的零均值高斯分布，即

$$s_{ij}=\frac{1}{\sqrt{2\pi}\sigma}\exp\left(-\frac{\|\boldsymbol{F}_{pi}-\boldsymbol{F}_{qj}\|^{2}}{2\sigma^{2}}\right)\tag{5-25}$$

零均值高斯函数是一个单调的关于欧几里得距离的核函数。将 σ 作为一个可学习的确定的温度参数来控制软分配。如图 5-21 所示，在取到极限 $\lim\sigma\rightarrow0$ 时，式（5-25）逼近狄拉克（Dirac）函数 $\delta(\boldsymbol{F}_{pi}-\boldsymbol{F}_{qj})$。若距离函数为 Dirac 函数 $\delta(\boldsymbol{F}_{pi}-\boldsymbol{F}_{qj})$，那么只有当两个特征完全相等时，才能通过归一化得到置换权矩阵，分数才能不等于 0。

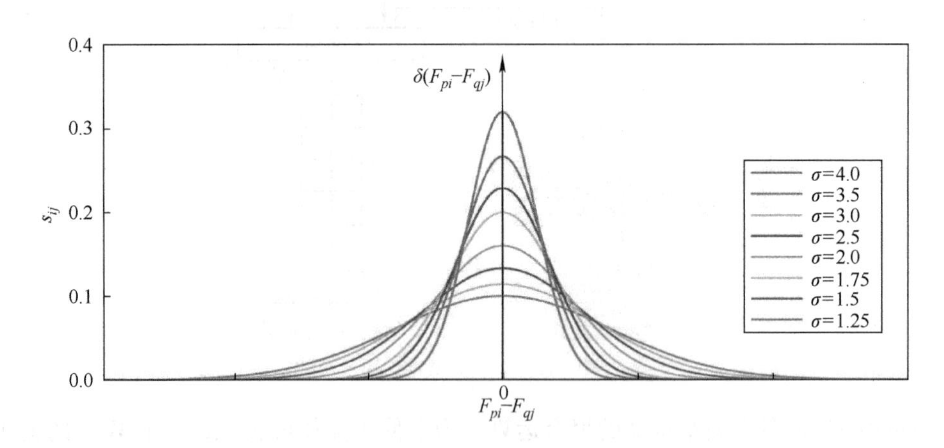

图 5-21　高斯硬化函数的退火过程示意图

接下来，将评分矩阵 $\boldsymbol{S}$ 归一化为权重矩阵 $\boldsymbol{W}$。带有离群点的候选匹配点对的权重应足够小，才能不影响最终的位姿解，即

$$\boldsymbol{W}_i^{\mathrm{out}}\mathbf{1}_M\ll\mathbf{1},\boldsymbol{W}_j^{\mathrm{out\,T}}\mathbf{1}_N\ll\mathbf{1}\tag{5-26}$$

因此，使用了垃圾箱列和行增广权值矩阵的方法，以便显式地将非常小的权值赋给带有离群点的候选匹配点对。因此，将式（5-26）中的约束重新表述为

$$\boldsymbol{W}\mathbf{1}_{M+1}=\mathbf{1}_{N+1},\ \boldsymbol{W}^{\mathrm{T}}\mathbf{1}_{N+1}=\mathbf{1}_{M+1}\tag{5-27}$$

垃圾箱里的元素需要与上述高斯分布的均值有适当的差距，这样得分低的元素可以分配

小的权重，得分高的元素归一化后仍然可以得到显著的权重，所以给垃圾箱填充了一个单独的跟随参数 2σ。最后，利用 Sinkhorn 归一化算法对上述优化式（5-25）进行了处理，得到了一个近似置换矩阵的双随机权矩阵 $\boldsymbol{W}$。

通过学习得到式（5-17）中所有候选匹配点对的权值后，按如下过程推导变换的封闭解。定义加权平均质心为

$$\bar{\boldsymbol{p}} = \frac{\sum_i^N \sum_j^M w_{ij}\boldsymbol{p}_i}{\sum_i^N \sum_j^M w_{ij}}, \bar{\boldsymbol{q}} = \frac{\sum_i^N \sum_j^M w_{ij}\boldsymbol{q}_i}{\sum_i^N \sum_j^M w_{ij}} \tag{5-28}$$

将式（5-14）重写为

$$\begin{aligned}\mathbb{D}(\boldsymbol{R},\boldsymbol{t}) &= \frac{1}{2}\sum_i^N \sum_j^M w_{ij} \| \boldsymbol{R}\boldsymbol{p}_i - \boldsymbol{q}_j + \boldsymbol{t} + \boldsymbol{R}\bar{\boldsymbol{p}} - \bar{\boldsymbol{q}} - \boldsymbol{R}\bar{\boldsymbol{p}} + \bar{\boldsymbol{q}} \|^2 \\ &= \frac{1}{2}\sum_i^N \sum_j^M w_{ij} \| [\bar{\boldsymbol{q}} - \boldsymbol{q}_j - \boldsymbol{R}(\bar{\boldsymbol{p}} - \boldsymbol{p}_i)] + (\boldsymbol{R}\bar{\boldsymbol{p}} + \boldsymbol{t} - \bar{\boldsymbol{q}}) \|^2\end{aligned} \tag{5-29}$$

展开上述的二次项，得到

$$\begin{aligned}\mathbb{D}(\boldsymbol{R},\boldsymbol{t}) = \frac{1}{2}\sum_i^N \sum_j^M w_{ij}\{ & \| \bar{\boldsymbol{q}} - \boldsymbol{q}_j - \boldsymbol{R}(\bar{\boldsymbol{p}} - \boldsymbol{p}_i) \|^2 + \| \boldsymbol{R}\bar{\boldsymbol{p}} + \boldsymbol{t} - \bar{\boldsymbol{q}} \|^2 + \\ & 2[\bar{\boldsymbol{q}} - \boldsymbol{q}_j - \boldsymbol{R}(\bar{\boldsymbol{p}} - \boldsymbol{p}_i)](\boldsymbol{R}\bar{\boldsymbol{p}} + \boldsymbol{t} - \bar{\boldsymbol{q}})\}\end{aligned} \tag{5-30}$$

考虑式（5-28），得到

$$\sum_i^N \sum_j^M w_{ij}[\bar{\boldsymbol{q}} - \boldsymbol{q}_j - \boldsymbol{R}(\bar{\boldsymbol{p}} - \boldsymbol{p}_i)](\boldsymbol{R}\bar{\boldsymbol{p}} + \boldsymbol{t} - \bar{\boldsymbol{q}}) = 0 \tag{5-31}$$

将式（5-30）重新表述为

$$\mathbb{D}(\boldsymbol{R},\boldsymbol{t}) = \frac{1}{2}\sum_i^N \sum_j^M w_{ij}\{ \| \bar{\boldsymbol{q}} - \boldsymbol{q}_j - \boldsymbol{R}(\bar{\boldsymbol{p}} - \boldsymbol{p}_i) \|^2 + \| \boldsymbol{R}\bar{\boldsymbol{p}} + \boldsymbol{t} - \bar{\boldsymbol{q}} \|^2\} \tag{5-32}$$

以上两个子项均是二次的，因此，通过求解以下子问题得到了最优 $\boldsymbol{R}^*$：

$$\begin{aligned}\boldsymbol{R}^* &= \operatorname{argmin} \frac{1}{2}\sum_i^N \sum_j^M w_{ij} \| \bar{\boldsymbol{q}} - \boldsymbol{q}_j - \boldsymbol{R}(\bar{\boldsymbol{p}} - \boldsymbol{p}_i) \|^2 \\ &= \operatorname{argmin}\left[- \sum_i^N \sum_j^M w_{ij}(\bar{\boldsymbol{q}} - \boldsymbol{q}_j)^{\mathrm{T}}\boldsymbol{R}(\bar{\boldsymbol{p}} - \boldsymbol{p}_i) \right] \\ &= \operatorname{argmin}\left[- \operatorname{tr}\left(\boldsymbol{R}\sum_i^N \sum_j^M w_{ij}(\bar{\boldsymbol{p}} - \boldsymbol{p}_i)(\bar{\boldsymbol{q}} - \boldsymbol{q}_j)^{\mathrm{T}}\right) \right]\end{aligned} \tag{5-33}$$

式中，tr( ) 表示矩阵的迹。式(5-33)的解为

$$\boldsymbol{R}^* = \boldsymbol{V}\boldsymbol{U}^{\mathrm{T}} \tag{5-34}$$

$\boldsymbol{V}$ 和 $\boldsymbol{U}$ 是如下 SVD 的结果：

$$\boldsymbol{U}\boldsymbol{S}\boldsymbol{V}^{\mathrm{T}} = \mathrm{SVD}\left(\sum_i^N \sum_j^M w_{ij}(\bar{\boldsymbol{p}} - \boldsymbol{p}_i)(\bar{\boldsymbol{q}} - \boldsymbol{q}_j)^{\mathrm{T}} \right) \tag{5-35}$$

将关于 $\boldsymbol{t}$ 的优化子问题重新定义为

$$\boldsymbol{t}^* = \operatorname{argmin}\sum_i^N \sum_j^M w_{ij} \| \boldsymbol{R}^*\bar{\boldsymbol{p}} + \boldsymbol{t} - \bar{\boldsymbol{q}} \|^2 \tag{5-36}$$

有了最优 $\boldsymbol{R}^*$，则上述公式的极小值应等于0，最优 $\boldsymbol{t}$ 为

$$\boldsymbol{t}^* = \overline{\boldsymbol{q}} - \boldsymbol{R}^* \overline{\boldsymbol{p}} \tag{5-37}$$

加入权值 w_{ij} 后，姿态闭式解的主要区别是如式（5-28）所描述的质心的定义和式（5-35）描述的SVD的输入。位姿解仍然是可微分的，因此通过网络反向传播梯度。

整个网络上述模块组合而成，以两个无序点云为输入，输出刚体变换［$\boldsymbol{R},\boldsymbol{t}$］。对于相同的输入，输出依赖于由一组神经网络权值参数化的特征提取模块和关系模块。以端到端方式训练了整个网络，训练的Loss函数测量输出的［$\boldsymbol{R},\boldsymbol{t}$］和之间的合成点云的位姿真值之间的偏差，即

$$\text{Loss}_{\text{pri}} = \| \boldsymbol{R} - \boldsymbol{R}_{\text{gt}} \|_F^2 + \| \boldsymbol{t} - \boldsymbol{t}_{\text{gt}} \|^2 + \lambda \| \theta \|^2 \tag{5-38}$$

式中，$\boldsymbol{R}$ 为预测的旋转矩阵；$\boldsymbol{R}_{\text{gt}}$ 为旋转矩阵真值；F 为Frobenius范数；$\boldsymbol{t}$ 为预测的平移向量；$\boldsymbol{t}_{\text{gt}}$ 为平移向量真值；λ 为正则化参数。

式（5-38）的最后一项表示特征提取模块和关系模块参数的Tikhonov正则化。为了进一步促使网络计算出准确的权值矩阵，明确标注了匹配点对的真值，并基于交叉熵在权值矩阵 $\boldsymbol{W}$ 上添加了次级Loss，即

$$\text{Loss}_{\text{sec}} = \sum_{ij} \left[-\overline{m}_{ij} \log(m_{ij}) - (1 - \overline{m}_{ij}) \log(1 - m_{ij}) \right] \tag{5-39}$$

式中，log表示自然对数，在深度学习中一般这么表示。

真值标签 $\overline{m}_{ij}$ 由变换真值按如下方式估计：

$$\overline{m}_{ij} = \begin{cases} 1, & \| \boldsymbol{R}\boldsymbol{p}_i + \boldsymbol{t} - \boldsymbol{q}_j \|_2 \leqslant r_{\text{m}} \\ 0, & \text{其他} \end{cases} \tag{5-40}$$

式中，r_{m} 为人为设定的距离阈值。

整体的Loss函数是主要Loss函数和次级Loss函数的加权和，即

$$L = \text{Loss}_{\text{pri}} + \lambda \text{Loss}_{\text{sec}} \tag{5-41}$$

配准网络预测的结果取决于各个模块的网络权重 θ_{hl}（h 和 l 分别表示网络层和权重的索引）与可调超参数 $\boldsymbol{\sigma}_{ij}$。因此配准网络的学习算法为 $\frac{\partial L}{\partial \theta_{hl}}$ 和 $\frac{\partial L}{\partial \boldsymbol{\sigma}_{ij}}$。根据链式法则和网络结构，将针对网络权重 θ_{hl} 和可调超参数 $\boldsymbol{\sigma}_{ij}$ 反向传播过程表示为

$$\frac{\partial L}{\partial \theta_{hl}} = \frac{\partial L}{\partial [\boldsymbol{R},\boldsymbol{t}]} \cdot \frac{\partial [\boldsymbol{R},\boldsymbol{t}]}{\partial w_{ij}} \cdot \frac{\partial w_{ij}}{\partial s_{ij}} \cdot \frac{\partial s_{ij}}{\partial (\boldsymbol{F}_{\boldsymbol{p}i}, \boldsymbol{F}_{\boldsymbol{q}j})} \cdot \frac{\partial (\boldsymbol{F}_{\boldsymbol{p}i}, \boldsymbol{F}_{\boldsymbol{q}j})}{\partial \theta_{hl}} \tag{5-42}$$

$$\frac{\partial L}{\partial \boldsymbol{\sigma}_{ij}} = \frac{\partial L}{\partial [\boldsymbol{R},\boldsymbol{t}]} \cdot \frac{\partial [\boldsymbol{R},\boldsymbol{t}]}{\partial w_{ij}} \cdot \frac{\partial \boldsymbol{w}_{ij}}{\partial s_{ij}} \cdot \frac{\partial s_{ij}}{\partial \boldsymbol{\sigma}_{ij}} \tag{5-43}$$

在反向传播的过程中，$\frac{\partial L}{\partial [\boldsymbol{R},\boldsymbol{t}]}$ 为标量对矩阵求导，$\frac{\partial [\boldsymbol{R},\boldsymbol{t}]}{\partial w_{ij}}$ 中计算SVD导数的标准方法由PyTorch或者TensorFlow提供，$\frac{\partial w_{ij}}{\partial s_{ij}}$ 涉及的Sinkhorn由有限迭代次数的可导softmax函数构成，$\frac{\partial s_{ij}}{\partial (\boldsymbol{F}_{\boldsymbol{p}i}, \boldsymbol{F}_{\boldsymbol{q}j})}$ 和 $\frac{\partial s_{ij}}{\partial \boldsymbol{\sigma}_{ij}}$ 涉及的高斯函数是可导的，$\frac{\partial (\boldsymbol{F}_{\boldsymbol{p}i}, \boldsymbol{F}_{\boldsymbol{q}j})}{\theta_{hl}}$ 为特征提取层的多层感知机，因此整体的网络可反向传播。

5.5.5　深度点云配准神经网络性能测试

本小节介绍如何在两个公共数据集，即 ModelNet40 数据集和 ModelLoNet40 数据集上进行测试。ModelNet40 数据集由来自 40 个不同类别的合成物体的 12311 个网格 CAD 模型组成。每个网格模型只包含一个属于标签类别的完整对象。ModelLoNet40 数据集是由 ModelNet 生成的，它降低了待配准点云之间的平均重叠。ModelNet40 数据集被广泛应用于最新的点云配准研究工作。实验过程中使用了 5112 个样本进行训练，1202 个样本进行验证，1266 个样本进行测试。每个模型包含来模型表面的 2048 个点，从中均匀采样了 1024 个点作为网络的输入。采样点中心化并归一化成单位球。在［0°, 45°］范围内沿每个轴的旋转和［0.5，0，5］范围内的平移进行随机采样作为位姿真值，并用采样的位姿对目标点云 Q 进行了刚性变换。在实验中，除了采用原始的数据外，还采用了噪声以及部分数据以评估该方法的鲁棒性。随机加入从 N（0，0.01）采样并在每个轴上裁剪到［-0.05，0.05］的噪声到两个点云中。将每个点云方法裁剪成部分数据，两个待配准点云之间存在平均 73.5% 的重叠度，并将采样点从 1024 减少到 717，以保持相似的点密度。读者可在 PointNet 的基础上实现特征提取器，特征提取器以 10 维混合特征作为输入，输出维数为 96 的特征。在重叠注意力模块中，实现 key、query 和 value 的多层感知机的维数统一为 256。使用 $L=9$ 层的交替自注意力机制和交叉注意力机制，每层包含 4 个头。在 Sinkhorn 归一化层中进行 $T=5$ 次的迭代。学习架构在 Pytorch 中实现，并在 Intel i7-7700 CPU 和 GTX 3080Ti 显卡上进行训练和测试。图 5-22 给出了一部分 ModelNet40 上的配准实例。

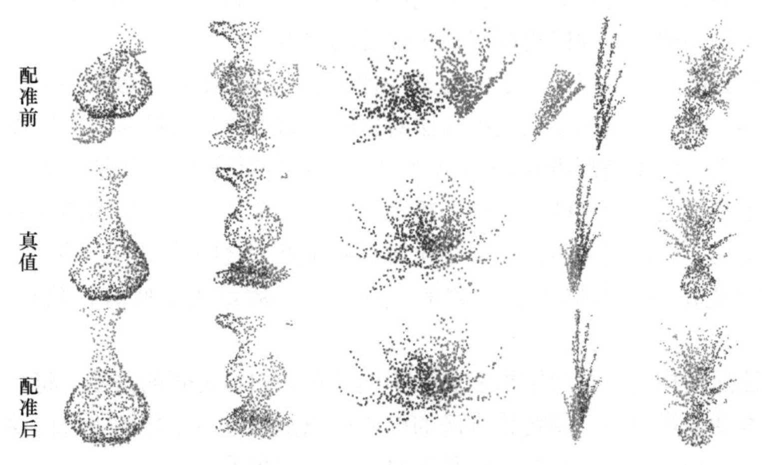

图 5-22　ModelNet40 数据集上的配准实例

5.6　多视角点云配准

成对点云配准算法一次只能配准两个扫描，然而，构建完整的 3D 模型通常需要对扫描对象或场景多个视角下的一组 3D 扫描进行配准，如图 5-23 所示。解决这一问题的直接方法是对齐两个扫描并合并它们，然后将新扫描配准到合并后的扫描中，并重复这个配准和合并的过程，直到所有扫描都被拼接在一起。但由于成对点云配准中的误差不断积累，随着扫描数量的增多，最终的配准结果会越来越差。因此，多视角点云配准算法同时考虑所有扫描，以生成一个全局一致的三维模型。

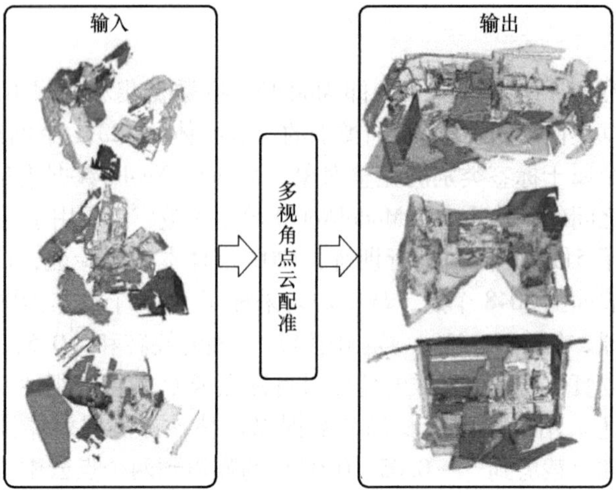

输入 → 多视角点云配准 → 输出

图5-23　多视角点云联合配准示例

5.6.1　基于图优化多视角点云配准

多视角点云拼接最直观的方法是重复进行成对点云之间的配准从而增量式地将多个点云变换到统一的坐标系下。重复成对配准策略存在严重累积误差，反映到配准结果中的表现是所有相邻视角之间的相对运动无法复合形成闭环，即不一致性（inconsistency）。因此，有一部分研究通过维护图的一致性以提高多视角配准的精度。

基于成对点云配准的多视角点云配准是一种逐步对齐多组点云数据的方法。该类算法通常包括以下步骤：首先，利用全局配准算法对每对相邻点云进行初步对齐，以提供一个粗略的变换估计；其次，应用精配准算法如 ICP 对这些初步对齐的点云进行精细优化，减小误差。最后，为了确保最终模型的一致性和精确性，解决单独成对配准可能导致的累积误差问题，需要进行全局一致性优化步骤来最小化所有视角点云之间的配准误差。全局一致性优化通常通过构建和优化一个全局误差函数来实现，该函数量化了所有视角点云之间的配准误差。

图优化方法通过构建一个图结构来表示不同视角的扫描之间的关系，将每组点云视为图中的节点，配准变换视为边。图优化方法的核心思想是通过最小化图中边的误差来优化整个图的结构，使所有扫描在一个全局坐标系下对齐。具体步骤如下：

1）构建图结构：首先，将每个点云扫描视为图中的一个顶点，定义图中的边以表示两次扫描之间的相对变换。边的权重通常基于扫描之间的重叠程度或相对变换的置信度。

2）定义误差函数：对于每条边，定义一个误差函数来度量两次扫描的相对变换与当前估计变换之间的差异。常见的误差度量包括欧几里得距离、四元数距离等。

3）初始化全局变换：通常选择一个扫描作为参考坐标系，其他扫描的初始变换可以通过逐对配准得到。

4）全局优化：使用图优化算法最小化图中所有边的总误差，从而优化所有扫描的全局变换。图优化算法会迭代更新顶点的位姿（即扫描的全局变换），直到收敛到一个最优解。

5）求解配准结果：经过优化后，每个顶点对应的位姿即为该扫描在全局坐标系中的位姿。将这些位姿应用到原始点云上，即可得到对齐后的多视角点云。

图 5-24a 显示了一个典型的线性视图网络，对应于一个在固定测距仪前旋转的物体。图 5-24b中呈现了一个星形网络。4 个距离视角与一个共同的距离视角相连，构成了一个中心参考框架。最后，图 5-24c 表示了一个更一般的情况，其中几条路径可能连接两个距离视角。图 5-24b 的网络拓扑结构中，任何一对视图最多可以通过两个矩阵相乘来连接。此外，由于所有视图都是单向连接的，只需要对 $N-1$ 个帧间变换矩阵进行细化。下面具体介绍基于图优化的多视角配准算法的建模过程。

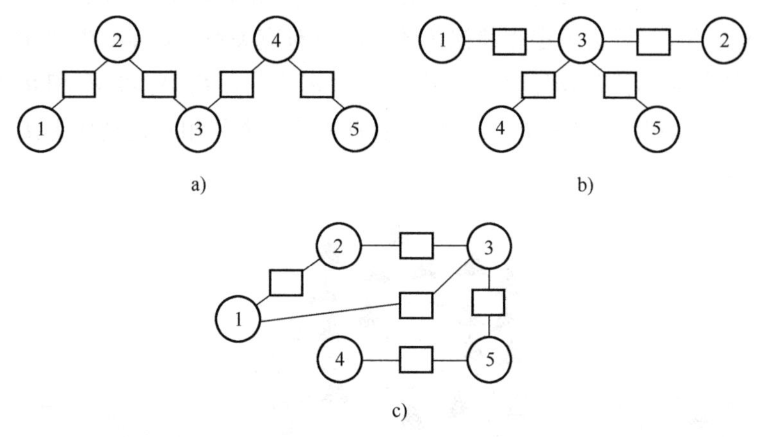

图 5-24　多视角点云连接图

由于后续的图优化和无迹卡尔曼滤波理论都涉及李群上不确定性的概念，所以首先描述李代数和李群上随机变量的定义和基本性质。基于观测 $\boldsymbol{\phi}_i$ ，将 $\boldsymbol{T}_i$ 视为李群上的一个随机变量，高斯概率分布 $\boldsymbol{T}_i \sim N(\boldsymbol{\phi}_i,\boldsymbol{\Sigma}_i)$ 被定义为

$$\boldsymbol{T}_i=\boldsymbol{\phi}_i\exp(\boldsymbol{\sigma}_i),\boldsymbol{\sigma}_i \sim N(0,\boldsymbol{\Sigma}_i) \tag{5-44}$$

式中，$\exp(\cdot)$ 为指数映射；$N(\cdot)$ 为欧几里得空间的高斯分布。

对于两个位姿之间的相对变换 $\boldsymbol{T}_i$，其观测结果 $\boldsymbol{\chi}_i \in \boldsymbol{\chi}^2$ ，高斯概率分布 $\boldsymbol{T}_i \sim N(\boldsymbol{\chi}_i,\boldsymbol{\Gamma}_i)$ 被定义为

$$\boldsymbol{T}_i=\boldsymbol{\chi}_i\exp(\boldsymbol{\gamma}_i),\boldsymbol{\gamma}_i \sim N(0,\boldsymbol{\Gamma}_i) \tag{5-45}$$

根据参考文献［14］，有 $\boldsymbol{\chi}_i=\boldsymbol{\phi}_i^{-}\boldsymbol{\phi}_{i+1}$ 和 $\boldsymbol{\Gamma}_i=\boldsymbol{\Gamma}_{i4\text{th}} \approx \boldsymbol{\Sigma}_i+\boldsymbol{\Sigma}'_{i+1}+\frac{1}{12}(\mathcal{A}_1\boldsymbol{\Sigma}'_{i+1}+\boldsymbol{\Sigma}'_{i+1}\mathcal{A}_1^{\mathrm{T}}+\mathcal{A}'_2\boldsymbol{\Sigma}_i+\boldsymbol{\Sigma}_i\mathcal{A}'^{\mathrm{T}}_2)$。

在观测的相对变换 $\boldsymbol{T}_i$ 和初始化位姿已知的情况下，引入图优化方法确定扫描仪传感器的最优位姿。如图 5-25 所示，每个节点代表位姿 T_i，连接两个节点的边为相对变换 $\boldsymbol{T}_i$ 。将位姿估计表示为如下优化问题：

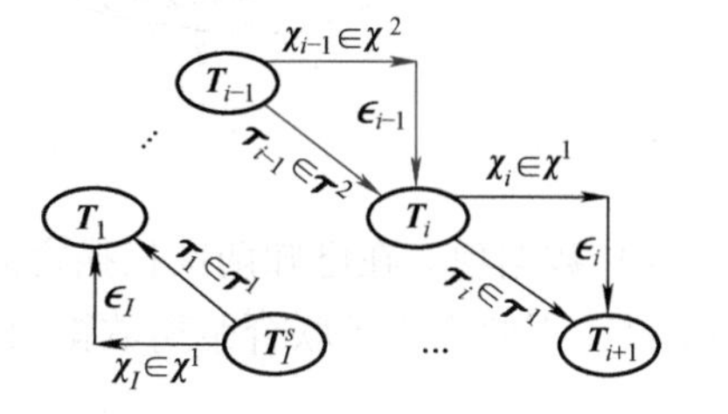

图 5-25　图优化的贝叶斯网络

$$\boldsymbol{T}^*=\underset{\boldsymbol{T}}{\operatorname{argmin}}\frac{1}{2}\sum_{i=1}^{I}\boldsymbol{\epsilon}_i^{\mathrm{T}}\boldsymbol{\Gamma}_i^{-}\boldsymbol{\epsilon}_i=\underset{\boldsymbol{T}}{\operatorname{argmin}}\frac{1}{2}\sum_{i=1}^{I}\log(\boldsymbol{\chi}_i^{-}\boldsymbol{T}_i)^{\mathrm{T}}\boldsymbol{\Gamma}_i^{-}\log(\boldsymbol{\chi}_i^{-}\boldsymbol{T}_i) \tag{5-46}$$

式中，$\boldsymbol{\epsilon}_i$ 为 $\boldsymbol{T}_i$ 和观测 $\boldsymbol{\chi}_i$ 的误差项；$\log(\cdot)$ 为自然对数映射。

5.6.2 基于多视角点云联合距离最小化的配准

如图5-26所示，点云用 $\boldsymbol{P}=\{\boldsymbol{P}_i\}_i^I$ 表示，第 i 个点云 $\boldsymbol{P}_i=\{\boldsymbol{p}_{i1},\boldsymbol{p}_{i2},\cdots,\boldsymbol{p}_{in},\cdots,\boldsymbol{p}_{iM_i}\}$，$\boldsymbol{p}_{in}\in\mathbf{R}^3$，是从第 i 视角采集的，包含 M_i 个三维点元素。第 i 个视角相对全局坐标系的位姿由 $\boldsymbol{T}_i\in\mathrm{SE}(3)$ 表示，为一个 4×4 齐次变换 $\begin{bmatrix}\boldsymbol{R}_i & \boldsymbol{t}_i\\ \boldsymbol{0} & 1\end{bmatrix}$，$\boldsymbol{R}_i\in\mathrm{SO}(3)$。给定 I 个点云，目标是估计所有视角的位姿 $\boldsymbol{T}=\{\boldsymbol{T}_i\}_i^I$，以便在一个共同的坐标系中表示所有的点集。通过最近邻（Nearest Neighbor, NN）算法确定相邻视角的匹配点对应关系，例如，$\boldsymbol{P}_i$ 和 $\boldsymbol{P}_{i+1}$ 之间的匹配点对应关系为 $\boldsymbol{u}_{(i)}^{(i+1)}=\{\boldsymbol{u}_{(i)1}^{(i+1)},\boldsymbol{u}_{(i)2}^{(i+1)},\cdots,\boldsymbol{u}_{(i)n}^{(i+1)},\cdots,\boldsymbol{u}_{(i)N_i}^{(i+1)}\}\in\boldsymbol{P}_i,N_i\leqslant M_i$ 和 $\boldsymbol{u}_{(i+1)}^{(i)}=\{\boldsymbol{u}_{(i+1)1}^{(i)},\boldsymbol{u}_{(i+1)2}^{(i)},\cdots,\boldsymbol{u}_{(i+1)n}^{(i)},\cdots,\boldsymbol{u}_{(i+1)N_i}^{(i)}\}\in\boldsymbol{P}_{i+1}$。若以所有相邻位姿的相对运动作为 $\boldsymbol{T}_i$ 变量，则可以按如下思路建模：

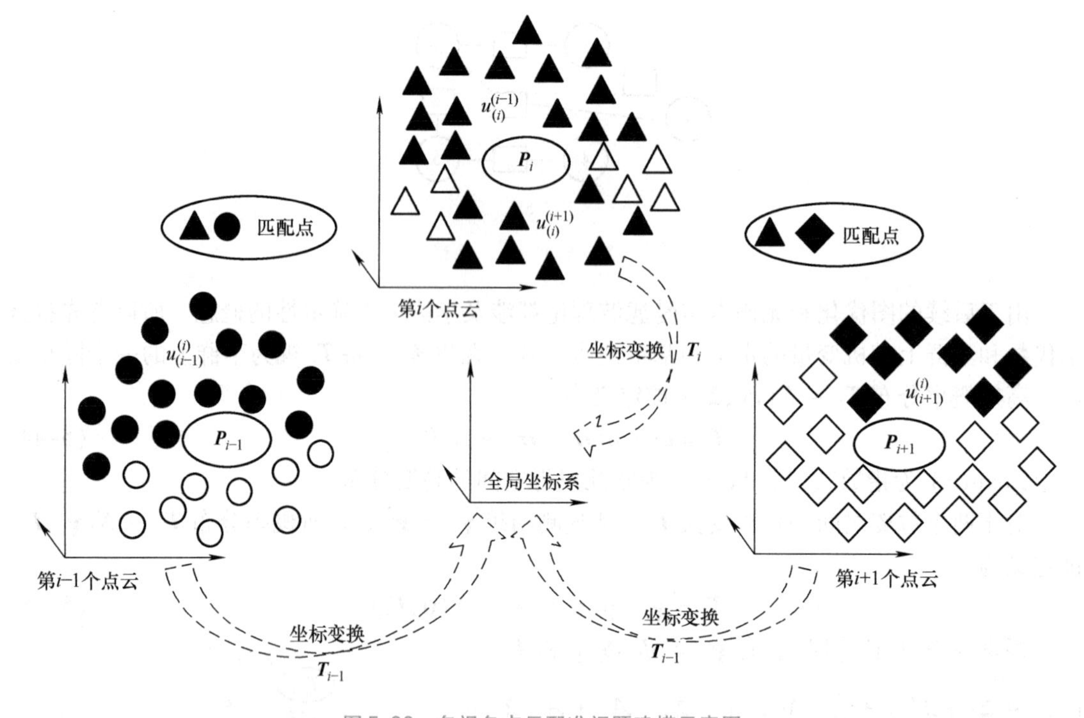

图5-26 多视角点云配准问题建模示意图

1）数据项。在已知两次扫描之间匹配点的情况下，通过距离 D_i 可以评估相对位姿 $\boldsymbol{T}_i$ 的精度。因此定义了联合距离数据项来评估一组相对运动集合：

$$D(\boldsymbol{T})=\sum_{i=1}^{I}D_i=\sum_{i=1}^{I}\sum_{n=1}^{N_i}\|\boldsymbol{T}_i\boldsymbol{u}_{(i)n}^{(i+1)}-\boldsymbol{u}_{(i+1)n}^{(i)}\|_{\mathrm{F}}^2 \tag{5-47}$$

式中，$\|\cdot\|_{\mathrm{F}}$ 为矩阵的F-范数。

将 $\boldsymbol{T}_i$ 重写为一个 3×4 的变换矩阵 $[\boldsymbol{R}_i\quad \boldsymbol{t}_i]$，$\boldsymbol{u}_{(i)n}^{(i+1)}$ 为齐次坐标 $(x,y,z,1)$，$\boldsymbol{u}_{(i+1)n}^{(i)}$ 为三维坐标 (x,y,z)。定义矩阵

$$\boldsymbol{U}_i^{i+1}=[\boldsymbol{u}_{(1)}^{(2)}\quad \boldsymbol{u}_{(2)}^{(3)}\cdots\boldsymbol{u}_{(n)}^{(n+1)}\cdots\boldsymbol{u}_{(N_i)}^{(1)}] \tag{5-48}$$

$$\boldsymbol{U}_{i+1}^{i}=[\boldsymbol{u}_{(2)}^{(1)}\quad \boldsymbol{u}_{(3)}^{(2)}\cdots \boldsymbol{u}_{(n+1)}^{(n)}\cdots \boldsymbol{u}_{(1)}^{(N_i)}] \tag{5-49}$$

式中，$\boldsymbol{U}_{i}^{i+1}$ 的维度为 $4\times N_i$，$\boldsymbol{U}_{i+1}^{i}$ 的维度为 $3\times N_i$。然后，重新定义式（5-47）为

$$D(\boldsymbol{T})=\sum_{i=1}^{I}\|\boldsymbol{T}_i\boldsymbol{U}_i^{i+1}-\boldsymbol{U}_{i+1}^{i}\|_{\mathrm{F}}^{2} \tag{5-50}$$

2）一致性约束。理想情况下，图 5-26 所示的一组闭环变换能够复合成一个单位矩阵 $\boldsymbol{I}_4\in\mathbf{R}^{4\times 4}$，表示为

$$\prod_{i=1}^{I}\begin{bmatrix}\boldsymbol{R}_i & \boldsymbol{t}_i\\ \boldsymbol{0} & 1\end{bmatrix}=\boldsymbol{I}_4 \tag{5-51}$$

式（5-47）中的 $\boldsymbol{T}_i$ 为 3×4 的变换。因此，将旋转 $\boldsymbol{R}_i$ 和平移 $\boldsymbol{t}_i$ 进行解耦，因此将式（4-21）改写成

$$\prod_{i=1}^{I}\boldsymbol{R}_i=\boldsymbol{I}_3 \tag{5-52}$$

$$\boldsymbol{R}_1\boldsymbol{R}_2\cdots\boldsymbol{R}_{I-1}\boldsymbol{t}_I+\cdots+\boldsymbol{R}_1\boldsymbol{R}_2\cdots\boldsymbol{R}_{i-1}\boldsymbol{t}_i+\cdots+\boldsymbol{t}_1=\boldsymbol{0} \tag{5-53}$$

3）正交约束：由于 $\boldsymbol{T}_i\in\mathrm{SE}(3)$，旋转 $\boldsymbol{R}_i$ 必须是正交的，即

$$\boldsymbol{R}_i^{\mathrm{T}}\boldsymbol{R}_i=\boldsymbol{I}_3\text{ 且 }|\boldsymbol{R}_i|=1,\forall i\in[1,2,\cdots,I] \tag{5-54}$$

综上所述，这些项产生了如下带约束的优化问题：

$$\begin{gathered}\min E(\boldsymbol{T})=\min\sum_{i=1}^{I}\|\boldsymbol{T}_i\boldsymbol{U}_i^{i+1}-\boldsymbol{U}_{i+1}^{i}\|_{\mathrm{F}}^{2}+\lambda\sum_{i=1}^{I}\|\boldsymbol{A}\boldsymbol{T}_i-\boldsymbol{R}_i\|_{\mathrm{F}}^{2}\\ \text{s. t. }\boldsymbol{R}_i^{\mathrm{T}}\boldsymbol{R}_i=\boldsymbol{I}_3\text{且 }|\boldsymbol{R}_i|=1,\forall i\in[1,2,\cdots,I],\\ \prod_{i=1}^{I}\boldsymbol{R}_i=\boldsymbol{I}_3\end{gathered} \tag{5-55}$$

式中，λ 为常数因子，$\boldsymbol{A}=[\boldsymbol{I}_3\quad \boldsymbol{0}]_{3\times 3}$ 是一个用来从 $\boldsymbol{T}_i$ 中提取旋转的矩阵。一旦得到式（5-55）的最优值 $\boldsymbol{T}_i^*=[\boldsymbol{R}_i^*\quad \bar{\boldsymbol{t}}_i^*]$，最优平移量 $\boldsymbol{t}_i^*$ 可以按如下方式进行计算：

$$\boldsymbol{t}_i^*=\min\sum_{i=1}^{I}\|\boldsymbol{t}_i-\bar{\boldsymbol{t}}_i^*\|^2 \tag{5-56}$$

$$\boldsymbol{R}_1^*\boldsymbol{R}_2^*\cdots\boldsymbol{R}_{I-1}^*\boldsymbol{t}_I+\cdots+\boldsymbol{R}_1^*\boldsymbol{R}_2^*\cdots\boldsymbol{R}_{i-1}^*\boldsymbol{t}_i+\cdots+\boldsymbol{t}_1=\boldsymbol{0} \tag{5-57}$$

由于约束条件，优化问题式（5-55）是非凸的。采用拉格朗日乘子方法得到可处理的优化过程，增广拉格朗日函数为

$$\begin{gathered}\mathcal{L}(\boldsymbol{T},\boldsymbol{Y},\mu)=\sum_{i=1}^{I}\|\boldsymbol{T}_i\boldsymbol{U}_i^{i+1}-\boldsymbol{U}_{i+1}^{i}\|_{\mathrm{F}}^{2}+\langle\boldsymbol{Y},\boldsymbol{I}_3-\prod_{i=1}^{I}\boldsymbol{R}_i\rangle+\frac{\mu}{2}\|\boldsymbol{Y},\boldsymbol{I}_3-\prod_{i=1}^{I}\boldsymbol{R}_i\|_{\mathrm{F}}^{2}+\\ \lambda\sum_{i=1}^{I}\|\boldsymbol{A}\boldsymbol{T}_i-\boldsymbol{R}_i\|_{\mathrm{F}}^{2}\\ \text{s. t. }\boldsymbol{R}_i^{\mathrm{T}}\boldsymbol{R}_i=\boldsymbol{I}_3\text{且 }|\boldsymbol{R}_i|=1,\forall i\in[1,2,\cdots,I]\end{gathered} \tag{5-58}$$

式中，$\boldsymbol{Y}$ 为拉格朗日乘子；μ 为罚参数；〈·，·〉为两个矩阵的内积。优化式（5-58）仍然是非凸的，使用交替方向乘子法（ADMM）来求解，每次迭代的 $\boldsymbol{T}_i,\boldsymbol{Y}$ 和 μ 如下：

$$\begin{cases} T_i^{(k+1)} = \text{argmin}_{T_i} \| T_i U_i^{i+1} - U_{i+1}^i \|_F^2 + \| AT_i - R_i^{(k)} \|_F^2 \\ R_i^{(k+1)} = \text{argmin}_{R_i} \lambda \| AT_i^{(k)} - R_i \|_F^2 + \\ \quad \langle Y^{(k)}, I_3 - R_1^{(k)} R_2^{(k)} \cdots R_i^{(k)} \cdots R_I^{(k)} \rangle + \\ \quad \frac{\mu}{2} \| Y^{(k)}, I_3 - R_1^{(k)} R_2^{(k)} \cdots R_i^{(k)} \cdots R_I^{(k)} \|_F^2 \\ \quad \text{s.t. } R_i^T R_i = I_3 \text{且} |R_i| = 1, \\ Y^{(k+1)} = Y^{(k)} + \mu^{(k)} \left(I_3 - \prod_{i=1}^{I} R_i^{(k)} \right), \\ \mu^{(k+1)} = \rho \mu^{(k)}, \rho > 1 \end{cases} \tag{5-59}$$

式中，上标 (k) 代表迭代次数。

5.6.3 直接 SE（3）约束多姿态优化

若直接将视角的位姿 T_i 作为变量，则将代价函数表示为联合距离最小化：

$$\min \mathcal{D}(T) = \min \sum_{i=1}^{I} \sum_{n=1}^{N_i} \| T_i u_{(i)n}^{(i+1)} - T_{i+1} u_{(i+1)n}^{(i)} \|_F^2 \tag{5-60}$$

式中，$\| \cdot \|_F$为 Frobenius 范数；$u_{(i)n}^{(i+1)}$ 和 $u_{(i+1)n}^{(i)}$ 为齐次坐标 $(x,y,z,1)$。

为了保证优化出的旋转矩阵属于 SO（3），将优化问题式（5-46）重新表述为

$$\min \sum_{i=1}^{I} \sum_{n=1}^{N_i} \| u_{(i)n}^{(i+1)} T'_i - u_{(i+1)n}^{(i)} T'_{i+1} \|_F^2 + \lambda \sum_{i=1}^{I} \| bT'_i - \overline{R}_i \|_F^2$$
$$\text{s.t. } \overline{R}_i^T \overline{R}_i = I, \det(\overline{R}_i) > 0, \tag{5-61}$$

式中，T'_i 被重新堆叠成一个 4×3 的变换矩阵 $\begin{bmatrix} R_i \\ t_i \end{bmatrix}$，矩阵 $b = [I_3 \quad 0_{3\times1}]$ 用于从 T'_i 中提取旋转 R_i，R_i 为 3×3 的矩阵。定义矩阵

$$U_{(i)}^{(i+1)} = \begin{bmatrix} u_{(i)1}^{(i+1)} \\ u_{(i)2}^{(i+1)} \\ \vdots \\ u_{(i)n}^{(i+1)} \\ \vdots \\ u_{(i)N_i}^{(i+1)} \end{bmatrix}, U_{(i+1)}^{(i)} = \begin{bmatrix} u_{(i+1)1}^{(i)} \\ u_{(i+1)2}^{(i)} \\ \vdots \\ u_{(i+1)n}^{(i)} \\ \vdots \\ u_{(i+1)N_i}^{(i)} \end{bmatrix} \tag{5-62}$$

使用矩阵表示法

$$U = \begin{bmatrix} U_{(1)}^{(2)} & -U_{(2)}^{(1)} & 0 & \cdots & 0 & 0 & \cdots & 0 \\ 0 & U_{(2)}^{(3)} & -U_{(3)}^{(2)} & \cdots & 0 & 0 & \cdots & 0 \\ \vdots & \vdots & \vdots & & \vdots & \vdots & & \vdots \\ 0 & 0 & 0 & \cdots & U_{(i)}^{(i+1)} & -U_{(i+1)}^{(i)} & \cdots & 0 \\ \vdots & \vdots & \vdots & & \vdots & \vdots & & \vdots \\ -U_{(1)}^{(I)} & 0 & 0 & \cdots & 0 & 0 & & U_{(I)}^{(1)} \end{bmatrix} \tag{5-63}$$

和

$$\boldsymbol{B}=\begin{bmatrix} \boldsymbol{b} & \boldsymbol{0} & \cdots & \boldsymbol{0} \\ \boldsymbol{0} & \boldsymbol{b} & \cdots & \boldsymbol{0} \\ \vdots & \vdots & & \vdots \\ \boldsymbol{0} & \boldsymbol{0} & \cdots & \boldsymbol{b} \end{bmatrix}_{3I\times 4I} \tag{5-64}$$

最终将优化问题表述为

$$\boldsymbol{T}'^{*}=\min \|\boldsymbol{U}\boldsymbol{T}'\|_{\mathrm{F}}^{2}+\lambda\|\boldsymbol{B}\boldsymbol{T}'-\overline{\boldsymbol{R}}\|_{\mathrm{F}}^{2}$$
$$\text{s. t. } \overline{\boldsymbol{R}}_i^{\mathrm{T}}\overline{\boldsymbol{R}}_i=\boldsymbol{I},\det(\overline{\boldsymbol{R}}_i)>0, \tag{5-65}$$

式中，$\boldsymbol{T}'=[\boldsymbol{T}'_1,\boldsymbol{T}'_2,\cdots,\boldsymbol{T}'_I]^{\mathrm{T}},\overline{\boldsymbol{R}}=[\overline{\boldsymbol{R}}_1,\overline{\boldsymbol{R}}_2,\cdots,\overline{\boldsymbol{R}}_i\cdots,\overline{\boldsymbol{R}}_I]$。

采用了交替方向乘子法对上式进行优化求解，得到 T' 的迭代过程

$$\begin{cases} \boldsymbol{T}'^{k+1}=\underset{\boldsymbol{T}'}{\operatorname{argmin}}\|\boldsymbol{U}\boldsymbol{T}'\|_{\mathrm{F}}^{2}+\lambda\|\boldsymbol{B}\boldsymbol{T}'-\overline{\boldsymbol{R}}^{k}\|_{\mathrm{F}}^{2} \\ \overline{\boldsymbol{R}}_i^{k+1}=\underset{\overline{\boldsymbol{R}}_i}{\operatorname{argmin}}\lambda\|\boldsymbol{b}\boldsymbol{T}'^{k}_i-\overline{\boldsymbol{R}}_i\|_{\mathrm{F}}^{2} \\ \text{s. t. } \boldsymbol{R}_i^{\mathrm{T}}\boldsymbol{R}_i=\boldsymbol{I}_3 \text{ 且 } |\boldsymbol{R}_i|=1, \end{cases} \tag{5-66}$$

得到 $\overline{\boldsymbol{R}}_i$ 子问题解为

$$\overline{\boldsymbol{R}}_i^{k+1}=\boldsymbol{U}\boldsymbol{I}_3\boldsymbol{V}^{\mathrm{T}} \tag{5-67}$$

$$(\boldsymbol{U},\boldsymbol{D},\boldsymbol{V}^{\mathrm{T}})=\mathrm{SVD}(\boldsymbol{b}\boldsymbol{T}'^{k}_i) \tag{5-68}$$

$\boldsymbol{T}'$子问题是二次凸优化问题，得到

$$\boldsymbol{T}^{k+1}=(\boldsymbol{U}^{\mathrm{T}}\boldsymbol{U}+\lambda\boldsymbol{B}^{\mathrm{T}}\boldsymbol{B})^{-1}(\lambda\boldsymbol{B}^{\mathrm{T}}\overline{\boldsymbol{R}}^{k}) \tag{5-69}$$

5.6.4　李代数多姿态优化

上一小节中，优化过程是通过约束旋转矩阵实现刚性变换，但只能得到一个近似的特殊欧几里得矩阵。近似程度取决于合适的优化参数，否则坐标转换后的点云会形变。因此，使用了 SE（3）敏感扰动［SE(3)-sensitive perturbation］策略求得式（5-60）的最优解，即

$$\boldsymbol{T}_i=\exp(\boldsymbol{\xi}_i^{\wedge})\boldsymbol{T}_{\mathrm{op}}^{i}\approx(1+\boldsymbol{\xi}_i^{\wedge})\boldsymbol{T}_{\mathrm{op}}^{i}, \tag{5-70}$$

式中，$\boldsymbol{T}_{\mathrm{op}}^{i}$ 为操作点（通过之前的迭代得到的变换 $\boldsymbol{T}_i$）；$\boldsymbol{\xi}_i^{\wedge}$为对操作点添加的一个用李代数表示的小扰动。

代入优化问题式（5-60）中得到了李代数表示的姿态优化问题为

$$\min D(\boldsymbol{\xi})=\min\sum_{i=1}^{I}\sum_{n=1}^{N_i}\|(1+\boldsymbol{\xi}_i^{\wedge})\boldsymbol{T}_{\mathrm{op}}^{i}\boldsymbol{u}_{(i)n}^{(i+1)}-(1+\boldsymbol{\xi}_{i+1}^{\wedge})\boldsymbol{T}_{\mathrm{op}}^{i+1}\boldsymbol{u}_{(i+1)n}^{(i)}\|_{\mathrm{F}}^{2} \tag{5-71}$$

可以看到，SE(3)约束是隐式嵌入的。将式（5-71）展开为

$$\min\sum_{i=1}^{I}\sum_{n=1}^{N_i}\|\boldsymbol{T}_{\mathrm{op}}^{i}\boldsymbol{u}_{(i)n}^{(i+1)}-\boldsymbol{T}_{\mathrm{op}}^{i+1}\boldsymbol{u}_{(i+1)n}^{(i)}+\boldsymbol{\xi}_i^{\wedge}\boldsymbol{T}_{\mathrm{op}}^{i}\boldsymbol{u}_{(i)n}^{(i+1)}-\boldsymbol{\xi}_{i+1}^{\wedge}\boldsymbol{T}_{\mathrm{op}}^{i+1}\boldsymbol{u}_{(i+1)n}^{(i)}\|_{\mathrm{F}}^{2} \tag{5-72}$$

令 $\boldsymbol{Z}_{(i)n}^{i+1}=\boldsymbol{T}_{\mathrm{op}}^{i}\boldsymbol{u}_{(i)n}^{(i+1)}$，将式（5-72）简化为

$$\min\sum_{i=1}^{I}\sum_{n=1}^{N_i}\|\boldsymbol{Z}_{(i)n}^{(i+1)}-\boldsymbol{Z}_{(i+1)n}^{(i)}+\boldsymbol{\xi}_i^{\wedge}\boldsymbol{Z}_{(i)n}^{(i+1)}-\boldsymbol{\xi}_{i+1}^{\wedge}\boldsymbol{Z}_{(i+1)n}^{(i)}\|_{\mathrm{F}}^{2} \tag{5-73}$$

根据齐次点的定义，使用了如下恒等式：

$$\boldsymbol{\xi}_i^{\wedge}\boldsymbol{Z}_{(i)n}^{(i+1)}=\boldsymbol{Z}_{(i)n}^{(i+1)\odot}\boldsymbol{\xi}_i \tag{5-74}$$

运算符 $\odot$ 的定义是

$$\begin{bmatrix} x\\ y\\ z\\ 1\end{bmatrix}^{\odot}=\begin{bmatrix}\boldsymbol{\varepsilon}\\ 1\end{bmatrix}^{\odot}=\begin{bmatrix}\boldsymbol{I} & -\boldsymbol{\varepsilon}^{\wedge}\\ \boldsymbol{0} & \boldsymbol{0}\end{bmatrix} \tag{5-75}$$

得到了一个 4 × 6 的矩阵。综上所述，最终将式（5-60）转化为一个线性优化问题，即

$$\min\sum_{i=1}^{I}\sum_{n=1}^{N_i}\|\boldsymbol{Z}_{(i)n}^{(i+1)}-\boldsymbol{Z}_{(i+1)n}^{(i)}+\boldsymbol{Z}_{(i)n}^{(i+1)\odot}\boldsymbol{\xi}_i-\boldsymbol{Z}_{(i+1)n}^{(i)\odot}\boldsymbol{\xi}_{i+1}\|_{\mathrm{F}}^{2} \tag{5-76}$$

定义矩阵

$$\boldsymbol{Z}_i=\begin{bmatrix}\boldsymbol{Z}_{(i)1}^{(i+1)}-\boldsymbol{Z}_{(i+1)1}^{(i)}\\ \boldsymbol{Z}_{(i)2}^{(i+1)}-\boldsymbol{Z}_{(i+1)2}^{(i)}\\ \vdots\\ \boldsymbol{Z}_{(i)n}^{(i+1)}-\boldsymbol{Z}_{(i+1)n}^{(i)}\\ \vdots\\ \boldsymbol{Z}_{(i)N_1}^{(i+1)}-\boldsymbol{Z}_{(i+1)N_i}^{(i)}\end{bmatrix} \tag{5-77}$$

和

$$\boldsymbol{Z}_{(i)}^{(i+1)\odot}=\begin{bmatrix}\boldsymbol{Z}_{(i)1}^{(i+1)\odot}\\ \boldsymbol{Z}_{(i)2}^{(i+1)\odot}\\ \vdots\\ \boldsymbol{Z}_{(i)n}^{(i+1)\odot}\\ \vdots\\ \boldsymbol{Z}_{(i)N_i}^{(i+1)\odot}\end{bmatrix},\boldsymbol{Z}_{(i+1)}^{(i)\odot}=\begin{bmatrix}\boldsymbol{Z}_{(i+1)1}^{(i)\odot}\\ \boldsymbol{Z}_{(i+1)2}^{(i)\odot}\\ \vdots\\ \boldsymbol{Z}_{(i+1)n}^{(i)\odot}\\ \vdots\\ \boldsymbol{Z}_{(i+1)N_i}^{(i)\odot}\end{bmatrix} \tag{5-78}$$

使用矩阵表示法

$$\boldsymbol{Z}=[\boldsymbol{Z}_1,\boldsymbol{Z}_2,\cdots,\boldsymbol{Z}_I]^{\mathrm{T}} \tag{5-79}$$

和

$$\boldsymbol{Z}^{\odot}=\begin{bmatrix}\boldsymbol{Z}_{(1)}^{(2)\odot} & -\boldsymbol{Z}_{(2)}^{(1)\odot} & \boldsymbol{0} & \cdots & \boldsymbol{0} & \boldsymbol{0} & \cdots & \boldsymbol{0}\\ \boldsymbol{0} & \boldsymbol{Z}_{(2)}^{(3)\odot} & -\boldsymbol{Z}_{(3)}^{(2)\odot} & \cdots & \boldsymbol{0} & \boldsymbol{0} & & \boldsymbol{0}\\ \vdots & \vdots & \vdots & & \vdots & \vdots & & \vdots\\ \boldsymbol{0} & \boldsymbol{0} & \boldsymbol{0} & \cdots & \boldsymbol{Z}_{(i)}^{(i+1)\odot} & -\boldsymbol{Z}_{(i+1)}^{(i)\odot} & \cdots & \boldsymbol{0}\\ \vdots & \vdots & \vdots & & \vdots & \vdots & & \vdots\\ -\boldsymbol{Z}_{(1)}^{(I)\odot} & \boldsymbol{0} & \boldsymbol{0} & \cdots & \boldsymbol{0} & \boldsymbol{0} & \cdots & \boldsymbol{Z}_{(I)}^{(1)\odot}\end{bmatrix} \tag{5-80}$$

将式（5-76）重新表述为

$$\min\|\boldsymbol{Z}+\boldsymbol{Z}^{\odot}\boldsymbol{\xi}\|_{\mathrm{F}}^{2} \tag{5-81}$$

其中，$\boldsymbol{\xi}=[\boldsymbol{\xi}_1,\cdots,\boldsymbol{\xi}_I]^{\mathrm{T}}$。式（5-81）为凸优化问题，通过$\frac{\partial\|\boldsymbol{Z}+\boldsymbol{Z}^{\odot}\boldsymbol{\xi}\|_{\mathrm{F}}^{2}}{\partial\boldsymbol{\xi}}=0$进行求解，即

$$\boldsymbol{\xi}^{*}=-(\boldsymbol{Z}^{\odot})^{-1}\boldsymbol{Z} \tag{5-82}$$

一旦$\boldsymbol{\xi}^{*}$的值计算出来，更新操作点

$$\boldsymbol{T}_{\mathrm{op}}^{i}\leftarrow\exp(\boldsymbol{\xi}_i^{*\wedge})\boldsymbol{T}_{\mathrm{op}}^{i} \tag{5-83}$$

本章小结

本章介绍了机器人主动视觉感知技术的基本概念和基本工作流程。其中，视角规划技术是机器人主动视觉感知的一项核心技术。本章着重介绍视角规划算法的设计原理，并以物体三维重建为案例，详细阐述了其基本方法，以及基于强化学习的视角规划算法理论。除此之外，还介绍了点云数据的采集方法及其特点、成对点云配准技术及多视角点云配准技术，对经典的 ICP 算法、RANSAC 算法、基于深度学习的点云配准算法以及多视角点云配准范式等做了详细介绍与推理。

习题

1. 在基于深度强化学习 DQN 的视角规划中，假设使用一个多层感知机（MLP）来拟合动作价值函数，请推导损失函数的反向传播过程。

2. 假设 4 头注意力输出特征维数为 20，请问在每个注意力头中应保证输出特征维数如何？

3. 请尝试论证式（5-42）和式（5-43）链式求导过程中每一项均为可导的。

4. 在 5.6.2 小节中的优化目标函数姿态变量 $\boldsymbol{T}_i$ 和 5.6.3 小节中姿态变量 $\boldsymbol{T}_i$ 有什么区别和联系？

参考文献

[1] ZENG R, WEN Y H, ZHAO W, et al. View planning in robot active vision: A survey of systems, algorithms, and applications [J]. Computational visual media, 2020 (3): 225-245.

[2] HORNUNG A, WURM K M, BENNEWITZ M, et al. OctoMap: An efficient probabilistic 3D map framework based on octrees [J]. Autonomous robots, 2013, 34 (3): 189-206.

[3] KRIEGEL S, RINK C, TIM B, et al. Efficient next-best-scan planning for autonomous 3D surface reconstruction of unknown objects [J]. Journal of real-time image processing, 2015, 10 (4): 611-631.

[4] DELMERICO J, ISLER S, SABZEVARI R, et al. A comparison of volumetric information gain metrics for active 3D object reconstruction [J]. Autonomous robots, 2018, 42 (4): 1-12.

[5] KABA M D, UZUNBAS M G, LIM S N. A reinforcement learning approach to the view planning problem [C]// 2017 IEEE conference on computer vision and pattern recognition. Honolulu, USA: IEEE, 2017: 6933-6941.

[6] JOHNSON A E, HEBERT M. Using spin images for efficient object recognition in cluttered 3D scenes [J]. IEEE transactions on pattern analysis and machine intelligence, 1999, 21 (5): 433-449.

[7] FROME A, HUBER D, KOLLURI R, et al. Recognizing objects in range data using regional point descriptors [C]// Computer vision- ECCV 2004: 8th European conference on computer vision. Prague, Czech Republic: Springer, 2004: 224-237.

[8] RUSU R B, BLODOW N, MARTON Z C, et al. Aligning point cloud views using persistent feature histograms [C]// 2008 IEEE/RSJ international conference on intelligent robots and systems. Nice, France: IEEE, 2008: 3384-3391.

[9] RUSU R B, BLODOW N, BEETZ M. Fast point feature histograms (FPFH) for 3D registration [C] // 2009 IEEE international conference on robotics and automation. Kobe, Japan: IEEE, 2009: 3212-3217.

[10] SALTI S, TOMBARI F, DI STEFANO L D. SHOT: Unique signatures of histograms for surface and texture description [J]. Computer vision and image understanding, 2014, 125: 251-264.

[11] BESL P J, MCKAY N D. A method for registration of 3- D shapes [J]. IEEE transactions on pattern analysis and machine intelligence , 1992, 4 (2): 586-606.

[12] QI C R, SU H, MO K C, et al. Pointnet: Deep learning on point sets for 3D classification and segmentation [C] // Proceedings of 2017 IEEE conference on computer vision and pattern recognition. Honolulu, USA: IEEE, 2017: 652-660.

[13] QI C R, YI L, SU H, et al. Pointnet + + : Deep hierarchical feature learning on point sets in a metric space [J]. Neural information processing systems, 2017, 30: 5105-5114.

[14] BARFOOT T D, FURGALE P T. Associating uncertainty with three- dimensional poses for use in estimation problems [J]. IEEE transactions on robotics, 2014, 30 (3): 679-693.

[15] BARFOOT T D. State estimation for robotics [M]. Cambridge: Cambridge university press, 2017.

[16] JIAN B, VEMURI B C. Robust point set registration using Gaussian mixture models [J]. IEEE transactions on pattern analysis and machine intelligence, 2011, 33 (8): 1633-1645.

[17] 彭伟星. 航空发动机异形叶片的机器人自主三维测量方法研究 [D]. 长沙：湖南大学，2021.

[18] 梅青. 基于深度学习的高精度点云配准算法研究 [D]. 南京：南京邮电大学，2022.

[19] 陶四杰. 基于多频外差的双目三维重构与定位的研究 [D]. 无锡：江南大学，2020.

[20] 朱遵尚. 基于三维地形重建与匹配的飞行器视觉导航方法研究 [D]. 长沙：国防科学技术大学，2014.

[21] 朱曦阳. 基于卷积网络的智能视频机房监控 [D]. 北京：清华大学，2018.

第 6 章　基于多传感器融合的机器人环境感知技术

导读

机器人环境感知技术是智能机器人能够准确感知环境，实现其自主行动的基础。然而智能机器人在特定的作业场景中，单个传感器的环境信息获取与感知难以满足高动态作业场景环境感知需求。本章重点介绍基于多传感器融合的机器人环境感知技术，通过介绍多传感器融合概述及工作原理讲述多传感器数据获取与数据融合等；以机器人抓取和导航应用为例，重点介绍基于视觉与力触觉融合的机器人目标抓取和基于多传感器融合的机器人自主定位与导航等方法与理论。

本章知识点

- 多传感器融合概述及工作原理
- 基于视觉与力触觉融合的机器人目标抓取
- 基于多传感器融合的机器人自主定位与导航

6.1　多传感器融合概述及工作原理

通常情况下，传感器融合发生在空间和时间维度。空间分析描述了对象位置的学习，基于从全局和本地传感器坐标系获得的信息，而时间分析则关注于检测到的对象的动态学习。因此，空间和时间分析都需要传感器校准过程以生成精确的结果。目前广泛使用的三种校准方法是对传感器内部、外部和时序之间的参数校准。内部校准涉及特定传感器的本地参数（例如摄像机的焦距、LiDAR 对物体的反射等）。内部校准过程要求利用透视变换方法，通过全局位置参数（即旋转和平移）将全局坐标$[X,Y,Z]$转换为本地坐标$[x,y,z]$（对应于传感器）。根据传感器类型，可能需要执行额外的本地转换。外部校准用于将定义传感器位置和方向（姿势）的坐标与全局参考框架进行转换。这使得可以从一个传感器或另一个传感器的角度来分析检测过程。外部校准分析取决于空间测量之间的相关性，即具有共同参考框架的传感器。然而，不相关的空间测量需要运动感知分析来确定它们之间的转换关系。最后，时序校准是指将来自传感器的多个数据流同步的过程，这些数据流可能具有不同的采样品频率。该过程旨在通过尽可能相近的时间戳匹配来同步来自两个不同传感器的数据。接下来，将详细探讨多传感器之间的校准标定方法。

6.1.1 激光雷达与摄像机联合标定方法

摄像机（或相机）和激光雷达的融合在机器人感知领域中发挥着重要作用。准确的外部参数校准是传感器融合的必要先决条件。

1. 离线标定方法

离线的激光雷达与摄像机联合标定方法，通常采用辅助校准的设备或装置，通过从图像和激光雷达点云数据中提取与校准设备边缘对应的多组二维（2D）和三维（3D）线或点，进行匹配得出摄像机与激光雷达外部参数的唯一初始估计，即摄像机与激光雷达间的空间转换矩阵。比如，Zhao 等人提出一种基于常规棋盘格模式的校准方法，从点云和图像中提取棋盘格角点的坐标，然后用这些坐标建立 3D-2D 匹配约束。通过解决这些约束，可以在无须手动标记角点特征的情况下获得 LiDAR 与摄像头之间的外参参数。Wang 等人提出一种基于 3D 棋盘格来校准摄像机的内在参数以及摄像头和光探测与测距（LiDAR）传感器的外在参数，标定流程如图 6-1 所示。

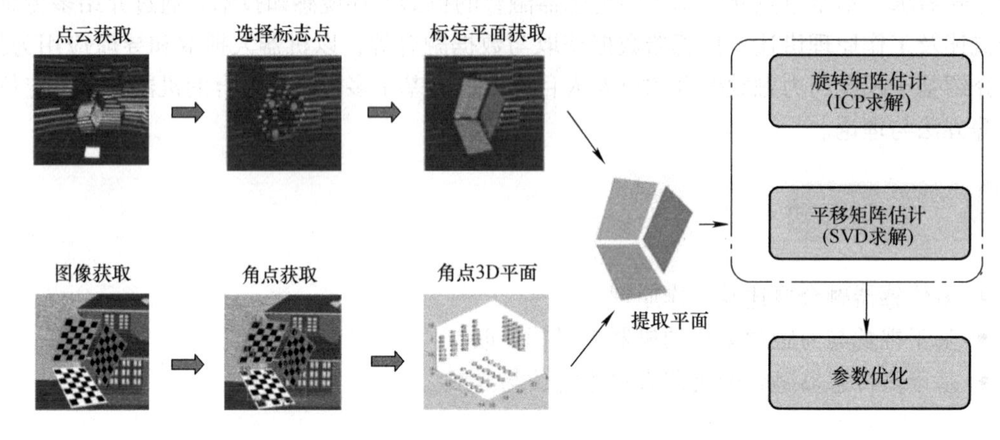

图 6-1 一种基于 3D 棋盘格的雷达与摄像机校准方法

Fan 等人提出一种具有独特几何特征的 3D 球形辅助校准装置，以解决摄像机和激光雷达外部参数校准精度低和稳健性差的问题。该校准系统在不同激光噪声和垂直分辨率下具有一定程度的抗噪声和稳定性。此外，常用的摄像机与激光雷达标定方法有 Autoware 等。

2. 在线标定方法

在线的激光雷达与摄像机联合标定方法，通常不需要采用辅助校准的设备或装置，通过在移动机器人语义地图构建或导航过程中从图像和激光雷达点云数据中提取环境特征进行匹配校准，得到激光雷达与摄像机之间的空间转换关系。比如，Tu 等人认为大多数现有的摄像机与 LiDAR 校准方法需要在多个位置和多次手动放置设计好的校准对象，这样做耗时且劳动密集，并且不适合频繁使用。为解决这一问题，Tu 等人提出了一种新颖的校准流程，可以在结构运动（SFM）过程中自动校准多个摄像头和多个 LiDAR。Mharolkar 等人提出一种 RGBDTCalibNet 在线外部校准方法可以实现 3D LiDAR 与 RGB 摄像头之间的外部校准，通过利用基于 CNN 的深度学习方法进行特征提取和特征匹配得到摄像头与雷达之间的外部参数，如图 6-2所示。

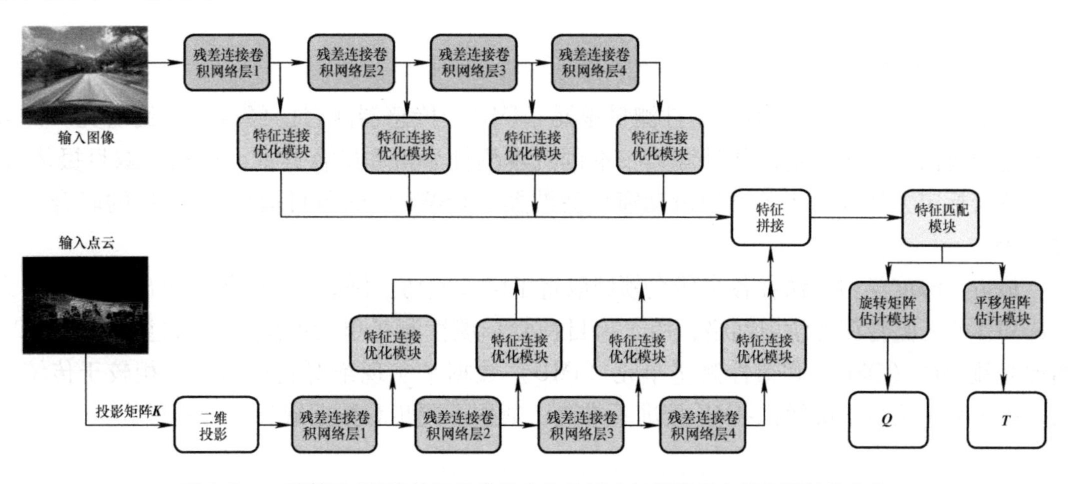

图 6-2　一种基于 CNN 的深度学习方法的雷达与摄像机在线外部校准方法

6.1.2　激光雷达与惯性测量单元联合标定

在移动机器人自主环境感知等应用中，激光雷达（LiDAR）与惯性测量单元（IMU）的融合通常是不可或缺的，而准确可靠的传感器校准对此至关重要。一般情况下，LiDAR-IMU 的校准方法可以采用连续时间批处理优化框架，在这个过程中，会对两个传感器的内部参数和传感器之间的空间-时间外部参数进行校准，而无须使用标定基础设施，例如基准标签。与离散时间方法相比，连续时间公式在融合激光雷达和 IMU 传感器的高速率测量方面具有天然的优势。比如，Zhu 等人提出的 LI Init 方法，是一种鲁棒、实时的激光雷达惯性系统初始化方法。该方法校准激光雷达和 IMU 之间的时间偏移和外部参数，以及重力矢量和 IMU 偏差，不需要任何目标或额外的传感器、特定的结构化环境、先前的环境点图或外部和时间偏移的初始值。LV 等人改进 LI Init 方法，提出的 Observability-Aware LI Calibration 方法，提高移动机器人非结构化环境中激光雷达和 IMU 传感器校准的高准确性和重复性，该方法流程如图 6-3 所示。

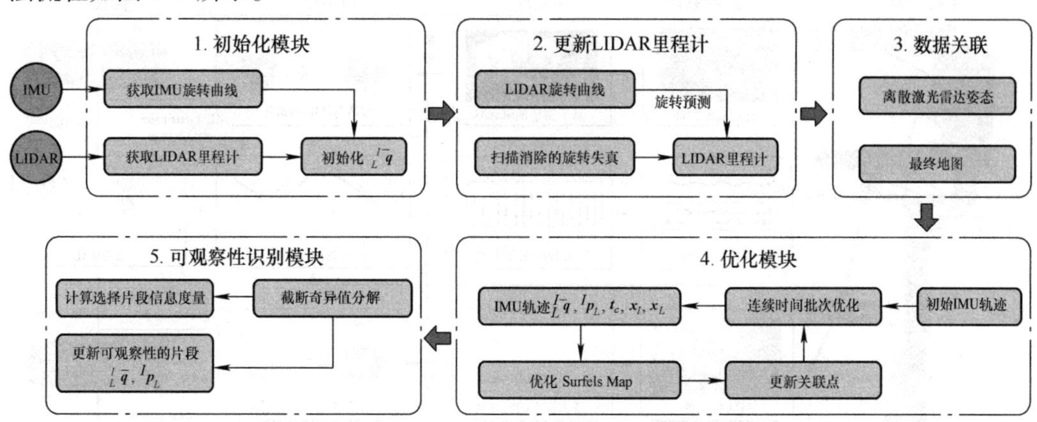

图 6-3　基于 Observability-Aware LI 的激光雷达与惯性测量单元校准方法

此外，其他常用的激光雷达与惯性测量单元联合标定方法还有 ETH LI Calib 等。

6.1.3 摄像机与惯性测量单元联合标定

在过去几十年中，摄像机-惯性测量单元（IMU）传感器融合已经得到广泛研究。许多学者已经提出大量关于运动估计和自校准的可观测性分析和融合方案，如在线双目摄像机-IMU 联合标定方法和基于关键帧滑动窗口滤波器（KSWF）的单目摄像机-IMU 的联合标定方法等。

最近，深度学习方法在各个研究领域取得了巨大成功。例如，Han 等人提出了一种名为 DeepVIO 的无监督深度学习网络，用于单目视觉和惯性测量单元的融合，通过直接合并 2D 图像光流特征（OFF）和惯性测量单元（IMU）数据来实现绝对轨迹估计。相较于传统方法，DeepVIO 减少了摄像机-IMU 校准不准确、数据不同步和数据缺失带来的影响。

6.1.4 激光雷达、摄像机和惯性测量单元联合标定

最近，在机器人自动环境感知导航领域的应用中，利用 3D LiDAR、摄像机和 IMU 进行多模态融合展现出巨大潜力。然而，成功实现融合的关键在于精确确定传感器之间的几何关系，即外部校准问题。现有的多模态传感器离线标定方法一般使用上述小节的多传感器两两离线标定方法，最终实现多传感器联合标定。这种方法通常需要复杂的校准对象（站点）和训练有素的操作人员，这在实际应用中既耗时又缺乏灵活性。相反，一些无目标的在线标定方法可以克服这些缺点，但它们仅专注于两种传感器的校准。尽管通过联合校准可以获得 LiDAR-视觉惯性的外部参数，但仍存在操作烦琐、累积误差较大和几何一致性较弱等问题。因此，Wang 等人提出了一个集成 LiDAR-视觉-惯性外部校准框架，它以自然的多模态数据作为输入，并在没有任何辅助对象（站点）或人工帮助的情况下端对端生成传感器之间的外部关系。为了融合多模态数据，将 LiDAR-视觉-惯性外部校准构建为一个连续时间的同时定位和地图构建问题，通过建立传感器对传感器和传感器对轨迹的约束来联合估计外部参数、轨迹、时间差异和地图点，该方法流程如图 6-4 所示。

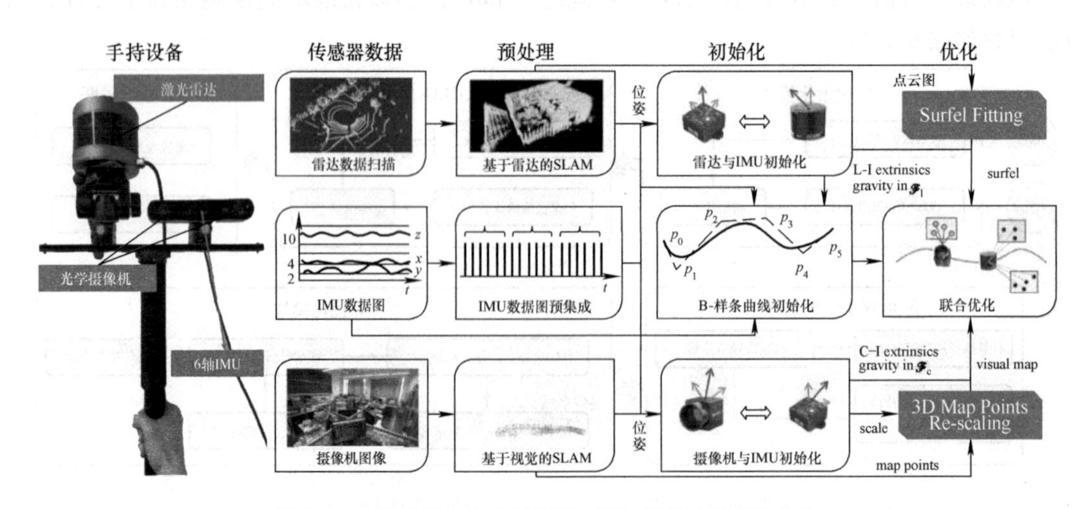

图 6-4 一种多模态集成 LiDAR-视觉-惯性外部校准方法

6.2　基于视觉与力触觉融合的机器人目标抓取

人类通过视觉、触觉等多种感官输入来感知世界。尽管人们的眼睛一次就能感知整个视觉场景，但在任何给定时刻，人类只能触碰到物体的一小部分，这需要大脑将人类的视觉和触觉连接起来。对于机器人来说，将视觉和触觉连接起来可以通过跨模态任务建模实现。首先需要为机器人配备视觉和触觉传感器，并收集相应的视觉和触觉图像序列数据集。此外，还需要思考机器人如何与以触觉数据为输入的对象进行交互。其中一个主要挑战是这些传感器的感知数据输入之间存在显著的比例差异。因此，本节以机器人目标抓取为例，重点介绍视觉和力触觉模态的特征融合和相关方法。

6.2.1　基于视觉模态特征的目标抓取

基于视觉模态特征的目标抓取指的是利用视觉信息进行目标检测和定位，从而实现机器人对目标物体的精准抓取。通过分析目标物体在图像中的外观特征、形状、颜色等信息，结合深度学习算法或传统计算机视觉技术，可以确定最佳的抓取位置和姿态，使机器人能够有效地抓取目标物体。这种方法通常需要综合考虑环境条件、目标物体的属性以及机器人的执行能力，以实现高效准确的目标抓取任务。本小节将详细介绍基于视觉模态特征的机器人目标抓取方法的主要流程，包括抓取目标三维数据获取、抓取目标三维数据表征、抓取目标特征提取、抓取目标检测、抓取目标分割以及抓取目标位姿估计等方面。

1. 抓取目标三维数据获取

基于视觉模态的抓取目标三维数据获取主要依赖于各种传感器。在此过程中，所需的三维数据实际上是通过某个特定视角获取的 2.5D 数据，而非在对象内部获取。近年来，对于机器人自主操作来说，3D 数据变得越发重要，用于执行多种任务，如抓取物体、检测障碍物、绘图以及与人类互动等。3D 感知技术的迅速发展使得 3D 数据采集变得更加可行，精度提高的同时成本也降低了。一般来说，根据表 6-1，3D 数据获取传感器主要可分为以下两类：

（1）接触式扫描仪

该类传感器通过逐步接触物理表面以获得 3D 信息，效率较低。

（2）非接触式扫描仪

1）被动扫描仪。例如立体/双目视觉系统类似于人类视觉，安装有两个或多个摄像机，通过比较两幅相关图像计算视差图，然后相应地估计每个对应点的深度图。

2）主动扫描仪。例如：①基于三角测量原理。通常依据摄像机和点/线激光之间的三角关系来计算物体的 3D 位置，具有高精度并对各种干扰具有鲁棒性。②基于结构光测量原理。投射一系列预定义的光模式，如多条线，并使用摄像机记录变形的模式，相应地计算物体表面的深度/坐标，能够高效地重建大面积区域，但液晶显示器（LCD）投影仪的工作距离通常较短。③基于飞行时间测量原理。旨在测量扫描仪与物体之间的距离，通过光的发射和返回给扫描仪的反射信号之间的时间来进行，更适合长距离测量，如几公里，但分辨率相对较低。

表 6-1　常见三维数据获取传感器

类别			产品		
接触式扫描仪			Faro Arm	Renishaw PH20	Gel Sight
非接触式扫描仪	被动扫描仪 (Binocular Vision)		Bumblebee XB3		
	主动扫描仪	基于三角测量原理	Vivid 910	ULS-500 PRO	ULS-100
		基于结构光测量原理	Microsoft Kinect V1	Realsense SR300	Realsensor D435i
		基于飞行时间测量原理	Optech ILRIS-LR	Microsoft Kinect V2	Realsense L515

2. 抓取目标三维数据表征

目标三维数据的表征是机器人通过传感器获取信息的一种展现形式，同时也构成了基于视觉的机器人环境感知和操作（如目标抓取）的基础。Cong 等人总结了常见的三维数据表征格式，包括多视角图像、RGB-D 数据格式、三维点云数据格式、三维网格数据格式、体素数据格式以及三维数据投影数据格式，每种格式都具有独特的优缺点：

1）多视角图像：利用多个 RGB 摄像机从不同角度捕捉同一场景或目标的图像数据，通过多视角三维成像算法获得三维信息。

2）RGB-D 数据格式：提供目标三维场景的 2.5D 信息，结合颜色信息和深度信息，例如微软 Kinect 摄像机和英特尔 RealSense 摄像机。

3）三维点云数据格式：这是原始且常用的三维数据表示形式，由一组无序的三维点组成，每个点都有相关的三维坐标。

4）三维网格数据格式：由顶点和多边形组成，能更高效地进行存储和转换，但在基于网格的对象识别任务中面临挑战。

5）体素数据格式：用规则的三维网格描述物体分布，但会消耗大量内存，需要采用技术如八叉树来缓解。

6）三维数据投影数据格式：将三维数据投影到二维网格，以便适应卷积神经网络处理，包括球面表示、参数化网格表示和 BEV 表示等方法。

3. 抓取目标特征提取

特征表示对于目标识别至关重要，应该能够抵抗噪声、遮挡、背景干扰、姿态变换、点云密度变化或视角变化的影响。在特征表示方面，其中一个最稳健的特征是基于人造的二维/三维标记，通常称为合作目标。通过解决透视-点（Perspective-n-Point，PnP）问题来估算相关姿势，使用预定义的二维标记，例如线条、圆圈、矩形，或三维标记，例如三维点甚至人体姿势。然而，一般物体通常是非合作的，只能从自然场景中提取依赖于二维特征（遵循灰度/彩色/深度图像），或者三维特征基于点云、网格或体素的特征。常用的特征提取方法可以分为局部特征提取和全局特征提取两个方面。

（1）抓取目标局部特征提取

局部特征试图从丰富的二维纹理/三维几何信息中提取重要的关键点特征，这些特征对于局部遮挡也很稳健。例如，常见的基于纹理的特征从二维图像中提取，比如，SIFT、SURF、ORB等，或基于机器学习的特征描述符，例如PCA-SIFT和LDAHash等；而对于丰富的三维几何场景，可以提取基于几何的特征来找到局部三维点云场景与完整对象模型之间的对应关系，以获得6自由度物体姿势，例如Spin Images、SHOT、ROPS、基于体素的无监督特征，以及点云深度无监督特征。还有基于深度学习的三维描述符，例如，3DMatch、3DRegNet等。

（2）抓取目标全局特征提取

全局特征适用于无纹理对象识别，通过使用图像梯度或表面法线作为形状属性。例如，基于模板的全局特征旨在在观察图像中找到与对象模板最相似的区域，例如LineMOD和Rios-Cabrera。最近，三维深度学习方法，例如OctNet、PointNet、PointNet++和MeshNet等开始学习提取用于三维对象识别或检索的可区分的深度表示。同时，还提出了一些旨在解决持续学习环境中的灾难性遗忘问题的方法。

4. 抓取目标检测

目标检测旨在使用二维图像/三维点从二维/三维边界框中检测对象。

（1）二维目标检测

传统基于二维的目标检测方法依赖于与人工设计的描述符（例如SIFT、SURF）进行模板匹配，并采用机器学习模型进行识别。近年来，基于深度学习的方法自提出深度卷积神经网络（DCNN）以来变得流行，可分为以下两种类型：

1）两阶段方法：第一阶段生成包含潜在对象的区域提议，并立即对每个提议进行分类。例如，RCNN使用选择性搜索生成提议并使用SVM进行分类；Faster RCNN采用区域提议网络（RPN）以提高效率。

2）单阶段方法：直接输出检测边界框。例如，著名的YOLO通过将特征图划分为粗略网格直接生成边界框，从而实现了45 FPS的检测效率；SSD应用多尺度结构以提高性能。

（2）三维目标检测

与先前的2D目标检测相比，使用各种3D数据进行3D目标检测已成为一个热门话题。在给定3D模型的情况下，传统方法提取局部3D形状描述符，如SHOT、ROPS等，并通过投票/对应方法匹配/检测对象。更一般的3D目标检测方法使用3D滑动窗口来表示和分类对象；然后，提出了各种基于深度学习的3D目标检测方法，其流程类似于2D检测方法，可分为以下两类：

1）两阶段方法：受先前2D方法启发，早期方法首先从多视图2D图像或BEV中检测出2D区域提议，然后相应地获得3D结果。例如，Chen等人通过从BEV检测3D边界框引入了多视图3D网络。Qi等人直接从2D深度图像生成3D锥体，并通过实例分割模块过滤异常值。最近，一些方法直接从完整的3D数据生成3D提议。例如，PointRCNN通过前景目标分割为每个点预测密集提议；受Hough投票策略启发，VoteNet设计了用于3D目标检测的深度网络协同作用。

2）单阶段方法：直接从3D数据中检测对象。例如，PIXOR使用全卷积网络（FCN）从BEV图像提取特征并直接回归结果。VoxelNet将3D数据排列成有组织的体素，随后通过稀疏3D卷积进一步聚合特征以进行区域提议。

5. 抓取目标分割

语义对象分割比目标检测进一步发展，通过为每个2D像素/3D点分配一个类标签来实现更精细的预测。基于各种聚类方法或图割的传统分割方法的性能仍然有限。因此，采用基于各种神经网络的语义分割：①语义2D图像分割，例如FCNet、SegNet；②语义3D点云分割，如PointNet、PointNet++和PointCNN等。

语义分割在同一场景中存在重叠的多个对象时不能区分实例。因此，研究了实例分割，从而为不同实例分配合适标签的细粒度分割。早期，针对2D实例分割的工作利用目标检测方法中的实例边界框，并相应地在每个框内执行语义分割，例如MaskRCNN和PointRend。然后，单阶段方法直接回归实例掩模，例如YOLACT和PolarMask。最近，3D实例分割方法引起了很大关注。例如，SGPN通过聚类相似点来分割实例候选项；3D BoNet从全局特征回归边界框，并通过新颖的边界框关联层将其分配给地面实况框。

6. 抓取目标位姿估计

给定已知的目标模型，例如扫描的三维点和CAD网格模型，可以首先估计粗糙姿态，然后将其细化，以追求精确的6-DOF姿态。

（1）抓取目标初始位姿估计

基于局部特征目标抓取位置估计的方法可以分为：基于对应关系的目标位姿估计方法、基于模板匹配的位姿估计方法、基于投票的位姿估计方法和基于端到端的位姿估计方法。

通常可以通过人工标记、基于纹理的特征以及基于几何的特征建立这些对应关系。对于2D情况，传统方法会检测人工标记或提取基于纹理的特征，从而找到观测到的2D像素与现有3D模型的3D点之间的对应关系。然后可以通过PnP算法来恢复6自由度的姿态。

基于深度学习的方法提取代表性特征点，例如CNN特征，并找到对应关系，从而预测3D点的2D位置。对于3D情况，传统方法旨在提取3D几何特征，然后通过最小二乘法恢复6自由度姿态。此外，一些基于深度学习的方法被提出来学习稳健的局部几何特征。例如，3DMatch利用3D基于体素的神经网络匹配3D特征点；PPFNet引入点对特征来增加抵抗旋转的稳健性。

基于投票策略的位姿估计方法：每个2D/3D局部特征为6自由度姿态提供一个或多个投票，适用于遮挡对象或部分观测对象。对于2D情况，Brachmann等人学习稠密3D对象特征表示，并预测2D-3D对应关系，通过随机森林生成姿态假设。LC-HF利用从RGB-D图像训练的Hough森林，树的每个叶子存储从图像块映射出的一组6自由度姿态投票。还存在一些基于深度学习的2D方法。Kehl等人利用卷积自动编码器提取局部采样的密集RGB-D块特征进行6自由度投票，比一般的稀疏自动编码器更稳健。PvNet预测像素级特征来投票关键点，然后通过随机采样一致性算法（RANSAC）可以获得 6 自由度姿态。对于 3D 情况，Drost 等人根据点的方向创建全局特征，并使用快速投票方案在局部匹配该模型。SPAE 引入了无监督特征学习网络，从点云中提取 3D 关键点特征，并相应地在未知测试场景中匹配对象。DenseFusion 提取密集像素级特征来投票获得最佳预测分数的 6 自由度物体姿态。

基于模板匹配的位姿估计方法，也可以称为基于全局特征的方法，从不同视角呈现 3D 已知模型，生成 2D/3D 模板作为训练数据，并为每个模板分配相应的 6-DOF 姿态。对于 2D 情况，问题可以看作是一个图像检索问题，其中一种直接的方法是在图像中搜索所有模板，找到最相似的区域，但这样太耗时。例如，LineMOD 实时测量图像梯度方向的相似性；而 Rios-Cabrera 等人通过优化匹配以级联分类方案实现了十倍加速。由于 ICP 在迭代优化中容易陷入局部最小值，因此采用全局最优算法。

基于端到端的位姿估计方法，也可以称为直接位姿估计方法，通常使用基于深度学习的方法端到端，直接估计出目标抓取位姿。基于深度学习的方法可以从输入的 3D 数据直接学习到姿态参数的映射。例如，PoseCNN 先定位目标中心、完成距离预测，最终实现目标的 3-DOF 平移和旋转（回归四元数表示）估计；SSD6D 将经典的 2D SSD 扩展到合成的 RGB 数据中，覆盖了 6-DOF 姿态。

（2）抓取位姿验证与优化

由于背景混乱和遮挡，生成的假设可能包含误报，而粗略姿势对于精细操纵来说是不准确的。因此，应该验证初步结果并消除错误，包括局部验证和全局验证；然后优化并生成最终结果。

1）局部验证旨在利用表面配准算法（例如 ICP）来测量场景与基于粗略假设的投影候选模型之间的配准误差。通常使用一些带有预设阈值的标准，例如在投影的 3D 模型和实际场景之间的重叠点数量比率、在投影的 3D 模型和完整 3D 模型之间的重叠区域比率等。

2）全局验证：如果同一场景中存在多个对象，应该将全局验证视为一个优化问题，以克服检测结果的遮挡和重叠。不同的假设和约束被用来构建模型，例如将模型拟合到场景、将场景拟合到模型、克服遮挡、模型之间的相关性、变换假设的质量等。

3）位姿优化：ICP 及其变种是传统方法和基于深度学习的方法中最常用的优化方法。此外，RANSAC 也可用于已知模型的细化。然而，这些方法耗时过长，因此提出了基于深度学习的方法进行细化，例如，Densefusion 比传统 ICP 快 200 倍；Manhardt 等人结合图像 RGB 颜色特征，能够抵抗遮挡、几何对称性和视觉歧义。

6.2.2　基于触觉模态特征的目标抓取

近年来，开发和使用触觉传感器以提高机器人完成灵巧操作任务的能力方面取得了很大进展。本小节主要围绕机器人触觉抓取机构设计和基于触觉模态的目标抓取两个方面的内容展开介绍。

1. 机器人触觉抓取机构设计

机器人触觉抓取机构是一种用于实现机器人对物体进行抓取和操作的装置。该机构通过感知物体的触觉信息，控制机械手或指夹等执行器进行精确的抓取动作。机器人触觉抓取机构的设计旨在提供机器人与环境之间的接触感知和控制能力，以实现安全、高效和灵活的物体抓取操作。机器人触觉抓取机构主要分为两类，即软体机械手抓取结构和刚体机械手抓取结构。软体机械手抓取结构是一种利用软体材料构建的机械手抓取装置。相比传统的刚体机械手，软体机械手抓取结构具有更好的柔软性和变形能力，能够适应各种形状和表面特性的物体。刚体机械手抓取结构是一种由刚性材料构建的机械手抓取装置。相比软体机械手，刚体机械手抓取结构通常具有更高的刚度和稳定性，适用于对形状稳定、表面规则的物体进行抓取和操作。

（1）软体机械手抓取结构

软体机械手抓取结构的设计具有较高的灵活性和适应性，适用于需要处理形状复杂、易变的物体的应用场景。它在物体抓取、柔性操作和人机交互等领域具有广阔的应用前景。

软体机器人技术是一个新颖的研究领域，在人机合作方面具有巨大潜力。这种机器人能够经历大变形以执行复杂的动作，往往导致传统传感器的应用困难和缺乏必要的反馈。在软体机器人操作中，一种常见的趋势是构建能够利用环境约束进行稳健抓握的柔顺手。然而，在大规模工业应用中，末端执行器大多是刚性的。如何利用刚性工业夹具来利用环境约束，一种策略是通过软模块化气动表面（SoftPad）向环境添加柔顺性。与其模块连接的压力传感器可用于估计物体的姿态和重心，并在目标抓取任务期间，检测夹爪与 SoftPad 之间的接触力，实现各种目标尺寸、形状和重量的物体抓取。

为了实现更灵巧的操作，常见的弹性体材料类似的软传感器也可以集成到软夹持器中。比如基于离子水凝胶的应变和触觉传感器，并将这些传感器整合到一个三指软夹持器中，用于基于学习的物体识别和力控制抓取。这种基于水凝胶的传感器具有优秀的导电性、高可伸缩性和韧性、良好的环境稳定性，以及独特的防冻性能；它们可以轻松地附着在软夹持器的所需位置进行应变和触觉感知。通过使用深度学习模型，展示了感知软夹持器能够在常温和冰冻温度下抓取和识别物体。此外，夹持器的电容式触觉反馈被用来开发闭环力控制器，并实现对易碎或高度可变形物体的力控制抓取。

此外，一些触觉传感器，如基于摩擦电纳米发电机（TENGs）的触觉传感器，可以集成到具有可变刚度的软手指结构中，集成传感器的软体手指结构可以通过结合触觉感知能力粗略地区分物体的尺度，可以帮助机器人处理易碎和柔软的物体，通过特殊分布的电极，触觉传感器可以感知外部刺激的接触位置和区域。基于齿轮的长度传感器使用可延展带，允许通过每个齿的顺序接触连续检测伸长，并在复杂环境中适当地识别它们的形状。

软体机械手结构设计也可以使用光纤的嵌入式感应解决方案，用于在所有方向上具有出色适应性的全向适应性软机器人手指。特别地，Yang 等人成功地将一对光纤插入手指的结构腔内，而不会干扰其适应性能。所得到的集成方案可作为一种多功能、低成本和防潮的解决方案。光纤布拉格光栅（FBG）可以作为一种先进的触觉感知元件，基于微小触觉力下的波长反射谱变化，同时具有尺寸小和易于封装在工业操作器中的特点。

虽然软指尖在抓取任务中取得显著的发展，但其在手内操纵物体方面的能力仍然有限。由于具有弹性，软指尖增强了抓取软物体的能力。然而，使用软指尖和传统设计进行物体的手内操纵被证明是具有挑战性的，因为对于软材料来说，协调微小指尖运动的控制和不确定性是错综复杂的。Lu 等人利用具有触觉感知和主动形状变化的软指尖增强机器人手的灵巧性，结合加压气腔软触觉传感器，提供指尖位置的闭环控制，实现在整个手工作空间内轻松增强对软物体的抓取、平移和旋转，而不会造成损坏。

（2）刚体机械手抓取结构

刚体机械手抓取结构在工业自动化、装配线操作和精密加工等领域广泛应用。其设计需要考虑到机械结构的刚度、力学特性以及控制系统的稳定性，以实现对目标物体的可靠抓取和操作。现有刚体机械手结构主要以两指机械手、三指机械手、多指机械手为主。

1）两指机械手。两指机械手结构通过设计结合一个 2 自由度的链驱动非完全驱动机构，其中嵌入了一个用于接触力测量的负载传感器和一个用于获取关节变量的可调电位器。利用本体感知（内部）传感器，在不损害所提出设计的大小和复杂性的情况下，手指可以产生类似触觉的感觉。手指的设计具有特殊的远节骨圆形形状和节骨之间的特定大小比例，能够实现精确和力量抓握。通过构造抓握力矩空间，提供了对抓握效率的一些定量评估。

2）三指机械手。三指机械手是一种常见用于机器人目标抓取的装置，通常由三个指头（或爪）组成。这种设计旨在模仿人类手部结构，提供更灵活和精确的抓取能力。三指机械手通常由三根杆件相连，并通过关节相互连接，形成一个稳定的结构。每个指头末端常常有各种形状的夹具或爪子，以适应不同形状和尺寸的物体。三指机械手通过控制每个关节的运动，实现灵活、准确的抓取动作。通过传感器获取目标物体的信息，计算出最佳的抓取位置和姿态，然后执行相应的动作进行抓取。三指机械手灵活性高（三指设计使得机械手能够适应不同形状和尺寸的物体）、精确度高（通过精确的控制和传感技术，可以实现精准的抓取操作）、抓取范围广（三指结构能够覆盖更大范围的物体，增加抓取成功率）。

3）多指机械手。多指机械手有潜力使机器人能够执行复杂的操作任务。然而，教导机器人用类人手抓取物体是一个艰巨的问题，因为状态空间和动作空间的维度非常高。

传统的多指机械手可以使用触觉传感器来识别接触状态和接触力，但无法仅通过触觉来识别抓取物体的形状，需要借助视觉。Liao 等人提出了一种新的抓取物体识别算法应用于 PESA 手，以解决这个问题。设备由安装在手指关节上的角度传感器、安装在手指上的触觉传感器和安装在手掌上的距离传感器组成，通过多点抓取的重复操作，通过该算法可以估计抓取物体的形状和尺寸信息。

2. 基于触觉模态的目标抓取

（1）软体机械手抓取目标特征提取

软体机械手的抓取目标特征提取主要是对软体手上的触觉传感器所获取的数据进行分析处理，提取用于抓取目标分类所需特征。对于柔性三爪抓取机械手，表面集成 FBG 触觉感知系统，获取三通道的触觉感知信号，Lyu 等人提出一种基于格拉姆角场（GAF）算法和卷积神经网络（CNN）的 FBG 触觉感知系统的对象分类方案，提取触觉感知数据的深层特征，无需手动标记，适用于任何场景，特别适用于带宽有限、精度高和延迟要求低的智能工业应用场景。同样，对于柔性三爪操作器表面获得的触觉信号的三个通道信号，Lyu 等人提出一种基于压缩激励 LSTM（SE-LSTM）网络，利用一个压缩激励网络模块，增加信号通道之间的数据相关性来提取信号特征，提高 LSTM 模型分类的准确性。

（2）刚体机械手抓取目标特征提取

1）基于传统机器学习方法的抓取目标特征提取。传统的机器学习方法用于刚体机械手抓取目标特征提取。如为了获得最佳手指设计，使用有限元方法分析了负载传感器的放置位置。手指的设计具有特殊的远节骨圆形形状和节骨之间的特定大小比例，以实现精确和力量抓握。通过构造抓握力矩空间，提供了对抓握效率的定量评估。或者基于测量理论和测量误差的分析，采用最小二乘法来校准设计手指的输出位置。在机器人手执行迭代抓取过程时，通过收集机械手上的触觉阵列数据，从触觉传感器阵列数据中提取适当的特征，采用支持向量机（SVM）对抓取的物体进行目标识别分类。也可以采样支持向量机，学习机械手抓取过程中物体位置与相应关节位移之间的映射关系，通过使用来自触觉反馈和手部关节角度的特征，利用支持向量机预测提升了抓取的稳定性。

此外，随机森林算法也可以用于机械手抓取特征提取，如利用了两种基于先进机器学习技术（随机森林）和参数化方法的协同方案，用于估计非完全驱动机械手抓取目标分类属性。Liarokapis 等人提出一种仅使用带有力传感器的欠驱动机械手进行单一力闭合抓取来区分不同物体的方法学。该技术充分结合先进的机器学习技术（随机森林），不需要物体的探索、释放或重新抓取，并且适用于任意位置和方向抓取范围内的物体抓取。

2）基于深度学习方法的抓取目标特征提取。相比于传统机器学习，深度学习方法在特征提取方面展现出更强大的潜力。比如，Funabashi 等人使用卷积神经网络来处理抓取机械手表面触觉传感器获取的高维 uSkin 信息，并使用长短期记忆（LSTM）处理这种时间序列高维信息。卷积神经网络用于训练成生成两种不同的动作（“扭转”和“推动”）。所需的运动作为任务参数提供给网络，其中将扭转定义为 -1，推动定义为 +1。当将 -1 到 +1 之间的值用作任务参数时，网络能够生成两个已训练运动之间的未经训练运动。

Shorthose 等人提出 EDAMS，一种用于多抓握软性感知的编码器-解码器架构，以及一种特定数据结构，能够编码多个抓握的信息，同时解耦对姿势顺序的依赖。通过训练编码器-解码器网络模型，将高维多抓握触觉传感器数据映射到能够实现每个物体类别的几何分离并实现准确物体分类的低维潜空间。针对多指机械手触觉测量中常用的膜压传感器难以获取和区分多种触觉信息的问题，Bai 等人提出了一种基于深度神经网络（DNN）——长短期记忆网络（DNN-LSTM）神经网络的算法模型框架。

6.2.3 基于视觉与触觉特征融合的目标抓取

机器人的运用正朝着智能化和精密化方向发展，逐渐摆脱了以往的机械化。这些系统通常由多种材料构成的部件组成，因此需要准确且全面地识别目标。然而，人类通过高度多样化的感知系统来感知世界，能够快速识别可变形物体，避免在抓取过程中出现滑动或过度变形。相比之下，机器人的识别技术主要依赖于视觉传感器，缺乏关键信息，如物体材料等，导致认知不完整。因此，多模态信息融合被认为是机器人识别发展的关键。为了使机器人在某种感知模式下获取有限信息的情况下能够像人类和动物一样识别物体，整合多种感知方法至关重要。在众多感知模式中，视觉受到广泛研究，已经证明在许多研究中具有卓越性能。然而，单独的视觉无法解决许多问题，比如在黑暗环境中或者对外观相似但内部结构不同的物体。触觉感知是另一种常用的感知手段，可以提供难以通过视觉获取的局部接触信息和物理特征。因此，视觉和触觉的融合有助于提高物体感知的鲁棒性。

基于视觉与触觉模态的目标特征提取是机器人实现目标抓取的关键。在本节中主要介绍基于视觉与触觉模态的多模态目标特征提取与对齐方法。近年来，深度学习算法在各个领域取得显著成果。毫无疑问，深度学习同样在基于视觉与触觉模态的多模态目标特征提取中扮演着重要的角色。为了提高抓取物体感知鲁棒性，常见的基于端到端深度学习的视觉与触觉多模融合方法，有 CNN-CNN、CNN-GCN、CNN-Transformer 和 Transformer-Transformer 等方法。

CNN-CNN 方法表示视觉与触觉模态都使用卷积神经网络来提取特征，如 Du 等人为了解决在机器人抓取和操作过程中，抓取物体和末端工具之间会出现滑动的问题，提出一种基于 3D 注意力机制 SimAM 和改进的 C3D 卷积神经网络（C3D-VTSimAM）的视觉-触觉融合滑动检测模型。Ergun 等人提出无线电容触觉传感器阵列，通过使用卷积神经网络来提取不同接触面积下的接触力，结合 RGB-D 摄像机捕捉目标图像，利用卷积神经网络来预测抓取目标的质量，从而使物体可以在不掉落的情况下安全移动。Ko 等人提出了一种深度神经网络结构，将 DenseNet 和 Transformer 编码器/解码器结合起来，用于预测相互作用力。

CNN-GCN 方法表示视觉与触觉模态使用卷积神经网络和图卷积神经网络混合的特征提取方法，如 Sun 等人提出一种端到端的视觉-触觉融合感知方法。具体而言，使用 YOLO 深度网络提取视觉特征，而触觉探测用于提取触觉特征。然后，使用图卷积网络将视觉和触觉特征进行聚合，基于多层感知器识别物体。

CNN-Transformer 方法表示视觉与触觉模态使用卷积神经网络和 Transformer 网络混合的特征提取方法，如 Ding 等人构建了基于自适应丢弃算法的视觉-触觉融合网络框架，建立了基于 CNN 的视觉信息提取和基于 Visual Transformer（ViT）的触觉信息提取之间的最优联合机制，解决了传统融合方法中的互斥或不平衡融合问题。

Transformer-Transformer 方法表示视觉与触觉模态都使用 Transformer 网络来提取特征，如 Wei 等人为了解决视觉和触觉两种模态之间所捕获互补特征，存在模态差异，提出了一种基于对比学习的机器人物体识别的对齐和多尺度融合方法，在提取交互信息的融合过程中，应用了一对基于 Transformer 的多尺度融合模块，将来自两种模态的不同尺度的特征进行融合，并生成视觉和触觉数据融合的理想表征特征。

此外，变分自编码器（VAE）模型等也被用于视觉和触觉多模态特征提取与特征对齐中，如 Fang 等人提出了一种采用独立的变分自编码器（VAE）模型对视觉和触觉数据进行建模，通过引入一个基于 VAE 潜在特征空间的条件流模型，使用一个模型实现了视觉和触觉数据之间的跨模态双向映射。为了弥合多模态特征之间的尺度差距，Li 等人提出了一种新的条件对抗模型，该模型结合了触觉的尺度和位置信息，能够从触觉数据生成逼真的视觉图像。Murali 等人提出了一种新颖的视触损失（VTLoss）用于无监督领域适应，以最小化视觉和触觉领域之间的差异，通过利用深度神经网络在跨模态识别方面的优势，采用主动感知和主动学习策略，最小化冗余数据来提高无监督训练的效率。同时，终身机器学习也可以学习一系列连续的机器人感知任务。Dong 等人提出了一种新的面向连续机器人视觉-触觉感知任务的终身视觉-触觉学习（LVTL）模型，它充分探索了模态内部和模态之间的潜在相关性。具体而言，为每种模态开发了一个模态特定的知识库，以探索不同任务之间的模态内部共性表示，并通过自编码器机制缩小了语义空间和特征空间之间的模态内部映射差异。学习物体操作是机器人与环境进行交互的关键技能。尽管在刚性物体的机器人操作方面取得了显著进展，但与非刚性物体的交互对机器人仍然具有挑战性。Yuan 等人提出一种基于强化学习的方法，通过使用多步深度递归网络对部分可观测环境中的嘈杂和不完整的传感器输入建模来学习基于力的操作的方法。

6.3 基于多传感器融合的机器人自主定位与导航

多传感器融合在移动机器人的自主定位与导航中发挥着关键作用。通过结合多种传感器的数据，移动机器人可以更准确地了解周围环境，实现精确定位和有效导航。本节将详细介绍多传感器融合如何帮助移动机器人实现自主定位与导航：视觉传感器可提供图像信息，用于识别和跟踪周围环境中的特征或标志物。这些特征可以帮助机器人确定自身位置和方向。通过视觉传感器捕获的数据可以与地图进行比对，从而帮助机器人进行定位，并识别障碍物以避免碰撞。激光雷达传感器用于测量周围环境的距离和形状，生成高精度的三维点云地图。结合激光雷达数据，机器人可以更精确地感知周围环境的几何信息，从而改善定位和导航的准确性。惯性测量单元（IMU）通过测量机器人的加速度和角速度来估计其运动状态，如位置、速度和姿态。结合 IMU 数据可以帮助机器人跟踪自身运动，并纠正传感器数据中的漂移，提高定位和导航的稳定性。利用多传感器融合算法，将不同传感器获取的信息进行整合和优化，从而提高机器人的定位精度和导航性能。这些算法可以处理不同传感器之间的数据不一致性和噪声，提高整个系统的鲁棒性和可靠性。多传感器融合技术为移动机器人提供了全面且准确的环境感知能力，使其能够实现自主定位和导航。移动机器人可以根据多传感器提供的信息做出智能决策，规划最优路径，并实时调整行进方向，以应对复杂的环境和任务需求。总的来说，多传感器融合技术为移动机器人提供了强大的定位和导航能力，使其能够在各种场景下实现高效、准确和安全的自主移动。

接下来，将详细介绍多传感器融合的机器人语义地图构建方法和多传感器融合机器人定位导航方法。

6.3.1 基于多传感器融合的机器人语义地图构建

近年来，同时定位与地图构建（SLAM）技术在自动驾驶、智能机器人、增强现实（AR）和虚拟现实（VR）等领域得到广泛应用。多传感器融合，尤其是利用视觉传感器、激光雷达传感器和惯性测量单元（IMU）进行融合在 SLAM 中变得常见。这些传感器互补感知的能力有助于弥补独立传感器在复杂环境中的不足，如低精度和长期漂移。

机器人语义地图构建通过传感器获取数据来估计机器人状态，同时建立环境模型。过去几十年，SLAM 社区取得了重大进展，使其应用广泛化。关注点逐渐转向稳健性能、对环境高级理解、资源意识和任务驱动感知。由于单一传感器难以满足需求，多传感器融合成为解决方案之一。重点在于三种常用传感器：视觉传感器、激光雷达和 IMU。这些传感器在多传感器融合算法中起着重要作用。本小节介绍传感状态估计器的形成和各种多传感器语义地图构建算法，如视觉惯性、激光雷达惯性、视觉-激光雷达和激光雷达-视觉惯性融合。

1. 多传感器融合机器人状态估计方法概述

卡尔曼滤波器（KF）和滑动窗口优化是多传感器融合中最常用的状态估计器形式。

（1）基于卡尔曼滤波器的多传感器状态估计方法

在 SLAM 中，先验值通常是从传感器（如 IMU 和编码器）递归地推导出来的。测量值通常是从传感器（如 GPS、摄像机和激光雷达）获得的。后验值是融合结果，也是定位输出。在实际的机器人状态估计中，具有估计的后验概率密度可以表示为

$$p(\boldsymbol{x}_k \mid \check{\boldsymbol{x}}_0, \boldsymbol{v}_{1:k}, \boldsymbol{y}_{0:k}) \tag{6-1}$$

式中，k 为 IMU 测量指标；$\boldsymbol{x}_k$ 为机器人在第 k 个状态向量处的位置；$\check{\boldsymbol{x}}_0$ 是初始状态向量；$\boldsymbol{v}_{1:k}$ 表示从 1 到 k 的输入向量；$\boldsymbol{y}_{0:k}$ 表示从初始状态到第 k 个状态的观测向量。

运动学方程和观测方程如下：

$$\boldsymbol{x}_k = \boldsymbol{f}(\boldsymbol{x}_{k-1}, \boldsymbol{v}_k) + \boldsymbol{\omega}_k \tag{6-2}$$

$$\boldsymbol{y}_k = \boldsymbol{g}(\boldsymbol{x}_k) + \boldsymbol{n}_k \tag{6-3}$$

式中，$\boldsymbol{\omega}_k$ 是被假定为具有协方差 R_k 的零均值高斯噪声的过程噪声向量；$\boldsymbol{n}_k$ 是被假定为具有协方差 Q_k 的零均值高斯噪声的测量噪声向量；函数 $f(\cdot)$ 可用于根据先前的估计计算预测状态；函数 $h(\cdot)$ 可用于根据预测状态计算预测测量。

使用卡尔曼滤波器（KF）解决机器人状态估计是一种常见的方法。它是最佳贝叶斯滤波器研究技术之一，但只能解决线性高斯系统。基础的 KF 的概述如算法 1 所示，其中 $\boldsymbol{F}_{k-1}$ 是状态转移模型，$\boldsymbol{B}_k$ 是控制输入模型，$\boldsymbol{G}_k$ 是观测模型，$\check{\boldsymbol{x}}_k$ 是预测的状态估计，$\hat{\boldsymbol{x}}_k$ 和 $\hat{\boldsymbol{x}}_{k-1}$ 是更新的状态估计，$\check{\boldsymbol{P}}_k$ 是预测的协方差估计，$\hat{\boldsymbol{P}}_k$ 和 $\hat{\boldsymbol{P}}_{k-1}$ 是更新的协方差估计，$\boldsymbol{K}_k$ 是卡尔曼增益。

算法 1　卡尔曼滤波器

1：运动学方程：

$$\boldsymbol{x}_k = \boldsymbol{F}_{k-1}\boldsymbol{x}_{k-1} + \boldsymbol{B}_k \boldsymbol{v}_k + \boldsymbol{\omega}_k, \boldsymbol{\omega}_k \sim \mathcal{N}(0, \boldsymbol{R}_k)$$

2：观测方程：

$$\boldsymbol{y}_k = \boldsymbol{G}_k\boldsymbol{x}_k + \boldsymbol{n}_k, \boldsymbol{n}_k \sim \mathcal{N}(0, \boldsymbol{Q}_k)$$

3. 状态传播：

$$\check{\boldsymbol{x}}_k = \boldsymbol{F}_{k-1}\hat{\boldsymbol{x}}_{k-1} + \boldsymbol{B}_k \boldsymbol{v}_k$$

$$\check{\boldsymbol{P}}_k = \boldsymbol{F}_{k-1}\hat{\boldsymbol{P}}_{k-1}\boldsymbol{F}_{k-1}^{\mathrm{T}} + \boldsymbol{R}_k$$

4. 卡尔曼增益：

$$\boldsymbol{K}_k = \check{\boldsymbol{P}}_k\boldsymbol{G}_k^{\mathrm{T}}(\boldsymbol{G}_k\check{\boldsymbol{P}}_k\boldsymbol{G}_k^{\mathrm{T}} + \boldsymbol{Q}_k)^{-1}$$

5. 更新：

$$\hat{\boldsymbol{x}}_k = \check{\boldsymbol{x}}_k + \boldsymbol{K}_k(\boldsymbol{y}_k - \boldsymbol{G}_k\check{\boldsymbol{x}}_k)$$

$$\hat{\boldsymbol{P}}_k = (\boldsymbol{I} - \boldsymbol{K}_k\boldsymbol{G}_k)\check{\boldsymbol{P}}_k$$

1）扩展卡尔曼滤波。通过将卡尔曼滤波方法扩展到非线性问题求解上，就可以得到扩展卡尔曼滤波（Extended Kalman Filter，EKF）。如下述算法 2 所示，概述了扩展卡尔曼滤波的算法流程，其中 $\boldsymbol{F}_{k-1}$ 是 $\boldsymbol{f}(\boldsymbol{x}_{k-1}, \boldsymbol{v}_k)$ 的雅可比矩阵；$\boldsymbol{G}_k$ 是 $\boldsymbol{g}(\check{\boldsymbol{x}}_k)$ 的雅可比矩阵。

算法 2　扩展卡尔曼滤波器

1：运动学方程：

$$\boldsymbol{x}_k \approx \boldsymbol{f}(\hat{\boldsymbol{x}}_{k-1}, \boldsymbol{v}_k) + \boldsymbol{F}_{k-1}(\boldsymbol{x}_{k-1} - \hat{\boldsymbol{x}}_{k-1}) + \boldsymbol{w}_k$$

2：观测方程：

$$\boldsymbol{y}_k \approx \boldsymbol{g}(\check{\boldsymbol{x}}_k) + \boldsymbol{G}_k(\boldsymbol{x}_k - \check{\boldsymbol{x}}_k) + \boldsymbol{n}_k$$

3：状态传播：

$$\check{\boldsymbol{x}}_k = \boldsymbol{f}(\hat{\boldsymbol{x}}_{k-1}, \boldsymbol{v}_k)$$

$$\check{\boldsymbol{P}}_k = \boldsymbol{F}_{k-1}\hat{\boldsymbol{P}}_{k-1}\boldsymbol{F}_{k-1}^{\mathrm{T}} + \boldsymbol{R}_k$$

4：卡尔曼增益：

$$\boldsymbol{K}_k = \check{\boldsymbol{P}}_k\boldsymbol{G}_k^{\mathrm{T}}(\boldsymbol{G}_k\check{\boldsymbol{P}}_k\boldsymbol{G}_k^{\mathrm{T}} + \boldsymbol{Q}_k)^{-1}$$

5：更新：

$$\hat{\boldsymbol{x}}_k = \check{\boldsymbol{x}}_k + \boldsymbol{K}_k(\boldsymbol{y}_k - \boldsymbol{g}(\check{\boldsymbol{x}}_k))$$

$$\hat{\boldsymbol{P}}_k = (\boldsymbol{I} - \boldsymbol{K}_k\boldsymbol{G}_k)\check{\boldsymbol{P}}_k$$

2）迭代扩展卡尔曼滤波。线性化操作点与真实值之间的接近程度越高，带来的误差就越小。因此，通过迭代逐渐找到精确的线性化点，从而提高准确性。迭代扩展卡尔曼滤波（Iterated Extended Kalman Filter，IEKF）的概述如算法 3 所示，其中 $\check{\boldsymbol{x}}_{\mathrm{option}}$ 是线性化操作点。与 EKF 不同，IEKF 需要反复计算卡尔曼增益 $\boldsymbol{K}_k$ 和后验均值 $\check{\boldsymbol{x}}_k$，直到结果变化小，最后更新后验协方差 $\check{\boldsymbol{P}}_k$ 一次。

算法 3　迭代扩展卡尔曼滤波器

1：运动学方程：

$$\boldsymbol{x}_k \approx \boldsymbol{f}(\hat{\boldsymbol{x}}_{k-1}, \boldsymbol{v}_k) + \boldsymbol{F}_{k-1}(\boldsymbol{x}_{k-1} - \hat{\boldsymbol{x}}_{k-1}) + \boldsymbol{w}_k$$

2：观测方程：

$$\boldsymbol{y}_k \approx \boldsymbol{g}(\check{\boldsymbol{x}}_{\mathrm{option},k}) + \boldsymbol{G}_k(\boldsymbol{x}_k - \check{\boldsymbol{x}}_{\mathrm{option},k}) + \boldsymbol{n}_k$$

3. 状态传播：

$$\check{\boldsymbol{x}}_k = \boldsymbol{f}(\hat{\boldsymbol{x}}_{k-1}, \boldsymbol{v}_k)$$

$$\check{\boldsymbol{P}}_k = \boldsymbol{F}_{k-1}\hat{\boldsymbol{P}}_{k-1}\boldsymbol{F}_{k-1}^{\mathrm{T}} + \boldsymbol{R}_k$$

4. 卡尔曼增益：

$$\boldsymbol{K}_k = \check{\boldsymbol{P}}_k\boldsymbol{G}_k^{\mathrm{T}}(\boldsymbol{G}_k\check{\boldsymbol{P}}_k\boldsymbol{G}_k^{\mathrm{T}} + \boldsymbol{Q}_k)^{-1}$$

5. 更新：

$$\hat{\boldsymbol{x}}_k = \check{\boldsymbol{x}}_k + \boldsymbol{K}_k[\boldsymbol{y}_k - \boldsymbol{g}(\check{\boldsymbol{x}}_{\mathrm{option},k}, \boldsymbol{n}_k)] - \boldsymbol{K}_k[\boldsymbol{G}_k(\check{\boldsymbol{x}}_k - \check{\boldsymbol{x}}_{\mathrm{option},k})]$$

$$\hat{\boldsymbol{P}}_k = (\boldsymbol{I} - \boldsymbol{K}_k\boldsymbol{G}_k)\check{\boldsymbol{P}}_k$$

3）错误状态卡尔曼滤波器。在错误状态过滤器公式中，表示如下：

$$\boldsymbol{x}_t = \boldsymbol{x} + \delta\boldsymbol{x} \tag{6-4}$$

式中，$\boldsymbol{x}_t$为真实状态值；$\boldsymbol{x}$ 为名义状态值；$\delta\boldsymbol{x}$ 为误差状态值。高频率 IMU 数据被集成到名义状态 $\boldsymbol{x}$ 中。但是不考虑噪声项和其他可能模型缺陷，导致累积误差。这些误差被收集在误差状态 $\delta\boldsymbol{x}$ 中，并使用错误状态卡尔曼滤波器（Error-State Kalman Filter，ESKF）进行估计，这一次考虑了所有的噪声和扰动。ESKF 的概述如算法 4 所示，其中，$\delta\check{\boldsymbol{x}}_k$ 是预测的误差状态估计，$\delta\hat{\boldsymbol{x}}_k$ 和 $\delta\hat{\boldsymbol{x}}_{k-1}$ 是更新的误差状态估计。

算法 4　错误状态卡尔曼滤波器

1：运动学方程：

$$\delta\boldsymbol{x}_k = \boldsymbol{f}(\boldsymbol{x}_{k-1}, \delta\boldsymbol{x}_{k-1}, \boldsymbol{v}_k, \boldsymbol{w}_k) \approx \boldsymbol{F}_{k-1}\delta\boldsymbol{x}_{k-1} + \boldsymbol{w}_k$$

2：观测方程：

$$\boldsymbol{y}_k = \boldsymbol{g}(\boldsymbol{x}_{t,k}) + \boldsymbol{n}_k$$

3. 状态传播：

$$\delta\check{\boldsymbol{x}}_k = \boldsymbol{F}_{k-1}\delta\hat{\boldsymbol{x}}_{k-1}$$

$$\check{\boldsymbol{P}}_k = \boldsymbol{F}_{k-1}\hat{\boldsymbol{P}}_{k-1}\boldsymbol{F}_{k-1}^{\mathrm{T}} + \boldsymbol{R}_k$$

4：卡尔曼增益：

$$\boldsymbol{K}_k = \check{\boldsymbol{P}}_k\boldsymbol{G}_k^{\mathrm{T}}(\boldsymbol{G}_k\check{\boldsymbol{P}}_k\boldsymbol{G}_k^{\mathrm{T}} + \boldsymbol{Q}_k)^{-1}$$

5. 更新：

$$\hat{\boldsymbol{P}}_k = (\boldsymbol{I} - \boldsymbol{K}_k\boldsymbol{G}_k)\check{\boldsymbol{P}}_k$$

$$\delta\hat{\boldsymbol{x}}_k = \boldsymbol{K}_k[\boldsymbol{y}_k - \boldsymbol{g}(\boldsymbol{x}_{t,k})]$$

6：注意：

$$\boldsymbol{G}_k = \frac{\partial \boldsymbol{g}}{\partial(\delta\boldsymbol{x}_k)} = \frac{\partial \boldsymbol{g}}{\partial \boldsymbol{x}_{t,k}} \frac{\partial \boldsymbol{x}_{t,k}}{\partial(\delta\boldsymbol{x})}$$

（2）基于滑动窗口优化的多传感器状态估计方法

滑动窗口优化在多传感器融合算法中被广泛使用，因为它具有有限的计算成本和相对充足的准确性的优势。对于一个包含 n 个状态的滑动窗口，通过最小化残差来获得最优状态：

$$\min_{\mathcal{X}}\{\|\boldsymbol{r}_p(\mathcal{X})\|^2 + \sum_{k\in\mathcal{J}}\|\boldsymbol{r}_{\mathcal{J}}(k,\mathcal{X})\|_{\boldsymbol{P}_{\mathcal{J}}^k}^2 + \sum_{k\in\mathcal{A}}\|\boldsymbol{r}_{\mathcal{A}}(k,\mathcal{X})\|_{\boldsymbol{P}_{\mathcal{A}}^k}^2\} \tag{6-5}$$

式中，$\boldsymbol{r}_{\mathcal{J}}(k,\mathcal{X})$是 IMU 残差项，它包含了帧之间的相对运动约束，并通常通过预积分计算以避免重新传播 IMU 状态；$\boldsymbol{r}_{\mathcal{A}}(k,\mathcal{X})$是视觉或激光雷达残差项，它包含了来自视觉或激光雷达测量的几何约束；$\boldsymbol{P}_{\mathcal{J}}^k$和$\boldsymbol{P}_{\mathcal{A}}^k$是相应的协方差矩阵；$\mathcal{J}$是所有 IMU 测量的集合；$\mathcal{A}$是当前窗口中所有视觉或激光雷达特征的集合；$\boldsymbol{r}_p(\mathcal{X})$表示由于滑动窗口边缘化而产生的先验残差项。由于边缘化，滑动窗口优化限制了计算复杂度，而不会有实质性的信息损失。

2. 基于视觉-惯性测量单元融合的语义地图构建方法

在导航系统中，希望估计感知平台的 6 自由度姿态（方向和位置）。由于其小尺寸、轻量、低成本以及最重要的是能够以高频率测量与其刚性连接的感知平台的三轴角速度和线性加速度，IMU 在导航系统中得到了广泛应用。然而，仅使用 IMU 的导航系统由于将带有偏差和噪声的 IMU 测量积分而产生的错误是无界的，并且无法为长期导航提供可靠的姿态估计，需要额外的传感器来克服这个问题。一款小型轻量级的单目摄像头可以为 IMU 提供良好的跟踪和丰富的环境地图信息，可能作为 IMU 的理想补充传感器之一。IMU 和摄像头的融合产生了视觉惯性导航系统（Visual-Inertial Navigation System，VINS），在过去的二十年中引起了相当大的关注。一般而言，基于数据融合的 VINS 算法可以分为基于滤波和基于优化的方法。

（1）基于滤波的方法

为了实现高效的估计，基于滤波的方法通常将推断过程限制在系统的最新状态上，即当前摄像机姿态和从摄像机观测到的特征，导致复杂性随特征数量的增加而呈二次增长。一种无结构的方法是保持摄像机姿态窗口，以充分利用所有特征并实现实时操作，这是一个很好的选择。MSCKF 是无结构方法的一个典型例子，其中使用一个静态特征定义涉及其所在的所有摄像机姿态的几何约束。当一个特征超出视野时，通过高斯-牛顿最小化使用其所有测量来估计其位置。然后建立残差方程，并通过引入左零空间确保残差向量与特征位置误差无关。延迟线性化方法不需要每个时间步特征位置是高斯分布的假设，其复杂性仅与特征数量呈线性关系。

然而，MSCKF 在长时间轨迹中存在不一致性。Mourikis 证明了对于基于 EKF 的标准 VINS，线性化系统的可观测性特性与基础非线性系统的特性不匹配，因为使用更新的估计值线性化测量模型。因此，提出了 MSCKF 2.0 算法，其中通过在计算雅可比矩阵时使用每个状态的第一个可用估计来确保适当的可观测性特性。

（2）基于优化的方法

优化方法可根据参与估计的摄像机姿态数量分为固定滞后平滑算法和完全平滑算法。后者通过解决大型非线性优化问题来估计历史上的所有姿态和特征，以确保高精度但计算需求高，而前者仅考虑最近状态的窗口。像 MSCKF 这样的方法，也称为基于 EKF 的固定滞后平滑方法，在逐渐累积线性化误差时容易出现问题，而基于优化的方法通过解决最小二乘非线性问题来进行状态估计，测量值会被迭代地重新线性化以更好地处理非线性。

OKVIS 是一种基于优化的固定滞后平滑算法，它将 IMU 误差和特征投影误差结合在一个成本函数中，并通过边缘化旧状态来限制复杂性。该方法采用关键帧范式进行无漂移估计，特别是在运动缓慢或根本没有运动时。OKVIS 中使用了立体视觉，使得度量尺度可观测。然而，在单目情况下，估计器初始化是一个重要的挑战，因为需要加速度激励来实现度量尺度的可观测性，这意味着单目 VINS 估计器不能从静止状态开始。

3. 基于激光雷达-惯性测量单元融合的机器人语义地图构建方法

近年来，越来越多的关注点集中在激光雷达惯性融合算法上，因为惯性测量单元（IMU）可以以高频率测量瞬时运动，这可以用于消除高动态运动畸变并预测两个激光雷达帧之间的相对姿态。激光雷达惯性融合算法可以根据传感器融合类型分为松耦合方法和紧耦合两种。其中，紧耦合方法旨在实现准确的估计，通过基于优化或基于滤波的框架将激光点云和 IMU 测量进行融合，计算成本较高；而松耦合方法主要考虑分别估计激光雷达和 IMU，运行效果较好，但会导致信息损失和估计结果不准确。

（1）基于松耦合的方法

LOAM 是经典的三维激光雷达 SLAM 方法，其结构包括三个主要模块：特征提取、里程计和建图。在 LOAM 中，从当前扫描的点云中提取的边缘点和平面点用于在上一次扫描中找到对应关系，以更新从上一次递归中得到的姿态变换。在扫描期间假设角速度和线速度保持不变的情况下，可以通过线性插值计算出扫描期间不同时间点的姿态变换，从而获得更准确的结果。然而，当速度变化较快时，LOAM 的准确性较低，这可以通过 IMU 来缓解。集成 IMU 测量可以提供扫描期间不同时间点的姿态，可以有效地补偿运动失真，从而显著提高准确性和稳健性。

LION 是一种松耦合的激光雷达惯性里程计算法，其与 LOAM 共享相似的里程计模块，但不进行特征提取和建图，以降低计算成本。在 LION 中，条件数被用作可观测性指标，用于确定是否需要使用其他更可靠的里程计来源。

（2）基于紧耦合的方法

LIOM 是第一个开源实现的紧耦合激光雷达惯性融合方法，通过 IMU 传播的预测激光雷达运动的线性插值来校正扫描期间每个点的位置。LIOM 维护一个滑动窗口，包含当前激光雷达扫描和最近的扫描，其中枢轴激光雷达扫描的帧被用作局部坐标系，窗口中的所有扫描都被转换到局部坐标系以获得局部地图。LIOM 通过继续对当前窗口中的每个点进行配准，以估计扫描期间的运动姿态。然后，通过最小化重投影误差来优化估计的姿态，并将其应用于整个扫描。

另一个紧耦合方法是 LIO-SAM，它是基于滤波的方法，使用扩展卡尔曼滤波器（EKF）来进行状态估计和融合。LIO-SAM 维护一个滑动窗口，包含最近的几个激光雷达扫描和 IMU 测量。通过 IMU 预积分和扫描匹配，LIO-SAM 使用 EKF 来估计整个窗口中的状态变量，包括姿态、速度和重力方向。然后，通过批量优化来优化整个滑动窗口的估计，并进行状态的后验融合。另一个紧耦合方法是 LIMO，它使用非线性优化来估计激光雷达的运动姿态。LIMO 通过将 IMU 信息和激光雷达信息进行联合优化，最小化二者之间的差异。它通过将 IMU 测量与激光雷达的扫描匹配相结合，使用非线性优化算法（例如高斯-牛顿法）来估计扫描期间的姿态变换。

总之，松耦合方法主要依赖于特征提取和点云匹配，通过利用 IMU 信息来提高运动估计的准确性。紧耦合方法更加综合地利用了激光雷达和 IMU 的信息，通过优化或滤波的方法来实现准确的姿态估计，但计算成本相对较高。这些方法在激光雷达 SLAM 领域得到了广泛的研究和应用，并在实际系统中取得了良好的性能。

4. 基于视觉-激光雷达融合的机器人语义地图构建方法

视觉传感器，如单目摄像机，通常价格便宜，并且提取视觉特征可以实现闭环检测。然而，基于视觉的导航系统对光照变化和纹理不足非常敏感。作为主动传感器，激光雷达在不同环境下具有更好的准确性和鲁棒性，但在无结构场景（例如长走廊）中会遇到困难，即使存在丰富的纹理信息。由于这两种类型传感器的互补优势，已经提出了几种方法，可以分为两类：松耦合方法和紧耦合方法。有些方法专注于前端集成，而其他方法则专注于后端优化，下文将对它们进行详细讨论。

（1）基于松耦合的方法

Zhang 等人利用激光雷达深度信息增强了 DEMO（深度增强单目视觉里程计）中的视觉测距。利用摄像机的估计姿态注册深度图，其中添加了摄像机前方点云中的新点。这些地图点转换为球面坐标系，并根据两个角度坐标在 2D KD 树中进行存储。对于每个特征，可以通过投影到 KD 树中特征的三个最近点形成的平面上来获得深度。该方法没有充分利用激光雷达信息。此外，未提及激光雷达点云的去畸变。Shin 等人采用了与 DEMO 类似的策略，利用激光雷达的深度信息增强了视觉 SLAM。没有像 DEMO 那样从图像中提取特征。

为了应对具有挑战性的环境，现有松耦合的方法已经应用基于学习的方法。LIMO 利用深度学习的力量去除动态物体上的特征。LIV-LAM 提出了无监督学习用于对象发现，并将对象的检测特征用作地标特征。

（2）基于紧耦合的方法

紧耦合的方法通过在扫描中对视觉里程计的漂移进行线性运动建模，可以改善去畸变过程的性能。然后，将去畸变的点云与当前构建的地图进行匹配和注册，以优化估计的姿态。然而，去除畸变在很大程度上依赖于视觉里程计的结果，因此容易受到无纹理或动态环境的影响，其中视觉里程计可能失败。

为了提高姿态估计的准确性和鲁棒性，最近的研究利用了其他环境结构特征，如线特征和平面特征。Huang 等人引入了一种使用由线段检测器检测到的点和线特征的新型视觉-LiDAR 里程计方法。Seo 等人尝试以新颖的方式充分利用视觉和 LiDAR 测量结果，以避免将 LiDAR 的深度分配给不对应的视觉特征的潜在问题。分别保留视觉和 LiDAR 测量，并构建两个不同的地图，一个是 LiDAR 体素地图，一个是视觉地图，在求解姿态估计的残差时两者一起使用。

6.3.2 基于多传感器融合的机器人定位导航

常用的定位传感器包括但不限于视觉传感器、激光雷达、IMU、GPS 等。通过对这些异构传感器数据的融合，移动机器人可以实现更为精确的自身定位，为后续的路径规划和运动控制提供可靠的基础。

这种基于多传感器融合的定位方法，不仅能够增强移动机器人在复杂环境下的定位能力，还能提高其在未知环境中的自主导航性能。随着相关技术的不断进步，智能移动机器人在军事、工业、服务等领域的应用前景也将越来越广阔。

1. 基于单一传感器的机器人定位方法

（1）基于视觉导航的机器人定位方法

基于局部视觉的方法通常在机器人系统上配备车载摄像机，利用其采集的图像信息来完成导航定位任务。具体的工作原理如下：①通过摄像头采集机器人周围环境的图像信息；②将采集的图像数据进行压缩和处理，提取关键特征；③将这些视觉特征输入一个学习系统；④学习系统建立起视觉特征与位置之间的映射关系；⑤基于这种映射关系，机器人就可以利用实时获取的视觉信息推断出自身的位置，从而完成自主导航定位。

这种基于视觉的定位方法相比传统的里程计、惯性导航等方法，具有成本低、易实现、适用性强等优点。随着计算机视觉和机器学习技术的不断进步，视觉导航定位在移动机器人、无人驾驶等领域的应用前景将越来越广阔。未来，进一步融合多传感器信息，进一步提高定位精度和鲁棒性，是该领域值得深入探索的方向。

（2）基于光反射导航的机器人定位方法

光反射导航定位方法常用激光测距或红外测距传感器进行测距。这两种方法都是基于光反射的原理实现定位的。激光测距能够实现高分辨率测距。测距方向分辨率高，有利于精确定位。红外传感器定位方法通常包括红外光电二极管和红外发光二极管。工作原理简述如下：①首先，传感器中的红外发光二极管发射出经过特定调制的红外光信号。②当这些信号遇到目标物体时，它们会反射回来，随后被红外光电二极管捕获。③为了确保传感器的准确性，系统会消除环境中的红外干扰。基于这种机制，红外传感器在定位方面展现出灵敏度高、结构简洁以及成本效益高等显著优点。然而，红外传感器虽然角度分辨率较高，但在距离分辨上表现相对较弱。因此，在移动机器人的应用中，它们常被用作接近觉传感器，专门用于检测动态障碍物，确保机器人能够迅速做出反应并停止移动。

总的来说，激光测距和红外传感器定位都是常用的光反射导航定位方法。它们各有优缺点，在实际应用中需要根据具体需求进行选择和融合，共同提高移动机器人在未知环境中的自主导航能力。

（3）基于超声波导航的机器人定位方法

超声波导航定位的工作原理与激光和红外技术有所相似，其主要流程如下：

首先，超声波传感器的发射探头发射出超声波信号。当这些超声波在传播过程中遇到障碍物时，它们会反射回来。接着，超声波接收装置会精准地捕获这些反射回来的超声波信号。

随后，系统通过计算超声波发射信号与接收信号之间的时间差，并结合已知的超声波在特定介质（如空气）中的传播速度，来计算出障碍物与机器人之间的距离。

这种超声波导航定位技术为机器人提供了有效的距离感知能力，帮助机器人在复杂环境中进行导航和避障。

与激光和红外技术相比，超声波导航定位展现出了诸多优势：成本低廉、采集信息速率快、距离分辨率高、测距速度快且实时性好。这些特点使得超声波定位在多种应用场景下都极具竞争力。

然而，超声波传感器也面临一些挑战。它们容易受到天气条件、环境光照以及障碍物表面粗糙度等外部因素的影响，导致定位精度下降。此外，超声波传感器的角度分辨率相对较低，这在一定程度上限制了其精确定位的能力。

因此，在实际应用中，需要根据具体需求来选择合适的导航定位方式。对于需要高精度定位的场景，可以考虑将超声波与其他技术（如激光或红外）进行融合，以充分发挥各自的优势，提高导航定位的综合性能。通过多种技术的融合，可以实现更准确、更可靠的导航定位，为机器人和自动化系统的应用提供有力支持。

（4）基于航迹推算的机器人定位方法

航迹推算是利用机器人自身的里程计和 IMU 来检测和累积位移和旋转变化，从而推算出机器人当前的相对位置。这种方法简单实用，成本相对较低，并且更新频率高。但是，航迹推算存在一个重要的缺点，就是会随着时间的推移，由于传感器的累积误差而导致定位精度逐渐下降，最终可能完全失去定位能力。因此在实际应用中，航迹推算通常只用于短时间内的位置估计，并且需要借助其他外部参考信息（如激光雷达、视觉、GPS 等）进行周期性的位置修正，从而获得较高的定位精度。

（5）基于空间信标的机器人定位方法

为了解决航迹推算定位精度逐渐下降的问题，可以采用基于信标的绝对定位方法。主要包括以下几种典型方案：①UWB（Ultra-Wideband）定位：工作原理与 GPS 类似，通过测量机器人与预置信标之间的飞行时间（TOF）来计算距离，从而实现空间定位，在室内环境下可以达到亚米级的定位精度；②基于蓝牙的 iBeacon 定位：利用蓝牙低功耗技术，在环境中布置蓝牙信标节点，机器人通过接收这些信标节点的信号强度（RSSI）来估计相对位置；③无线射频识别（RFID）标签定位：在环境中部署 RFID 标签作为定位参考，机器人携带 RFID 阅读器，通过检测标签的信号来确定自身位置。这些基于信标的定位方法的优点是，定位精度不会随时间累积误差而逐渐降低，而是维持在一个稳定的误差范围内。

因此在实际应用中，将这些绝对定位方法与相对的航迹推算进行融合，可以充分发挥各自的优势，提高移动机器人的整体定位性能。

2. 基于多传感器融合的机器人定位方法

随着计算机技术的迅速发展，机器人研究的深入以及人们对机器人需求的扩大，能自主导航与智能移动的机器人成为研究的热点和重点。

在很多实际应用场景中，机器人无法利用全局定位系统（如 GPS）进行定位，同时事先获取工作环境的地图也比较困难。SLAM（Simultaneous Localization and Mapping，同步定位与地图构建）技术正是为解决这类问题应运而生。

机器人在未知的环境中，从一个未知的位置出发进行移动。在移动的过程中，它不断地根据自身的位置估计和传感器数据来进行自我定位，并且同步地逐步构建和完善周围环境的地图。这就是 SLAM 技术的基本过程。在 SLAM 的运作中，机器人会利用其携带的传感器，如激光雷达和摄像头等，来识别并跟踪环境中的特征标志，这些特征标志对于机器人来说就像是指南针，帮助它准确地理解自身在环境中的位置，并据此构建出详细的地图。然后根据这些特征标志与机器人之间的相对位置关系，结合里程计的读数，估计机器人自身及特征标志在全局坐标系中的绝对位置。这种在线的定位和地图构建过程是相互关联和不断优化的。保持机器人与环境特征标志之间的详细对应关系是 SLAM 实现的关键。通过 SLAM 技术，机器人能够实现真正的全自主导航，无需预先制作的地图或全局定位系统的支持，极大地增强了机器人的自主性和适应性。这在很多未知、复杂的环境中都有着广泛的应用前景，被认为是实现智能移动机器人的核心技术之一。

LiDAR 单独方法在具有退化几何结构的环境中容易受到影响，如长隧道或宽敞空间。IMU 测量可以作为 LiDAR 单独方法的良好补充，但它们只能在几秒钟内提供可靠的姿态估计。因此，LiDAR-惯性方法在退化情况下也存在问题，尤其是对于视场角小的固态 LiDAR。为了解决这些问题，融合其他传感器（特别是提供丰富视觉信息的摄像机）是必要的。为了保持一致性，将 LiDAR-视觉-惯性方法划分为两类。

（1）基于松耦合的方法

Shao 等人提出了一种名为 VIL-SLAM 的方法，该方法使用立体摄像机作为视觉传感器，在某些退化情况下（如通过隧道行驶），可以实现比纯 LiDAR 系统更好的性能。通过在紧耦合的固定滞后平滑中融合立体匹配和 IMU 测量，立体 VIO 输出 IMU 速率和摄像机速率的 VIO 姿态，用于去除运动畸变并在 LiDAR 建图中执行扫描到地图的注册。使用纯视觉信息来检测闭环并构建初始闭环约束估计，随后通过 LiDAR 测量进行进一步优化。

（2）基于紧耦合的方法

松耦合方法以其简单性、可扩展性和低计算需求而闻名，而紧耦合方法在准确性和鲁棒性方面表现更好。为了将松耦合方法和紧耦合方法的优点结合起来，Super odometry 采用了一种以 IMU 为中心的数据处理流程，包括 IMU 里程计、视觉惯性里程计和 LiDAR 惯性里程计三个部分。IMU 的偏置通过视觉惯性里程计和 LiDAR 惯性里程计提供的姿态先验信息进行精确的约束。这些里程计系统接收并融合来自 IMU 里程计的运动预测数据，从而进一步提高姿态估计的精度。为了实现高效的实时性能，系统中采用了动态八叉树结构。设计的核心思想在于，当 IMU 的偏置漂移被其他传感器有效约束时，IMU 里程计的估计将变得非常准确，IMU 本身产生的测量数据平滑且噪声较小，为姿态估计提供稳定可靠的基础。通过将 VINS-mono 和 LIO-SAM 进行集成，Shan 等人提出了一个名为 LVISAM 的公开可用系统，该系统建立在一个因子图上，由两个子系统组成，即视觉惯性系统（VIS）和 LiDAR 惯性系统（LIS）。

3. 移动机器人导航定位的路径规划方法概述

在执行导航任务时，机器人会依靠多种感知设备来构建环境模型、确定自身位置、控制运动轨迹，并检测潜在的障碍物。这些设备不仅用于感知周围环境，还结合先进的导航技术，使机器人能够智能地避开障碍物。在导航过程中，从起始点到目标点规划出一条安全、无碰撞的路径是至关重要的一环，这涉及对障碍物的精确检测和有效规避。

因此，无论是在简单还是复杂的工作环境中，正确选择和应用导航技术都是确保机器人能够高效、安全地完成路径规划任务的关键步骤。目前，在移动机器人导航领域，许多技术由各种研究人员开发。本小节将基于路径规划所需的环境先验信息对导航策略进行分类：①全局导航：在全局导航中，移动机器人必须获得环境、障碍物位置和目标位置的先验信息，全局导航策略处理完全已知的环境；②局部导航：在局部导航中，移动机器人不需要环境的先验信息，局部导航策略处理未知和部分已知的环境。

（1）基于全局导航路径规划方法

已知环境的路径规划算法，如细胞分解（Cell Decomposition，CD）、路线图方法（RA）、人工势场（APF），这些算法是传统的且智能有限的。

1）细胞分解（CD）方法：CD 方法将区域划分为不重叠的细胞（即网格），然后通过连通图的方式从一个细胞转移到另一个细胞并最终达到目标。在穿越过程中，考虑没有障碍物的纯净细胞（pure cell）来实现从初始位置到目标位置的路径规划。路径中出现的含有障碍物的腐败细胞（corrupted cell）被进一步划分为两个新细胞，以获得纯净细胞。将新的纯净细胞加入拟定的最优路径序列。通常用起始细胞和结束细胞来表示路径的初始和目标位置，通过连接纯净细胞组成的序列表示了新的可能路径。

2）道路图方法（RA，亦称高速公路法）通过一系列节点（代表地点）和边（代表连接这些地点的路径）来构建两个地点之间的路径，帮助机器人找到从起始位置到目标位置的最短路径。道路图可以看成是一组均匀的路径，全局导航路径规划就是在均匀的路径中寻找最优方案。

3）人工势场法（Artificial Potential Field，APF）：人工势场法由 Khatib 在 1986 年提出，是一种用于移动机器人导航的经典方法。该方法提供了一种直观有效的导航策略，被广泛应用于移动机器人的路径规划和避障任务中。其将目标和障碍物假想为带电的封闭图形，从而在机器人周围环境形成一个虚拟势能场。在这个势能场中，目标和障碍物分别产生吸引力和排斥力，这些力合力作用在机器人上，会引导机器人向目标移动，同时保持与障碍物的安全距离。如控制机器人沿着势能场的负梯度方向（代表势能下降最快的方向）移动，最终机器人能够避开障碍物并顺利到达目标点。

（2）基于局部导航路径规划方法

局部导航方法通常被称为反应式方法。在处理实时导航任务时局部导航方法展现出高度的自主性。这些方法能根据机器人作业环境变化迅速调整并执行新的计划，实现更高效、更可靠的局部导航。

① 经典反应式方法，如遗传算法、模糊逻辑算法、神经网络算法等，它们各自具有独特的优势和应用场景。

② 仿生学启发的反应式方法，如萤火虫算法、粒子群优化、蚁群优化等。这些方法模拟了自然界中生物的行为和机制，通过迭代和优化来寻找最优解。

③ 模拟生物行为反应式方法，通过模拟不同生物的行为和生态系统中的相互作用，如细菌觅食优化、人工蜂群、杜鹃搜索和混合蛙跳算法等，为局部导航问题提供了新的解决方案。

1）遗传算法。遗传算法（Genetic Algorithm，GA）是一种基于自然选择和遗传学原理的优化算法，由 Bremermann 在 1958 年首次提出，并由 Holland 在 1975 年首次应用于计算机科学领域。如今，遗传算法在机器人导航等领域得到了广泛应用。在 GA 的框架下，一个由多个个体（每个个体都携带独特的基因特征）组成的种群会被创建，并对应着问题的一个潜在解。GA 能够有效地解决包括机器人导航在内的各种复杂优化问题：

① 种群根据具体的导航问题进行编码，每个个体代表一种可能的导航策略。

② 结合导航效率、安全性等指标设计目标函数，为每个个体分配一个适应度值，用以衡量其在问题解空间中的优劣。

③ 算法不断迭代，适应度较高的个体会被优先选中，通过基因重组等交叉操作将个体的优秀基因传递给下一代。同时，引入突变操作模拟自然界中的基因突变现象，保持种群的多样性和防止算法过早收敛。

④ 个体将逐渐趋向于适应度更高的方向演化，当达到收敛条件时，最适应的个体即为问题的最优解或近似最优解，算法终止。

GA 在移动机器人导航问题中的应用广泛。在静态环境中，GA 可用于优化路径长度、平滑度和避障等目标。为了应对死胡同等非线性环境问题，研究者提出了在线训练模型，以获得最适合的染色体，避免任何卡住的情况，并找到摆脱这种状态的方法。

总的来说，GA 是一种强大的优化算法，在移动机器人导航领域有广泛应用前景，能够有效解决复杂的导航任务。随着研究的不断深入，GA 在机器人导航中的应用必将进一步拓展。

2）模糊逻辑算法。模糊逻辑（FL）的概念最初由 Zadeh 在 1965 年提出，并后来被应用于所有的研究和开发领域。它被用于存在高度不确定性、复杂性和非线性的情况。模式识别、自动控制、决策制定、数据分类等都是其中的一部分。FL 框架的假设受到人类处理基于感知的信息的显著能力的鼓励。

Zavlangas 等人提出了一种基于模糊（Sugeno）的全向移动机器人的导航。Castellano 等人为有效导航开发了一个自动模糊规则生成系统。如今，FL 已经与基于传感器的导航技术结合使用，以改善新环境的增量学习；加强基础导航以减小环境中存在的角度不确定性和径向不确定性。

3）神经网络算法。人工神经网络是一种高度互联的智能系统，其核心由大量简单且相互连接的处理单元构成。这些单元能够基于其动态状态对外部输入进行响应，进而实现信息的有效传输。神经网络算法凭借其泛化能力、大规模并行处理、分布式信息表示、强大的学习能力以及出色的容错性等特点，在移动机器人导航领域展现出了巨大的应用潜力。

Janglov 等人设计了一种基于神经网络的未知环境下轮式移动机器人导航方法。该方法由两个神经网络机制组成：其中第一个机制通过检测的数据识别环境空间，第二个机制负责避开障碍物确保规划出有效轨迹。

Qiao 等人设计了一种基于神经网络的自动学习策略以降低机器人导航中对手动引导的依赖。通过修改隐含层，该策略能够根据环境具体情况自动调整网络结构，完成自适应的自主导航任务。

为了在机器人导航操作中取得最佳效果，研究人员还探索了将人工神经网络与其他方法相结合的混合机制。例如，Yong 等人提出了一种结合人工神经网络和人工势场法的方案，通过这种方法，机器人能够在行为控制中实现合作协调与竞争协调，从而优化其导航性能。

4）萤火虫算法。2008 年，Yang 引入了火蝇算法（FA）。它受到火蝇闪烁行为的启发，虽然也被称为元启发式算法。其原则包括随机状态和一般识别作为存在于自然中的火蝇的试错行为。火蝇是萤科的有翅甲壳动物，通常被称为萤火虫，因其能够发光而得名。它通过 Luciferin 在 Luciferase 酶的存在下氧化的过程产生光。这种发光过程在很短时间内发生。这种产生光的过程被称为生物发光，火蝇使用这种光来发光而不浪费热能。火蝇利用这种光来选择配偶、传递信息，有时还用来吓阻试图吃掉它们的动物。

最近，FA 已被用作优化工具，并且其应用正在几乎所有工程领域中传播，如移动机器人导航。Hidalgo 等人以路径长度、路径平滑度和路径安全性等为优化目标，设计了基于火蝇算法的移动机器人导航方法。Brand 等人设计了基于火蝇算法的最短无碰撞路径方法，获得了最短无碰撞路径并实现了移动机器人在仿真环境中导航。

5）粒子群优化算法。粒子群优化（Particle Swarm Optimization，PSO）是一种仿生启发式算法，由 Eberhart 等人于 1995 年提出，它仿生鱼群、鸟群等动物的行为方式。PSO 算法通过模拟动物的生物行为，在群体内部无需明确的领导者即可实现目标达成。

当前，粒子群优化算法在移动机器人导航领域展现出了显著的应用价值。基于 PSO 的导航算法构造一组粒子，每个粒子均代表一个潜在的导航路径。为解决未知环境中移动机器人的定位和导航问题，Tang 等人设计了一种多代理粒子滤波器导航方法。粒子群优化算法有效减少了计算量，并取得了很好的收敛特性。Ha 等人将 PSO 算法与 MADS（Mesh Adaptive Direct Search，网格自适应直接搜索）算法相结合，取得了比遗传算法（GA）和扩展卡尔曼滤波器（EKF）更为出色的效果。这种结合使用的方法为移动机器人导航领域带来了新的解决方案。

6）蚁群优化算法。蚁群优化（Ant Colony Optimization，ACO）由 Marco Dorigo 提出。该算法模仿蚁群寻找从巢穴到食物最短路径的过程，常用于解决组合优化问题。ACO 算法在多个科学和工程领域得到了广泛应用，如作业车间调度、车辆路径规划、二次分配问题、旅行推销员问题、图着色等。

如今，ACO 算法已被引入到移动机器人导航问题的处理中，特别是在避免障碍物和规划有效路径方面。Guan-Zheng 等人提出了一种将 ACO 算法应用于移动机器人实时路径规划的新方法。相较于遗传算法等其他算法，ACO 算法在提升收敛速度、解决方案的多样性、计算效率和动态收敛行为方面表现出色。

Liu 等人则通过运用 ACO 算法，为多移动机器人导航问题提供了解决方案。为静态环境中的不同机器人系统设计了碰撞避免策略。通过改进选择策略，使用特殊函数来优化蚂蚁的路径选择过程。当蚂蚁遇到可能导致死锁的区域时，会使用惩罚函数来调整轨迹的强度，从而有效地避免机器人路径的死锁现象。

7）细菌觅食优化算法。细菌觅食优化（Bacterial Foraging Optimization，BFO）算法，是一种新颖的自然启发式优化算法，其灵感来源于大肠杆菌和黏液细菌的行为模式。这些细菌通过最大化单位时间内获得的能量来寻找养分。BFO 算法的核心在于趋化运动（遵循趋化运动、集群、繁殖/淘汰和扩散原则），即细菌通过感知化学梯度来进行特定信号的通信。

在移动机器人导航领域，Coelho 等人首先尝试将 BFO 算法应用于静态环境中，通过模拟细菌的运动模式，使机器人的移动速度基于均匀、高斯和柯西分布进行导航。随后，Gasparri 等人进一步展示了 BFO 算法在单个移动机器人系统中的应用，实现了在走廊、大厅和建筑楼层等复杂环境中的实时导航。

Abbas 等人开发了一种增强的 BFO 算法提升机器人路径规划性能。该方法结合了人工势场（APF）技术，通过构建环境模型，利用吸引力和斥力两种相反的力来指导搜索过程，使机器人能够更准确地定位到更有希望的区域，从而进行更为高效的局部搜索。这种结合 BFO 算法和 APF 技术的导航方法，为移动机器人的路径规划提供了新的思路。

8）人工蜂群算法。人工蜂群（Artificial Bee Colony，ABC）算法是一种受自然界蜜蜂觅食行为启发的群体智能方法，由 Kharaboga 提出。该算法以种群为基础，通过模拟蜜蜂寻找食物源的过程来寻找优化问题的解决方案。ABC 算法以其简洁性、高效性在群体算法领域中占据一席之地，作为一种基于种群的随机搜索方法，它在处理复杂问题时展现出独特的优势。

Contreras-Cruz 等人将 ABC 算法应用于静态环境中的移动机器人导航问题。他们开发的方法利用 ABC 算法进行局部搜索，同时结合进化算法来确定最佳路径。为了验证该方法的有效性，在室内环境中进行了实时实验，并取得了显著成果。

Ma 等人设计了一种基于 ABC 算法的混合方法实现实时动态环境导航。该方法将 ABC 算法与时间滚动窗口策略相结合，通过实时更新环境信息并调整搜索策略，使机器人能够在动态环境中实现高效、准确的导航。这种混合方法不仅提高了机器人的导航性能，还增强了其适应复杂环境的能力。

9）杜鹃搜索算法。杜鹃搜索（Cuckoo Search，CS）算法是一种元启发式优化方法。该算法灵感来源于杜鹃鸟在某些寄主鸟巢中产卵的自然行为。作为一种改进的算法，杜鹃搜索算法因其卓越的收敛速度和效率，在工程优化领域获得了广泛的认可和应用。

在移动机器人导航这一领域，性能优化和计算时间的减少至关重要。Mohanty 等人提出了一种适用于静态环境中轮式机器人导航的算法。在环境部分未知的情况下，通过模拟和实时实验验证了算法在复杂环境中的有效性。

针对未知 3D 环境，Wang 等人设计了一种结合差分进化算法与杜鹃搜索算法的混合路径规划方法，实现了快速全局收敛。这种混合算法不仅帮助空中机器人更高效地探索 3D 环境，还提高了其导航的准确性和稳定性。

10）混合蛙跳算法。混合蛙跳算法（Shuffled Frog Leaping Algorithm，SFLA）是由 Eusuff 等人提出的一种元启发式优化技术，其灵感来源于蛙类在自然界中寻找食物的行为。在移动机器人路径规划领域，SFLA 因其搜索能力强、收敛速度快、易于实施、参数少、成功率高等备受关注。

如今，SFLA 在解决工程优化问题中得到了广泛应用，移动机器人导航便是其中一个典型场景。为了解决移动机器人在导航过程中可能遇到的局部最优解问题，Ni 等人开发了一种基于中位数策略的路径规划方法。通过调整适应度函数来生成最优路径，并获得全局最优的“蛙”，其位置信息可以被用来完成静态和动态复杂环境导航。这种方法显著提高了机器人在复杂环境中的导航性能和效率。

本章小结

机器人环境感知技术是智能机器人能够准确感知环境，实现其自主行动的基础。然而智能机器人在特定的作业场景中单个传感器的环境信息获取与感知难以满足高动态作业场景环境感知需求。因此，本章重点介绍基于多传感器融合的机器人环境感知技术。本章介绍了智能移动作业机器人在作业场景环境感知中多传感器数据获取、以及相应的工作原理，重点介绍多传感器数据融合的多传感器联合标定方式。通过以多传感器融合的机器人目标抓取为例，本章重点阐述基于视觉模态与触觉模态的机器人目标抓取方法，通过围绕视觉模态与触觉模态，分析机器人抓取过程中的目标数据获取、目标数据表征、抓取目标特征提取、抓取目标识别、抓取目标分割和抓取目标位姿估计等一系列方法，最终介绍基于视觉与触觉特征融合的目标抓取方法。以机器人自主导航定位为例，本章阐述了基于多传感器融合的机器人自主定位与导航方法，以基于多传感器融合的机器人语义地图构建为例，重点介绍机器人语义地图构建中的多传感器融合方法；以基于多传感器融合的机器人自主导航定位为例，重点介绍移动机器人的单一传感器定位方法与多传感器融合的定位方法。最后围绕机器人导航的自主路径方法，阐述全局导航路径规划方法和局部导航路径规划方法等。

习题

1. 什么是 SLAM（同步定位与地图构建）？请简述其基本原理。
2. 什么是粒子滤波？它在视觉 SLAM 中的应用是什么？
3. 什么是卡尔曼滤波器？它主要用于解决什么问题？
4. 什么是激光雷达、摄像机和惯性测量单元联合标定？它的基本原理是什么？

参考文献

[1] ZHAO Y, HUANG K H, LU H M, et al. Extrinsic calibration of a small fov lidar and a camera [C]// 2020 Chinese automation congress, Shanghai China: IEEE, 2020: 3915-3920.

[2] WANG Q, YAN C, TAN R X, et al. 3D-CALI: Automatic calibration for camera and LiDAR using 3D checkerboard [J]. Measurement, 2022, 203: 111971.

[3] FAN S, YU Y, XU M, et al. High-precision external parameter calibration method for camera and LiDAR based on a calibration device [J]. IEEE access, 2023, 11: 18750-18760.

[4] Autoware Foundation. Autoware Documentation. [EB/OL]. (2021-12-12) [2024-07-06]. https://autowarefoundation.github.io/autoware-documentation/main/.

[5] TU D, WANG B, CUI H N, et al. Multi-camera-lidar auto-calibration by joint structure-from-motion [C]// 2022 IEEE/RSJ international conference on intelligent robots and systems. Kyoto, Japan: IEEE, 2022: 2242-2249.

[6] MHAROLKAR S, ZHANG J, PENG G, et al. RGBDTCalibNet: End-to-end online extrinsic calibration between a 3D LiDAR, an RGB camera and a thermal camera [C]//2022 international conference on intelligent transportation systems. Beijing, China: IEEE, 2022: 3577-3582.

[7] ZHU F C, REN Y F, ZHANG F. Robust real-time lidar-inertial initialization [C]//2022 IEEE/RSJ international conference on intelligent robots and systems. Kyoto, Japan: IEEE, 2022: 3948-3955.

[8] LV J J, ZUO X X, HU K W, et al. Observability-aware intrinsic and extrinsic calibration of LiDAR-IMU systems [J]. IEEE transactions on robotics, 2022, 38 (6): 3734-3753.

[9] Lidar Align. A simple method for finding the extrinsic calibration between a 3D lidar and a 6-dof pose sensor [EB/OL]. (2019-05-29) [2024-07-06]. https://github.com/ethz-asl/lidar_align.

[10] HUANG W B, LIU H, WAN W W. An online initialization and self-calibration method for stereo visual-inertial odometry [J]. IEEE transactions on robotics, 2020, 36 (4): 1153-1170.

[11] HUAI J Z, LIN Y K, ZHUANG Y, et al. Observability analysis and keyframe-based filtering for visual inertial odometry with full self-calibration [J]. IEEE transactions on robotics, 2022, 38 (5): 3219-3237.

[12] HAN L M, LIN Y M, DU G D, et al. Deepvio: Self-supervised deep learning of monocular visual inertial odometry using 3d geometric constraints [C]//2019 IEEE/RSJ international conference on intelligent robots and systems. Macau, China: IEEE, 2019: 6906-6913.

[13] WANG Z, ZHANG L, SHEN Y, et al. LVI-ExC: A target-free liDAR-visual-inertial extrinsic calibration framework [C]// Proceedings of the 30th ACM international conference on multimedia. Lisboa, Portugal: ACM, 2022: 3319-3327.

[14] CONG Y, CHEN R H, MA B T, et al. A comprehensive study of 3-d vision-based robot manipulation [J]. IEEE transactions on cybernetics, 2021, 53 (3): 1682-1698.

[15] LOWE D G. Object recognition from local scale-invariant features [C]// Proceedings of the seventh IEEE international conference on computer vision. Kerkyra, Greece: IEEE, 1999, 2: 1150-1157.

[16] BAY H, ESS A, TUYTELAARS T, et al. Speeded-up robust features (SURF) [J]. Computer vision and image understanding, 2008, 110 (3): 346-359.

[17] MUR-ARTAL R, MONTIEL J M M, TARDOS J D. ORB-SLAM: A versatile and accurate monocular SLAM system [J]. IEEE transactions on robotics, 2015, 31 (5): 1147-1163.

[18] KE Y, SUKTHANKAR R. PCA-SIFT: A more distinctive representation for local image descriptors [C]// Proceedings of 2004 IEEE computer society conference on computer vision and pattern recognition. Washington, USA: IEEE, 2004, 2: 506-513.

[19] STRECHA C, BRONSTEIN A, BRONSTEIN M, et al. LDAHash: Improved matching with smaller descriptors [J]. IEEE transactions on pattern analysis and machine intelligence, 2011, 34 (1): 66-78.

[20] JOHNSON A E, HEBERT M. Using spin images for efficient object recognition in cluttered 3D scenes [J]. IEEE transactions on pattern analysis and machine intelligence, 1999, 21 (5): 433-449.

[21] TOMBARI F, SALTI S, DI STEFANO L. Unique signatures of histograms for local surface description [C]// The 11th European conference on computer vision. Heraklion, Greece: Springer, 2010: 356-369.

[22] GUO Y L, SOHEL F, BENNAMOUN M, et al. Rotational projection statistics for 3D local surface description and object recognition [J]. International journal of computer vision, 2013, 105: 63-86.

[23] ZENG A, SONG S, NIEßNER M, et al. 3dmatch: Learning local geometric descriptors from rgb-d reconstructions [C]// Proceedings of 2017 IEEE conference on computer vision and pattern recognition. Honolulu, USA: IEEE, 2017: 1802-1811.

[24] PAIS G D, RAMALINGAM S, GOVINDU V M, et al. 3DRegNet: A deep neural network for 3d point registration [C]// Proceedings of 2020 IEEE/CVF conference on computer vision and pattern recognition. Seattle, USA: IEEE, 2020: 7193-7203.

[25] HINTERSTOISSER S, LEPETIT V, ILIC S, et al. Model based training, detection and pose estimation of texture-less 3d objects in heavily cluttered scenes [C]// The 11th Asian conference on computer vision. Daejeon, Korea; Springer: 2013: 548-562.

[26] RIOS-CABRERA R, TUYTELAARS T. Discriminatively trained templates for 3d object detection: A real time scalable approach [C]// Proceedings of 2013 IEEE international conference on computer vision. Sydney, Australia: IEEE, 2013: 2048-2055.

[27] RIEGLER G, OSMAN ULUSOY A, GEIGER A. Octnet: Learning deep 3d representations at high resolutions [C]// Proceedings of 2017 IEEE conference on computer vision and pattern recognition. Honolulu, USA: IEEE, 2017: 3577-3586.

[28] QI C R, SU H, MO K C, et al. Pointnet: Deep learning on point sets for 3d classification and segmentation [C]// Proceedings of 2017 IEEE conference on computer vision and pattern recognition. Honolulu, USA: IEEE, 2017: 652-660.

[29] QI C R, YI L, SU H, et al. Pointnet++: Deep hierarchical feature learning on point sets in a metric space [J]. Advances in neural information processing systems, 2017, 30: 5105-5114.

[30] FENG Y T, FENG Y F, YOU H X, et al. Meshnet: Mesh neural network for 3d shape representation [C]// Proceedings of 2019 AAAI conference on artificial intelligence. Honolulu, USA: AAAI, 2019, 33 (1): 8279-8286.

[31] KRIZHEVSKY A, SUTSKEVER I, HINTON G E. ImageNet classification with deep convolutional neural networks [J]. Communications of the ACM, 2017, 60 (6): 84-90.

[32] GIRSHICK R, DONAHUE J, DARRELL T, et al. Rich feature hierarchies for accurate object detection and semantic segmentation [C]// Proceedings of 2014 IEEE conference on computer vision and pattern recognition. Columbus, USA: IEEE, 2014: 580-587.

[33] REN S Q, HE K M, GIRSHICK R, et al. Faster R-CNN: Towards real-time object detection with region proposal networks [J]. IEEE transactions on pattern analysis and machine intelligence, 2016, 39 (6): 1137-1149.

[34] REDMON J, DIVVALA S, GIRSHICK R, et al. You only look once: Unified, real-time object detection [C]// Proceedings of 2016 IEEE conference on computer vision and pattern recognition. LasVegas, USA: IEEE, 2016: 779-788.

[35] LIU W, ANGUELOV D, ERHAN D, et al. SSD: Single shot multibox detector [C]// The 14th European conference on computer vision. Amsterdam, Netherlands; Springer, 2016: 21-37.

[36] CHEN X Z, MA H M, WAN J, et al. Multi-view 3D object detection network for autonomous driving [C]// Proceedings of 2017 IEEE conference on computer vision and pattern recognition. Honolulu, USA: IEEE, 2017: 1907-1915.

[37] QI C R, LIU W, WU C X, et al. Frustum pointnets for 3D object detection from rgb-d data [C]// Proceed-

ings of 2018 IEEE conference on computer vision and pattern recognition. Salt Lake City, USA: IEEE, 2018: 918-927.

[38] SHI S S, WANG X G, LI H S. PointRCNN: 3D object proposal generation and detection from point cloud [C]// Proceedings of 2019 IEEE/CVF conference on computer vision and pattern recognition. Long Beach, USA: IEEE, 2019: 770-779.

[39] QI C R, LITANY O, HE K M, et al. Deep hough voting for 3D object detection in point clouds [C]// Proceedings of 2019 IEEE/CVF international conference on computer vision. Seoul, Korea: IEEE, 2019: 9277-9286.

[40] YANG B, LUO W J, URTASUN R. Pixor: Real-time 3D object detection from point clouds [C]// Proceedings of 2018 IEEE conference on computer vision and pattern recognition. Salt Lake City, USA: IEEE, 2018: 7652-7660.

[41] ZHOU Y, TUZEL O. Voxelnet: End-to-end learning for point cloud based 3D object detection [C]// Proceedings of 2018 IEEE conference on computer vision and pattern recognition. Salt Lake City, USA: IEEE, 2018: 4490-4499.

[42] SHELHAMER E, LONG J, DARRELL T. Fully convolutional networks for semantic segmentation [J]. IEEE transactions on Pattern analysis and machine intelligence, 2017, 39 (4): 640-651.

[43] BADRINARAYANAN V, KENDALL A, CIPOLLA R. SegNet: A deep convolutional encoder-decoder architecture for image segmentation [J]. IEEE transactions on pattern analysis and machine intelligence, 2017, 39 (12): 2481-2495.

[44] LI Y Y, BU R, SUN M C, et al. PointCNN: Convolution on x-transformed points [J]. Advances in neural information processing systems, 2018, 31.

[45] HE K M, GKIOXARI G, DOLLÁR P, et al. Mask R-CNN [J]. IEEE transactions on pattern on pattern analysis and mahmachine intelligence, 2018, 42 (2): 386-397.

[46] KIRILLOV A, WU Y X, HE K M, et al. Pointrend: Image segmentation as rendering [C]// Proceedings of 2020 IEEE/CVF conference on computer vision and pattern recognition. Seattle, USA: IEEE, 2020: 9799-9808.

[47] BOLYA D, ZHOU C, XIAO F Y, et al. Yolact: Real-time instance segmentation [C]// Proceedings of 2019 IEEE/CVF international conference on computer vision. Seoul, Korea: IEEE, 2019: 9157-9166.

[48] XIE E, SUN P, SONG X G, et al. Polarmask: Single shot instance segmentation with polar representation [C]// Proceedings of 2020 IEEE/CVF conference on computer vision and pattern recognition. Seattle, USA: IEEE, 2020: 12193-12202.

[49] WANG W Y, YU R, HUANG Q G, et al. SGPN: Similarity group proposal network for 3D point cloud instance segmentation [C]// Proceedings of 2018 IEEE conference on computer vision and pattern recognition. Salt Lake City, USA: IEEE, 2018: 2569-2578.

[50] YANG B, WANG J N, CLARK R, et al. Learning object bounding boxes for 3d instance segmentation on point clouds [J]. Advances in neural information processing systems, 2019, 32.

[51] RAD M, LEPETIT V. BB8: A scalable, accurate, robust to partial occlusion method for predicting the 3d poses of challenging objects without using depth [C]// Proceedings of 2017 IEEE international conference on computer vision. Venice, Italy: IEEE, 2017: 3828-3836.

[52] DENG H W, BIRDAL T, ILIC S. PPFNet: Global context aware local features for robust 3d point matching [C]// Proceedings of 2018 IEEE conference on computer vision and pattern recognition. Salt Lake City, USA: IEEE, 2018: 195-205.

[53] BRACHMANN E, KRULL A, MICHEL F, et al. Learning 6d object pose estimation using 3d object coordinates [C]// The 13th European conference. Zurich, Switzerland: Springer, 2014: 536-551.

[54] TEJANI A, TANG D, KOUSKOURIDAS R, et al. Latent-class hough forests for 3d object detection and pose estimation [C]// The 13th European conference. Zurich, Switzerland: Springer, 2014: 462-477.

[55] KEHL W, MILLETARI F, TOMBARI F, et al. Deep learning of local rgb-d patches for 3d object detection and 6d pose estimation [C]// The 14th European conference. Amsterdam, Netherlands: Springer, 2016: 205-220.

[56] PENG S, LIU Y, HUANG Q X, et al. PVNet: Pixel-wise voting network for 6dof pose estimation [C]// Proceedings of 2019 IEEE/CVF conference on computer vision and pattern recognition. LongBeach, USA: IEEE 2019: 4561-4570.

[57] FISCHLER M A , BOLLES R C . Random sample consensus: A paradigm for model fitting with applications to image analysis and automated cartography -ScienceDirect [J] . Readings in computer vision, 1987: 726-740.

[58] DROST B, ULRICH M, NAVAB N, et al. Model globally, match locally: Efficient and robust 3D object recognition [C]//2010 IEEE computer society conference on computer vision and pattern recognition. San Francisco, USA: IEEE, 2010: 998-1005.

[59] LIU H S, CONG Y, YANG C G, et al. Efficient 3D object recognition via geometric information preservation [J]. Pattern Recognition, 2019, 92: 135-145.

[60] WANG C, XU D F, ZHU Y K, et al. Densefusion: 6D object pose estimation by iterative dense fusion [C]// Proceedings of 2019 IEEE/CVF conference on computer vision and pattern recognition. Long Beach, USA: IEEE, 2019: 3343-3352.

[61] BESL P J, MCKAY N D. Method for registration of 3D shapes [J]. IEEE transactions on Pattern andysis and machine intelligence, 1992, 14 (2): 239-256.

[62] XIANG Y, SCHMIDT T, NARAYANAN V, et al. Posecnn: A convolutional neural network for 6d object pose estimation in cluttered scenes [EB/OL]. (2017-11-01) [2024-07-19] https: //arxiv. org/pdf/1711. 00199.

[63] KEHL W, MANHARDT F, TOMBARI F, et al. SSD-6D: Making RGB-based 3D detection and 6D pose estimation great again [C]// Proceedings of 2017 IEEE international conference on computer vision. Venice, Italy: IEEE, 2017: 1521-1529.

[64] BARIYA P, NOVATNACK J, SCHWARTZ G, et al. 3D geometric scale variability in range images: Features and descriptors [J]. International journal of computer vision, 2012, 99 (2): 232-255.

[65] MANHARDT F, KEHL W, NAVAB N, et al. Deep model-based 6D pose refinement in RGB [C]// Proceedings of the European conference on computer vision. Munich, Germany: Springer; 2018: 800-815.

[66] GAUDENI C, POZZI M, IQBAL Z, et al. Grasping with the softpad, a soft sensorized surface for exploiting environmental constraints with rigid grippers [J] . IEEE robotics and automation letters, 2020, 5 (3): 3884-3891.

[67] JIN T, SUN Z D, LI L, et al. Triboelectric nanogenerator sensors for soft robotics aiming at digital twin applications [J]. Nature communications, 2020, 11 (1): 5381.

[68] YANG Z Y, GE S, WAN F, et al. Scalable tactile sensing for an omni-adaptive soft robot finger [C]// 2020 3rd IEEE international conference on soft robotics. New Haven, USA, IEEE, 2020: 572-577.

[69] LYU C G, YANG B, CHANG X Y, et al. FBG tactile sensing system based on GAF and CNN [J]. IEEE Sensors Journal, 2022, 22 (19): 18841-18849.

[70] LU Q, HE L, NANAYAKKARA T, et al. Precise in-hand manipulation of soft objects using soft fingertips with tactile sensing and active deformation [C]//2020 3rd IEEE international conference on soft robotics New Haven, USA: IEEE, 2020: 52-57.

[71] LIAO Z, ZHANG W, KIM D Y, et al. Recognition of the three-dimensional shape of objects grasped for PESA multi-fingered robot hand [C]//2016 IEEE international conference on real-time computing and robotics. Angkor Wat, Cambodia; IEEE, 2016: 472-476.

[72] LYU C G, YANG B, TIAN J C, et al. Three-fingers FBG tactile sensing system based on squeeze-and-excitation LSTM for object classification [J]. IEEE transactions on instrumentation and measurement, 2022, 71: 1-11.

[73] ABDEETEDAL M, KERMANI M R. Grasp and stress analysis of an underactuated finger for proprioceptive tactile sensing [J]. IEEE/ASME transactions on mechatronics, 2018, 23 (4): 1619-1629.

[74] WU C C, FEI F, XIE M Y, et al. Mechanical-sensor integrated finger for prosthetic hand [C]//2018 IEEE international conference on robotics and biomimetics. Kuala Lumpur, Malaysia: IEEE, 2018: 1465-1470.

[75] LEE W Y, HUANG M B, HUANG H P. Learning robot tactile sensing of object for shape recognition using multi-fingered robot hands [C]//2017 26th IEEE international symposium on robot and human interactive communication. Lisbon, Portugal: IEEE, 2017: 1311-1316.

[76] JANG J W, KIM K, PARK K, et al. A method to detect object grasping without tactile sensing on a humanoid robot [C]//2012 12th international conference on control, automation and systems. Jeju, Korea: IEEE, 2012: 1419-1422.

[77] SPIERS A J, LIAROKAPIS M V, CALLI B, et al. Single-grasp object classification and feature extraction with simple robot hands and tactile sensors [J]. IEEE transactions on haptics, 2016, 9 (2): 207-220.

[78] LIAROKAPIS M V, CALLI B, SPIERS A J, et al. Unplanned, model-free, single grasp object classification with underactuated hands and force sensors [C]//2015 IEEE/RSJ international conference on intelligent robots and systems. Hamburg, Germany: IEEE, 2015: 5073-5080.

[79] FUNABASHI S, OGASA S, ISOBE T, et al. Variable in-hand manipulations for tactile-driven robot hand via CNN-LSTM [C]//2020 IEEE/RSJ international conference on intelligent robots and systems. Las Vegas, USA: IEEE, 2020: 9472-9479.

[80] SHORTHOSE O, ALBINI A, SCIMECA L, et al. EDAMS: An Encoder-Decoder Architecture for Multi-grasp Soft Sensing Object Recognition [C]//2023 IEEE international conference on soft robotics Singapore, Singapore: IEEE, 2023: 1-7.

[81] BAI J B, LI B J, WANG H Y, et al. Tactile perception information recognition of prosthetic hand based on dnn-lstm [J]. IEEE transactions on instrumentation and measurement, 2022, 71: 1-10.

[82] DU Y K, HU L, WANG Y Y, et al. Robotic slip detection with visual-tactile fusion based on 3D attention mechanism [C]//2023 international conference on image processing, computer vision and machine learning. Chengdu, China: IEEE, 2023: 1072-1078.

[83] ERGUN S, MITTERER T, KHAN S, et al. Wireless capacitive tactile sensor arrays for sensitive/delicate robot grasping [C]//2023 IEEE/RSJ international conference on intelligent robots and systems. Detroit, USA: IEEE, 2023: 10777-10784.

[84] KO D K, LEE K W, LEE D H, et al. Vision-based interaction force estimation for robot grip motion without tactile/force sensor [J]. Expert systems with applications, 2023, 211: 118441.

[85] SUN T, ZHANG Z, MIAO Z, et al. A recognition method for soft objects based on the fusion of vision and haptics [J]. Biomimetics, 2023, 8 (1): 86.

[86] DING Z H, CHEN G D, WANG Z H, et al. Adaptive visual - tactile fusion recognition for robotic operation of multi-material system [J]. Frontiers in neurorobotics, 2023, 17: 1181383.

[87] WEI F Y, ZHAO J H, SHAN C D, et al. Alignment and multi-scale fusion for visual-tactile object recognition [C]//2022 international joint conference on neural networks. Padua, Italy: IEEE, 2022: 1-8.

[88] FANG Y, ZHANG X H, XU W Q, et al. Bidirectional visual-tactile cross-modal generation using latent feature space flow model [J]. Neural networks, 2024, 172: 106088.

[89] LI Y Z, ZHU J Y, TEDRAKE R, et al. Connecting touch and vision via cross-modal prediction [C]// Proceedings of 2019 IEEE/CVF conference on computer vision and pattern recognition. Long Beach, USA: IEEE, 2019: 10609-10618.

[90] MURALI P K, WANG C, LEE D H, et al. Deep active cross-modal visuo-tactile transfer learning for robotic object recognition [J]. IEEE robotics and automation letters, 2022, 7 (4): 9557-9564.

[91] DONG J H, CONG Y, SUN G, et al. Lifelong robotic visual-tactile perception learning [J]. Pattern recognition, 2022, 121: 108176.

[92] YUAN J C, HÄNI N, ISLER V. Multi-step recurrent q-learning for robotic velcro peeling [C]//2021 IEEE international conference on robotics and automation. Xi'an, China: IEEE, 2021: 6657-6663.

[93] FARAGHER R. Understanding the basis of the kalman filter via a simple and intuitive derivation [lecture notes] [J]. IEEE signal processing magazine, 2012, 29 (5): 128-132.

[94] RIBEIRO M I. Kalman and extended Kalman filters: Concept, derivation and properties [J]. Institute for systems and robotics, 2004, 43 (46): 3736-3741.

[95] LI L Q, JI H, LUO J H. The iterated extended Kalman particle filter [C]//2005 IEEE international symposium on communications and information technology. Beijing, China: IEEE, 2005, 2: 1213-1216.

[96] SOLA J. Quaternion kinematics for the error-state Kalman filter [EB/OL]. (2017-11-03) [2024-07-19] https: //arxivorg/pdf/1711. 02508.

[97] LI K L, LI M, HANEBECK U D. Towards high-performance solid-state-lidar-inertial odometry and mapping [J]. IEEE robotics and automation letters, 2021, 6 (3): 5167-5174.

[98] MOURIKIS A I, ROUMELIOTIS S I. A multi-state constraint Kalman filter for vision-aided inertial navigation [C]// Proceedings of 2007 IEEE international conference on robotics and automation. Rome, Italy: IEEE, 2007: 3565-3572.

[99] LI M Y, MOURIKIS A I. Improving the accuracy of EKF-based visual-inertial odometry [C]//2012 IEEE international conference on robotics and automation. Saint Paul, USA: IEEE, 2012: 828-835.

[100] DONG-SI T C, MOURIKIS A I. Motion tracking with fixed-lag smoothing: Algorithm and consistency analysis [C]//2011 IEEE international conference on robotics and automation. Shanghai, China; IEEE, 2011: 5655-5662.

[101] LEUTENEGGER S, LYNEN S, BOSSE M, et al. Keyframe-based visual-inertial odometry using nonlinear optimization [J]. The international journal of robotics research, 2015, 34 (3): 314-334.

[102] ZHANG J, SINGH S. LOAM: LiDAR odometry and mapping in real-time [J]. Robotics: Science and systems, 2014, 2 (9): 1-9.

[103] XU W, CAI Y X, HE D J, et al. FAST-lIO2: Fast direct LiDAR-inertial odometry [J]. IEEE transactions on robotics, 2022, 38 (4): 2053-2073.

[104] TAGLIABUE A, TORDESILLAS J, CAI X Y, et al. LION: LiDAR-inertial observability-aware navigator for vision-denied environments [C]// Experimental Robotics: The 17th international symposium. springer international publishing, 2021: 380-390.

[105] YE H Y, CHEN Y Y, LIU M. Tightly coupled 3d lidar inertial odometry and mapping [C]//2019 international conference on robotics and automation. Montreal, Canada: IEEE, 2019: 3144-3150.

[106] QIN C, YE H Y, PRANATA C E, et al. Lins: A lidar-inertial state estimator for robust and efficient navigation [C]//2020 IEEE international conference on robotics and automation. Paris, France: IEEE, 2020: 8899-8906.

[107] SHAN T X, ENGLOT B, MEYERS D, et al. Lio-sam: Tightly-coupled lidar inertial odometry via smoothing and mapping [C]//2020 IEEE/RSJ international conference on intelligent robots and systems Las Vegas, USA: IEEE, 2020: 5135-5142.

[108] ZHANG J, KAESS M, SINGH S. A real-time method for depth enhanced visual odometry [J]. Autonomous robots, 2017, 41: 31-43.

[109] SHIN Y S, PARK Y S, KIM A. DVL-SLAM: Sparse depth enhanced direct visual-LiDAR SLAM [J]. Autonomous robots, 2020, 44 (2): 115-130.

[110] GRAETER J, WILCZYNSKI A, LAUER M. LIMO: Lidar-monocular visual odometry [C]//2018 IEEE/RSJ international conference on intelligent robots and systems. Madrid: Spain: IEEE, 2018: 7872-7879.

[111] RADMANESH R, WANG Z Y, CHIPADE V S, et al. LIV-LAM: LiDAR and visual localization and mapping [C]// American control conference. Denver, USA: 2020: 659-664.

[112] HUANG S S, MA Z Y, MU T J, et al. Lidar-monocular visual odometry using point and line features

[C]//2020 IEEE international conference on robotics and automation. Paris, France: IEEE, 2020: 1091-1097.

[113] VON GIOI R G, JAKUBOWICZ J, MOREL J M, et al. LSD: A fast line segment detector with a false detection control [J]. IEEE transactions on pattern analysis and machine intelligence, 2008, 32 (4): 722-732.

[114] SEO Y, CHOU C C. A tight coupling of vision-lidar measurements for an effective odometry [C]//2019 IEEE intelligent vehicles symposium. Paris, France: IEEE, 2019: 1118-1123.

[115] SHAO W Z, VIJAYARANGAN S, LI C, et al. Stereo visual inertial lidar simultaneous localization and mapping [C]//2019 IEEE/RSJ international conference on intelligent robots and systems Macau, China: IEEE, 2019: 370-377.

[116] ZHAO S B, ZHANG H R, WANG P, et al. Super odometry: IMU-centric IiDAR-visual-inertial estimator for challenging environments [C]//2021 IEEE/RSJ international conference on intelligent robots and systems. Prague, Czech Republic: IEEE, 2021: 8729-8736.

[117] SHAN T X, ENGLOT B, RATTI C, et al. LVI-SAM: Tightly-coupled lidar-visual-inertial odometry via smoothing and mapping [C]//2021 IEEE international conference on robotics and automation. Xi'an, China: IEEE, 2021: 5692-5698.

[118] WEIGL M, SIEMIȦATKOWSKA B, SIKORSKI K A, et al. Grid-based mapping for autonomous mobile robot [J]. Robotics and autonomous systems, 1993, 11 (1): 13-21.

[119] CHOSET H, BURDICK J. Sensor-based exploration: The hierarchical generalized voronoi graph [J]. International journal of robotics research, 2000, 19 (2): 96-125.

[120] KHATIB O. Real-time obstacle avoidance for manipulators and mobile robots [J]. International journal of robotics research, 1986, 5 (1): 90-98.

[121] HOLAND J H. Adaptation in natural and artificial systems [M]. Ann Arbor: The university of michigan press, 1975: 32.

[122] SHIBATA T, FUKUDA T. Robotic motion planning by genetic algorithm with fuzzy critic [J]. Transactions of the society of instrument and control engineers, 1994, 30 (3): 337-344.

[123] KANG X M, YUE Y, LI D Y, et al. Genetic algorithm based solution to dead-end problems in robot navigation [J]. International journal of computer applications in technology, 2011, 41 (3/4): 177-184.

[124] ZADEH L A. Fuzzy sets [J]. Information control, 1965, 8 (3), 338-353.

[125] ZAVLANGAS P G, TZAFESTAS S G. Motion control for mobile robot obstacle avoidance and navigation: a fuzzy logic-based approach [J]. Systems Analysis Modelling Simulation, 2003, 43 (12): 1625-1637.

[126] CASTELLANO G, ATTOLICO G, DISTANTE A. Automatic generation of fuzzy rules for reactive robot controllers [J]. Robotics and autonomous systems, 1997, 22 (2): 133-149.

[127] CARELLI R, FREIRE E O. Corridor navigation and wall-following stable control for sonar-based mobile robots [J]. Robotics and autonomous systems, 2003, 45 (3/4): 235-247.

[128] JARADAT M A K, AL-ROUSAN M, QUADAN L. Reinforcement based mobile robot navigation in dynamic environment [J]. robotics and computer-Integrated manufacturing, 2011, 27 (1): 135-149.

[129] JANGLOVA D. Neural networks in mobile robot motion [J]. International journal of advanced robotic systems, 2004, 1 (1): 15-22.

[130] QIAO J F, FAN R, HAN H, et al. Q-learning based on dynamical structure neural network for robot navigation in unknown environment [C]// The 6th international symposium on neural networks Wuhan, China: Springer, 2009: 188-196.

[131] NA Y K, OH S Y. Hybrid control for autonomous mobile robot navigation using neural network based behavior modules and environment classification [J]. Autonomous robots, 2003, 15: 193-206.

[132] YANG X S. Nature-inspired metaheuristic algorithms [M]. London: Luniver press, 2010.

[133] HIDALGO-PANIAGUA A, VEGA-RODRÍGUEZ M A, FERRUZ J, et al. Solving the multi-objective path

planning problem in mobile robotics with a firefly-based approach [J]. Soft computing, 2017, 21: 949-964.

[134] BRAND M, YU X H. Autonomous robot path optimization using firefly algorithm [C]//2013 international conference on machine learning and cybernetics Tianjin, China: IEEE, 2013, 3: 1028-1032.

[135] TANG X L, LI L M, JIANG B J. Mobile robot SLAM method based on multi-agent particle swarm optimized particle filter [J]. Journal of china universities of posts and telecommunications, 2014, 21 (6): 78-86.

[136] HA X V, HA C, LEE J. Novel hybrid optimization algorithm using PSO and MADS for the trajectory estimation of a four track wheel skid-steered mobile robot [J]. Advanced robotics, 2013, 27 (18): 1421-1437.

[137] DORIGO M, GAMBARDELLA L M. Ant colony system: a cooperative learning approach to the traveling salesman problem [J]. IEEE transactions on evolutionary computation, 1997, 1 (1): 53-66.

[138] TAN G Z, HE H, SLOMAN A. Ant colony system algorithm for real-time globally optimal path planning of mobile robots [J]. Acta automatica sinica, 2007, 33 (3): 279-285.

[139] LIU S R, MAO L B, YU J S. Path planning based on ant colony algorithm and distributed local navigation for multi-robot systems [C]//2006 international conference on mechatronics and automation. Luoyang, China: IEEE, 2006: 1733-1738.

[140] PASSINO K M. Biomimicry of bacterial foraging for distributed optimization and control [J]. IEEE control systems magazine, 2002, 22 (3): 52-67.

[141] COELHO S, CATHOLIC P, SIERAKOWSKI C A. Bacteria colony approaches with variable velocity applied to path optimization of mobile robots [C]//18th international congress of mechanical engineering. Ouro Preto, Brazil: ABCM, 2005.

[142] GASPARRI A, PROSPERI M. A bacterial colony growth algorithm for mobile robot localization [J]. Autonomous robots, 2008, 24: 349-364.

[143] ABBAS N H, ALI F M. Path planning of an autonomous mobile robot using enhanced bacterial foraging optimization algorithm [J]. Al-Khwarizmi engineering journal, 2016, 12 (4): 26-35.

[144] KARABOGA D. An idea based on honey bee swarm for numerical optimization [R]. Technical report-tr06, Erciyes university, engineering faculty, computer engineering department, 2005.

[145] CONTRERAS-CRUZ M A, AYALA-RAMIREZ V, HERNANDEZ-BELMONTE U H. Mobile robot path planning using artificial bee colony and evolutionary programming [J]. Applied soft computing, 2015, 30: 319-328.

[146] MA Q Z, LEI X J. Dynamic path planning of mobile robots based on ABC algorithm [C]//2010 international conference of artificial intelligence and computational intelligence. Sanya, China: Springer, 2010: 267-274.

[147] YANG X S, DEB S. Cuckoo search via Lévy flights [C]// World congress on nature & biologically inspired computing. Coimbatore, India: IEEE, 2009: 210-214.

[148] MOHANTY P K, PARHI D R. Optimal path planning for a mobile robot using cuckoo search algorithm [J]. Journal of experimental & theoretical artificial intelligence, 2016, 28 (1/2): 35-52.

[149] WANG G G, GUO L H, DUAN H, et al. A hybrid metaheuristic DE/CS algorithm for UCAV three-dimension path planning [J]. Scientific world journal, 2012.

[150] EUSUFF M M, LANSEY K E. Optimization of water distribution network design using the shuffled frog leaping algorithm [J]. Journal of water resources planning and management, 2003, 129 (3): 210-225.

[151] NI J J, YIN X H, CHEN J F, et al. An improved shuffled frog leaping algorithm for robot path planning [C]//2014 10th international conference on natural computation. Xiamen, China: IEEE, 2014: 545-549.

第 7 章　基于视觉的机器人三维场景重建技术

导读

三维场景重建技术是智能机器人能够准确感知环境，实现其自主行动的前提与基础，智能机器人环境三维场景重建技术成为实现机器人智能化的核心技术之一。本章重点介绍机器人环境感知三维重建的视觉传感器概述及工作原理，以双目视觉为例，围绕移动机器人导航作业场景，重点介绍机器人三维语义地图构建方法、机器人导航场景深度估计方法等。

本章知识点

- 三维场景重建视觉传感器概述及工作原理
- 基于双目视觉的机器人三维语义地图构建方法
- 基于双目视觉的机器人导航场景深度估计方法

7.1　三维场景重建视觉传感器概述及工作原理

机器人环境感知是机器人实现自主导航和作业的关键技术之一。视觉传感器是机器人环境感知的主要传感器之一，可以提供丰富的环境信息。视觉传感器通过捕捉和分析周围环境的图像数据，帮助机器人感知和理解环境。机器人通过视觉传感器（如摄像头）捕捉环境中的光线信息，将其转换为电子信号，实现环境数据采集。通过对采集的图像数据进行预处理，如去噪、校正等，提高图像质量。利用图像处理和机器视觉算法从图像中提取有意义的边缘、纹理和颜色等特征信息。结合特征信息，构建环境的三维模型或语义地图，描述环境的几何和语义信息。利用物体检测和识别算法，识别图像中的障碍物、路径、标志等目标物体。最终实现机器人自主环境感知识别理解等。

7.1.1　双目摄像机

1. 双目摄像机成像模型

在双目摄像机的成像模型中，可以通过对三维空间中任意一点 P 与双目摄像机的左摄像机与右摄像机成像的二维图像中像素点P_l与P_r之间的空间位置转换关系进行建模，获取 P 在空间中的实际位置。双目摄像机立体视觉成像模型如图 7-1 所示。

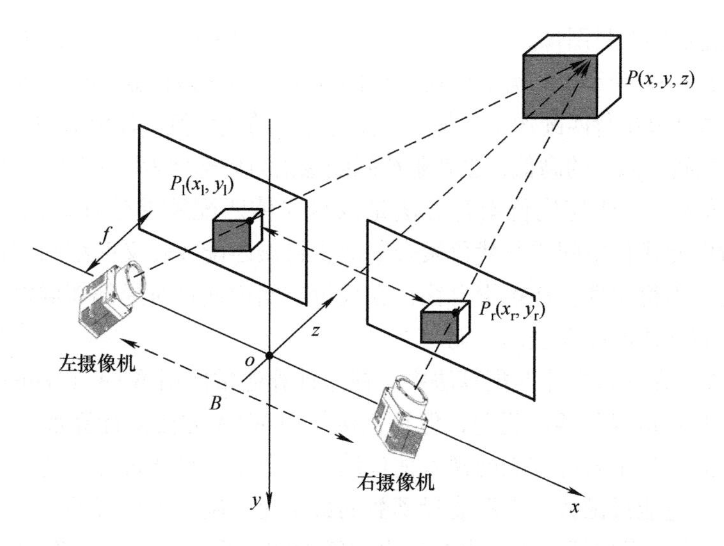

图 7-1　双目摄像机立体视觉成像模型

双目视觉环境感知系统使用两个摄像机模拟人的两只眼睛，目标在摄像机中的投影存在视差，视差的有效获取成为立体视觉算法的重要问题。接下来，将重点介绍双目摄像机的三维成像原理。

2. 双目摄像机三维成像原理

双目视觉三维重建的发展历史可以追溯到 20 世纪初，Helmholta 等人在生理光学的论著中，详细讨论关于人眼立体视觉以及深度的概念。20 世纪 60 年代，Roberts 等人开创了基于积木的立体计算机视觉，尝试理解三维环境中不同目标的空间关系。

双目摄像机的三维成像原理如图 7-2 所示。双目立体匹配算法成为双目摄像机三维成像的核心。双目立体匹配算法可分成以下四个步骤。

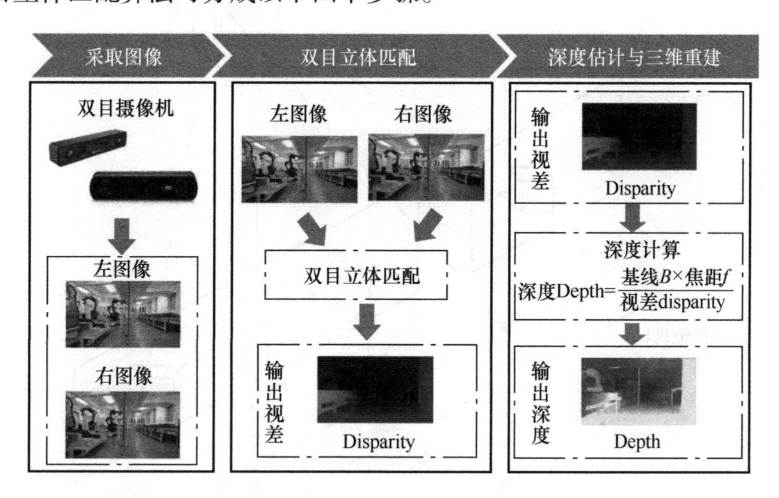

图 7-2　双目摄像机的三维成像原理

1）匹配代价计算。匹配代价计算的目的是找出参考图像（通常为双目图像的左图像）中待匹配像素与目标图像（通常为双目图像的右图像）中候选像素的匹配对应关系。给出一对基于水平立体校正后的双目图像，匹配算法将选取参考图像中每一个像素作为待匹配像素点，沿着视差方向（最小视差到最大视差）在目标图像中找到其最佳候选匹配像素。在这个过程中，使用代价函数计算出待匹配像素与每一个候选像素的代价值。代价值的大小代表着待匹配像素与候选像素之间相似度的高低，也就是待匹配像素与候选像素匹配度的高低。

2）匹配代价聚合。匹配代价聚合方法是双目立体匹配视差估计算法中较为重要的一步，主要通过对匹配代价空间进行代价聚合来减少错误匹配或歧义匹配的像素区域。由于单个像素匹配代价的不稳定性，代价聚合往往在代价空间中通过对局部邻域内的匹配代价进行加权聚合，来提高立体匹配算法的性能。

3）视差计算。在双目立体匹配算法中，视差计算通常使用 WTA（Winner Takes All，赢家获胜全部）策略选取最佳匹配视差，但是直接使用 WTA 方法来计算视差可能会导致视差估计误差大。因此，为了获得准确的视差估计结果，视差计算通常可以转化为能量最小化与优化问题，通过构造能量函数，求取能量函数的最小化来确定最优视差。

4）视差精细化。视差精细化作为双目立体匹配的最后一步，通常作为双目立体匹配算法的后处理步骤，来进一步优化细化预测视差图的误差。

7.1.2 多目摄像机

三目摄像机立体视觉成像模型如图 7-3 所示。在双目摄像机成像的基础上，同时使用加入多个视角的摄像机，构成多目摄像机成像系统。多目摄像机可以获取同一场景的多个视角图像，从而实现三维信息的获取和处理。多目摄像机成像系统通过多个摄像机同时捕捉同一场景的图像数据，对获取的图像进行几何校正，消除畸变等问题，通过算法在多个视角的图像中找到对应的特征点，根据特征点的视差信息，利用三角测量原理计算出三维坐标，通过分析图像中的视差信息，估算出场景中物体的距离信息，它的工作原理与双目视觉系统相似。

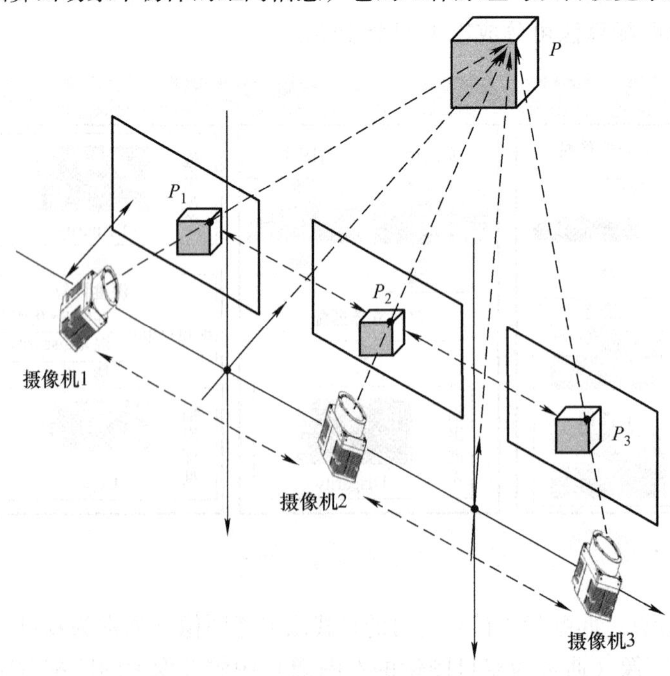

图 7-3 三目摄像机立体视觉成像模型

多目摄像机成像系统的多个视角可以提高系统对遮挡、光照变化等的抗干扰能力。多个视角的信息融合可以提高深度估计和三维重建的精度。多目摄像机可以感知更丰富的环境信息，为机器人导航等提供支持。

7.2　基于双目视觉的机器人三维语义地图构建方法

移动机器人作业场景三维地图构建是其自主柔性作业的前提。双目立体视觉因其获取信息丰富、稳定性高，能够很好地满足智能工厂非结构化环境中移动机器人自主柔性作业的三维环境感知信息获取需求。双目视觉深度估计是双目视觉三维语义建图的关键。近年来，研究者们将深度学习引入双目视觉立体匹配领域中，并取得了优异的性能。但这些网络模型通常采用具有下采样与池化操作的级联卷积模块来提取双目图像特征，该特征提取网络模型不可避免地损失双目图像的部分特征信息。此外，目标物体尺度大小变化随场景深度而动态变化是非结构化场景下双目视觉三维重建中的另一个挑战。

目前，编码器-解码器架构已在许多计算机视觉领域中展现出强大的特征表征能力，如图像分割和显著性检测等，通过解码阶段对特征图进行重建、对齐与增强，在一定程度上弥补下采样与池化操作的级联卷积模块带来的特征信息损失。但这种网络结构还未能应用于双目立体匹配领域中。本小节尝试着将编码器-解码器架构引入双目立体匹配领域中，并提出一种基于编码器-解码器架构的渐进式特征融合双目立体匹配神经网络模型。该模型提出一种基于编码器-解码器的动态尺度特征提取网络结构用于双目立体匹配代价计算。通过动态尺度卷积特征提取模块提出多尺度双目图像特征在多阶段上（编码与解码阶段）进行像素级重建、对齐与增强；同时，为了更好地表达双目图像之间的特征相似度，该模型提出一种基于分组拼接的代价构建方法；最后，该模型还提出一种渐进式匹配代价特征融合的代价聚合网络对多尺度匹配代价进行聚合，并以粗到细的方式对多尺度输出结果进行监督学习。所提出的网络模型架构如图7-4所示。

7.2.1　多尺度多阶段编码特征提取

本小节尝试着将编码器-解码器架构引入双目立体匹配领域中，并提出一种基于编码器-解码器架构的渐进式特征融合双目立体匹配深度估计网络模型。如图7-4所示，双目立体匹配深度估计网络模型采取了一种基于编码器-解码器架构的动态特征提取网络来提取多尺度与多阶段的自动编码动态尺度特征，用于匹配代价计算。

在卷积神经网络中，给定输入特征图 $\boldsymbol{X}$，其输入的特征维度为$[B, C_{\text{in}}, H_{\text{in}}, W_{\text{in}}]$；卷积核为 $\boldsymbol{W}$，其卷积权重维度为$[C_{\text{out}}, C_{\text{in}}, K, K]$，$K$ 表示卷积核大小，通常设置为3；卷积偏置项向量为 $\boldsymbol{b}$，其维度为$[B, C_{\text{out}}]$，单层卷积神经网络层可以定义如下：

$$\boldsymbol{\mathcal{F}}(\boldsymbol{X}) = \sigma\left(\sum_{j=0}^{C_{\text{in}}} \boldsymbol{X}(i,j) * \boldsymbol{W}(m,j) + \boldsymbol{b}(m)\right), 0 \leqslant i < B; 0 \leqslant m < C_{\text{out}} \tag{7-1}$$

式中，$\sigma(\cdot)$为激活函数，通常选用ReLu函数；$\boldsymbol{X}(i,j)$为二维特征矩阵；$*$ 表示两个二维矩阵的卷积操作；权重 $\boldsymbol{W}(m,j)$表示卷积升级网络的第j输入层和第 m 输出层的卷积核权重，维度为$K \times K$的矩阵；$\boldsymbol{b}(m)$为第 m 个卷积操作输出所对应的偏置项；该卷积层的输出特征维度为$[B, C_{\text{out}}, H_{\text{out}}, W_{\text{out}}]$。在本小节中，通常用 $\boldsymbol{\mathcal{F}}_{3\times3}(\boldsymbol{X})$表示使用$3\times3$大小的卷积核进行卷积。

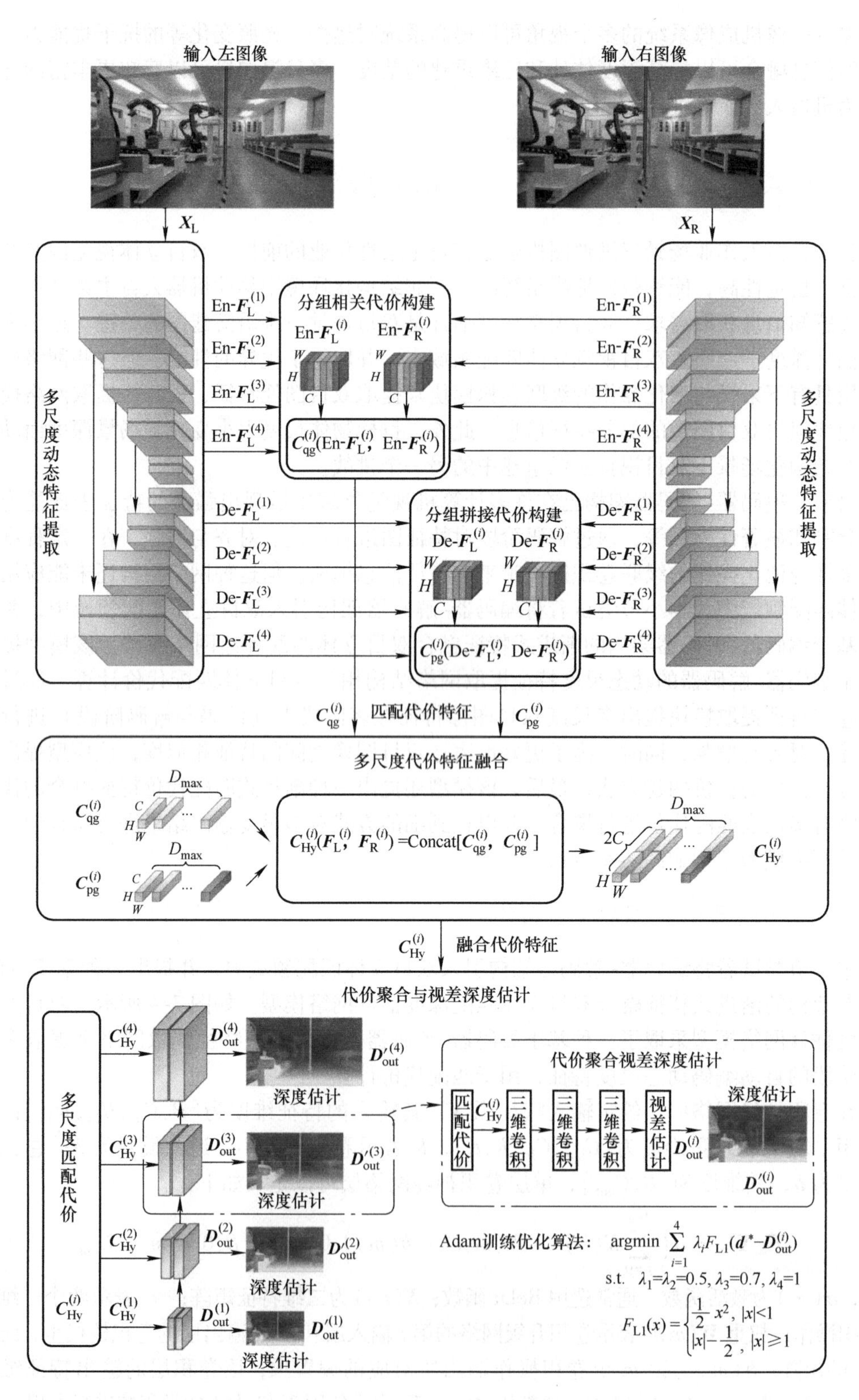

图 7-4　基于编码器-解码器架构的渐进式特征融合的双目立体匹配深度估计网络模型

令特征提取网络的输入为左、右 RGB 图像X_L和X_R，其输入的图像维度为$[B,3,H,W]$，其中，B、H、W 表示神经网络特征图的批次大小、高与宽。特征提取网络通过共享网络权重来提取双目图像间的统一特征。

在特征提取网络的编码阶段（Encoder Stage），通过级联多个动态尺度特征卷积模块作为网络基石构建类似 ResNext-50 的网络结构。编码特征提取网络定义如下：

$$\text{En-}\boldsymbol{F}_{\mathrm{L}}^{(n)}=\begin{cases}\mathrm{Conv}^{(n)}(\boldsymbol{X}_{\mathrm{L}}), & n=0\\ \mathrm{EConv}^{(n)}(\text{En-}\boldsymbol{F}_{\mathrm{L}}^{(n-1)}), & 0<n<N_{\mathrm{e}}\end{cases} \tag{7-2}$$

$$\text{En-}\boldsymbol{F}_{\mathrm{R}}^{(n)}=\begin{cases}\mathrm{Conv}^{(n)}(\boldsymbol{X}_{\mathrm{R}}), & n=0\\ \mathrm{EConv}^{(n)}(\text{En-}\boldsymbol{F}_{\mathrm{R}}^{(n-1)}), & 0<n<N_{\mathrm{e}}\end{cases} \tag{7-3}$$

式中，$\text{En-}\boldsymbol{F}_{\mathrm{L}}^{(n)}$和$\text{En-}\boldsymbol{F}_{\mathrm{R}}^{(n)}$分别为第 n 个卷积模块所提取出来的左图像与右图像的编码特征；$\mathrm{Conv}^{(n)}(\cdot)$ 表示密集卷积模块，通常由三层二维卷积层级联组成；$\mathrm{EConv}^{(n)}(\cdot)$ 表示第 n 个动态卷积模块；N_{e}在本小节中设置为 5。

$$\mathrm{Conv}^{(n)}(\boldsymbol{X})=\mathcal{F}_{3\times3}(\mathcal{F}_{3\times3}(\mathcal{F}_{3\times3}(\boldsymbol{X}))) \tag{7-4}$$

同样，$\mathrm{EConv}^{(n)}(\cdot)$动态卷积模块定义如下：

$$\mathrm{EConv}^{(n)}(\boldsymbol{X})=\boldsymbol{Y}^{(n;l)}\to\begin{cases}\boldsymbol{Y}^{(n;0)}=L^{(n;0)}(\boldsymbol{X}), & i=0\\ \boldsymbol{Y}^{(n;i)}=L^{(n;i)}(\boldsymbol{Y}^{(n;i-1)}), & i=1,2,\cdots,l\end{cases} \tag{7-5}$$

式中，$L^{(n;i)}$为第 n 个动态卷积模块中的第 i 个级联动态卷积子模块；$\boldsymbol{Y}^{(n;i)}$为模块的输出；l 为每个动态卷积模块$\mathrm{EConv}^{(n)}(\cdot)$中的子模块个数，弹性动态卷积 $L(\cdot)$定义如下：

$$L(\boldsymbol{X})=\sum_{i=0}^{P/2}\mathcal{F}_{1\times1}^{(i;3)}(\mathcal{F}_{3\times3}^{(i;2)}(\mathcal{F}_{1\times1}^{(i;1)}(\boldsymbol{X})))+\sum_{i=P/2}^{P}\mathcal{U}_{\mathrm{s}}(\mathcal{F}_{1\times1}^{(i;3)}(\mathcal{F}_{3\times3}^{(i;2)}(\mathcal{F}_{1\times1}^{(i;1)}(\mathcal{D}_{\mathrm{s}}(\boldsymbol{X}))))) \tag{7-6}$$

式中，P 为动态卷积模块的残余连接路径数，通常设置为 32；$\mathcal{D}_{\mathrm{s}}(\cdot)$为特征下采样（Down Sampling）操作；$\mathcal{U}_{\mathrm{s}}(\cdot)$为特征上采样（Up Sampling）操作。弹性动态卷积过程示意图如图 7-5 所示。

通过级联的编码密集卷积网络模块和动态卷积网络模块所提取的左、右图像的特征维度(B,C,H,W) 变化如下：

$$\text{En-}\boldsymbol{S}_{\mathrm{L}}^{(n)}=\begin{cases}\left[B,32,\dfrac{H}{2},\dfrac{W}{2}\right], & n=0\\ \left[B,128\times2^{n-1},\dfrac{H}{2^n},\dfrac{W}{2^n}\right], & 0<n<N_{\mathrm{e}}\end{cases} \tag{7-7}$$

$$\text{En-}\boldsymbol{S}_{\mathrm{R}}^{(n)}=\begin{cases}\left[B,32,\dfrac{H}{2},\dfrac{W}{2}\right], & n=0\\ \left[B,128\times2^{n-1},\dfrac{H}{2^n},\dfrac{W}{2^n}\right], & 0<n<N_{\mathrm{e}}\end{cases} \tag{7-8}$$

式中，$\text{En-}\boldsymbol{S}_{\mathrm{L}}^{(n)}$和$\text{En-}\boldsymbol{S}_{\mathrm{R}}^{(n)}$分别为第 n 个卷积模块所提取出来的左图像与右图像的特征维度。

在特征提取网络的解码器阶段（Decoder Stage）通过级联多个向上卷积层来重建与编码阶段特征相同尺度的特征。编码器阶段提取的每个尺度特征都按像素对齐，并通过与重建出

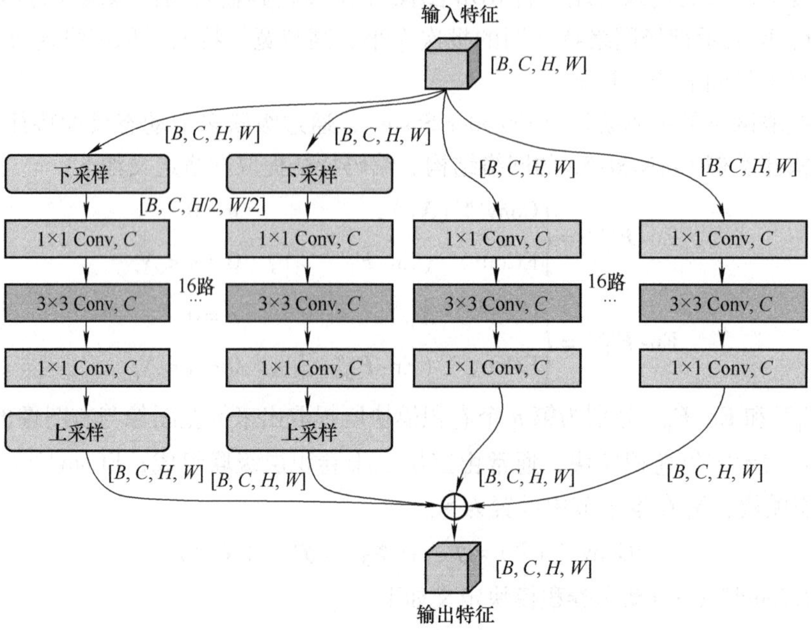

图 7-5　弹性动态卷积网络模块

的解码阶段特征图进行像素级对齐与加强，来弥补具有下采样和池化操作的级联卷积模块带来的特征信息损失。通过利用这种网络架构来提取全局上下文特征信息中包含的多阶段和多尺度一元特征，并在多个级别与尺度上构建匹配代价，以此来表征双目图像间的相似性。解码器阶段特征提取网络模型定义如下：

$$\text{De-}\boldsymbol{F}_{\mathrm{L}}^{(n)}=\begin{cases}\mathrm{Conv}^{(n)}(X_{\mathrm{L}}), & n=0\\ \mathrm{Conv}^{(n)}(\text{En-}\boldsymbol{F}_{\mathrm{L}}^{(n-1)}), & 0<n<N_{\mathrm{d}}\end{cases} \tag{7-9}$$

$$\text{De-}\boldsymbol{F}_{\mathrm{R}}^{(n)}=\begin{cases}\mathrm{Conv}^{(n)}(X_{\mathrm{R}}), & n=0\\ \mathrm{Conv}^{(n)}(\text{En-}\boldsymbol{F}_{\mathrm{R}}^{(n-1)}), & 0<n<N_{\mathrm{d}}\end{cases} \tag{7-10}$$

式中，$\text{De-}\boldsymbol{F}_{\mathrm{L}}^{(n)}$ 和 $\text{De-}\boldsymbol{F}_{\mathrm{R}}^{(n)}$ 分别为第 n 个卷积模块所提取出来的左图像与右图像的编码特征；N_{d}在本小节中设置为 4。$\mathrm{Conv}^{(n)}(\cdot)$表示密集卷积模块，其定义如下：

$$\mathrm{Conv}^{(n)}(X)=\mathcal{U}_{\mathrm{s}}(\boldsymbol{\mathcal{F}}_{3\times3}^{(n;2)}(\boldsymbol{\mathcal{F}}_{3\times3}^{(n;1)}(\boldsymbol{X}))) \tag{7-11}$$

式中，$\mathcal{U}_{\mathrm{s}}(\cdot)$表示特征上采样操作（Up Sampling）；$\boldsymbol{\mathcal{F}}_{3\times3}^{(n;i)}$ 表示第 n 个卷积模块里的第 i 个卷积层。

同样，通过级联的密集解码卷积模块，左右图像所提取的解码特征维度（$[B,C,H,W]$）变化如下：

$$\text{De-}\boldsymbol{S}_{\mathrm{L}}^{(n)}=\left[B,\frac{1024}{2^n},\frac{H\times2^n}{16},\frac{W\times2^n}{16}\right],0\leqslant n<N_{\mathrm{e}} \tag{7-12}$$

$$\text{De-}\boldsymbol{S}_{\mathrm{R}}^{(n)}=\left[B,\frac{1024}{2^n},\frac{H\times2^n}{16},\frac{W\times2^n}{16}\right],0\leqslant n<N_{\mathrm{e}} \tag{7-13}$$

式中，$\text{De-}\boldsymbol{S}_{\mathrm{L}}^{(n)}$ 和 $\text{De-}\boldsymbol{S}_{\mathrm{R}}^{(n)}$ 分别为第 n 个卷积模块提取出来的左图像与右图像的特征维度。

7.2.2　多尺度渐进式匹配代价特征融合与深度估计

在提取出左、右图像的多尺度特征后，将进行匹配代价构建。本小节将采样多尺度渐进式匹配代价特征融合与深度估计方法，对多尺度左、右图像特征进行多尺度匹配代价构建、渐近式特征融合代价聚合、视差回归与深度估计，详细介绍如下几个方面。

1. 多尺度匹配代价构建

（1）常用代价构建方法比较

现有基于深度学习的双目立体匹配算法中所使用的代价构建方法主要包括有基于全相关的代价构建方法、基于拼接的代价构建方法和基于分组相关的代价构建方法。

给定一对双目图像的特征图$\boldsymbol{F}_{\mathrm{L}}$和$\boldsymbol{F}_{\mathrm{R}}$的特征维度为$[B,C,H,W]$，其中 B 为批次大小，C 为通道数，W 和 H 为图像的宽与高，一些研究者使用完全相关方法在每个视差平面上使用双目特征图的进行内积构造匹配代价空间，其定义为

$$\boldsymbol{C}_{\mathrm{q}}(:,1,d,x,y)=\frac{1}{N_{\mathrm{c}}}\langle \boldsymbol{F}_{\mathrm{L}}(:,:,x,y),\boldsymbol{F}_{\mathrm{R}}(:,:,x-d,y)\rangle \tag{7-14}$$

式中，$\langle .,. \rangle$函数表示特征向量的内积；N_{c}为归一化因子，其大小为特征向量的通道数；(x,y) 为像素在图像中的坐标位置；$d\in[0,D_{\max}]$为在最大视差平面内$D_{\max}$的第 d 个视差平面上构建匹配代价，因此，该过程详细定义为

$$\boldsymbol{C}_{\mathrm{q}}(:,1,d,x,y)=\frac{1}{C}\sum_{i=0}^{c}\boldsymbol{F}_{\mathrm{L}}(:,i,x,y)\cdot\boldsymbol{F}_{\mathrm{R}}(:,i,x-d,y) \tag{7-15}$$

其代价构建过程可参考图 7-6a 所示。这种构建方法过于激进，将所有特征通道信号压缩为单通道表示，造成了很多特征信息丢失。

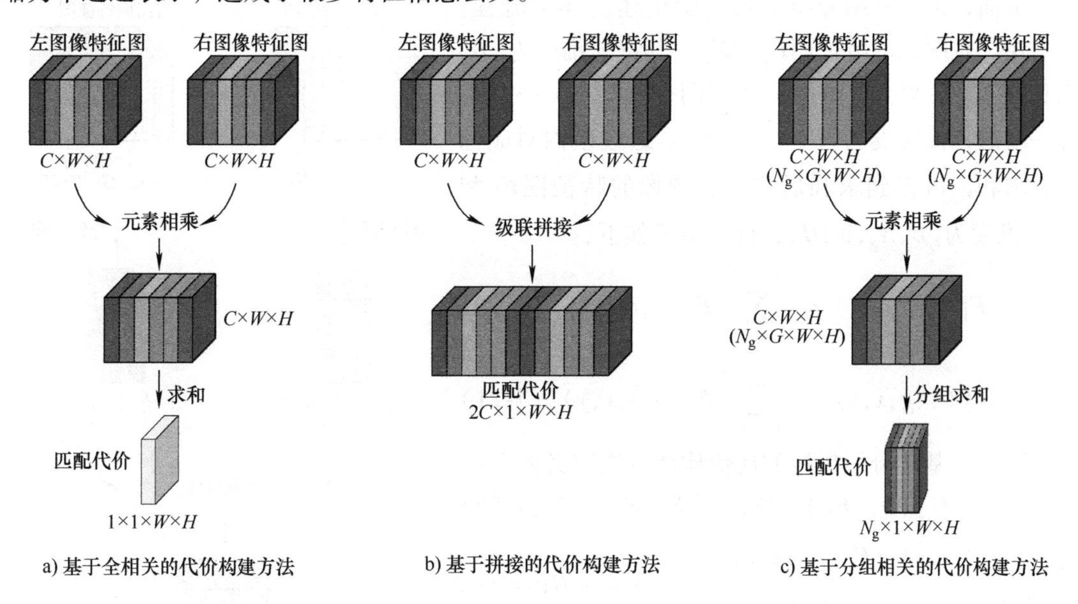

图 7-6　双目立体匹配网络中常用代价构建方法

基于拼接的代价构建方法简单地将左图像的特征在每个视差平面上与对应的右图像特征进行拼接起来。该方法定义为

$$C_{\mathrm{p}}(d,x)=\mathrm{Concat}[\boldsymbol{F}_{\mathrm{L}}(x,y),\boldsymbol{F}_{\mathrm{R}}(x-d,y)] \tag{7-16}$$

式中，Concat[· , ·]函数为特征拼接函数，表示为将左、右特征图在通道维度 C 上进行拼接，因此，该代价构建方法详细过程定义为

$$\begin{cases}\boldsymbol{C}_{\mathrm{p}}(i,2j,d,x,y)=\boldsymbol{F}_{\mathrm{L}}(i,j,x,y)\\ \boldsymbol{C}_{\mathrm{p}}(i,2j+1,d,x,y)=\boldsymbol{F}_{\mathrm{L}}(i,j,x-d,y)\end{cases} 0\leqslant i<B;0\leqslant j<C \tag{7-17}$$

其代价构建过程可参考图 7-6b 所示。毫无疑问，基于拼接的方法会保留了左、右图像的所有特征信息，但会导致不必要的特征冗余与线性依赖。同时，该方法还需要在后续的代价聚合网络中使用更多参数才能从头开始学习双目图像间的相似度特征。

基于分组相关的代价构建方法将所有特征图的通道平均划分为N_{g}组，并在每个视差平面中使用全相关的方法构造相应组的代价向量，该方法定义如下：

$$\boldsymbol{C}_{\mathrm{qg}}(:,g,d,x,y)=\frac{1}{N_{\mathrm{c}}}\langle \boldsymbol{F}_{\mathrm{L}}^{g}(:,:,x,y),\boldsymbol{F}_{\mathrm{R}}^{g}(:,:,x-d,y)\rangle \tag{7-18}$$

式中，$\boldsymbol{F}_{\mathrm{L}}^{g}$和$\boldsymbol{F}_{\mathrm{R}}^{g}$分别为左、右特征的第 g 组特征，每组特征的通道数$N_{\mathrm{c}}=C/N_{\mathrm{g}}$，因此有

$$\boldsymbol{C}_{\mathrm{qg}}(:,g,d,x,y)=\frac{1}{N_{\mathrm{g}}}\sum_{i=gN_{\mathrm{c}}}^{(g+1)N_{\mathrm{c}}}\boldsymbol{F}_{\mathrm{L}}(:,i,x,y)\cdot\boldsymbol{F}_{\mathrm{R}}(:,i,x-d,y) \tag{7-19}$$

其代价构建过程可参考图 7-6c 所示。

(2) 基于分组拼接的代价构建方法

为了解决上述问题和进一步丰富匹配代价空间的特征信息，本小节提出了一种基于分组拼接的代价构建方法，旨在双目图像特征的压缩和匹配代价空间的冗余之间实现更好的折中。基于分组拼接的代价构建方法如图 7-7 所示。

下面，接着介绍分组拼接代价构建的详细流程。给定左、右图像的特征图$\boldsymbol{F}_{\mathrm{L}}$和$\boldsymbol{F}_{\mathrm{R}}$，其特征维度为$[B,C,W,H]$，将左、右图像的特征图分为$N_{\mathrm{c}}=C/N_{\mathrm{g}}$组，每一组的特征维度为$[B,N_{\mathrm{c}},W,H]$。通过组内对应像素点求和，可得到求和后左、右图像的特征图$\boldsymbol{F}_{\mathrm{L}}^{g}$和$\boldsymbol{F}_{\mathrm{R}}^{g}$，维度为$[B,N_{\mathrm{g}},W,H]$，计算方式如下：

$$\boldsymbol{F}_{\mathrm{L}}^{g}(:,g,x,y)=\sum_{i=gN_{\mathrm{c}}}^{(g+1)N_{\mathrm{c}}}\boldsymbol{F}_{\mathrm{L}}(:,i,x,y) \tag{7-20}$$

$$\boldsymbol{F}_{\mathrm{R}}^{g}(:,g,x,y)=\sum_{i=gN_{\mathrm{c}}}^{(g+1)N_{\mathrm{c}}}\boldsymbol{F}_{\mathrm{R}}(:,i,x,y) \tag{7-21}$$

因此，基于分组拼接的代价构建方法定义如下：

$$\boldsymbol{C}_{\mathrm{pg}}(\boldsymbol{F}_{\mathrm{L}},\boldsymbol{F}_{\mathrm{R}})=\mathrm{Concat}[\boldsymbol{F}_{\mathrm{L}}^{g},\boldsymbol{F}_{\mathrm{R}}^{g}] \tag{7-22}$$

$$\begin{cases}\boldsymbol{C}_{\mathrm{pg}}(i,2j,d,x,y)=\boldsymbol{F}_{\mathrm{L}}^{g}(i,j,x,y)\\ \boldsymbol{C}_{\mathrm{pg}}(i,2j+1,d,x,y)=\boldsymbol{F}_{\mathrm{R}}^{g}(i,j,x-d,y)\end{cases} 0\leqslant i<B;0\leqslant j<N_{\mathrm{c}} \tag{7-23}$$

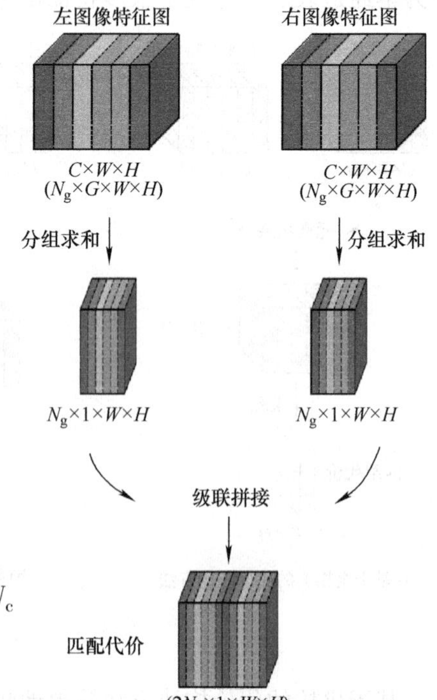

图 7-7　基于分组拼接的代价构建方法

(3) 多尺度混合匹配代价构建方法

本小节渐进式特征融合网络模型采用一种混合代

价构建方法，旨在结合基于分组拼接代价构建方法$\boldsymbol{C}_{\mathrm{pg}}(\cdot)$与基于分组相关的代价构建方法$\boldsymbol{C}_{\mathrm{qg}}(\cdot)$的优点，在多个尺度、多个阶段中构建匹配代价量。这种匹配代价的混合构建策略可以提供更强大、更加鲁棒的匹配代价空间，并且能够提供具有更加丰富的、多样性的代价特征用于匹配代价聚合。多尺度混合匹配代价（Multi-Scale Hybrid Cost）$\boldsymbol{C}^{\mathrm{Hy}}$构建过程定义如下：

$$\boldsymbol{C}_n^{\mathrm{Hy}}=\mathrm{Concat}[\boldsymbol{C}_{\mathrm{qg}}(\text{En-}\boldsymbol{F}_{\mathrm{L}}^{(n)},\text{En-}\boldsymbol{F}_{\mathrm{R}}^{(n)}),\boldsymbol{C}_{\mathrm{pg}}(\text{De-}\boldsymbol{F}_{\mathrm{L}}^{(N_{\mathrm{d}}-n)},\text{De-}\boldsymbol{R}_{\mathrm{R}}^{(N_{\mathrm{d}}-n)})],0<n\leqslant N_{\mathrm{d}} \tag{7-24}$$

式中，$\boldsymbol{C}_n^{\mathrm{Hy}}$表示第 n 个编码特征与第$N_{\mathrm{d}}-n$ 个解码特征使用混合匹配代价方法构建出来的匹配代价特征。多尺度混合代价构建的尺度变化过程定义如下：

$$S_n^{\mathrm{Hy}}=\left[B,N_{\mathrm{g}}^{\mathrm{qg}}+2\times N_{\mathrm{g}}^{\mathrm{pg}},\frac{D_{\max}}{2^{n-1}},\frac{H}{2^{n-1}},\frac{W}{2^{n-1}}\right],0<n\leqslant N_{\mathrm{d}} \tag{7-25}$$

式中，S_n^{Hy}为第 n 个编码特征与第$N_{\mathrm{d}}-n$ 个解码特征使用混合匹配代价方法构建出来的匹配代价特征维度；$N_{\mathrm{g}}^{\mathrm{qg}}$为分组相关的代价构建方法$\boldsymbol{C}_{\mathrm{qg}}$（·）的分组数；$N_{\mathrm{g}}^{\mathrm{pg}}$为分组拼接代价构建方法$\boldsymbol{C}_{\mathrm{pg}}$（·）的分组数；$D_{\max}$为匹配代价的最大视差维度。

2. 渐进式特征融合代价聚合

在使用混合的代价构建方法得到多尺度匹配代价空间后，将使用一种渐进式融合策略对多尺度匹配代价$\boldsymbol{C}_n^{\mathrm{Hy}}$进行聚合。代价聚合网络结构的渐进式融合过程可参考图 7-8。小尺度的匹配代价输入到代价聚合网络中经过三维卷积层进行聚合与上采样后与大尺度的代价进行渐进式特征融合，匹配代价空间中的像素特征得到了对齐与增强。经过叠加多个代价聚合模块重建出具有多个尺度视差输出。在匹配代价渐进式融合的过程中，使用了一种堆叠沙漏三维卷积（Stacked Hourglass 3D Convolution）网络结构，这种堆叠沙漏结构由自上而下/自下而上的三维卷积层构成，以更好地学习匹配代价中多尺度上下文语义特征。基于渐进式融合的代价聚合网络模型定义如下：

$$\mathbf{Cost}_n^{\mathrm{Ag}}=\begin{cases}{}^{3\mathrm{d}}\mathrm{Conv}^n(\boldsymbol{C}_{N_{\mathrm{e}}-n}^{\mathrm{H}}), & n=1\\ {}^{3\mathrm{d}}\mathrm{SHConv}^n(\mathbf{Cost}_n^{\mathrm{Ag}}+\boldsymbol{C}_{N_{\mathrm{e}}-n}^{\mathrm{H}}), & 1<n<N_{\mathrm{e}}\end{cases} \tag{7-26}$$

式中，三维卷积模块${}^{3\mathrm{d}}\mathbf{Conv}(\cdot)$ 定义如下：

$${}^{3\mathrm{d}}\mathbf{Conv}(\boldsymbol{X})={}^{3\mathrm{d}}\boldsymbol{\mathcal{F}}_{3\times3\times3}({}^{3\mathrm{d}}\boldsymbol{\mathcal{F}}_{3\times3\times3}(\boldsymbol{X})) \tag{7-27}$$

式中，$\boldsymbol{X}$ 为三维卷积网络的输入，其维度通常为$[B,C_{\mathrm{in}},D_{\mathrm{in}},H_{\mathrm{in}},W_{\mathrm{in}}]$；${}^{3\mathrm{d}}\boldsymbol{\mathcal{F}}_{3\times3\times3}(\cdot)$ 为使用 $3\times3\times3$ 卷积核的三维卷积层。三维卷积${}^{3\mathrm{d}}\boldsymbol{\mathcal{F}}(\cdot)$ 的计算公式定义如下：

$${}^{3\mathrm{d}}\boldsymbol{\mathcal{F}}(\boldsymbol{X})=\sigma\left(\sum_{j=0}^{C_{\mathrm{in}}}\boldsymbol{X}(i,j)\odot\boldsymbol{K}(j,m)+\boldsymbol{b}(m)\right),0\leqslant i<B;0\leqslant m<C_{\mathrm{out}} \tag{7-28}$$

式中，$\sigma(\cdot)$ 为激活函数，通常选用 ReLu 函数；$\boldsymbol{X}(i,j)$为第$i\in[0,B]$批次和$j\in[0,C_{\mathrm{in}}]$通道的输入特征图，其维度为$[D,W,H]$；$\odot$为卷积操作；$\boldsymbol{K}(j,m)$为卷积神经网络的第 j 输入层和第 $m\in[0,C_{\mathrm{out}}]$输出层的卷积核权重，维度为$k_{\mathrm{d}}\times k_{\mathrm{w}}\times k_{\mathrm{h}}$的矩阵；$\boldsymbol{b}(m)$为第 m 个卷积输出对应的偏置项，该卷积层的输出特征维度为$[B,C_{\mathrm{out}},D_{\mathrm{out}},H_{\mathrm{out}},W_{\mathrm{out}}]$。

如图 7-8 所示，三维堆叠卷积代价聚合模块${}^{3\mathrm{d}}\mathrm{SHConv}^{(n)}(\cdot)$定义如下：

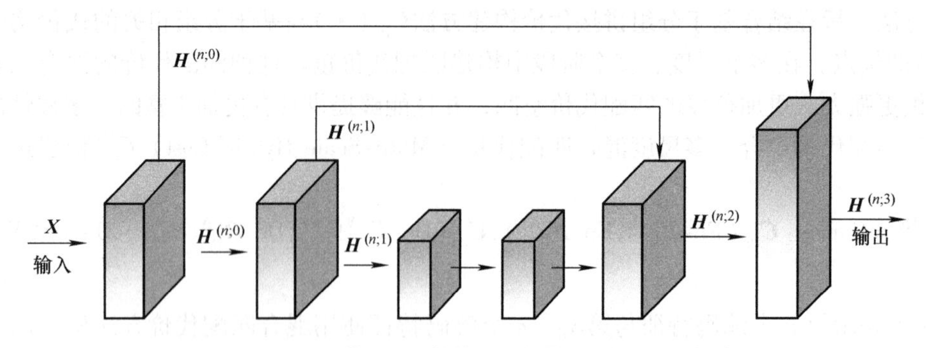

图 7-8　双目立体匹配网络的三维堆叠卷积代价聚合模块

$$\begin{cases}\boldsymbol{H}^{(n;0)}={}^{3\mathrm{d}}\mathcal{D}_{\mathrm{s}}({}^{3\mathrm{d}}\boldsymbol{\mathcal{F}}^{(n;0)}_{3\times3\times3}(\boldsymbol{X}))\\ \boldsymbol{H}^{(n;1)}={}^{3\mathrm{d}}\mathcal{F}^{(n;1)}_{3\times3\times3}(\boldsymbol{H}^{(n;0)})\\ \boldsymbol{H}^{(n;2)}={}^{3\mathrm{d}}\mathcal{U}_{\mathrm{s}}({}^{3\mathrm{d}}\boldsymbol{\mathcal{F}}^{(n;4)}_{3\times3\times3}({}^{3\mathrm{d}}\boldsymbol{\mathcal{F}}^{(n;3)}_{3\times3\times3}({}^{3\mathrm{d}}\mathcal{D}_{\mathrm{s}}({}^{3\mathrm{d}}\boldsymbol{\mathcal{F}}^{(n;2)}_{3\times3\times3}(\boldsymbol{H}^{(n;1)})))))+\boldsymbol{H}^{(n;1)}\\ \boldsymbol{H}^{(n;3)}={}^{3\mathrm{d}}\mathcal{U}_{\mathrm{s}}({}^{3\mathrm{d}}\boldsymbol{\mathcal{F}}^{(n;5)}_{3\times3\times3}(\boldsymbol{H}^{(n;2)})+\boldsymbol{H}^{(n;0)})\end{cases}\tag{7-29}$$

式中，${}^{3\mathrm{d}}\mathcal{U}_{\mathrm{s}}(\cdot)$ 表示三维特征上采样（3D Up Sampling）操作；${}^{3\mathrm{d}}\mathcal{D}_{\mathrm{s}}(\cdot)$ 表示三维特征下采样（3D Down Sampling）操作。因此有

$$\boldsymbol{C}^{(n)}_{\mathrm{Ag}}=\mathrm{Sconv3D}^{(n)}(\boldsymbol{X})=\boldsymbol{H}^{(n;3)}\tag{7-30}$$

基于渐进式融合的代价聚合网络中匹配代价的维度变化过程定义如下：

$$S^{(n)}_{\mathrm{Ag}}=\left[B,N^{\mathrm{qg}}_{\mathrm{g}}+2\times N^{\mathrm{pg}}_{\mathrm{g}},\frac{D_{\max}}{2^{N_{\mathrm{e}}-n+1}},\frac{H}{2^{N_{\mathrm{e}}-n+1}},\frac{W}{2^{N_{\mathrm{e}}-n+1}}\right],0<n<N_{\mathrm{e}}\tag{7-31}$$

3. 视差回归与深度估计

深度立体匹配网络模型输出了多个尺度的视差图，这些视差图分别由不同的训练权重进行监督训练。对小尺度的视差输出进行监督学习能够获得比较粗糙的视差图结果，其更多地关注重建输出视差图的整体轮廓。同时，大尺度的视差图输出监督训练能够提供更精细的视差图特征。因此，深度立体匹配网络能够从粗糙到精细的渐进式特征融合与监督训练。通过视差回归模型来估计连续的视差输出图。

给定输出的匹配代价C_{out}，其维度为$[B,D_{\max},H,W]$，视差回归模型定义如下：

$$\boldsymbol{D}_{\mathrm{p}}=\sum_{d=1}^{D_{\max}}\boldsymbol{C}^{*}(d)\cdot d\tag{7-32}$$

式中，$\boldsymbol{C}^{*}(\cdot)$ 表示计算C_{out}每个像素在特征维度 D 的置信度，计算公式为

$$\boldsymbol{C}^{*}(d)=\frac{\exp(\boldsymbol{C}_{\mathrm{out}}(:,d,:,::))}{\sum_{d=0}^{D_{\max}}\exp(\boldsymbol{C}_{\mathrm{out}}(:,d,:,::))}\tag{7-33}$$

因此有

$$\begin{aligned}\boldsymbol{D}_{\mathrm{p}}(:,x,y)=&1\times\boldsymbol{C}^{*}(:,1,x,y)+2\times\boldsymbol{C}^{*}(:,2,x,y)+\cdots+\\&(D_{\max}-1)\times\boldsymbol{C}^{*}(:,D_{\max}-1,x,y)\end{aligned}\tag{7-34}$$

网络模型采用多尺度多视差输出模块，其定义如下：

$$\boldsymbol{D}_{\mathrm{out}}=[\boldsymbol{D}^{(1)}_{\mathrm{p}},\cdots,\boldsymbol{D}^{(n)}_{\mathrm{p}}],0<n<N_{\mathrm{e}}\tag{7-35}$$

多尺度多视差输出用平滑损失函数$\text{Smooth}_{\text{L1}}$函数来训练网络的视差回归预测结果，通过计算预测结果与真实数据之间的误差，利用反向传播算法，将误差反向传播至整个网络模型中来更新网络的权重。训练损失函数定义如下：

$$F = \sum_{i=1}^{N_e} \lambda_i \cdot \text{Smooth}_{\text{L1}}(\boldsymbol{D}^* - \boldsymbol{D}_{\text{p}}^{(i)}) \tag{7-36}$$

式中，$\boldsymbol{D}_{\text{p}}^{(i)}$为第 i 个输出的视差图像；$\boldsymbol{D}^*$ 是真实的训练视差图；$\boldsymbol{\lambda}_i$是第 i 视差估计图的训练权重。最后$\text{Smooth}_{\text{L1}}(x)$ 损失函数定义如下：

$$\text{Smooth}_{\text{L1}}(x) = \begin{cases} \dfrac{1}{2}x^2, & |x| < 1 \\ |x| - 1, & |x| \geqslant 1 \end{cases} \tag{7-37}$$

7.2.3　多尺度特征融合机器人三维语义地图构建

移动机器人作业环境语义地图构建是其自主柔性作业的基础。移动场景深度估计是语义地图构建的关键。本小节提出了一种渐进式特征融合双目深度估计的神经网络模型。通过预训练好的渐进式双目深度估计神经网络模型，使用迁移学习的方式，将其用于基于双目视觉的移动机器人离线语义地图构建中。通过利用训练好的渐进式双目深度估计神经网络模型预测出移动机器人行走场景中的深度，接着使用经典地图构建算法 ORB-Slam 2 离线地构建出移动机器人语义地图。离线语义地图构建流程如图 7-9 所示。

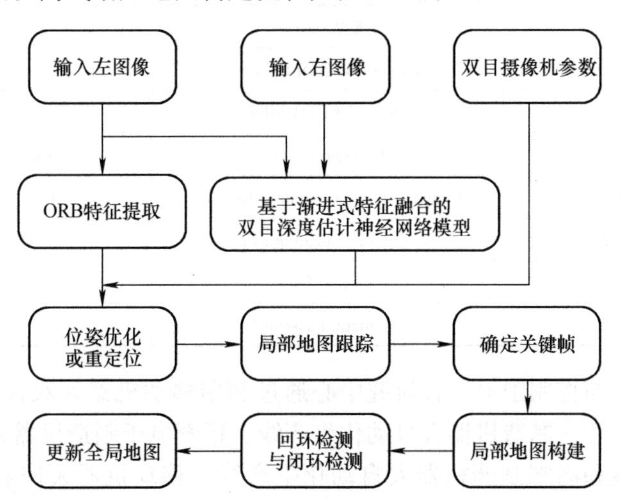

图 7-9　基于 ORB-Slam 2 的双目视觉离线语义地图构建流程图

7.2.4　实验结果与分析

本小节通过分析与对比不同参数设置下的模型性能，以找到具有最佳性能的双目立体匹配神经网络模型。同时，为了将本小节所提出的双目立体视觉神经网络模型在实际中应用，构建了用于移动机器人离线语义地图的双目深度估计数据集 ZedStereo。下面介绍详细的实验过程与结果分析。

1. 实验数据集

（1）公共实验数据集

SceneFlow 数据集是一个大型人工合成数据集，它包括 Finalpass 数据集和 Cleanpass 数据集，每一类数据集都包含着 35454 个训练图像和 4370 个测试图像。数据集中，每个图像的分辨率均为 960×540。该数据集提供了密集连续且精度高的双目立体匹配视差图像作为神经网络训练的真实数据。本小节使用 Finalpass 数据集对提出的深度立体匹配网络进行训练。与 Cleanpass 数据集相比，它包含更多的运动模糊和散焦模糊的图像，更像真实世界中采取的双目图像。

（2）本小节所构建的实验数据集

为了实现基于双目视觉的移动机器人离线语义地图构建，首先构建出双目深度估计数据集，通过利用移动机器人双目视觉三维成像平台，控制移动机器人在室内移动复合机器人作业场景中以较为缓慢的速度行走。在机器人缓慢移动的过程中，利用移动机器人三维成像平台中搭载的 Zed 2 双目摄像机采取相应数据，构建了双目深度估计数据集 ZedStereo。Zed 2 摄像机采取的双目图像分辨率为 720×1280，双目摄像机的性能工作模式设置为“极致”，最小深度工作距离为 1cm，最大深度工作距离设置为 10m。Zed 2 双目摄像机的详细参数设置见表 7-1。

表 7-1　Zed 2 双目摄像机的参数设置

参数描述	参数符合	参数设置
分辨率	Camera. RESOLUTION	720×1280（HD720）
深度计算模型	Camera. DEPTH MODE	极限（ULTRA ）
深度坐标单位	Camera. UNIT	mm（MILLIMETER ）
最小深度工作距离	Camera. depth minimum distance	1cm（CENTIMETER ）
最大深度工作距离	Camera. depth maximum distance	10m（METER）
焦距/mm	Camera. foucs	530
基线/mm	Camera. baseline	119

机器人视觉感知与控制国家工程研究中心通过利用移动机器人双目视觉三维成像平台，在中心实验室的高端智能制造机器人自动化生产线、精密电子制造机器人自动化生产线、饮料制造自动化生产线和高端制药机器人自动化生产线等移动机器人作业场景中采集了总共 4492 组样本数据，构成了 ZedStereo 数据集。将 ZedStereo 数据集按照 8∶2 的比例划分为训练数据集与测试数据集，其中每个数据采集场景中所采取的数据也按照 8∶2 的比例划分为训练数据集与测试数据集。移动机器人在室内移动作业的场景如图 7-10 所示。

移动机器人作业场景中采取的部分数据示意图如图 7-11 所示。ZedStereo 数据集中每组数据由左图像、右图像、置信度图和视差图组成。视差图像的 RGB 颜色化图像如图 7-11c 所示，颜色趋于红色表示视差越大，颜色趋于蓝色表示视差越小，深蓝色表示空洞。

由于双目立体匹配深度计算无可避免地受到光照/漫反射、无纹理/弱纹理等因素的影响，因此 Zed 2 摄像机采取的视差图像存在一部分空洞，并且包含着一定的噪声。这些问题对基于深度学习的双目立体匹配神经网络模型训练造成了一定的困扰。Zed 2 摄像机采取的

a) 高端智能制造机器人自动化生产线

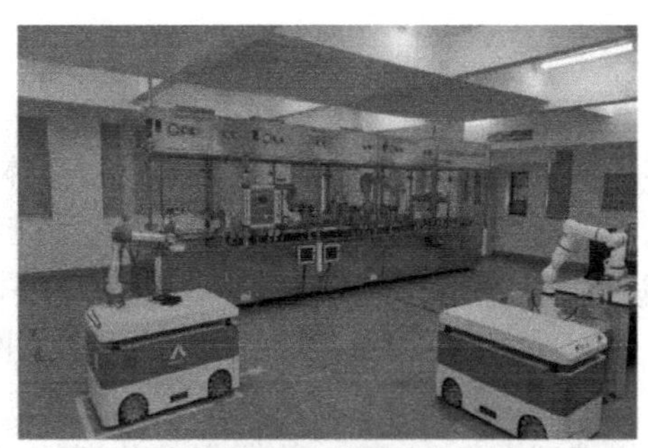
b) 高端制药机器人自动化生产线

c) 精密电子制造机器人自动化生产线

d) 饮料制造自动化生产线

图 7-10　移动机器人双目深度数据采集场景方法

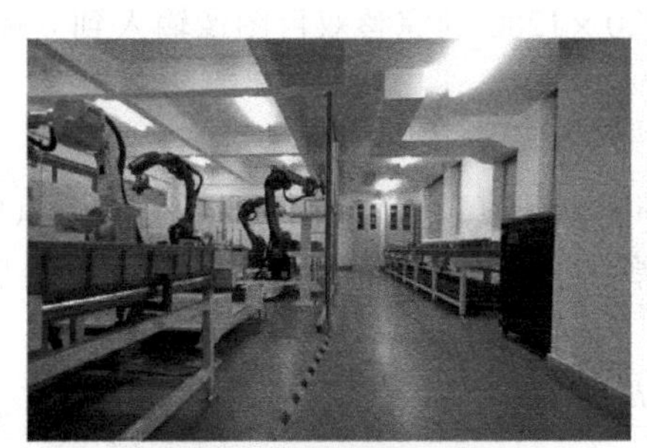
a) 左图像

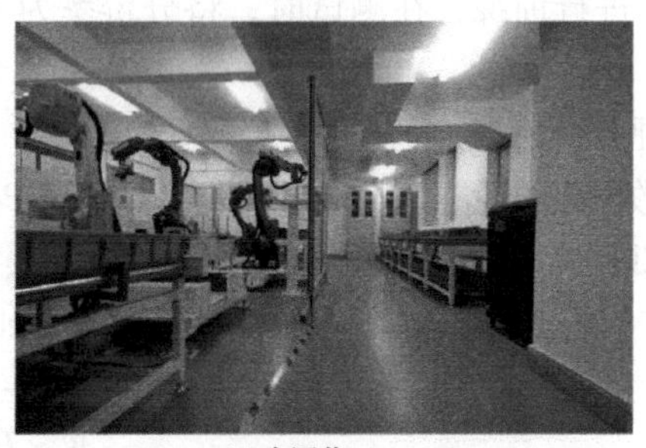
b) 右图像

c) 视差图

d) 置信度图

图 7-11 彩图

图 7-11　移动机器人双目深度数据集图像示例

数据也提供了左图像每个像素对应的置信度。如图 7-11d 所示，该置信度图为[0,255]的灰度级图像，灰度级越高，表示该像素的深度可靠性越高。

2. 实验细节与性能评价指标

（1）实验细节

本小节所提出的渐进式特征融合双目立体匹配网络模型通过在深度学习平台 PyTorch 验证其性能。网络模型通过使用 Adam 优化器进行端到端训练，其中优化器的参数设置为$\beta_1=0.9$，$\beta_2=0.9$。网络训练的批量大小固定为 6，网络模型四个输出的监督训练权重系数设置为$\lambda_1=0.5$，$\lambda_2=0.5$，$\lambda_3=0.7$，$\lambda_4=1.0$。网络模型的所有消融实验都在具有 2 个 Nvidia Tesla V100 GPU 的服务器中进行。

网络模型在 SceneFlow 数据集总共训练了 16 个循环，每次训练的时间大约为 1 天半。SceneFlow 数据集上的初始学习率设置为 0.001。最大视差值设置为 192。分别在训练到 10、12、14 个循环后将学习率分别设置为 0.0005、0.00025、0.000125。在对 SceneFlow 测试数据集进行训练时，随机截取 256×512 的图像区域输入神经网络模型进行训练，测试时，将分辨率为 540×960 的完整双目图像输入到双目立体匹配网络模型中。

同样，ZedStereo 数据集使用深度学习平台 PyTorch 来训练渐进式特征融合双目立体匹配神经网络。网络训练的批量大小固定为 6，预训练模型在 ZedStereo 数据集上总共训练了 20 个循环。初始学习率设置为 0.001。最大视差值设置为 192。分别在训练到 10、14 和 18 个循环后将学习率分别设置为 0.0005、0.00025、0.000125。对于大于最大视差的像素和位于空洞中的像素不予训练。同时每个像素视差的置信度阈值设置为 204，置信度小于该阈值的像素也不予训练。在对 ZedStereo 测试数据集进行训练时，随机截取 256×512 的图像区域输入神经网络模型进行训练，在测试时，将分辨率为 720×1280 的完整双目图像输入到立体匹配神经网络中。

（2）性能评价指标

SceneFlow 数据集的性能评价指标通常为 End of Point Error（EPE）、>1px(%)、>2px(%)和>3px(%)。EPE 表示像素的平均视差误差。像素误差百分比误差>1px（%）表示视差误差大于 1 个像素与所有像素的像素百分比。平均视差定义如下：

$$\mathrm{EPE}=\frac{\mathrm{sum}(|D_{\mathrm{gt}}-D_{\mathrm{est}}|)}{W\times H} \tag{7-38}$$

式中，D_{gt}为视差真实值；D_{est}为估计预测出的视差图像；$|\cdot|$表示绝对值函数；$W\times H$ 为视差图的分辨率，表示所有像素的个数。像素误差百分比评价指标定义如下：

$$\mathrm{Per}=\frac{\mathrm{Count}(|D_{\mathrm{gt}}-D_{\mathrm{est}}|,T)}{W\times H} \tag{7-39}$$

式中，函数 Count(·,·)表示统计视差错误图中错误视差大于阈值 T 的个数。本小节中，T 设置为 1、2 和 3。

而 ZedStereo 数据集的性能评价指标采用 End of Depth Error（EDE）、>10px(%)、>20px(%)和>30px(%)。EDE 表示像素的平均深度误差。像素误差百分比误差>10px(%)表示深度误差大于 10 的像素与所有像素的像素百分比。性能评估中深度单位为 cm。平均深度误差定义如下：

$$\mathrm{EDE}=\frac{\mathrm{Sum}(|D_{\mathrm{gt}}-D_{\mathrm{est}}|\cdot\mathrm{Mask}(\mathrm{Conf},T_{\mathrm{c}}))}{\mathrm{Sum}(\mathrm{Mask}(\mathrm{Conf},T_{\mathrm{c}}))} \tag{7-40}$$

式中，D_{gt}为深度真实值；D_{est}为估计预测出的深度图像；$|D_{\mathrm{gt}}-D_{\mathrm{est}}|$表示绝对值函数；Conf

表示置信度图，Mask(Conf, T_c)为阈值函数，对小于阈值T_c的像素设置为零，大于阈值T_c的像素设置为1；Sum(·)为求和函数。

像素深度误差百分比评价指标定义如下：

$$P_{th} = \frac{\text{Sum}(\text{Mask}(|D_{gt} - D_{est}|) \cdot \text{Mask}((\text{Conf}, T_c), T_h))}{\text{Sum}(\text{Mask}(\text{Conf}, T_c))} \tag{7-41}$$

式中，T_h在本小节中设置为10、20和30，单位为cm。

（3）实验结果

1）SceneFlow数据集的实验结果。SceneFlow数据集是一个大型合成数据集，因此使用该数据集进行训练而不必担心过度拟合。本小节方法在SceneFlow数据集上的可视化视差估计结果，如图7-12所示。

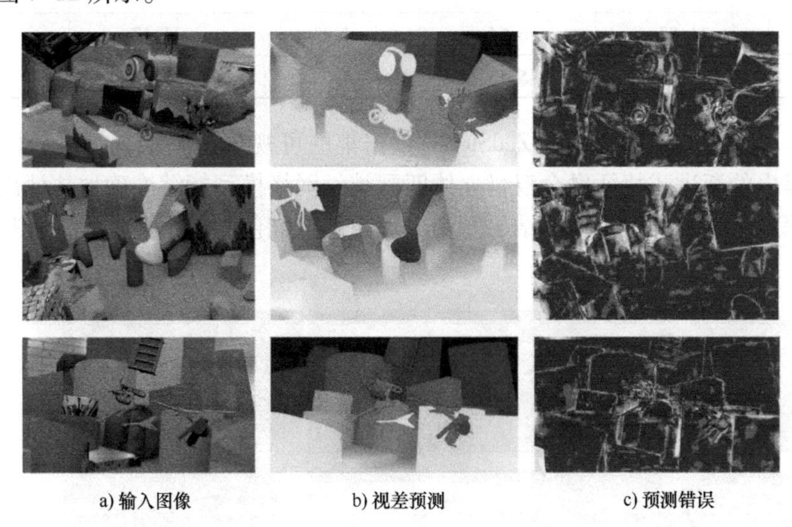

a) 输入图像　　b) 视差预测　　c) 预测错误

图7-12　在SceneFlow数据集上的可视化视差估计结果

表7-2给出了SceneFlow数据集上一些start-of-the-art立体匹配方法的>1px(%)、>2px(%)和>3px(%)像素误差百分比和平均像素误差EPE的结果对比，本小节所提出的双目深度估计网络模型性能达到了最优。对比PSMNet网络模型，本小节方法减小了4.01%的>1px(%)像素误差；减小了2.18%的>2px(%)像素误差；减小了1.61%的>3px(%)的像素误差；EPE像素误差也减小了0.4px；对比AANet网络模型，本小节方法减小了1.5%的>1px(%)像素误差，EPE像素误差也减小了0.17px。

表7-2　在SceneFlow数据集上不同方法性能对比

方法	>1px(%)	>2px(%)	>3px(%)	EPE(px)	运行时间/s
AANet	9.30	—	—	0.87	—
GA-Net	—	—	—	0.84	—
SegStereo	—	—	—	1.45	—
PSMNet	11.81	6.45	4.72	1.10	0.51
CRL				1.32	—
GC-Net				2.51	—
本小节方法	7.80	4.27	3.11	0.70	0.33

2）ZedStereo 数据集的实验结果。关于 ZedStereo 数据集的对比实验，本小节选取 PSMNet 和GwcNet 在 Sceneflow 数据集上的预训练模型，通过在 ZedStereo 训练集上进行训练后，在测试数据集上的测试结果见表 7-3。对比 PSMNet 和 GwcNet 在 ZedStereo 数据集上的测试结果，本小节中提出的双目深度估计网络模型，得到了 10.18% 的 >10px(%) 像素误差，5.53% 的 >20px(%) 像素误差，4.62% 的 >30px(%) 的像素误差，EDE 像素误差为 9.27px。性能优于 PSMNet 和 GwcNet 模型。

表 7-3　在 ZedStereo 数据集上不同方法性能对比

方法	>10px(%)	>20px(%)	>30px(%)	EDE(px)	运行时间/s
PSMNet	13.76	7.69	5.74	13.62	0.51
GwcNet	11.82	6.64	4.93	11.17	0.42
本小节方法	10.18	5.53	4.62	9.27	0.33

此外，本小节所提出的方法在 ZedStereo 数据集的可视化视差估计结果如图 7-13 所示，可以看出所提出的渐进式特征融合双目立体匹配神经网络模型能够准确地估计出移动机器人作业场景的深度信息。其中，预测结果图中颜色越趋近红色表示距离越近，越趋近蓝色表示距离越远。

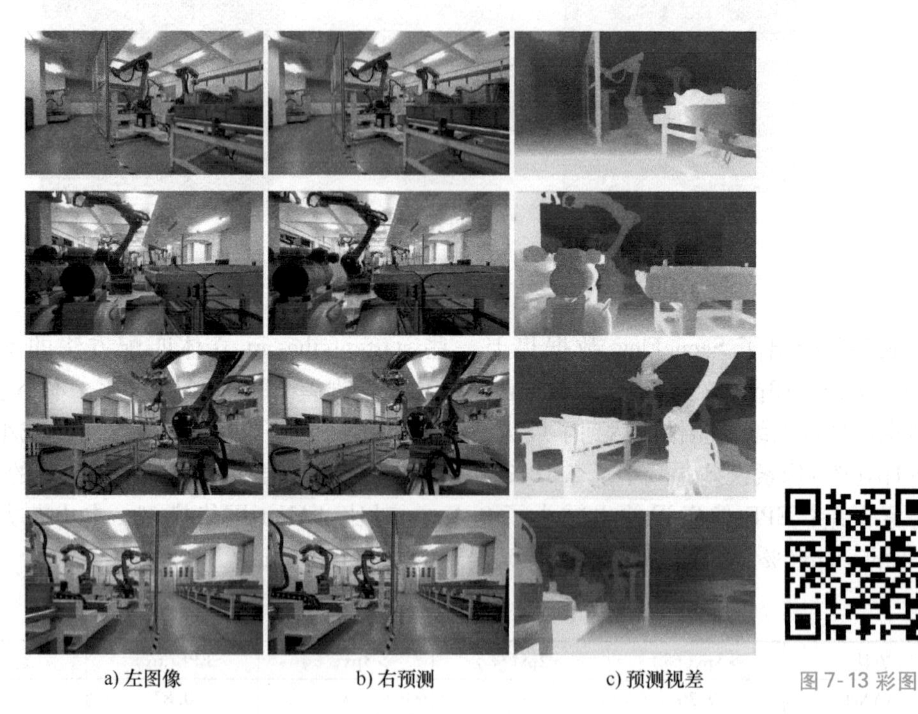

a) 左图像　　b) 右预测　　c) 预测视差　　图 7-13 彩图

图 7-13　在 ZedStereo 数据集上的可视化视差估计结果

（4）移动机器人离线语义地图构建应用

通过输入双目图像，利用双目深度估计网络模型得到左图像的深度图像后，提取出左图像的 ORB 特征与双目摄像机参数，并结合离线全局语义地图，经回环检测后，得到摄像机与全局地图的相对位置关系。移动机器人离线语义地图构建如图 7-14 所示。

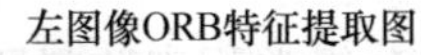

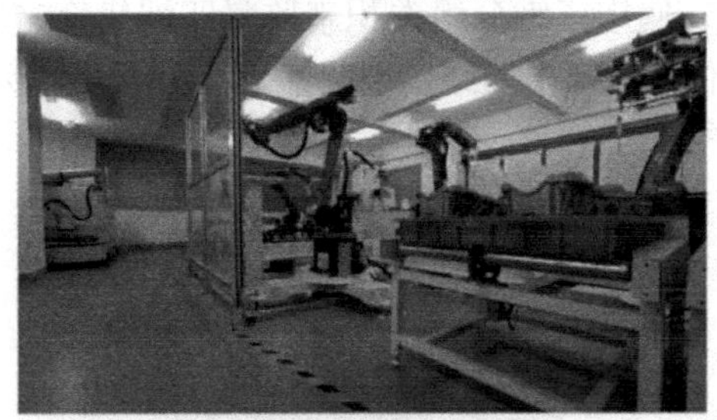

图 7-14　移动机器人离线语义地图构建

7.3　基于双目视觉的机器人导航场景深度估计方法

上一小节提出了一种基于渐进式特征融合的双目深度估计神经网络方法，用于移动机器人作业环境的语义地图构建。本节在上节的基础上，研究了面向移动机器人导航的双目视觉三维场景深度估计方法。移动机器人精准导航技术是移动复合机器人实现如搬运、装配、钻铆等自主柔性作业的基础。基于双目视觉的移动机器人导航技术因其具有获取丰富的纹理信息和直接获取物体的三维深度信息等优势，而深受广大研究者的青睐。然而，在复杂的成像环境下，双目视觉深度估计面临着巨大挑战，如大面积弱纹理区域、重复或丢失的纹理图案、物体遮挡以及颜色/灯光噪声等。因此，发展高精度、高鲁棒性的双目视觉深度估计方法尤为重要。

传统的双目视觉深度估计立体匹配方法主要依赖于双目图像间的局部相似度特征提取。尽管近二十年来其性能得到很大改进，但在非结构化复杂环境下仍无法稳定地提取用于表达双目图像间相似性的高质量特征。而近年来，基于深度学习的双目视觉深度估计方法凭借其强大的特征表征能力，能够在海量训练数据中稳定地挖掘出双目图像对应匹配像素点之间隐藏的、鲁棒的特征映射关系，极大地提升了双目立体匹配深度估计方法的性能。但其特征提取网络对双目图像的所有特征信息一视同仁，如弱纹理区域、遮挡区域中的特征、边缘特征、轮廓特征、目标尺度特征等，而这些特征能更好地表达双目图像间的相关性。同时，现有匹配代价构建方法过于简单，不能提供双目图像间高质量的相关性度量。

为此，本小节提出一种基于迟滞注意力机制特征提取和三维分组卷积监督代价构建的双目立体匹配神经网络模型。依据简单有效的迟滞比较器经典电路设计原理，本工作设计了一种新的注意力机制：迟滞注意力机制，用于双目图像特征提取。迟滞注意力机制能够有效地抵抗噪声干扰，使神经网络更加专注于最相关的特征提取与更稳定的特征表征。此外，本工作还提出一种基于三维分组卷积的监督代价构建方法，使用三维分组卷积来监督匹配代价构建的过程，构建出具有丰富相似性度量的高质量匹配代价。所提出网络模型的框架如图 7-15 所示。

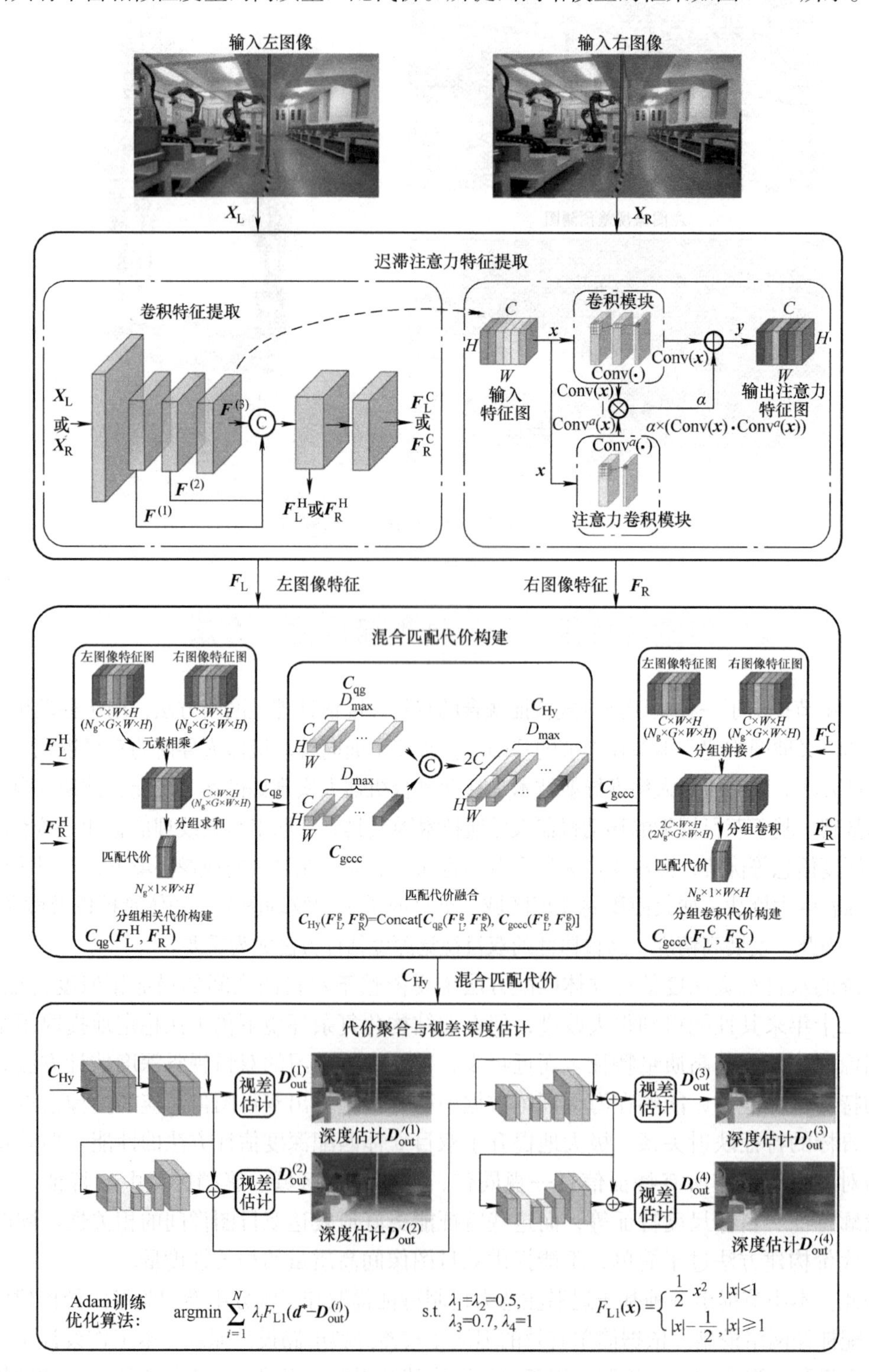

图 7-15　基于迟滞注意力与监督代价计算的双目立体匹配深度估计网络

7.3.1　基于迟滞注意力的编码特征提取

双目立体匹配的目的是根据双目图像间的相似性在目标图像（通常为右图像）中找到参考图像（通常为左图像）每个像素的最佳匹配像素点。而双目立体匹配的特征提取网络的目的是用来学习与提取表征双目图像之间相关性的特征向量。为了学习与提取双目图像的统一特征向量，本节中提出一种共享权重的迟滞注意力机制特征提取网络，以表达的双目图像之间的相关性。

传统的双目立体匹配卷积神经网络特征提取通常对矫正后的双目图像利用多层次的级联卷积层与池化层等操作来提取用来表达双目图像之间相关性的高维特征向量。虽然这些高维的特征能够很好地映射表达出双目图像之间相关性，但是由于池化层下采样操作的存在，会损失部分特征信息。而且在不友好环境下采取的双目图像，如何去更好地提取用于双目匹配的特征信息本身就是一大挑战。所以需要卷积神经网络将更多的注意力放在重要的特征提取上。因此基于注意力机制的卷积神经网络应运而生，在机器视觉等领域掀起巨大的研究热潮。接下来，将详细介绍受经典电路设计迟滞比较器启发而提出的迟滞注意力机制，以及基于迟滞注意力机制的特征提取网络模型。

1. 迟滞注意力机制网络模块

在电路中，单限比较器（见图 7-16a）在输入电压趋于门限值时，其输出电压就会产生相应的抖动（起伏）。为了克服这一缺陷，研究者们提出了迟滞比较器，这是一种具有迟滞回环传输特性的比较器（见图 7-16b）。相比于单限比较器，迟滞比较器具有响应速度快、抗干扰性强等优势，但同时也会降低比较器对电压的灵敏度。

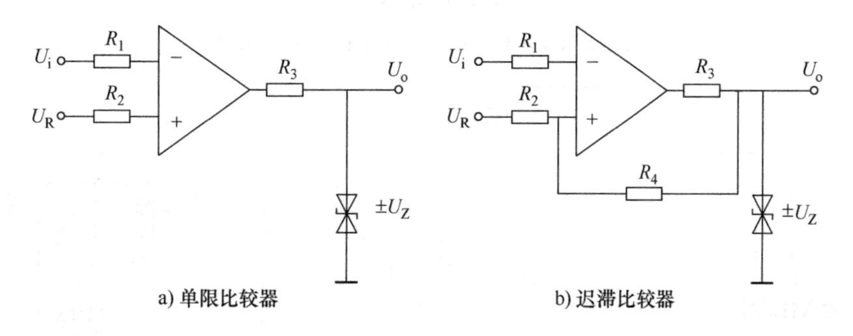

图 7-16　电路中常用的比较器结构

受电路中迟滞比较器的启发，本小节中提出一种迟滞注意力机制（Hysteresis Attention Mechanism，HAM），用于双目立体匹配网络特征提取，其网络结构如图 7-17 所示。

令输入的特征图为 $\boldsymbol{x}$，其特征维度为 $[B,C,H,W]$，其中，B、C、H、W 为特征图的批次大小、通道数、高与宽。基于迟滞注意力机制模型 HAM 定义如下：

$$\boldsymbol{y}=\mathrm{HAM}(\boldsymbol{x}) \tag{7-42}$$

$$\boldsymbol{y}=\alpha\times(\mathrm{Conv}(\boldsymbol{x})\cdot\mathrm{Conv}^{a}(\boldsymbol{x}))+\mathrm{Conv}(\boldsymbol{x}) \tag{7-43}$$

$$\boldsymbol{y}=(\alpha\times\mathrm{Conv}^{a}(\boldsymbol{x})+1)\cdot\mathrm{Conv}(\boldsymbol{x}) \tag{7-44}$$

式中，函数点乘为迟滞注意力权重因子；$\mathrm{Conv}(\boldsymbol{x})$ 表示卷积操作；$\mathrm{Conv}^{a}(\boldsymbol{x})$ 表示注意力卷积操作；$\mathrm{Conv}(\boldsymbol{x})\cdot\mathrm{Conv}^{a}(\boldsymbol{x})$ 操作表示 $\mathrm{Conv}(\boldsymbol{x})$ 特征与 $\mathrm{Conv}^{a}(\boldsymbol{x})$ 注意力特征对应元素相

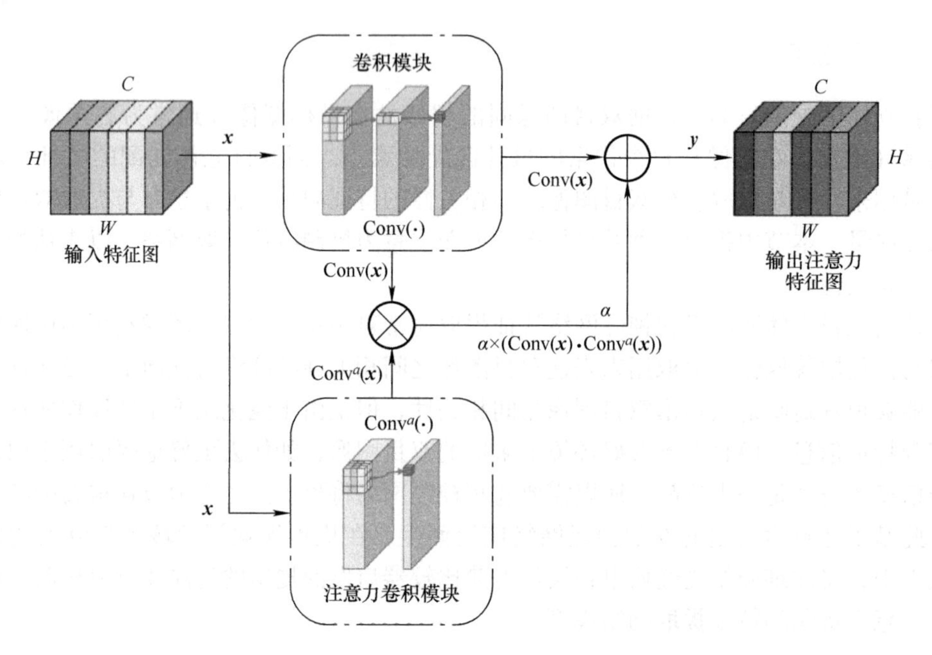

图 7-17　迟滞注意力机制模型结构

乘；$\boldsymbol{y}$ 为迟滞注意力特征输出，输出特征维度也为$[B,C,H,W]$。

同样，对于常用的自注意力机制模型（Self-Attention Mechanism，SAM），如图 7-18 所示，令输入的特征图为 $\boldsymbol{x}$，其特征维度为$[B,C,H,W]$，定义如下：

$$\boldsymbol{y}=\mathrm{SAM}(\boldsymbol{x}) \tag{7-45}$$

$$\boldsymbol{y}=\mathrm{Conv}(\boldsymbol{x})\cdot \mathrm{Conv}^{a}(\mathrm{Conv}(\boldsymbol{x}))+\mathrm{Conv}(\boldsymbol{x}) \tag{7-46}$$

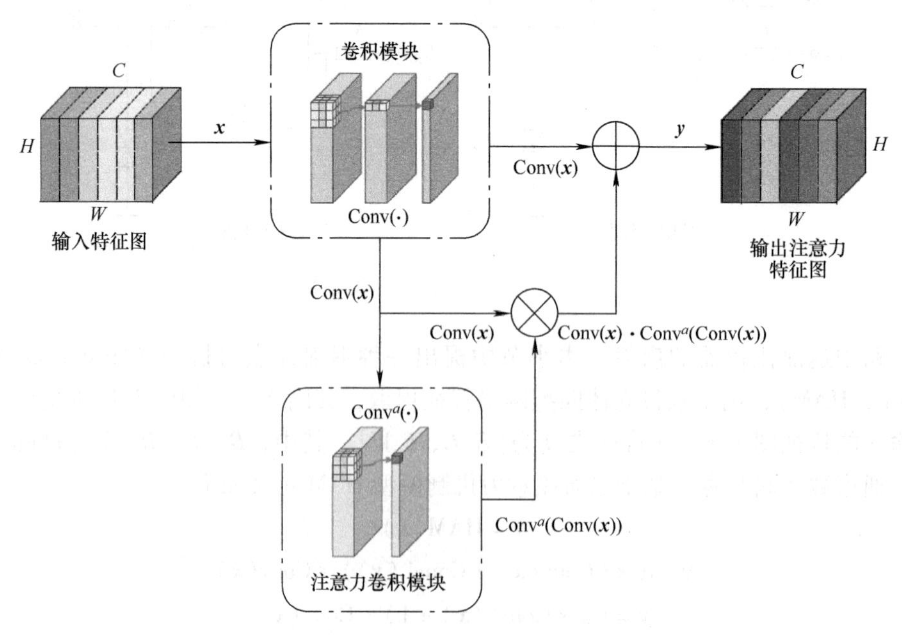

图 7-18　自注意力机制模型结构

$$\boldsymbol{y}=(\text{Conv}(\text{Conv}(\boldsymbol{x}))+1)\cdot\text{Conv}^{a}(\boldsymbol{x}) \tag{7-47}$$

式中，$\text{Conv}(\boldsymbol{x})$ 表示卷积操作；$\text{Conv}^{a}(\boldsymbol{x})$ 表示注意力卷积操作；$\boldsymbol{y}$ 为注意力特征输出，输出特征维度为$[B,C,H,W]$。相比于自注意力机制，迟滞注意力机制同样继承了迟滞比较器的优缺点。

因此，迟滞注意力机制同样也会降低对输入特征向量的灵敏度，也就是说，即使输入图像明显不同，输出特征的变化也不会像以前那样变化明显。为此，通过引入注意力权重因子（α）来调节迟滞注意力特征的灵敏度，这样能更好地在抗干扰特性和降低灵敏度中取得平衡。迟滞注意力网络模型能输出与输入同等大小的注意力特征图。

2. 基于迟滞注意力机制的特征提取网络

基于迟滞注意力机制模型，本小节设计了一种特征提取网络，采用与 ResNet-50 类似的结构，通过在级联卷积层模块中加入一个迟滞注意力模型来提取注意力特征，其网络结构如图 7-19 所示。

令特征提取网络输入的左图像和右图像为$\boldsymbol{X}_{\text{L}}$和$\boldsymbol{X}_{\text{R}}$，图像的输入维度为$[B,3,H,W]$，基于迟滞注意力机制的特征提取网络模型定义如下：

$$\boldsymbol{F}_{\text{L}}^{(n)}=\begin{cases}\text{Conv}^{(n)}(\boldsymbol{X}_{\text{L}}), & n=0\\ (1+\alpha\times\text{HAM}^{(n-1)})\cdot\text{Rconv}^{(n)}(\boldsymbol{F}_{\text{L}}^{(n-1)}), & 0<n<N\end{cases} \tag{7-48}$$

$$\boldsymbol{F}_{\text{R}}^{(n)}=\begin{cases}\text{Conv}^{(n)}(\boldsymbol{X}_{\text{R}}), & n=0\\ (1+\alpha\times\text{HAM}^{(n-1)})\cdot\text{Rconv}^{(n)}(\boldsymbol{F}_{\text{R}}^{(n-1)}), & 0<n<N\end{cases} \tag{7-49}$$

式中，$\boldsymbol{F}_{\text{L}}^{(n)}$和$\boldsymbol{F}_{\text{R}}^{(n)}$分别为第 n 个卷积模块所提取出来的左、右图像特征，$0\leqslant n<N$；点乘操作表示特征向量之间的逐元素相乘；α 为注意力权重因子（即降低注意力的“阻尼”效应）；$\text{Conv}^{(n)}(\cdot)$ 为第 n 个卷积模块特征提取，其定义如下：

$$\text{Conv}^{(n)}(\boldsymbol{X})=\boldsymbol{\mathcal{F}}_{3\times3}(\boldsymbol{\mathcal{F}}_{3\times3}(\boldsymbol{\mathcal{F}}_{3\times3}(\boldsymbol{X}))) \tag{7-50}$$

$\text{Rconv}^{(n)}(\cdot)$ 表示第 n 个残余卷积（Residual Convolution，RConv）特征提取模块，定义如下：

$$\text{Rconv}^{(n)}(\boldsymbol{X})=\boldsymbol{Y}^{(n;l)}\Rightarrow\begin{cases}\boldsymbol{Y}^{(n;0)}=\mathcal{R}^{(n;0)}(\boldsymbol{X}), & i=0\\ \boldsymbol{Y}^{(n;i)}=\mathcal{R}^{(n;i)}(\boldsymbol{Y}^{(n;i-1)}), & i=1,2,\cdots,l\end{cases} \tag{7-51}$$

式中，$\mathcal{R}^{(n;i)}$为第 n 个卷积模块中第 i 个级联卷积子模块。$\mathcal{R}(\boldsymbol{X})$定义如下：

$$\mathcal{R}(\boldsymbol{X})=\sigma(\boldsymbol{\mathcal{F}}_{3\times3}(\boldsymbol{\mathcal{F}}_{3\times3}(\boldsymbol{X}))+\boldsymbol{X}) \tag{7-52}$$

式中，$\sigma(\cdot)$ 为激活函数，通常选用 ReLu 函数，该网络模块结构如图 7-20 所示。

式（7-48）和式（7-49）中 $\text{HAM}^{(n)}$表示第 n 个迟滞注意力卷积模块，定义如下：

$$\text{HAM}^{(n)}=\begin{cases}\text{Conv}_{\text{A}}^{(n)}(\boldsymbol{F}^{(0)}), & n=0\\ \text{Conv}_{\text{A}}^{(n)}(\boldsymbol{M}^{(n)}([\text{HAM}^{(n-1)}\mid\boldsymbol{F}^{(n)}])), & 0<n\leqslant N-1\end{cases} \tag{7-53}$$

式中，$\text{Conv}_{\text{A}}^{(n)}(\cdot)$ 代表第 n 个注意力卷积操作；$\boldsymbol{F}^{(n)}$表示左、右图像第 n 个卷积模块所提取出来的特征；$\boldsymbol{M}^{(n)}$表示特征拼接融合卷积层，它的输入为 $\text{HAM}^{(n-1)}$和$\boldsymbol{F}^{(n)}$的拼接特征向量，其定义如下：

$$\boldsymbol{M}^{(n)}(\boldsymbol{X})=\boldsymbol{\mathcal{F}}_{1\times1}(\boldsymbol{\mathcal{F}}_{3\times3}(\boldsymbol{\mathcal{F}}_{1\times1}(\boldsymbol{X}))) \tag{7-54}$$

同样，左、右图像所提取的特征维度变化$[B,C,H,W]$如下：

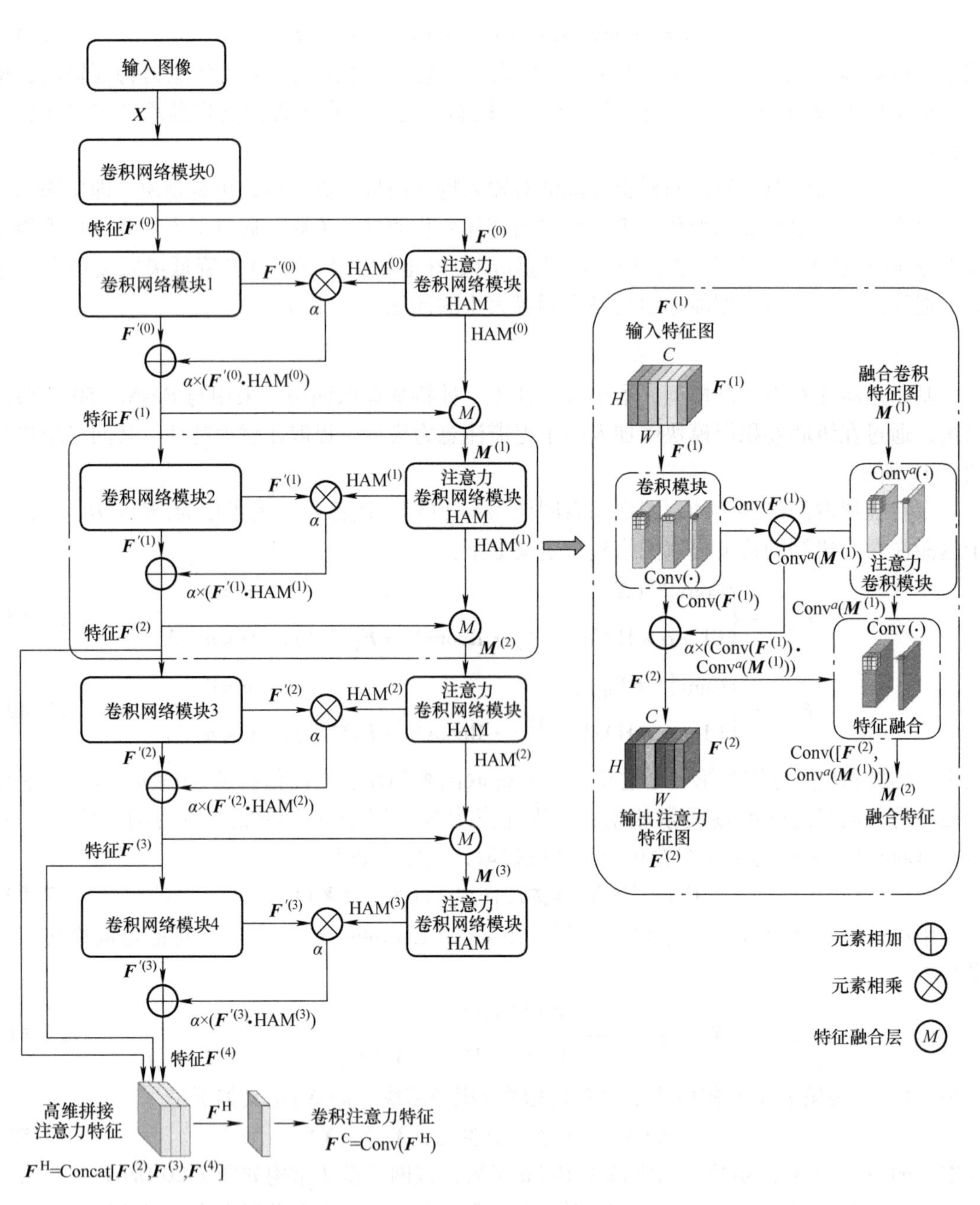

图 7-19　基于迟滞注意力机制的特征提取网络

$$
\boldsymbol{S}_{\mathrm{L}}^{(n)}=\begin{cases}\left[B,32,\dfrac{H}{2},\dfrac{W}{2}\right], & 0\leqslant n\leqslant 1\\ \left[B,64,\dfrac{H}{4},\dfrac{W}{4}\right], & n=2\\ \left[B,128,\dfrac{H}{4},\dfrac{W}{4}\right], & 2<n<N\end{cases}\tag{7-55}
$$

$$S_{\mathrm{R}}^{(n)}=\begin{cases}\left[B,32,\dfrac{H}{2},\dfrac{W}{2}\right], & 0\leqslant n\leqslant 1\\ \left[B,64,\dfrac{H}{4},\dfrac{W}{4}\right], & n=2\\ \left[B,128,\dfrac{H}{4},\dfrac{W}{4}\right], & 2<n<N\end{cases} \tag{7-56}$$

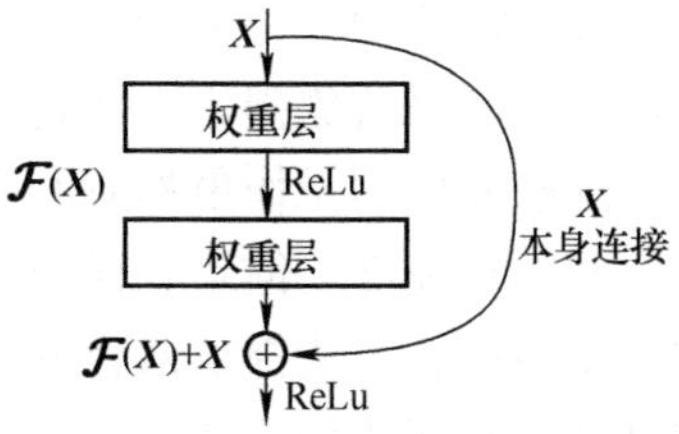

图 7-20　ResNet 特征提取模块

式中，$S_{\mathrm{L}}^{(n)}$和$S_{\mathrm{R}}^{(n)}$分别为左、右图像第 n 个卷积模块提取出来的特征维度；N 在本小节中设置为 5。每个卷积模块通过引入加权迟滞注意力模型来增强上下文特征，从而产生具有注意力特征的统一特征图。通过提取多级统一特征并拼接成高维特征表示。这种高维特征中包含大量上下文特征信息，能更好地表示左、右特征图的相似性。

对于左、右图像X_{L}和X_{R}，输入维度为$[B,3,H,W]$，经过级联的密集卷积模块和注意力机制模块，提取出双目图像的高维特征（High-dimensional Features）：

$$F_{\mathrm{L}}^{\mathrm{H}}=\mathrm{Concat}\left[F_{\mathrm{L}}^{(2)},F_{\mathrm{L}}^{(3)},F_{\mathrm{L}}^{(4)}\right] \tag{7-57}$$

$$F_{\mathrm{R}}^{\mathrm{H}}=\mathrm{Concat}\left[F_{\mathrm{R}}^{(2)},F_{\mathrm{R}}^{(3)},F_{\mathrm{R}}^{(4)}\right] \tag{7-58}$$

其特征输出的维度均为$\left[B,320,\dfrac{H}{4},\dfrac{W}{4}\right]$。同时提取出对高维特征进行卷积后的特征（Convoluted High-dimensional Features）：

$$F_{\mathrm{L}}^{\mathrm{C}}=\mathrm{Conv}\left(\mathrm{Concat}\left[F_{\mathrm{L}}^{(2)},F_{\mathrm{L}}^{(3)},F_{\mathrm{L}}^{(4)}\right]\right) \tag{7-59}$$

$$F_{\mathrm{R}}^{\mathrm{C}}=\mathrm{Conv}\left(\mathrm{Concat}\left[F_{\mathrm{R}}^{(2)},F_{\mathrm{R}}^{(3)},F_{\mathrm{R}}^{(4)}\right]\right) \tag{7-60}$$

式中，Concat(・)表示对特征通道 C 维度对特征图拼接。特征输出的维度均为$\left[B,320,\dfrac{H}{4},\dfrac{W}{4}\right]$。基于迟滞注意力特征提取网络最终通过使用多阶段的特征来表达双目图像间的相似性。

7.3.2　基于三维分组卷积的监督匹配代价构建

当共享权重的迟滞注意力机制特征提取网络提取出双目图像的统一特征后，将使用代价构建方法来构建匹配代价。匹配代价计算的目的是找出参考图像（通常为左图像）中待匹配像素与目标图像（通常为右图像）中候选像素的匹配对应关系。两个像素无论是否为对应匹配像素点，都可以通过匹配代价函数计算匹配代价，代价越小则说明相关性越大，表示为同一点的概率也越大。与传统的代价计算方法不一样，基于深度学习的立体匹配代价计算方法常常用一些简单的操作去构建代价向量，比如基于全特征相关的代价构建方法、基于拼接的代价构建方法和基于分组特征相关的代价构建方法。基于全特征相关的代价构建方法所构建的代价向量包含着双目图像之间的相似度信息。但是，通过向量内积的操作将所有通道数的特征降维值一个通道，这种方法更加紧凑也过于激进，同时也会损失部分特征信息。基于拼接的代价构建方式，虽然将双目图像所有的信息都拼接成代价向量，但是构建的代价向量往往不包含双目图像之间的相似度信息，需要代价聚合网络在所有视差平面上重新学习双目图像之间的相似度信息，来进行代价聚合。这对代价聚合网络提出了很高的要求，同时要求更多的网络参数、更大的内存消耗来进行匹配代价聚合。而且其中常常包含不必要的特征信息和线性依赖性。基于分组特征相关的代价构建方法在一定程度上能保留全特征相关方法的优势，同时避免损失一些特征信息。

这些简单的操作虽然有利于神经网络去学习参考图像中待匹配像素与目标图像中候选像素之间的相关性。但是在面对如遮挡、重复区域、噪声等挑战时，其构建匹配代价向量的方式过于简单，不能提供双目图像间高质量的相关性度量。因此为了应对这些挑战，需提出更加高效的匹配代价构建方法，来表达双目图像之间的相关性。基于此，提出一种监督的代价构建方法，利用三维分组卷积层去学习双目图像之间的相关性特征。假设，令特征提取网络提取出来的左、右特征图为$\boldsymbol{F}_{\mathrm{L}}$和$\boldsymbol{F}_{\mathrm{R}}$，基于三维分组卷积监督代价构建模型（Group Convolution Cost Construction，GCCC）定义如下：

$$C_{\mathrm{gccc}}(\boldsymbol{F}_{\mathrm{L}},\boldsymbol{F}_{\mathrm{R}})=3\mathrm{DConv}G(\mathrm{Concat}[\boldsymbol{F}_{\mathrm{L}}^{g}(x,y),\boldsymbol{F}_{\mathrm{R}}^{g}(x-d,y)])\tag{7-61}$$

式中，$\boldsymbol{F}_{\mathrm{L}}^{g}$和$\boldsymbol{F}_{\mathrm{R}}^{g}$分别为左和右特征图的第$g$组特征；$3\mathrm{DConv}G(\cdot)$为三维分组卷积；$(x,y)$为像素在图像中的坐标位置。

对于左、右特征图为$\boldsymbol{F}_{\mathrm{L}}$和$\boldsymbol{F}_{\mathrm{R}}$，其特征图维度都为$\left[B,C,\frac{H}{4},\frac{W}{4}\right]$和$\left[B,C,\frac{H}{4},\frac{W}{4}\right]$，本方法将通道中的每个特征图分组后，每组一一对应拼接成维度为$\left[B,2C,\frac{H}{4},\frac{W}{4}\right]$的特征向量。若将该特征向量分$N_{\mathrm{g}}^{\mathrm{gccc}}$组，则每组有的特征向量$N_{\mathrm{c}}^{\mathrm{gccc}}=2C/N_{\mathrm{g}}^{\mathrm{gccc}}$个特征，该特征向量可以转换成维度为$\left[B,N_{\mathrm{g}}^{\mathrm{gccc}},N_{\mathrm{c}}^{\mathrm{gccc}},\frac{H}{4},\frac{W}{4}\right]$的特征向量。最后，在0到最大视差$D_{\max}$中的每一个视差平面中构建代价向量，由于特征图尺度为输入图像的1/4，因此构建成了维度为$\left[B,N_{\mathrm{g}}^{\mathrm{gccc}},\frac{D_{\max}}{2},\frac{H}{4},\frac{W}{4}\right]$的代价向量。接着使用三维分组卷积网络在视差维度建成维度为$\left[B,N_{\mathrm{g}}^{\mathrm{gccc}},\frac{D_{\max}}{4},\frac{H}{4},\frac{W}{4}\right]$的最终代价向量。详细的构建过程可如图7-21所示。由于在构建匹配代价的过程中需要监督训练三维分组卷积层的权重，才能经迭代监督训练后构建好最终的匹配代价，因此该方法构建代价向量的过程可称为监督代价构建。

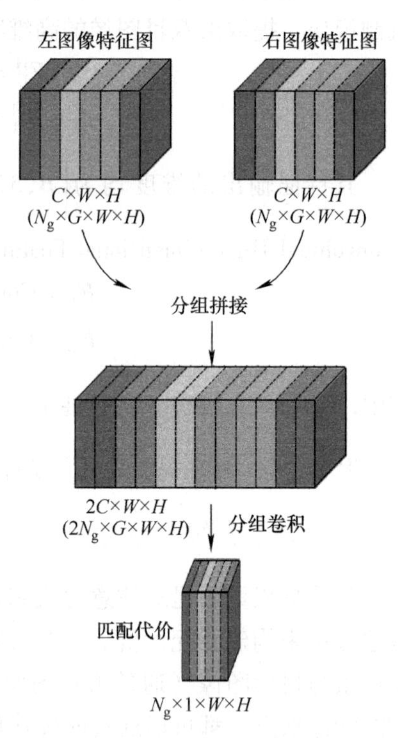

图7-21　基于三维分组卷积的代价构建方法

为了构建出具有更多丰富相似度特征的匹配代价，本小节中所提出双目立体匹配网络最终使用了一种混合的代价构建方法来构建匹配代价，它结合监督代价构建方法$\boldsymbol{C}_{\mathrm{gccc}}(\cdot)$与分组相关的代价构建方法$\boldsymbol{C}_{\mathrm{qg}}(\cdot)$的优势，最大限度地保持匹配代价的特征多样性，能够为代价聚合网络提供高质量的匹配代价。混合代价构建方法定义如下：

$$\boldsymbol{C}_{\mathrm{Hy}}=\mathrm{Concat}[\boldsymbol{C}_{\mathrm{qg}}(\boldsymbol{F}_{\mathrm{L}}^{\mathrm{H}},\boldsymbol{F}_{\mathrm{R}}^{\mathrm{H}}),\boldsymbol{C}_{\mathrm{gccc}}(\boldsymbol{F}_{\mathrm{L}}^{\mathrm{C}},\boldsymbol{F}_{\mathrm{R}}^{\mathrm{C}})]\tag{7-62}$$

因此，通过在上一小节中基于迟滞注意力特征提取网络提取出高维特征$\boldsymbol{F}_{\mathrm{L}}^{\mathrm{H}}$、$\boldsymbol{F}_{\mathrm{R}}^{\mathrm{H}}$和高维

卷积后的$\boldsymbol{F}_{\mathrm{L}}^{\mathrm{C}}$、$\boldsymbol{F}_{\mathrm{R}}^{\mathrm{C}}$使用混合代价构建方法构建匹配代价，其中，对高维特征$\boldsymbol{F}_{\mathrm{L}}^{\mathrm{H}}$和$\boldsymbol{F}_{\mathrm{R}}^{\mathrm{H}}$使用基于分组相关的代价构建方法$\boldsymbol{C}_{\mathrm{qg}}(\cdot)$，得到了维度为$\left[B,N_{\mathrm{g}}^{\mathrm{qg}},\frac{D_{\max}}{4},\frac{H}{4},\frac{W}{4}\right]$的匹配代价；对高维特征卷积后的特征$\boldsymbol{F}_{\mathrm{L}}^{\mathrm{C}}$和$\boldsymbol{F}_{\mathrm{R}}^{\mathrm{C}}$使用基于分组卷积的代价构建方法$\boldsymbol{C}_{\mathrm{gccc}}(\cdot)$，得到了维度为$\left[B,N_{\mathrm{g}}^{\mathrm{gccc}},\frac{D_{\max}}{4},\frac{H}{4},\frac{W}{4}\right]$的匹配代价。所以，使用混合代价构建方法构建的匹配代价$\boldsymbol{C}_{\mathrm{Hy}}(\cdot)$，其维度为$\left[B,N_{\mathrm{g}}^{\mathrm{gccc}}+N_{\mathrm{g}}^{\mathrm{qg}},\frac{D_{\max}}{4},\frac{H}{4},\frac{W}{4}\right]$。

在构建好匹配代价后，将对匹配代价$\boldsymbol{C}_{\mathrm{Hy}}$进行代价聚合，本小节采用堆叠代价聚合网络来进行代价聚合，该网络连接多个输出模块，每个输出模块在不同的训练权重下进行监督训练。代价聚合网络结构如图 7-22 所示。输出模块采用视差回归模型来估计连续的视差输出图。

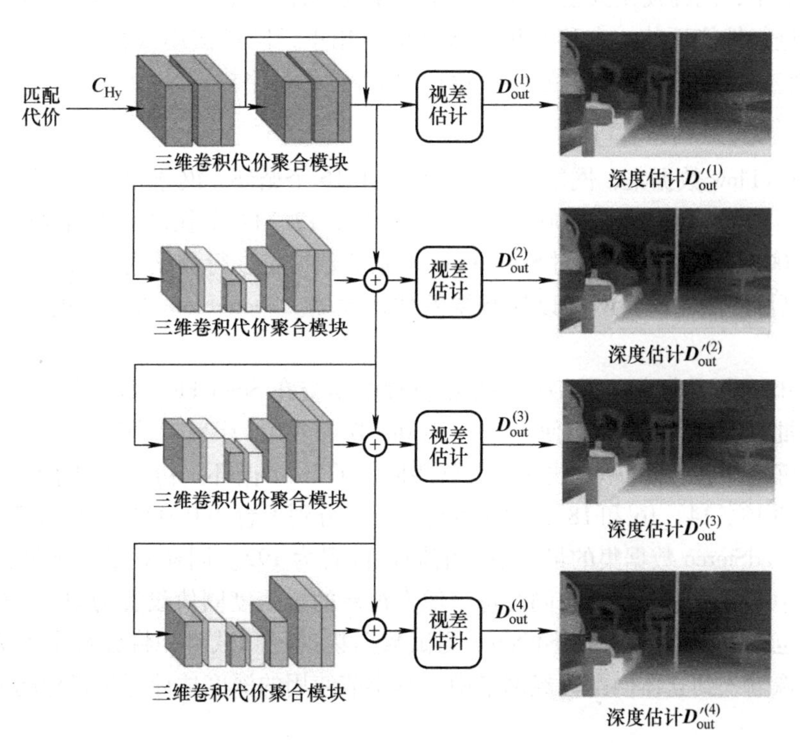

图 7-22　多阶段级联堆叠代价聚合网络结构

本小节同样采用平滑损失函数$\mathrm{Smooth}_{\mathrm{L1}}$来训练网络的视差回归预测结果。通过计算预测结果与真实数据之间的误差，利用反向传播算法，将误差反向传播至整个网络模型中来更新网络的权重。训练损失函数定义如下：

$$F=\sum_{i=1}^{N_{\mathrm{e}}}\lambda_i\cdot\mathrm{Smooth}_{\mathrm{L1}}\left(\boldsymbol{d}^{*}-\boldsymbol{D}_{\mathrm{out}}^{(i)}\right)\tag{7-63}$$

式中，$\boldsymbol{D}_{\mathrm{out}}^{(i)}$为第 i 个输出的视差图像；$\boldsymbol{d}^{*}$为真实的训练视差图；$\boldsymbol{\lambda}_i$为第 i 视差估计图的训练权重。最后$\mathrm{Smooth}_{\mathrm{L1}}(x)$ 损失函数定义如下：

$$\mathrm{Smooth}_{L1}(x)=\begin{cases}\frac{1}{2}x^2, & |x|<1\\ |x|-1, & |x|\geqslant 1\end{cases} \tag{7-64}$$

7.3.3 实验结果与分析

本小节中提出一种基于迟滞注意力机制特征提取与三维分组卷积监督代价构建的双目立体匹配深度估计神经网络模型，并且在 SceneFlow 数据集上通过详细的消融实验验证了所提出双目深度模型的性能。通过将在 SceneFlow 数据集上预训练好的双目深度估计神经网络模型，结合迁移学习的方式用于移动机器人导航。接下来，将详细介绍预训练模型在 ZedStereo 数据集上的训练与测试以及移动机器人导航的应用过程。

1. 实验数据集

在本小节中，同样使用大型公开双目图像深度估计数据集 SceneFlow 对所提出的双目立体匹配网络进行性能评估。在移动机器人导航应用中，同样使用双目深度估计数据集 ZedStereo 来训练本小节提出的双目立体匹配深度估计神经网络模型。

2. 实验细节与性能评价指标

对于 SceneFlow 数据集，网络模型总共训练了 16 个循环。网络模型每次训练的时间大约为 4 天。初始学习率设置为 0.001。在训练到 10、12、14 个循环后将学习率分别设置为 0.0005、0.00025、0.000125。对 SceneFlow 场景流数据集进行测试时，通过将大小为 960 × 540 的完整双目图像输入到网络以进行视差估计预测。SceneFlow 数据集的最大视差值设置为 192。

对于 ZedStereo 数据集，网络训练参数设置基本与在 SceneFlow 数据集上训练模型一致。网络训练的批量大小固定为 6，使用 2 个 Nvidia Tesla V100 GPU 来训练了双目立体匹配网络模型，预训练模型在 ZedStereo 数据集上总共训练了 20 个循环。初始学习率设置也为 0.001。分别在训练到 10、14、16 和 18 个循环后将学习率分别设置为 0.0005、0.00025、0.000125、0.0000625。ZedStereo 数据集的最大视差值同样设置为 192。同样对于大于最大视差的像素和位于空洞中的像素不予训练。同时每个像素视差的置信度阈值设置为 204，置信度小于该阈值的像素也不予训练。在对 ZedStereo 测试数据集进行测试时，将分辨率为 720 × 1280 的完整双目图像输入到立体匹配神经网络中。本小节使用的深度估计评价指标同上节一致。

3. 实验结果

（1）SceneFlow 数据集的实验结果

见表 7-4，对比网络模型 PSMNet，本小节方法减小了 3.92% 的 >1px(%) 像素误差，减小了 2.03% 的 >2px(%) 像素误差，减小了 1.46% 的 >3px(%) 的像素误差，EPE 像素误差也减小了 0.34px。对比模型 GC-Net，本小节方法减小了 9.01% 的 >1px(%) 像素误差，减小了 4.92% 的 >2px(%) 像素误差，减小了 3.96% 的 >3px(%) 的像素误差，EPE 像素误差也减小了 1.75px。本小节所提出的方法在 SceneFlow 数据集上的可视化视差估计结果，如图 7-23 所示。

（2）ZedStereo 数据集的实验结果

最后，对本小节中所提出的双目深度估计网络模型的性能在 ZedStereo 数据集上进行了评估。见表 7-5，相比于网络模型 PSMNet 和 GwcNet，本小节提出的网络模型得到了 9.94%

的 >1px(%)像素误差、5.89% 的 >2px(%)像素误差、4.27% 的 >3px(%)的像素误差，EDE 像素误差为 9.01px。

表 7-4　在 SceneFlow 数据集上不同方法性能对比

方法	>1px(%)	>2px(%)	>3px(%)	EPE(px)	运行时间/s
SegStereo	—	—	—	1.45	
PSMNet	11.81	6.45	4.72	1.10	0.51
GC-Net	16.9	9.34	7.22	2.51	
本小节方法	7.89	4.42	3.26	0.76	0.33

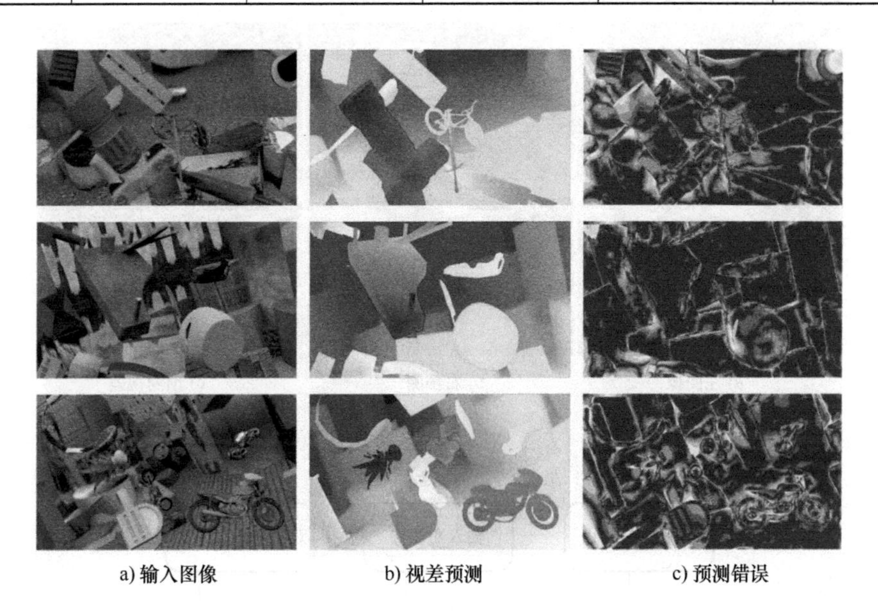

a) 输入图像　　b) 视差预测　　c) 预测错误

图 7-23　在 SceneFlow 数据集上的可视化视差估计结果

表 7-5　在 ZedStereo 数据集上不同方法性能对比

方法	>10px(%)	>20px(%)	>30px(%)	EDE(px)	运行时间/s
PSMNet	13.76	7.69	5.74	13.62	0.51
GwcNet	11.82	6.64	4.93	11.17	0.42
本小节方法	9.94	5.89	4.27	9.01	0.31

此外，本小节所提出的方法在 ZedStereo 数据集上的可视化视差估计结果如图 7-24 所示，可以看出，所提出的网络方法能够准确地估计出移动机器人导航过程中场景的深度信息。

4. 双目立体视觉移动机器人导航应用

移动机器人精准导航技术是移动复合机器人实现搬运、装配、钻铆等自主柔性作业的基础。本小节通过输入双目图像，利用双目深度估计网络模型得到左图像的深度图像后，提取出左图像的 ORB 特征与双目摄像机参数，并结合离线全局语义地图，经回环检测后，得到摄像机与全局地图的相对位置关系。根据摄像机的相对位置关系与预设的机器人移动路径来调整移动机器人的行进路径。移动机器人导航流程如图 7-25 所示。

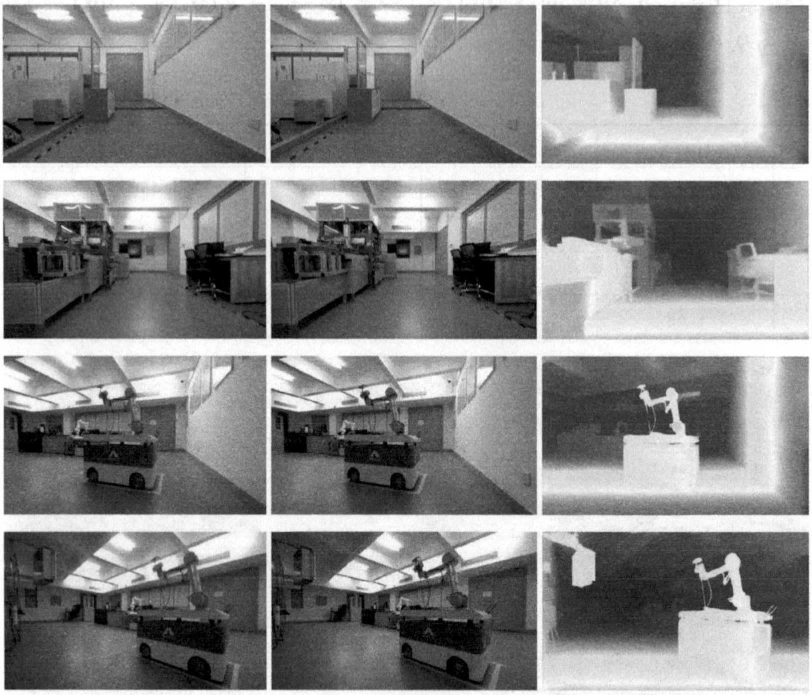

a) 左图像　　b) 右预测　　c) 预测视差

图 7-24　在 ZedStereo 数据集上的可视化视差估计结果

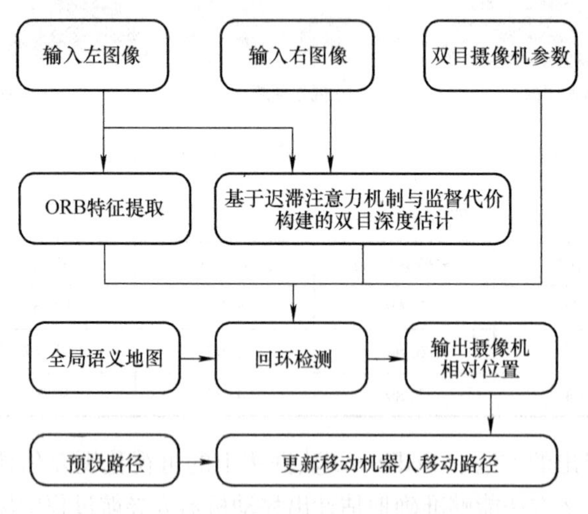

图 7-25　移动机器人导航流程图

本章小结

机器人场景三维重建技术是智能机器人能够准确感知环境，实现其自主行动的前提，智能机器人三维重建技术成为实现机器人智能化的核心技术之一。本章重点介绍机器人环境感知的三维场景重建视觉传感器概述及工作原理，以双目视觉为例，围绕移动机器人导航作业场景，重点介绍机器人三维语义地图构建方法、机器人导航场景深度估计方法等。对移动机器人的视觉传感器系统的成像原理进行研究，详细阐述了双目摄像机与多目摄像机的移动机器人视觉系统的成像数学模型，详细介绍了基于双目视觉的机器人三维语义地图构建方法，介绍基于双目视觉的机器人导航场景深度估计方法。在移动机器人非结构化复杂作业环境下，双目视觉深度估计面临着巨大挑战，如大面积弱纹理区域、重复或丢失的纹理图案、物体遮挡以及颜色/灯光噪声等。传统的双目视觉深度估计立体匹配方法主要依赖于双目图像间的局部相似度特征提取。尽管近二十年来其性能得到很大改进，但在非结构化复杂环境下仍无法稳定地提取用于表达双目图像间相似性的高质量特征。而近年来，基于深度学习的双目视觉深度估计方法凭借其强大的特征表征能力，能够在海量训练数据中稳定地挖掘出双目图像对应匹配像素点之间隐藏的、鲁棒的特征映射关系，极大地提升了双目立体匹配深度估计方法的性能。但其特征提取网络对双目图像的所有特征信息一视同仁，如弱纹理区域、遮挡区域中的特征，边缘特征，轮廓特征，目标尺度特征等，而这些特征能更好地表达双目图像间的相关性。同时，现有匹配代价构建方法过于简单，不能提供双目图像间高质量的相关性度量。本章提出一种基于迟滞注意力机制特征提取和三维分组卷积监督代价构建的双目立体匹配神经网络模型。依据简单有效的迟滞比较器经典电路设计原理，介绍了一种新的注意力机制——迟滞注意力机制，用于双目图像特征提取。迟滞注意力机制能够有效地抵抗噪声干扰，使神经网络更加专注于最相关的特征提取与更稳定的特征表征。此外，还介绍了一种基于三维分组卷积的监督代价构建方法，使用三维分组卷积来监督匹配代价构建的过程，构建出具有丰富相似性度量的高质量匹配代价。最后，将所提出的方法应用于机器人导航场景。

习题

1. 什么是尺度不变特征变换（SIFT）算法？其核心思想是什么？
2. 什么是立体视觉？请解释其在三维重建中的作用。
3. 什么是多尺度特征提取？请解释其在深度学习神经网络中的作用。
4. 什么是注意力机制特征提取？请解释其在深度学习神经网络中的作用。

参考文献

[1] 曾凯．移动作业机器人双目视觉三维环境感知方法及应用研究［D］．长沙：湖南大学，2022.

[2] 符立梅．基于双目视觉的立体匹配方法研究［D］．西安：西北工业大学，2016.

[3] 何晓兰，姜国权，杜尚丰．基于多项式拟合的摄像机标定算法［C］．2007 年中国智能自动化会议论文集．兰州：中国自动化学会，2007：1117-1122.

[4] 潘臻．基于结构光的三维视觉测量研究［D］．淄博：山东理工大学，2020.

[5] VON HELMHOLTZ H. Helmholtz's treatise on physiological optics［M］. New York：Dover publications，1925.

[6] ROBERTS L G. Machine perception of three-dimensional solids［D］. Cambridge：Massachusetts institute of technology，1963.

[7] WANG H Y，KEMBHAVI A，FARHADI A，et al. Elastic：Improving CNNs with dynamic scaling policies［C］//

Proceedings of 2019 IEEE/CVF conference on computer vision and pattern recognition. Long Beach, USA: IEEE, 2019: 2258-2267.

[8] XIE S N, GIRSHICK R, DOLLÁR P, et al. Aggregated residual transformations for deep neural networks [C]// Proceedings of 2017 IEEE conference on computer vision and pattern recognition. Honolulu, USA: IEEE, 2017: 1492-1500.

[9] PANG J H, SUN W X, REN J SJ, et al. Cascade residual learning: A two-stage convolutional neural network for stereo matching [C]// Proceedings of 2017 IEEE international conference on computer vision workshops. Venice, Italy: IEEE, 2017: 887-895.

[10] SONG X, ZHAO X, HU H W, et al. Edgestereo: A context integrated residual pyramid network for stereo matching [C]// The 14th Asian conference on computer vision. Perth, Australia: Springer, 2019: 20-35.

[11] YANG G R, ZHAO H S, SHI J P, et al. Segstereo: Exploiting semantic information for disparity estimation [C]// Proceedings of the 15th European conference on computer vision. Munich Germany: Springer, 2018: 636-651.

[12] KENDALL A, MARTIROSYAN H, DASGUPTA S, et al. End-to-end learning of geometry and context for deep stereo regression [C]// Proceedings of 2017 IEEE international conference on computer vision. Venice, Italy: IEEE, 2017: 66-75.

[13] YU L D, WANG Y C, WU Y D, et al. Deep stereo matching with explicit cost aggregation sub-architecture [C]// Proceedings of 2018 AAAI conference on artificial intelligence. New Orleans, USA: AAAI, 2018, 32 (1) .

[14] CHANG J R, CHEN Y S. Pyramid stereo matching network [C]// Proceedings of 2018 IEEE conference on computer vision and pattern recognition. Salt Lake City, USA: IEEE, 2018: 5410-5418.

[15] GUO X Y, YANG K, YANG W K, et al. Group-wise correlation stereo network [C]// Proceedings of 2019 IEEE/CVF conference on computer vision and pattern recognition. Long Beach, USA: IEEE, 2019: 3273-3282.

[16] MUR-ARTAL R, TARDÓS J D. Orb-slam2: An open-source slam system for monocular, stereo, and EGB-D cameras [J]. IEEE transactions on robotics, 2017, 33 (5): 1255-1262.

[17] MAYER N, ILG E, HAUSSER P, et al. A large dataset to train convolutional networks for disparity, optical flow, and scene flow estimation [C]// Proceedings of 2016 IEEE conference on computer vision and pattern recognition. Las Vegas, USA: IEEE, 2016: 4040-4048.

[18] KINGMA D P, BA J. Adam: A method for stochastic optimization [EB/OL]. (2014-12-22) [2024-07-19]. https://arxiv.org/pdf/1412.6980.

[19] XU H F, ZHANG J Y. Aanet: Adaptive aggregation network for efficient stereo matching [C]// Proceedings of 2020 IEEE/CVF conference on computer vision and pattern recognition. Seattle, USA: IEEE, 2020: 1959-1968.

[20] ZHANG F H, PRISACARIU V, YANG R, et al. Ga-Net: Guided aggregation net for end-to-end stereo matching [C]// Proceedings of 2019 IEEE/CVF conference on computer vision and pattern recognition. Long Beach, USA: IEEE, 2019: 185-194.

[21] HE K M, ZHANG X Y, REN S Q, et al. Deep residual learning for image recognition [C]// Proceedings of 2016 IEEE conference on computer vision and pattern recognition. Las Vegas, USA: IEEE, 2016: 770-778.